はじめに

本書を手にとってくださり、誠にありがとうございます。

本書は、Premiere Proを使って動画編集スキルを身に付けようと思っている方に向けた、動画演出のテクニック集です。

YouTubeやVlogで情報発信したい、動画を用いたプロモーションを行ないたいといった動画編集のニーズは、ビジネス・ホビーの両シーンで日々高まっています。Premiere Proの基本操作は覚えたので、より実践的なスキルを身に付けたいという方に向けて、本書では100のテクニックをご紹介します。

執筆陣は、YouTubeでPremiere Proの使い方を解説しているプロの映像クリエイターです。オープニングからタイトル、モノや人の登場シーン、字幕や音声、エンディング、時短テクニックまで、幅広く扱います。目次からやってみたい項目を見つけ出し、すぐに実践することができます。また作例動画は、ダウンロードして確認することができます。

本書がみなさまのクリエイティブ活動の一助となりましたら幸いです。ぜひご活用くださいませ。

本書の見方

How to use

●テクニック番号とタイトル

テクニックの番号と、テクニックの内容がタイトルとして記載されています。

作例 > Chapter2 – Technique25

Technique

25 背景が徐々に現われる

●リード

セクションの概要をまとめています。

2つの映像を「グラデーションワイプ」エフェクトを使って合成することで、背後の映像素材が現われるという演出テクニックです。

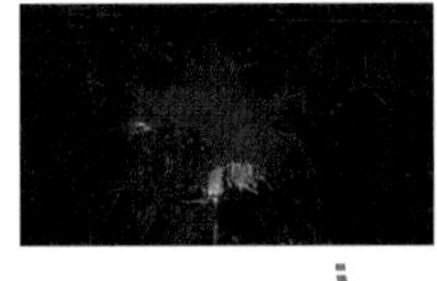

●見出し

テーマごとに区切って解説しています。

1 グラデーションワイプを適用する

前準備として、最初に映したい映像素材と、その背後から現われる映像素材の2つを用意し、「タイムライン」パネルにドラッグします。そこから「グラデーションワイプ」というエフェクトを使って、徐々に背後の映像素材が現われるよう調整していきます。

1 映像素材を重ねる

後から現われる映像素材をドラッグして、最初に現れる映像素材にかぶるよう配置（ここでは3秒間重なるよう配置）します❶。

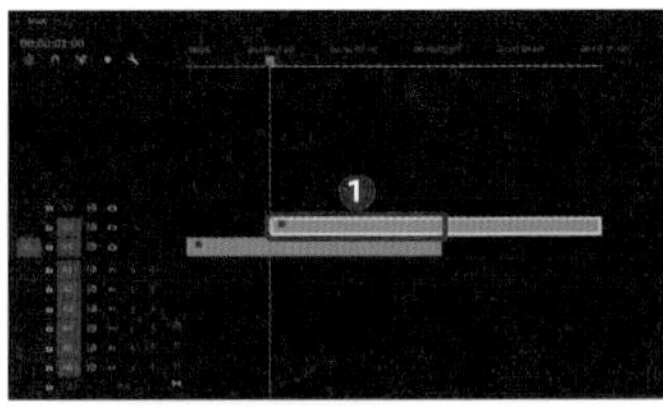

●POINT

操作手順に補足がある場合は、POINTとしてまとめています。

POINT

ここで重ねた秒数が、そのままエフェクトの適用時間となります。

2 グラデーションワイプを適用する

「エフェクト」タブの検索窓で「グラデーションワイプ」と入力し❷、[グラデーションワイプ] をクリックします❸。手順1で重ねた上側の映像素材へドラッグします❹。

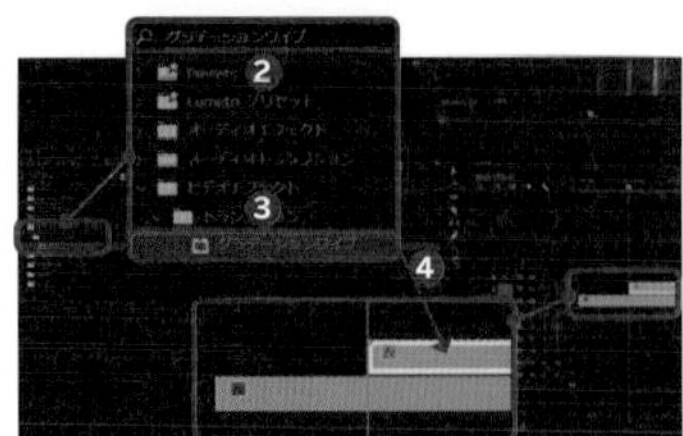

078

●作例

作例の動画がある場合は、ダウンロードリンク先のフォルダ名とファイル名が明記されています。

3 グラデーションレイヤーを選択する

再生ヘッドを上側の映像素材先頭に移動させ❺、「エフェクトコントロール」パネルで［変換の柔らかさ］をクリックし❻、「グラデーションレイヤー」で［ビデオ1］をクリックします❼。

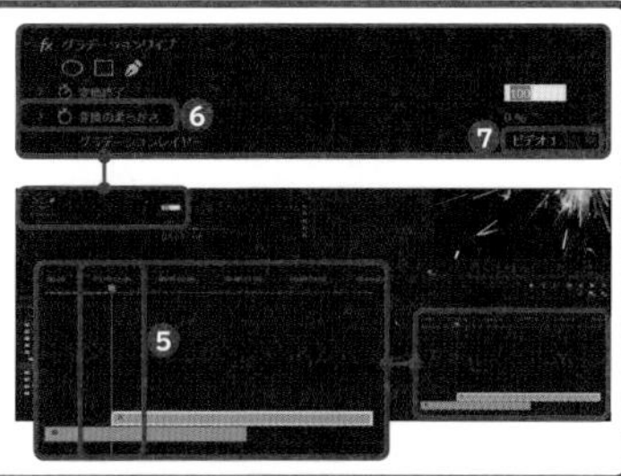

●解説

機能を利用する手順を解説しています。

4 変換終了のアニメーションをオンにする

「変換終了」の◙をクリックし、アニメーションをオンにして❽、「変換終了」に「100」と入力します❾。

5 変換終了の数値を変更する

再生ヘッドを重ねたクリップの下側の映像素材の最後に移動させ❿、上側の映像素材をクリックします⓫。「エフェクトコントロール」パネルで「グラデーションワイプ」の「変換終了」に「0」と入力します⓬。

オープニング
登場シーン
メリハリ
エンディング
字幕
音
時短テク

Another

グラデーションワイプの微調整

グラデーションワイプは本来、明るい部分から徐々に変化していくエフェクトですが、「エフェクトコントロール」パネルで［グラデーションを反転］にチェックを入れると、暗い部分から明るい部分へと変化させることも可能です。また、エフェクトの変化が急であると感じる場合には「変換の柔らかさ」の値を上げることで、より滑らかに仕上げることができます。

Chapter2 人・モノの登場シーンで使えるテクニック 079

●Another

作例とは違った仕上がりになるような操作手順を別途、紹介していることもあります。

●インデックス

Chapterタイトルが表示されています。

目次 Contents

Chapter 1 オープニングで使えるテクニック

Chapter 2 人・モノの登場シーンで使えるテクニック

間延びした動画に メリハリを付けるテクニック

エンディングで使えるテクニック

字幕で魅せるテクニック

Chapter 6 音を聞かせるテクニック

Chapter 7 編集がサクサク進む! 時短テクニック

Premiere Proの画面構成と基本的な操作

各テクニックを解説する前に、Premiere Proの基本的な操作と画面構成について確認していきましょう。すでに知っているという方は、すぐにChapter 1以降を読み始めて構いません。

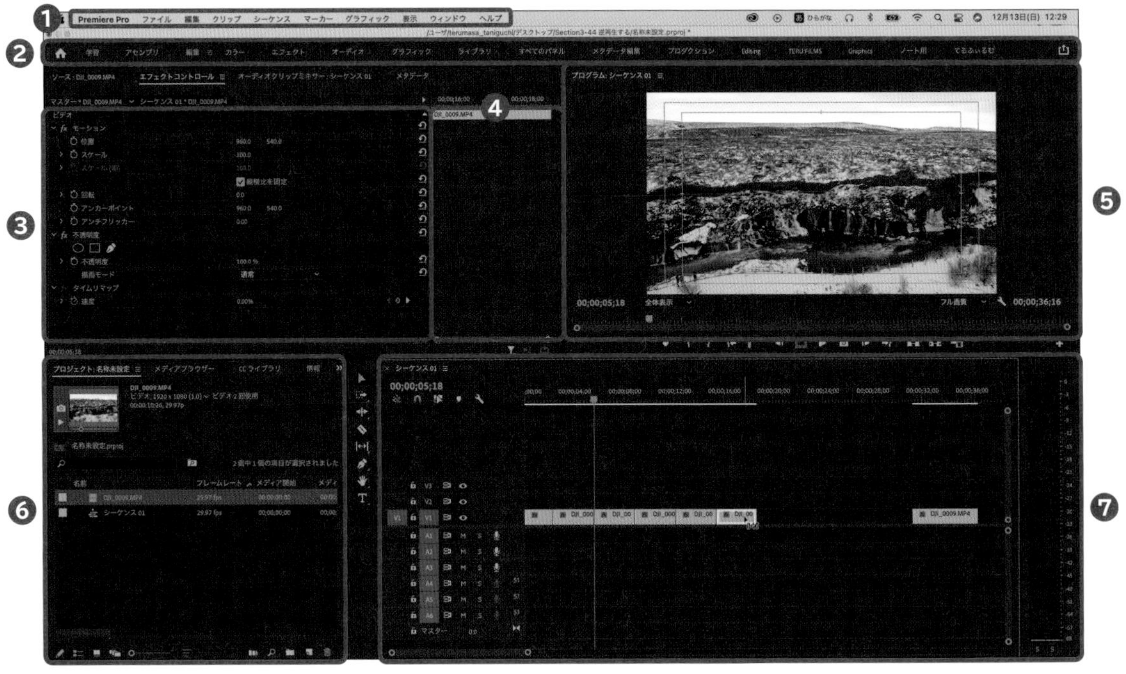

Premiere Proの画面構成

まずはPremiere Proの画面構成を確認していきましょう。

❶メニューバー

メニューごとに機能がまとめられています。たとえば［ファイル］をクリックすると、プロジェクトを新たに開いたり保存を行なったりすることができます。

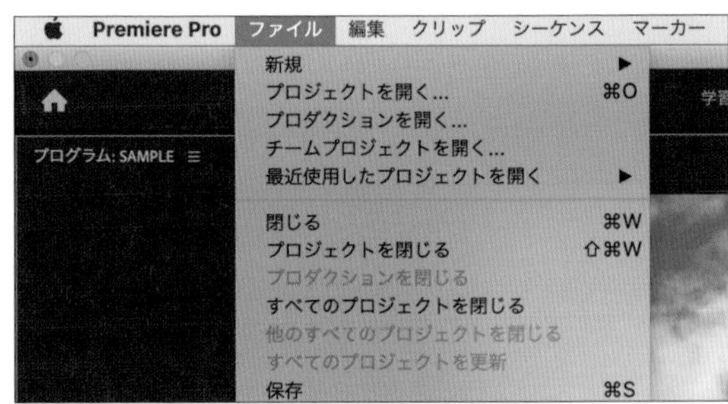

❷「ワークスペース」パネル

ワークスペースを切り替えるタブがまとめられている場所です。本書では基本的に「編集」タブの画面を使用します。

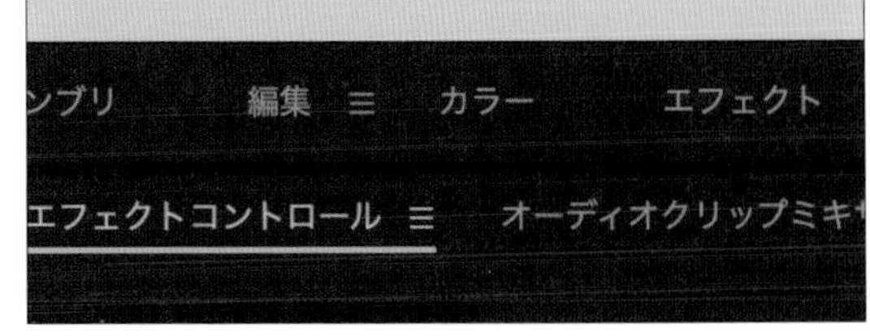

❸「エフェクトコントロール」パネル

各素材にエフェクトを適用した後は、この場所で調整を行ないます。そのほか、アニメーションのオン・オフなども、ここで行ないます。

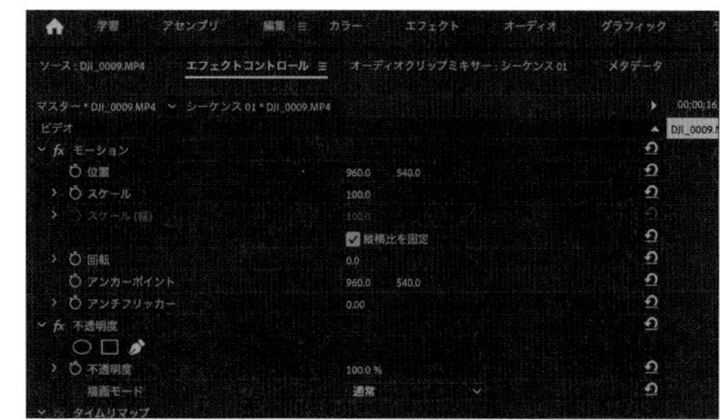

❹「キーフレームコントロール」パネル

アニメーションを適用すると、どの位置から動かし始めるかなどをこの場所で可視化できます。

❺「プログラムモニター」パネル

「タイムライン」パネル上に配置された素材をプレビューする場所です。再生画質を低くしてパソコンへの負担を軽くすることもできます。

❻「プロジェクト」パネル

編集作業に使う素材がまとめられている場所です。ここに素材を読み込み、「タイムライン」パネルにドラッグしていくことで作業がスタートします。

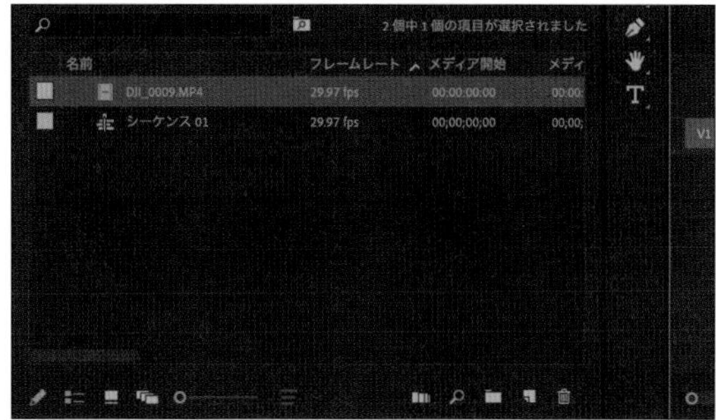

❼「タイムライン」パネル

「プロジェクト」パネルからドラッグした素材を並べていく場所です。主に映像を扱う「ビデオトラック」と音声を扱う「オーディオトラック」から構成されます。

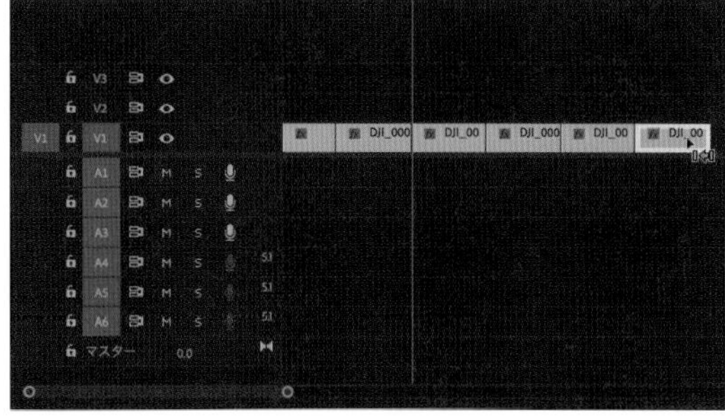

1 起動してファイルを作成する

Premiere Proでは「新規プロジェクトファイル」を作成することで制作がスタートします。なお、ファイル作成の際の、フォルダの効率的な作成方法はTechnique 90で解説しています。

1 新規プロジェクトを選択する

Premiere Proを起動し、[新規プロジェクト] をクリックします❶。

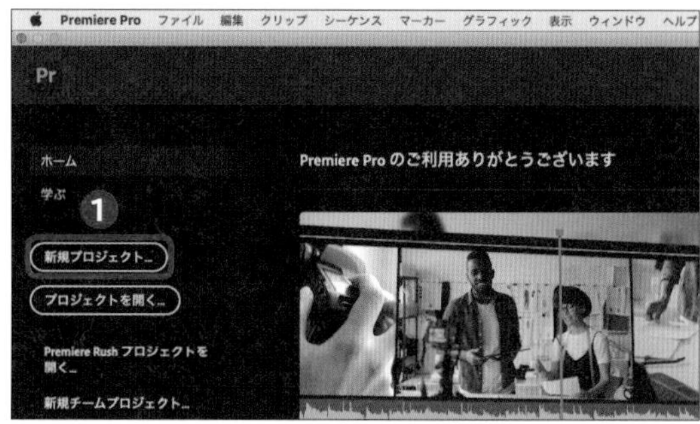

2 名前と保存場所を決める

「名前」にプロジェクト名を入力し❷、「場所」の [参照] をクリックして保存場所を指定して❸、[OK] をクリックします❹。

2 ワークスペースを確認する

Premiere Proを起動したら、ワークスペースを表示してみましょう。今後、解説していくほぼすべてのテクニックは、ワークスペース上で行ないます。

1 [ウィンドウ] をクリックする

Premiere Proが起動したら、[ウィンドウ] をクリックします❶。

2 [編集] をクリックする

[ワークスペース] → [編集] の順にクリックすると、各ワークスペースが表示されます❷。

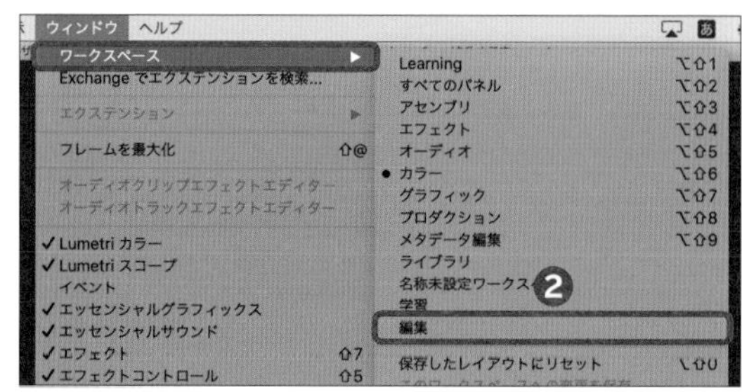

3 素材を読み込む

編集を行いたい素材を、「プロジェクト」パネルに読み込みます。読み込んだら、「タイムライン」パネルへドラッグすることで、さまざまな編集が可能となります。

1 [プロジェクト] パネルをクリックする

[プロジェクト] パネルをダブルクリックします❶。

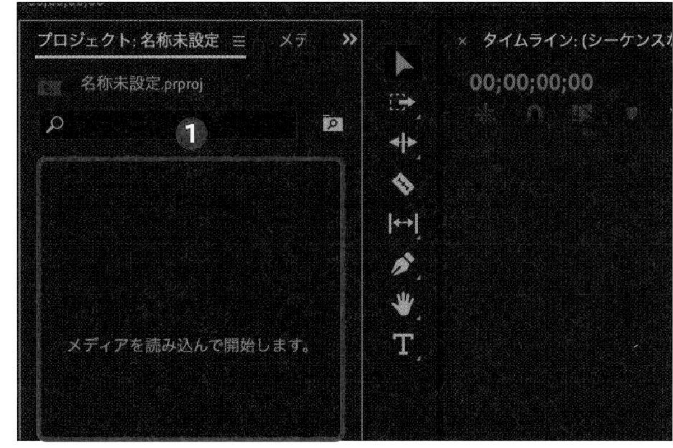

2 [編集] をクリックする

素材をクリックし❷、[読み込み] をタップすると、「プロジェクト」パネルに素材が配置されます❸。

POINT

各フォルダにある素材をクリックして、「プロジェクト」パネルへドラッグする方法でも、読み込むことができます。

3 「タイムライン」パネルへドラッグする

「プロジェクト」パネルに配置された素材をクリックして❹、「タイムライン」パネルへドラッグすると❺、編集作業の準備が完了します。

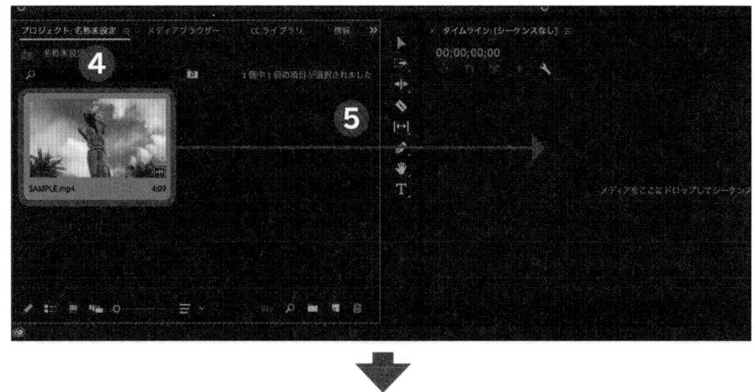

サンプルファイルのダウンロードについて

本書の解説に使用している作例動画のファイルおよび一部画像素材は、下記のページよりダウンロードできます。ダウンロード時は圧縮ファイルの状態なので、展開してから使用してください。

http://www.bnn.co.jp/dl/premierepro100/

●作例データのフォルダ構造について

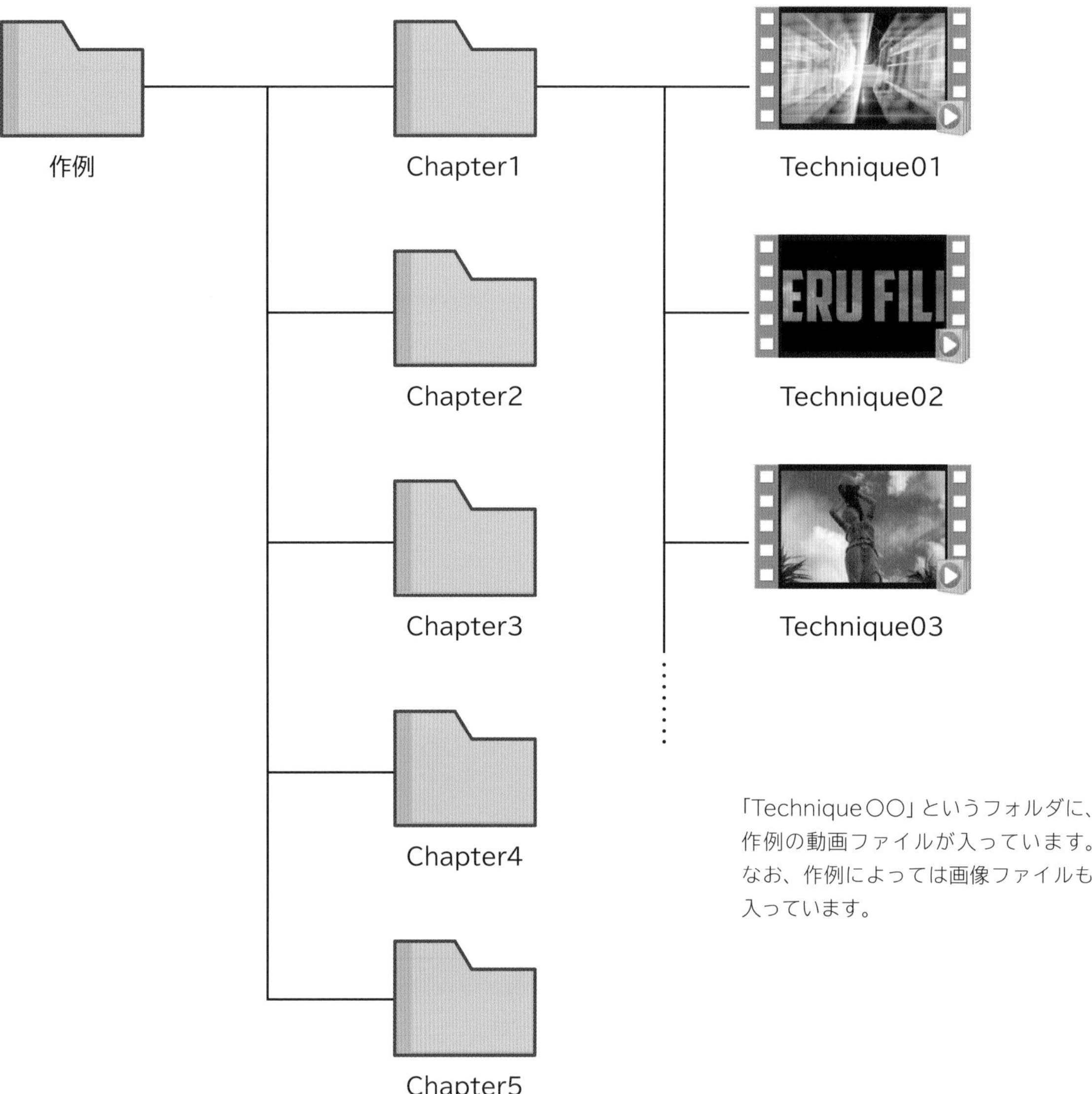

【使用上の注意】

※本データは、本書購入者のみご利用になれます。
※データの著作権は作者に帰属します。
※データの複製販売、転載、添付など営利目的で使用すること、また非営利で配布すること、インターネットへのアップなどを固く禁じます。
※本ダウンロードページURLに直接リンクをすることを禁じます。
※データに修正等があった場合には予告なく内容を変更する可能性がございます。

オープニングで使えるテクニック

まず最初に、オープニングで使うと効果的なテクニックを紹介します。オープニングを作ってはみたけれど、本編との繋がりに欠ける、もっと強く「ツカミ」を作りたい、といった場合に試してみましょう。

［作例・文］
谷口晃聖：Technique 01 ～ 03、12 ～ 16
Rec Plus ごろを：Technique 04 ～ 11、17 ～ 20

Technique 01 フェードイン・フェードアウトを使う

フェードインとは、何も見えない状態から徐々に明るくなる演出で、映像表現においてもっとも基本的なテクニックです。フェードアウトの場合はこれとは反対に、徐々に暗くなる演出を指します。

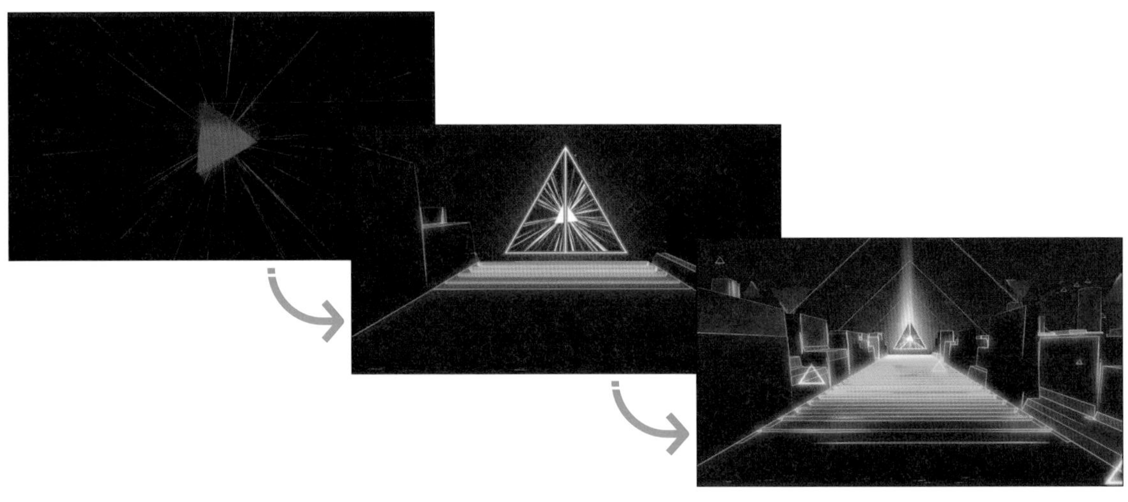

1 暗転トランジションを使う

ここでは「暗転トランジション」を使ったフェードイン・フェードアウトの方法を解説します。暗転トランジションを使うことで、映像を黒い背景から徐々にフェードインして明るくすることができます。なお、同様のやり方で、明るい画面から黒い背景にフェードアウトすることも可能です。

1 暗転を選択する

「プロジェクト」パネルの »をクリックし❶、[エフェクト] をクリックして❷、「エフェクト」タブの検索窓に「暗転」と入力します❸。

2 動画素材にドラッグする

[暗転] をクリックし❹、「タイムライン」パネルの、フェードインを設定したい動画素材の先頭にドラッグします❺。同様に、フェードアウトしたい動画素材の末尾にも [暗転] をドラッグします。

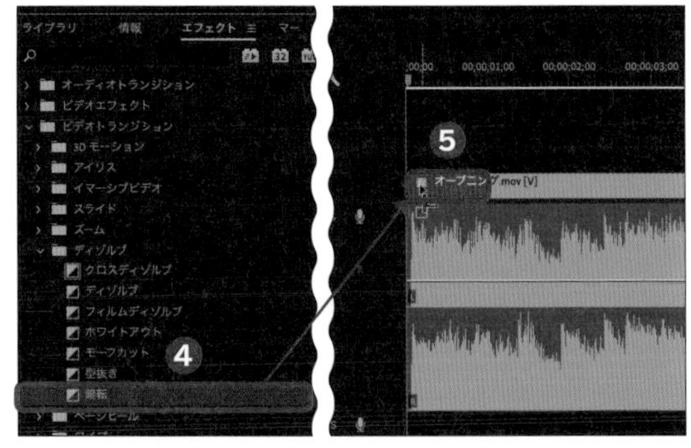

3 フェードインの時間を調整する

よりゆっくりフェードインしたいときは、「タイムライン」パネルで［暗転］の右端を左クリックして❻、右方向にドラッグします❼。同様に、よりゆっくりフェードアウトしたいときは、動画素材の末尾にある［暗転］を左クリックして左方向にドラッグします。

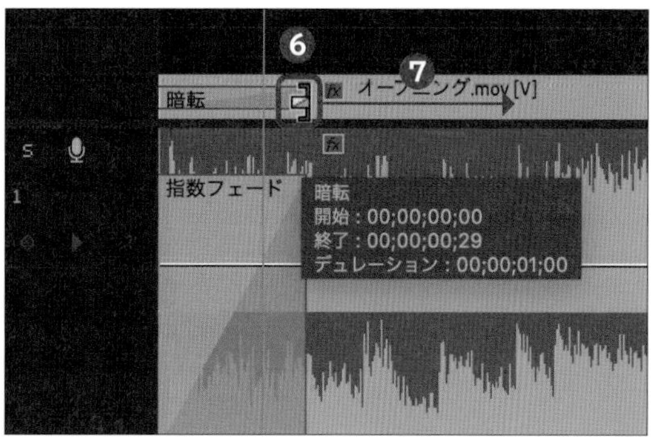

2 指数フェードでBGMをフェードイン・フェードアウトする

映像をフェードイン・フェードアウトさせたら、その動きに合わせて、BGMや効果音もフェードイン・フェードアウトさせましょう。ここでは「指数フェード」を用いて、音声素材をフェードイン・フェードアウトする方法を解説します。

1 指数フェードを選択する

P.016手順2の画面で［オーディオトランジション］をダブルクリックし❶、［クロスフェード］をダブルクリックして❷、［指数フェード］をクリックします❸。

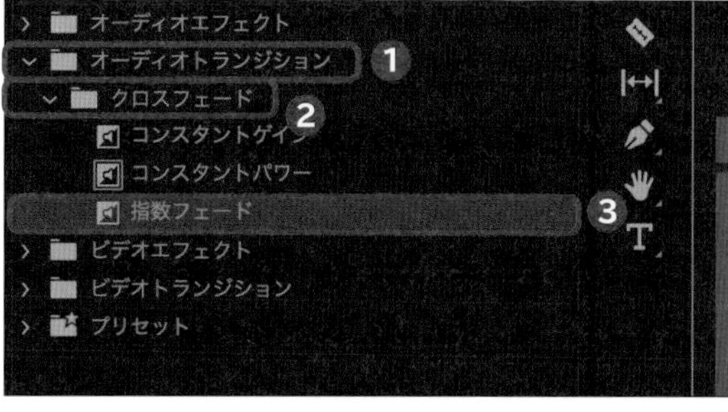

2 動画素材にドラッグする

［指数フェード］をクリックしたまま❹、「タイムライン」パネルの、フェードインを設定したい音声素材の先頭にドラッグします❺。同様の手順で、フェードアウトしたい音声素材の末尾にも［指数フェード］をドラッグします。

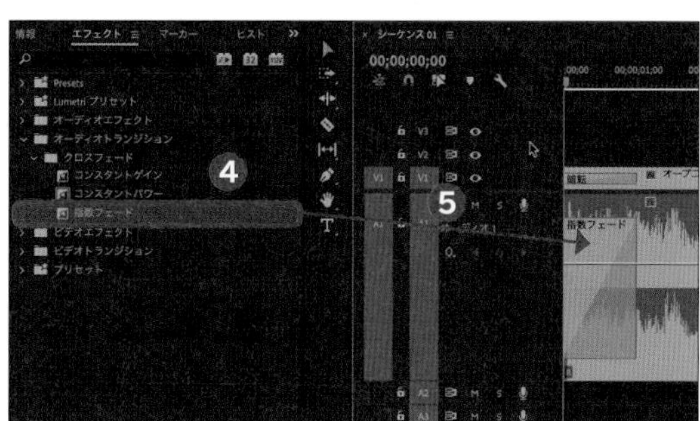

3 フェードインの時間を調整する

よりゆっくりフェードインしたいときは、［暗転］の右端を左クリックして❻、右方向にドラッグします❼。よりゆっくりフェードアウトしたいときは、同様の手順で動画素材の末尾にある［暗転］を左クリックして左方向にドラッグします。

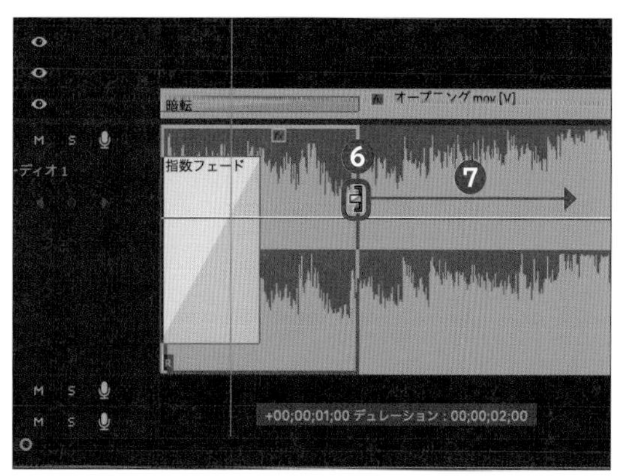

タイトル文字の中に映像を入れる

よく使われるテクニックとして、タイトル文字の中に映像を入れる演出があります。オープニングと本編の繋がりをよりスムーズにしたいときなどに利用すると便利です。

1 フォントをダウンロードする

前準備として「タイムライン」パネルに、タイトルとして使いたい映像とタイトル文字を配置する必要があります。まずはフォントをダウンロードしましょう。ここでは、「American Captain」というフォントを使用して解説していきます。ウエイトが太いため、映像を入れるのに適しています。

1 ダウンロードリンクにアクセスする

「https://www.dafont.com/american-captain.font」にアクセスして、[Download]をクリックします❶。

2 フォントをインストールする

ダウンロードしたファイルをダブルクリックして開き、[American Captain]を右クリックして❷、[インストール]をクリックします❸。Macの場合は、[Launchpad]→[Font Book]の順にクリックして + をクリックし、[American Captain.otf]をクリックして[開く]をクリックし、[American Captain.otf]をクリックしてチェックを付け、[選択項目をインストール]をクリックします。

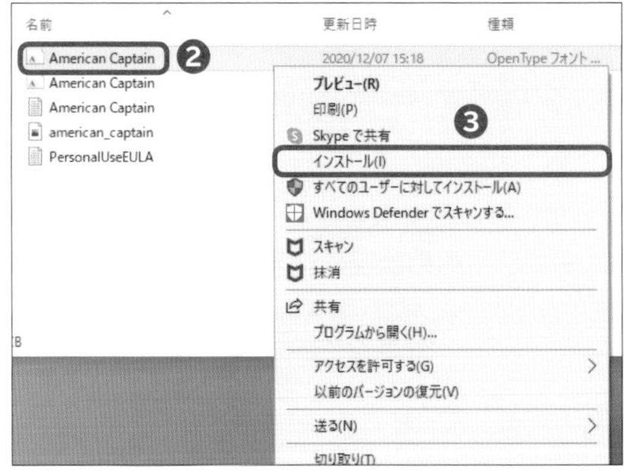

2 トラックマットキーを利用する

使いたいフォントをインストールしたところで、実際にタイトル文字の中に映像を入れるための手順を確認していきましょう。利用するのは「トラックマットキー」です。トラックマットキーを利用すると、特定のクリップを透過して、別の映像や写真を背景にすることができます。

1 トラックマットキーを選択する

P.016手順2の画面で、[ビデオエフェクト] をダブルクリックし❶、[キーイング] をダブルクリックして❷、[トラックマットキー] をクリックします❸。

POINT

検索窓に「トラックマットキー」と入力するだけでもトラックマットキーを表示させることができます。

2 動画素材にドラッグする

[トラックマットキー] をクリックしたまま❹、「タイムライン」パネルの、タイトル文字の中に入れたい映像素材にドラッグしてクリックします❺。

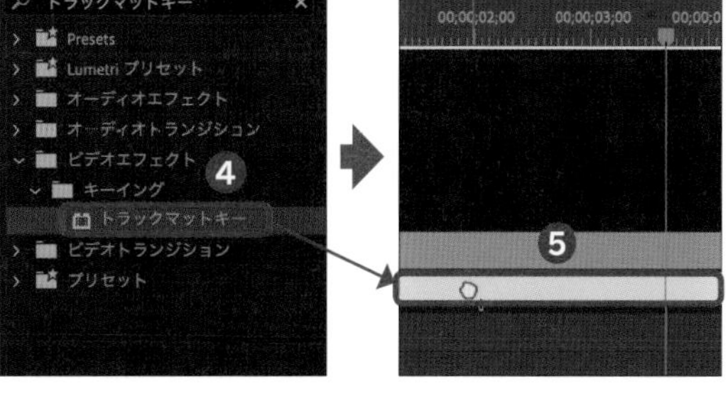

POINT

この際、間違えてテキスト素材にドラッグしないよう注意しましょう。

3 マットを選択する

「エフェクトコントロール」パネルの「トラックマットキー」で、「マット」の∨をクリックし、[ビデオ2] をクリックします❻。

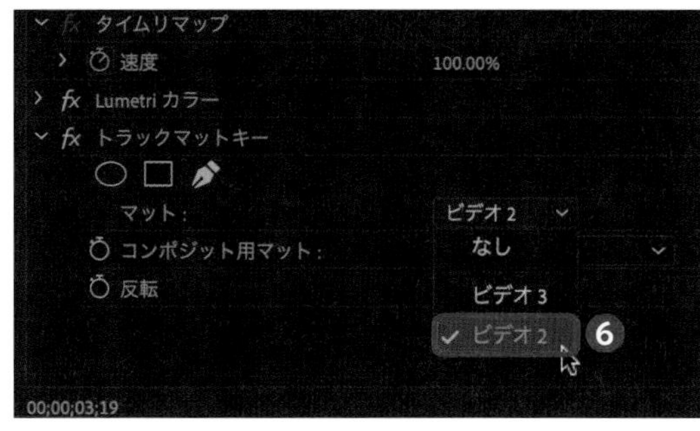

Check! 「エフェクトコントロール」パネルで文字を調整しよう

以上の手順で映像を文字の中に入れることができますが、文字の位置や大きさの調整を行ないたいときは「エフェクトコントロール」パネルから行ないましょう。右の例では、「モーション」の「位置」の数字を変化させることで、文字を左に移動させています。

早送り（タイムラプス）を活用する

タイムラプスとは、数秒のインターバルを設けて写真を撮影し、繋ぎ合わせるテクニックです。別途「Adobe Lightroom Classic」で写真を現像してから行ないます。

1 RAWデータを現像する

前準備として「Adobe Lightroom Classic」を用い、RAWデータの写真を現像します。RAWデータとは、画像形式の一種です。カメラ内部での現像処理が行なわれていない、非圧縮または低い圧縮率の画像データのことを指します。

1 フォルダを選択する

「Adobe Lightroom Classic」を起動して、[ソース]をクリックし、タイムラプスに利用したい写真の入っているフォルダをクリックします❶。

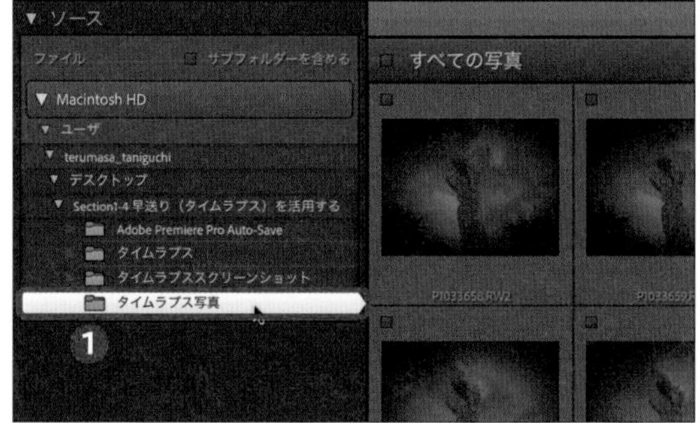

2 すべての写真を読み込む

[全てをチェック]をクリックして❷、[読み込み]をクリックします❸。

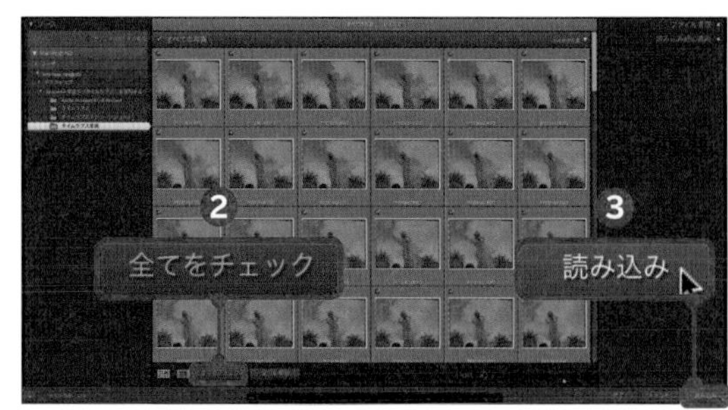

3 写真を編集する

「基本補正」で、「色温度」を「5,978」に❹、「露光量」を「＋0.30」に❺、「ハイライト」を「－15」に❻、「シャドウ」を「＋60」に❼、「自然な彩度」を「＋30」に❽、「彩度」を「－5」に調整します❾。

POINT

「色温度」は写真の色合いを演出したり、自分のイメージに近い色を作る際に調整します。「ハイライト」は明るい部分を暗く補正することができます。「シャドウ」は暗い部分を明るく補正することができます。「自然な彩度」は、鮮やかさが不足している色を調整することができます。「彩度」は全体の色に対して同じ量だけ鮮やかさを調整することができます。ここで紹介した数値はあくまで一例なので、自分好みの色に調整できるよう、いろいろな数値を試してみるとよいでしょう。

4 設定をする

［設定］をクリックし❿、［設定を同期］をクリックします⓫。

5 設定を同期する

［すべてをチェック］をクリックして⓬、［同期］をクリックします⓭。

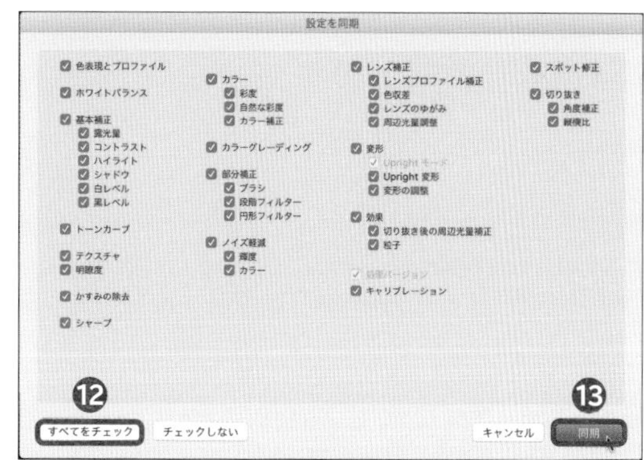

6 ライブラリを選択する

［ライブラリ］をクリックして⓮、［すべてを選択］をクリックします⓯。

7 編集した写真を書き出す

[書き出し] をクリックします⑯。

8 書き出し先を選択する

[書き出し先] をクリックし⑰、[デスクトップ] をクリックします⑱。

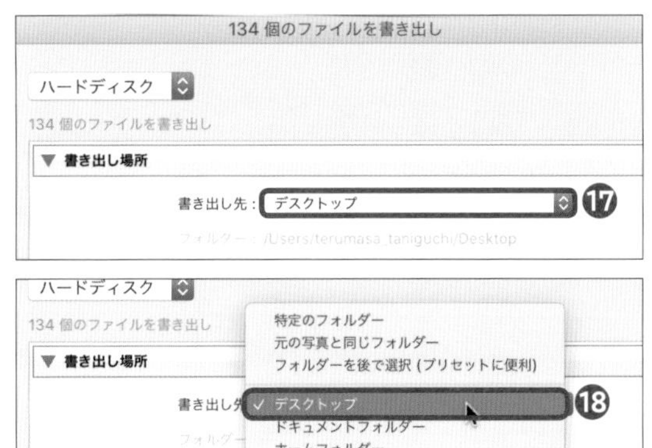

9 名前を編集する

サブフォルダ名（ここでは「空のタイムラプス」）を入力し⑲、[変更後の名前] をクリックし、[編集] をクリックします⑳。

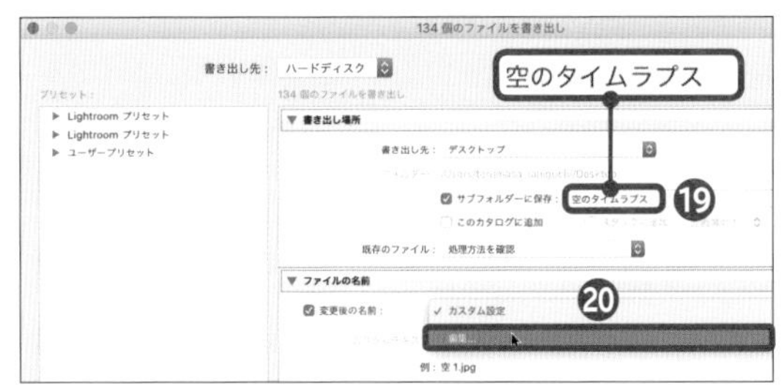

10 名前を入力する

ファイル名（ここでは「空のタイムラプス　連番（1）」）を入力し㉑、[完了] をクリックします㉒。

11 写真を書き出す

「ファイル設定」で、[画像形式] をクリックして [JPEG] をクリックします㉓。「画質」に「100」と入力して㉔、[カラースペース] をクリックして [sRGB] をクリックし㉕、[書き出し] をクリックします㉖。

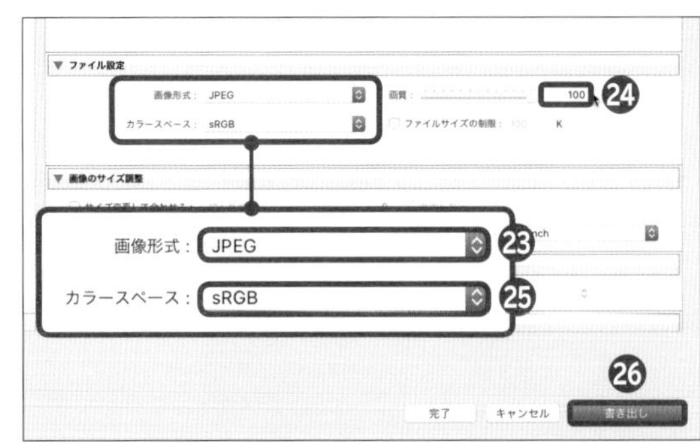

2 Premiere Proにタイムラプス写真を読み込む

現像と書き出しが終わったら、Premiere Proでタイムラプス写真を読み込みます。読み込めば自動でタイムラプス映像が生成されるため、大きな手間はかかりません。

1 フォルダを読み込む

[ファイル] をクリックし❶、[読み込み] をクリックします❷。

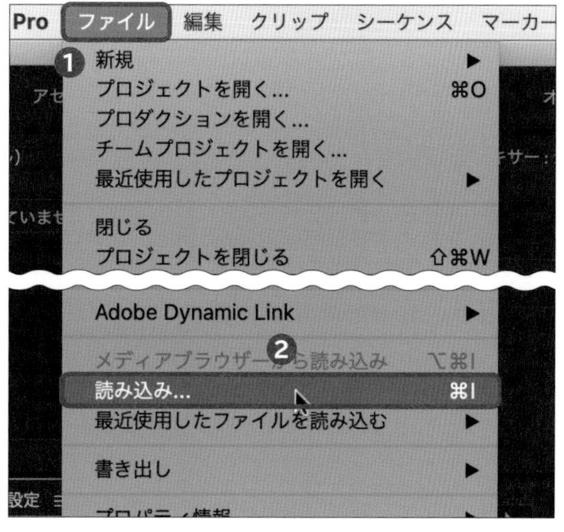

2 すべての写真を読み込む

P.020～022で作成したタイムラプス写真のフォルダを選択して最初の写真をクリックし❸、[オプション] をクリックして❹、[読み込み] をクリックします❺。

3 タイムラプス写真を読み込む

「プロジェクト」パネルに表示されたタイムラプス写真をクリックして、「タイムライン」パネルにドラッグし❻、クリックします❼。

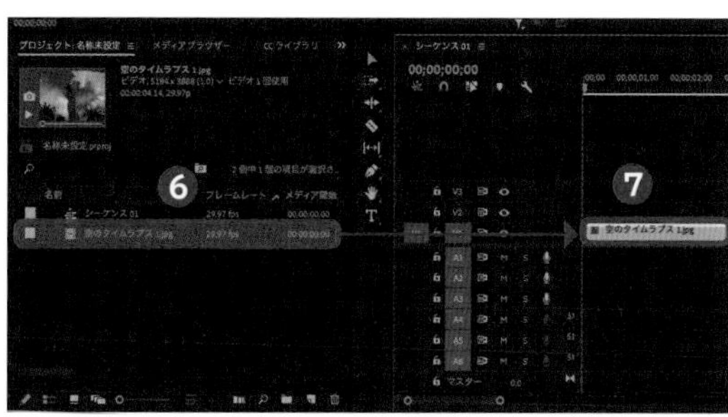

4 モーションを調整する

「エフェクトコントロール」パネルで、「プログラム」パネルのプレビュー映像がぴったり収まるように「モーション」の「スケール」に任意の数値（ここでは「38.0」）を入力します❽。

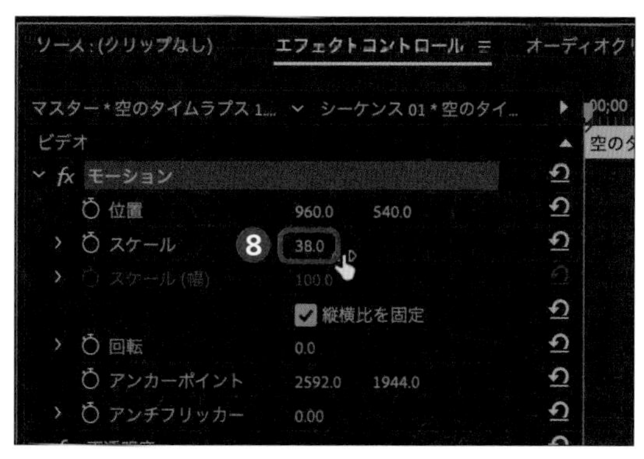

04 映画っぽい始まりに仕上げる①

Premiere Proでは、撮影した映像をシネマティックに仕上げることも可能です。雰囲気重視のオープニングを作りたいときに利用しましょう。

1 タイトル文字を入力する

まずは、映像にタイトルを入力します。ここでは、シリアスな雰囲気を出すために「A-OTF リュウミン Pr6N」というフォントを使っています。彫刻刀で彫ったような切れ味のある書体で、映画っぽい映像のタイトル以外にも汎用性が高いので、覚えておくとよいでしょう。

1 文字を入力する

「ツール」パネルでTをクリックし❶、「プログラム」パネルのプレビュー映像をクリックして❷、文字を入力します❸。

2 文字を調整する

「エフェクトコントロール」パネルでフォントの位置やスケール（ここではそれぞれ「949.6」「621.8」と「121」）を調整します❹。

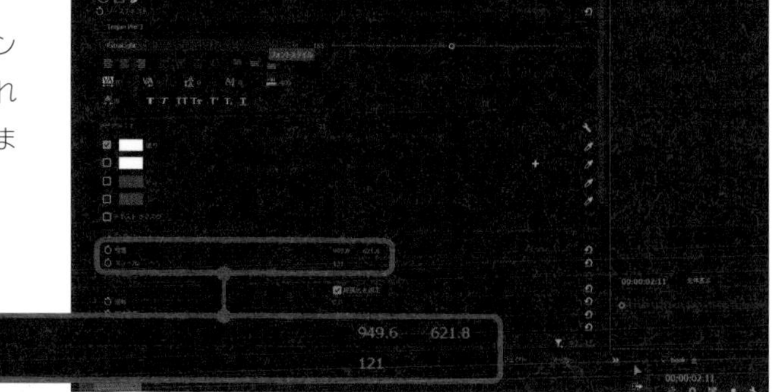

2 不透明度を設定する

次に不透明度を設定し、映像全体に動きを付けていきます。「エフェクトコントロール」パネルを表示して、不透明度を調整しましょう。どれくらいのスピードで不透明度を変化させるかについては、好みの問題なので、映像の長さなども考慮しながら、ベストの秒数を探ってみましょう。

1 不透明度を「0」にする

「タイムライン」パネルの再生ヘッドを先頭に移動させ、「エフェクトコントロール」パネルでをクリックしてアニメーションをオンにし❶、数値を「0.0」と入力します❷。

POINT

上記で調整した不透明度は、再生ヘッドのある位置から適用されるため、あらかじめ「タイムライン」パネルの再生ヘッドを先頭に移動させておきましょう。

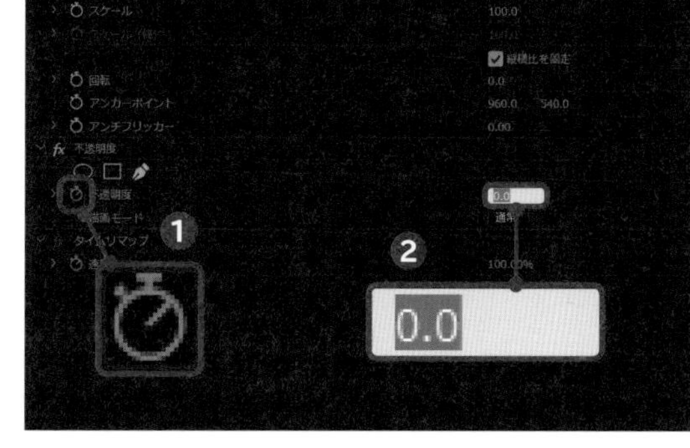

2 不透明度を「100」にする

「タイムライン」パネルの再生ヘッドを任意の地点（ここでは3秒後）に移動させ❸、「不透明度」の数値を「100」と入力します❹。

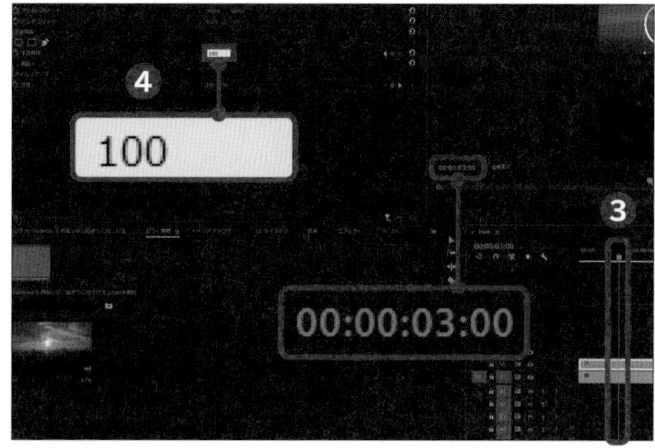

3 再生ヘッドを移動する

「タイムライン」パネルの再生ヘッドを、タイトルが固定する位置（ここでは最後から3秒前）に移動させます❺。

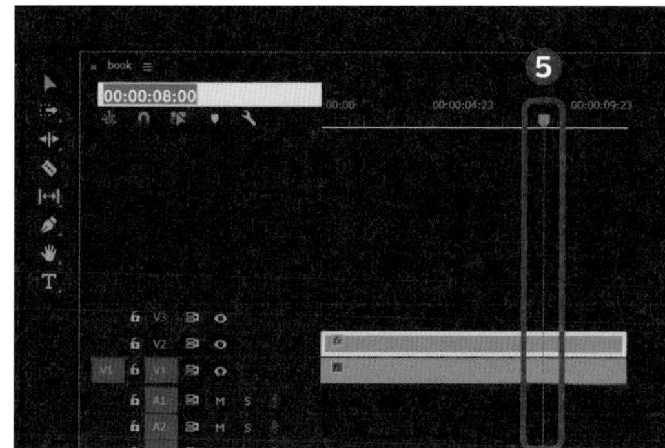

4 アニメーションをオンにする

「エフェクトコントロール」パネルの「不透明度」のをクリックし、キーフレームを追加します❻。

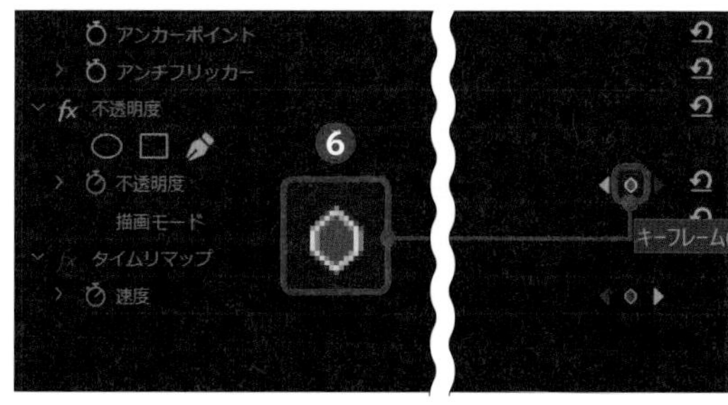

5 再生ヘッドを終わりに移動する

再生ヘッドを動画の最後まで移動させ❼、不透明度の数値を「0」と入力します❽。

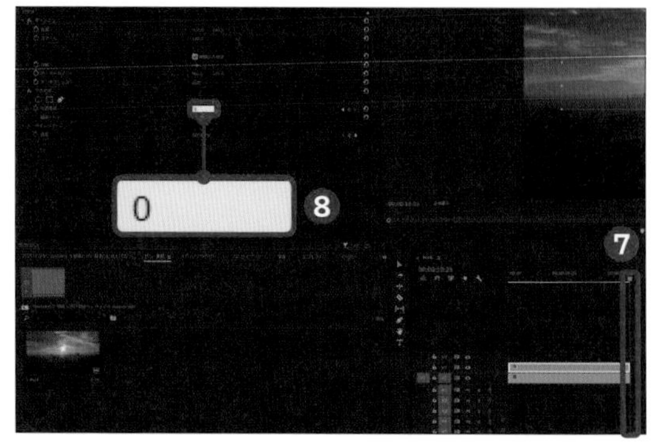

6 キーフレームを可視化する

「エフェクトコントロール」パネル右側の▶をクリックして❾「タイムラインビュー」を表示し、手順1〜4で入力した数値をキーフレームとして可視化します❿。

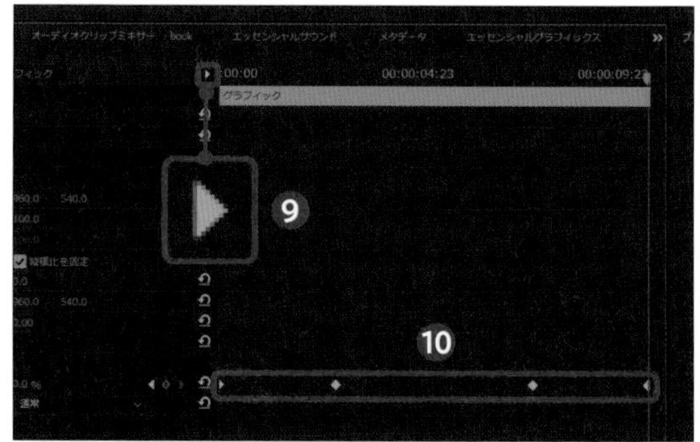

7 ベジェを選択する

すべてのキーフレームをドラッグして複数選択し⓫、右クリックして［自動ベジェ］をクリックします⓬。

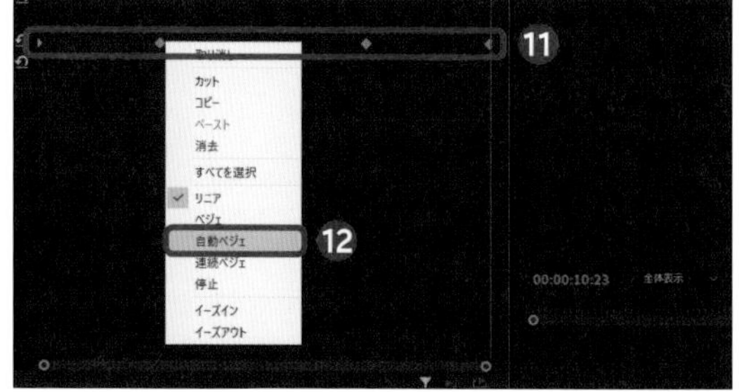

3 ブラーを追加する

仕上げに、「ブラー」を追加します。ブラーとは映像のぼかしを調整するエフェクトで、人の顔などを特定できないように使う用途のほかに、映像全体を淡い雰囲気に仕上げることにも利用できます。

1 エフェクトを選択する

［ウィンドウ］をクリックし❶、［エフェクト］をクリックします❷。

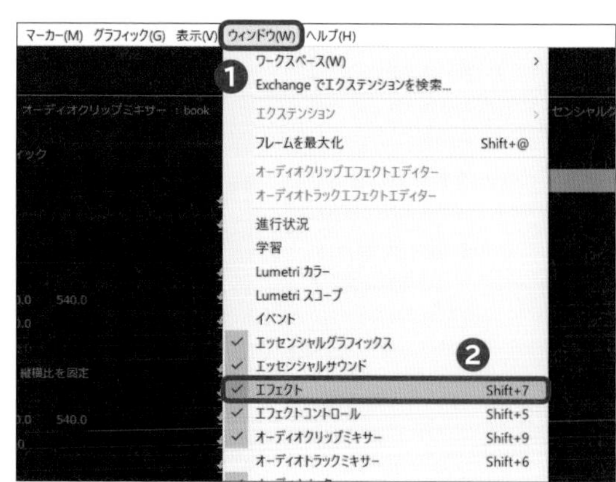

2 ブラーを表示する

P.016手順1を参考に「エフェクト」パネルを表示し、検索欄に「ブラー」と入力して❸、[ブラー（ガウス）] をクリックし❹、「タイムライン」パネルのテキスト要素にドラッグします❺。

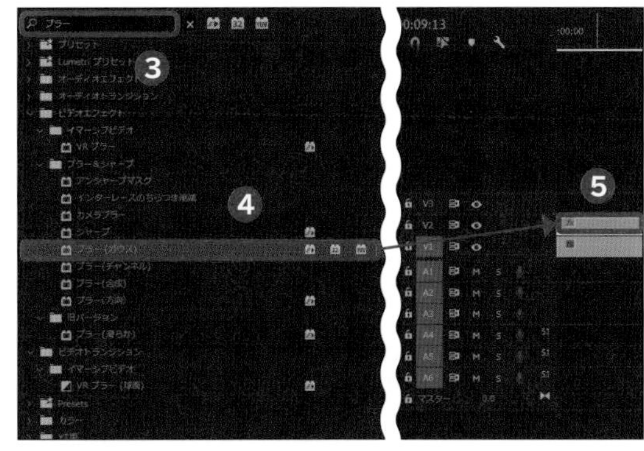

3 アニメーションをオンにする

「タイムライン」パネルの再生ヘッドを先頭に移動させ、「エフェクトコントロール」パネルの⏱をクリックしてアニメーションをオンにします❻。

4 ブラーの数値を入力する

「ブラー」の数値に「50」と入力します❼。

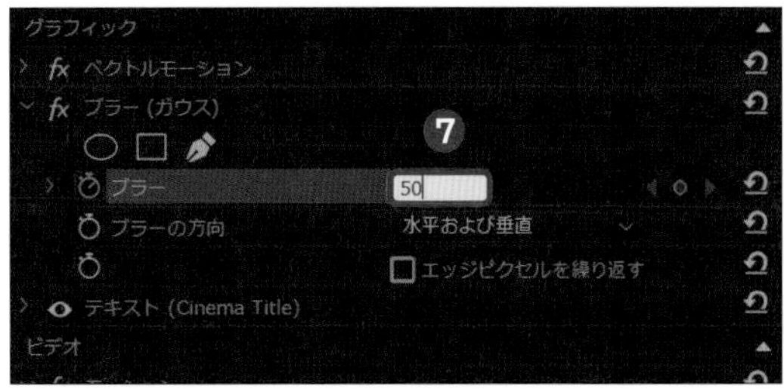

5 再生ヘッドを移動させる

再生ヘッドを3秒後に移動させ❽、「ブラー」の数値に「0」と入力します❾。

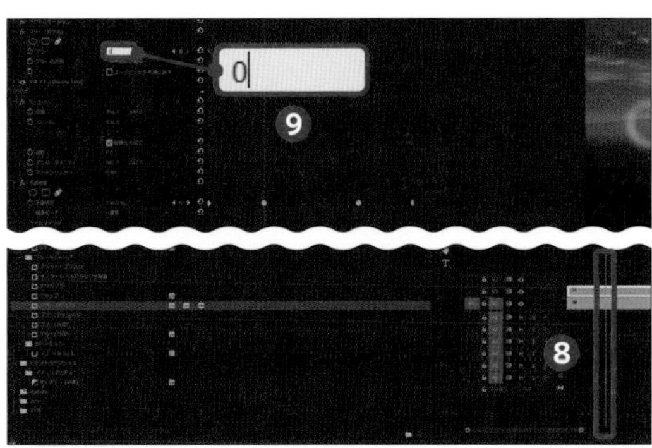

6 映像終わりのブラーを調整する

再生ヘッドを最後から3秒前に移動させ、「ブラー」の◆をクリックして❿、キーフレームを打ちます⓫。最後に、再生ヘッドをレイヤーの最後に移動させ、「ブラー」の数値を「50」に変更すると、滑らかに映像が現われる映画っぽいオープニングができあがります。

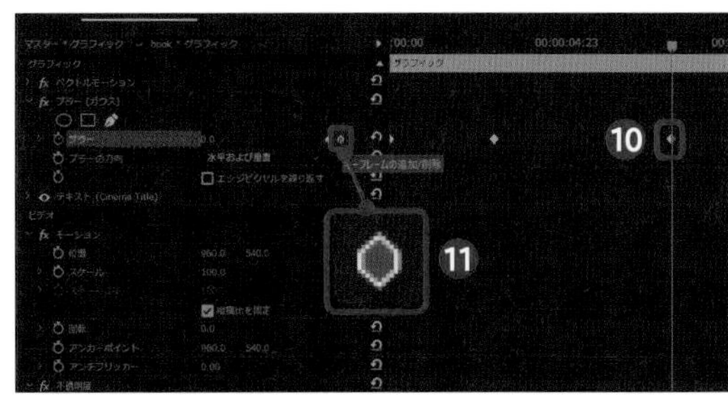

Technique 05 映画っぽい始まりに仕上げる②

ここでは、モノクロ映画のような質感の映像を作る方法を紹介します。フルカラーの映像に比べてシックで大人っぽい始まり方に仕上げられるのが特徴です。

1 調整レイヤーを作る

「タイムライン」パネルに映像素材を入れたら、「調整レイヤー」を作成します。調整レイヤーは、複数の素材に同じエフェクトを適用する際に利用すると便利なレイヤーです 。調整レイヤーの下にあるクリップ全体にエフェクトが適用されます。

1 調整レイヤーを選択する

「プロジェクト」パネル右下の をクリックし❶、[調整レイヤー] をクリックします❷。

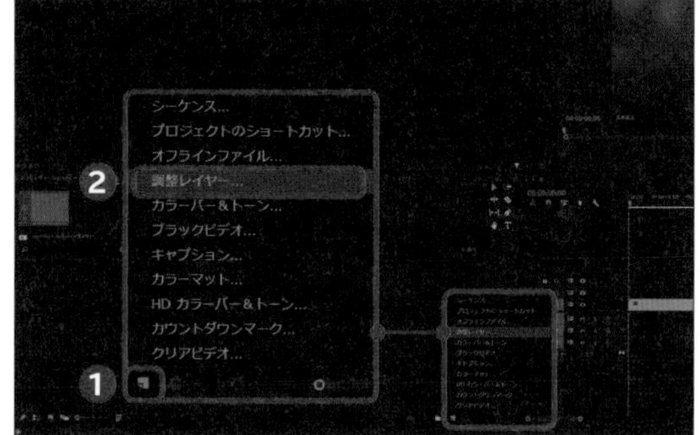

2 映像素材に適用する

「プロジェクト」パネルに表示された調整レイヤーをクリックして❸、映像クリップの上のレイヤーにドラッグします❹。

2 素材を白黒に変更する

次にカラーの映像素材を白黒に仕上げていきます。ここでは、「Lumetriカラーパネル」というパネルで色の調整を行ないます。このパネルで彩度を「0」まで落とすことで、白黒の映像を作ることができます。

1 彩度を「0」にする

「タイムライン」パネルの再生ヘッドを先頭に移動させてから、[カラー] タブをクリックし❶、「Lumetriカラー」パネルの [トーン] をクリックし❷、「彩度」を「0.0」に調整します❸。

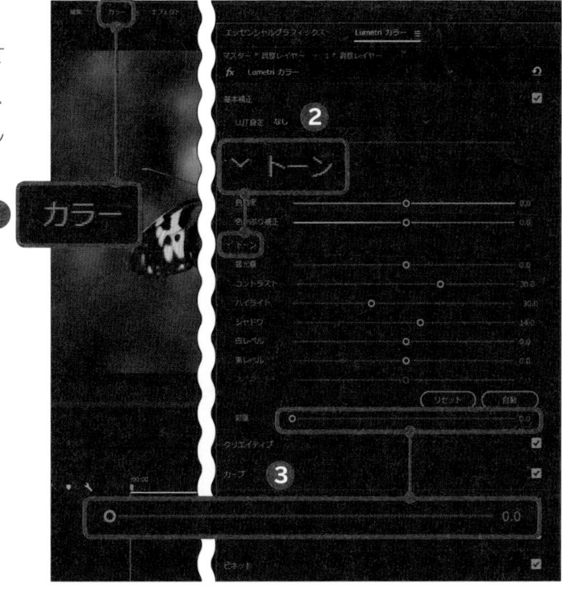

2 元のワークスペースに戻る

映像の質感を調整したら、[編集] タブをクリックして元のワークスペースに戻ります❹。必要に応じて、以下の編集を追加で行ってください。

Another

より「ざらついた」質感に仕上げる

ここまでの手順で白黒の映像は出来上がりますが、ノイズを追加することで、さらに質感のある映像に仕上げることができます。画面上の「ウィンドウ」タブを開き、[エフェクト] をクリックして「エフェクト」タブを表示します。次に「エフェクト」タブの検索窓で「ノイズ」と入力し、[ビデオエフェクト] → [ノイズ&グレイン] の順にクリックして、その中にある「ノイズ」を調整レイヤーへドラッグします。最後に、「エフェクトコントロール」パネルの「ノイズ」の「ノイズ量」に「15%」と入力すると、よりシネマティックな画面に変化させることができます。

Technique 06

徐々にピントを合わせる

オープニングに街の風景などを使用する場合は、ぼやけた画面から徐々にピントが合っていく演出を取り入れると雰囲気が引き立ちます。エフェクトに緩急を付けて演出しましょう。

1 エフェクトコントロールを設定する

前準備として、Technique 04で使ったブラーを使用します。P.027手順2を参考にして、「エフェクト」パネルで[ブラー(ガウス)]をクリックし、「タイムライン」パネルの映像素材にドラッグしてください。ブラーが適用されたら、以下の手順でエフェクトコントロールを設定していきます。

1 ブラーを調整する

「タイムライン」パネルの再生ヘッドを先頭に持っていき、「エフェクトコントロール」パネルで「スケール」のをクリックします❶。「スケール」の数値に「120.0」と入力して❷、「ブラー(ガウス)」の「ブラー」のをクリックし❸、「ブラー」の数値に「100」と入力します❹。

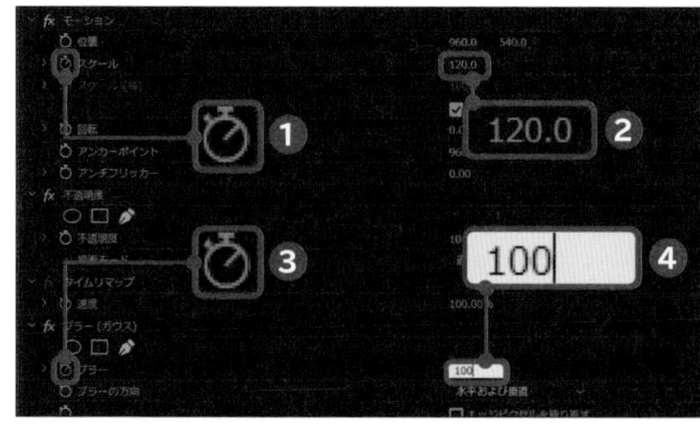

2 ピントの合う時間を調整する

再生ヘッドを、ピントを合わせたい時間(ここでは開始1秒)まで移動させます❺。「エフェクトコントロール」パネルで「スケール」のをクリックして❻数値を「0」に戻し、「ブラー(ガウス)」の「ブラー」のをクリックして数値を「0」に戻します。

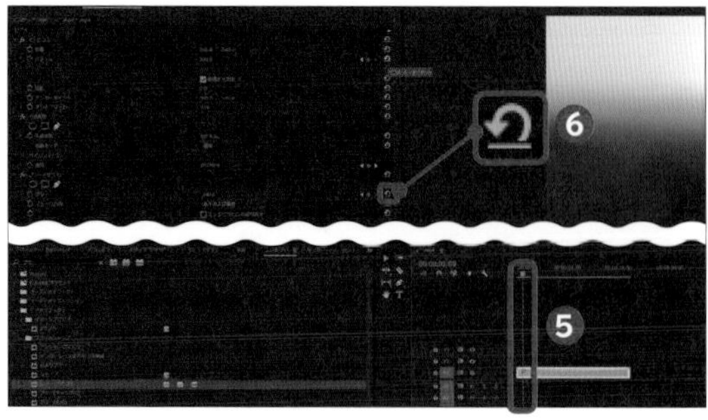

2 エフェクトに緩急を付ける

続いて、ピントが合っていく過程に緩急を付けていきます。このテクニックを使うと、単調にピントが合っていくだけの映像と比較して、よりリアルで「プロっぽい」演出が可能となります。使用するのは「イーズイン」と「イーズアウト」というエフェクトです。

1 キーフレームを可視化する

「エフェクトコントロール」パネル右端の▲をクリックして「タイムラインビュー」を表示し、P.030手順1～2で作成したキーフレームを可視化します❶。

Check! タイムラインビューを見やすくしよう

タイムラインビューは、デフォルトの状態では狭い状態で表示されています。作業しにくいと感じたときは、タイムラインビューの左側をクリックして左方向へドラッグすることで広くすることができます。

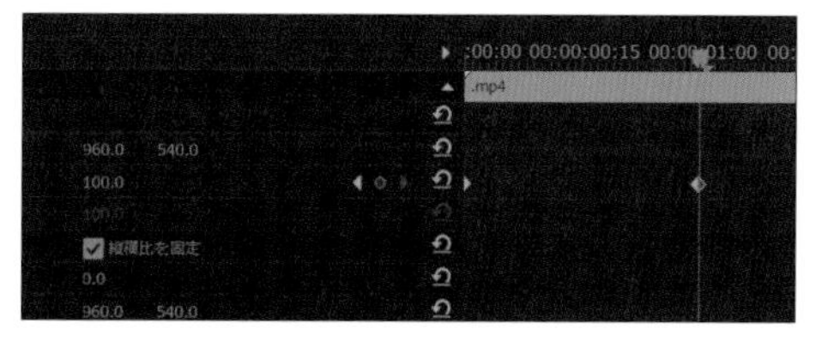

2 イーズインを適用する

後半の2つのキーフレーム（スケールとブラー）をドラッグして選択し❷、右クリックして［イーズイン］をクリックします❸。

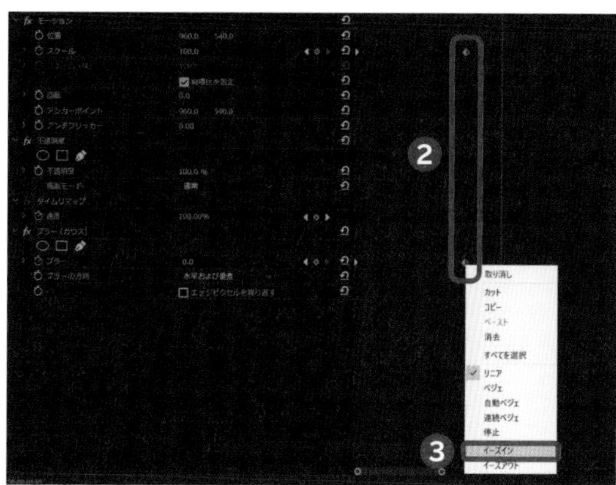

3 イーズアウトを適用する

前半の2つのキーフレームをドラッグして選択し❹、右クリックして［イーズアウト］をクリックします❺。

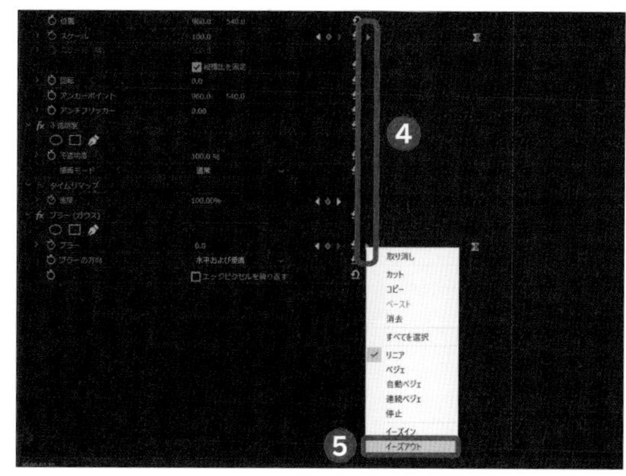

Technique

07 落書きアニメ風のエフェクトを付ける

実写の映像にちょっとした落書きアニメ風のエフェクトを付けることで、より動きや人物を引き立てることができます。オープニングのアクセントとして利用してみるとよいでしょう。

1 アニメの素材を描く

まずはアニメの素材を描いていきます。あくまで主役は映像なので、凝ったイラストなどを描く必要はありません。目立つ色の線を数本描き入れるだけでも十分に効果的です。「レガシータイトル」でペンツールを呼び出し、線を描いてみましょう。

1 「レガシータイトル」を表示する

［ファイル］タブをクリックし❶、［新規］をクリックして❷、［レガシータイトル］をクリックします❸。

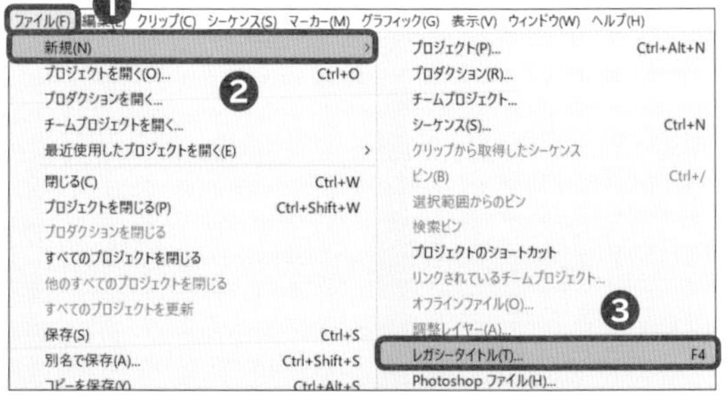

2 アニメの素材を描く

キーボードでPキーを押してペンツールに切り替え、2つの点を打って線を描きます。キーボードでVを押して選択ツールに戻し、アニメの素材となる線を描きます❹。

3 線を調整する

描いた線をドラッグして複数選択し❺、「プロパティ」で「線幅」の数値に「10.0」と入力します❻。[線の形状] と [角の形状] をクリックして「ラウンド」をクリックし❼、「カラー」のパネルをクリックして好きな色をクリックします❽。作業が終わったら右上の [閉じる] をクリックします。

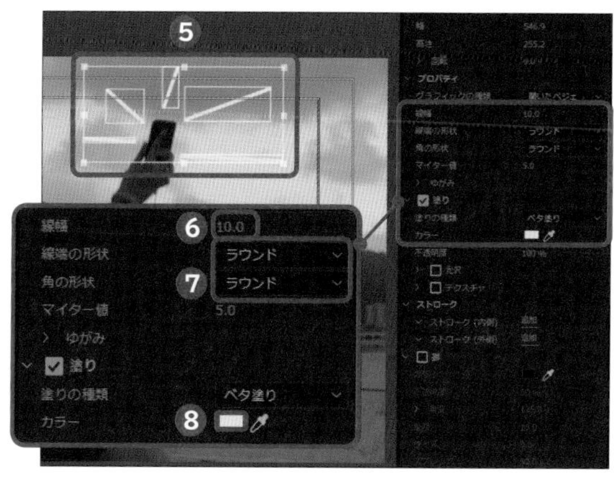

2 アニメの素材を動かす

続いて、素材を動かしてアニメっぽい印象を与えるための作業を解説していきます。ここでは、集中線のような線を点滅させることで、女性が手に持ったスマートフォンが効果的に見えるよう、演出しています。「エフェクト」パネルを表示して、動かし方を調整しましょう。

1「タイムライン」パネルにドラッグする

「プロジェクト」パネルで、作成したアニメの素材を「タイムライン」パネルにドラッグします❶。

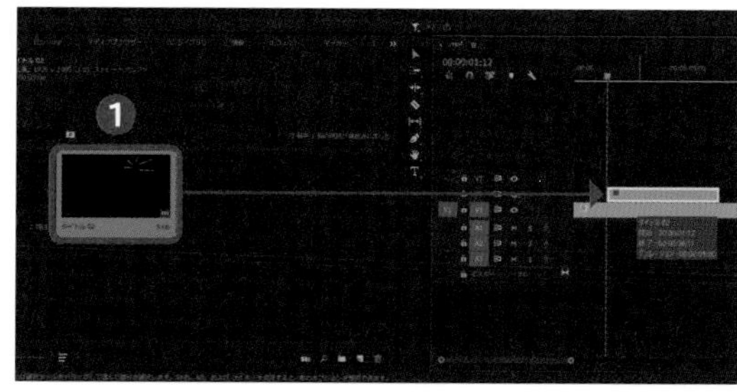

2「円」をドラッグする

P.016手順1を参考に「エフェクト」パネルを表示し、検索窓に「円」と入力して❷、[ビデオエフェクト] → [描画] の順にクリックし❸、[円] をクリックしてアニメ素材にドラッグします❹。

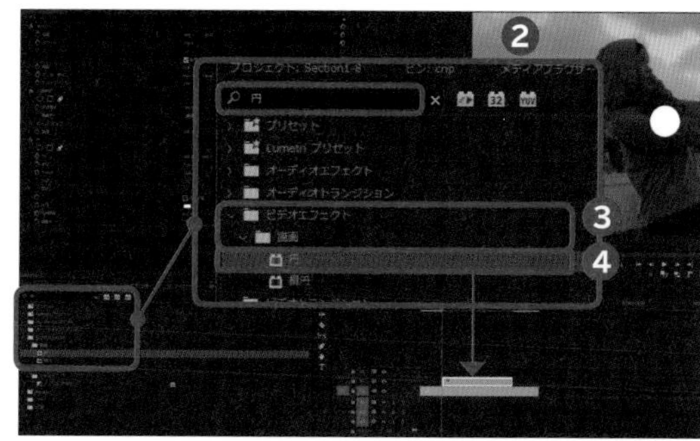

3「ステンシルアルファ」を選択する

「エフェクトコントロール」パネルで「円」の「描画モード」の [なし] をクリックして❺、[ステンシルアルファ] をクリックします❻。

POINT

ここで、プレビュー画面から落書きが消えます。次の手順で見えるように調整していきます。

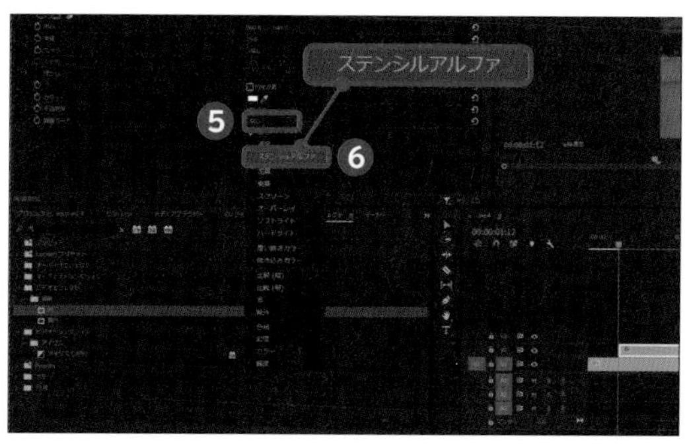

4 ブラーの数値を入力する

「エフェクトコントロール」パネルの「半径」を、落書きが見える値（ここでは「650.0」）になるよう入力して❼、「fx」の［円］をダブルクリックします❽。「プログラム」パネルのプレビュー画面で⊕をクリックして、アニメ素材が落書きの中心に合うよう移動させます❾。

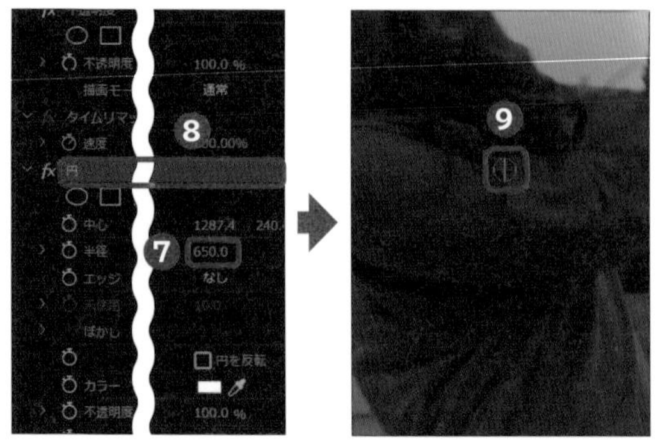

5 半径の数値を下げる

「半径」の⏱をクリックしてキーフレームを追加し❿、落書きが見えなくなるまで「半径」の数値（ここでは「60.0」）を下げます⓫。

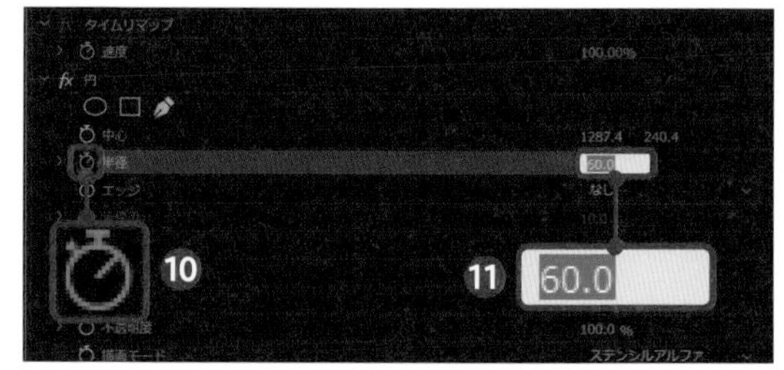

6 半径の数値を上げる

→キーを5回押して再生ヘッドを右へ移動させてから、落書きが見える値まで「半径」の数値（ここでは「650.0」）を上げます⓬。

POINT

イラストの位置がずれていたら、左上「エフェクトコントロール」パネルの［モーション］をダブルクリックして調整しましょう。

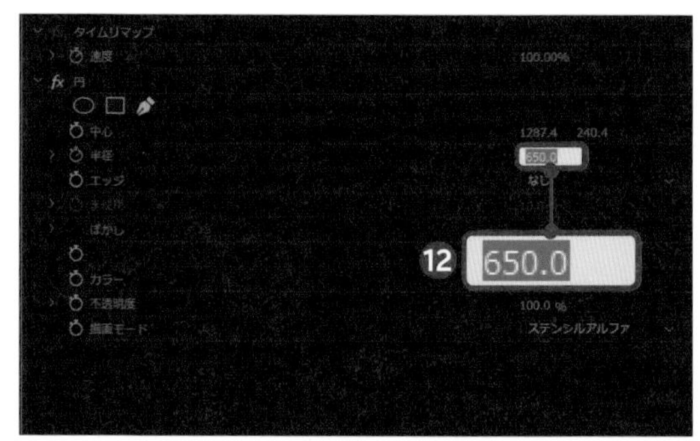

7 アニメーションの位置を調整する

プレビュー画面をクリックしてアニメーションを適切な位置に配置します⓭。

8 線を消す位置を決める

→キーを3回押して、アニメ素材を消したい位置まで再生ヘッドを右へ移動させます⓮。P.033手順2を参考に［円］をクリックして作成した落書き（レガシータイトル）へドラッグし⓯、「エフェクトコントロール」パネルの「円」の描画モードで［ステンシルアルファ］をクリックします⓰。

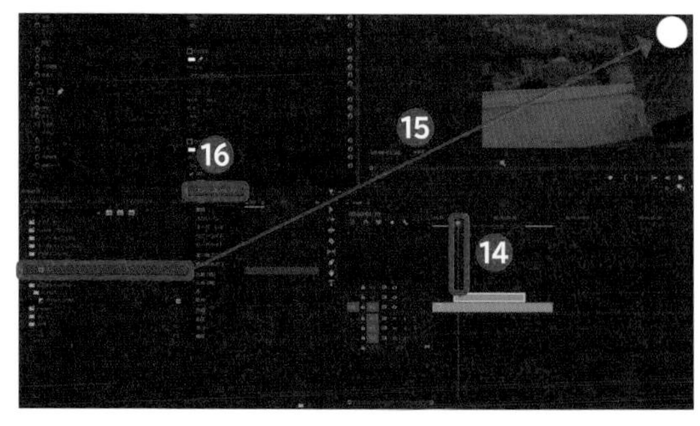

9 アニメ素材の位置を調整する

[円を反転] をクリックしてチェックを付け⑰、「fx」横の [円] をクリックして⑱、「プログラム」パネルのプレビュー画面で⊕をクリックします。アニメ素材が落書きの中心に合うよう移動させ⑲、「半径」のをクリックしてキーフレームを追加します⑳。

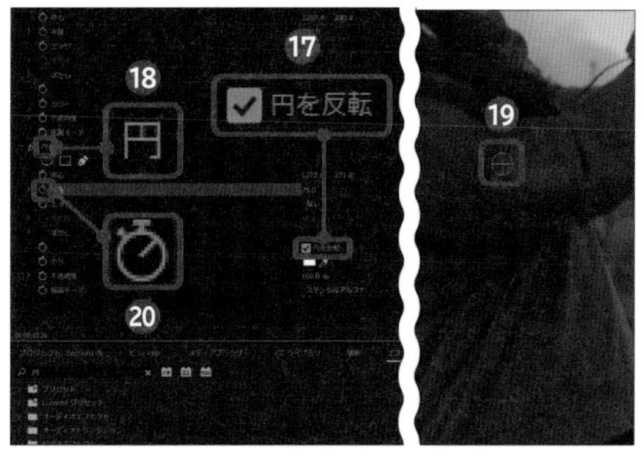

10 再び線が現われる位置を決める

→キーを5回押して再生ヘッドを右へ移動させてから、落書きが見える値まで「半径」の数値（ここでは「380.0」）を上げます㉑。

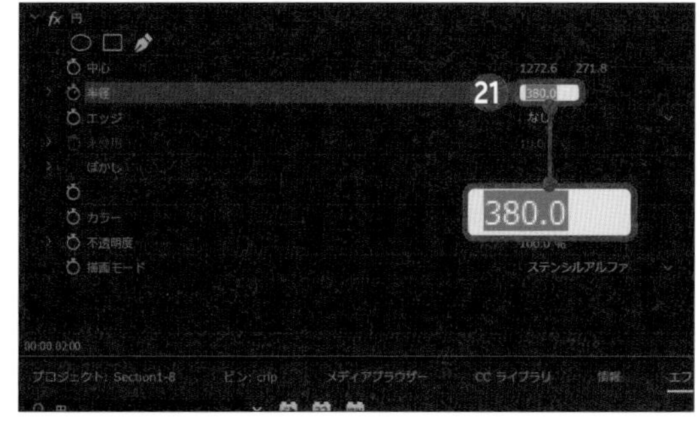

3 アニメ素材の複製

作ったアニメ素材は、複製して使いまわすことができます。映像の中に目立たせたい要素が複数ある場合などに利用すると便利です。

1 「タイムラインパネル」にドラッグする

C キーを押してレーザーツールを選択し、アニメ素材の中で不必要な部分をクリックし❶、Back space キーを押して削除します。

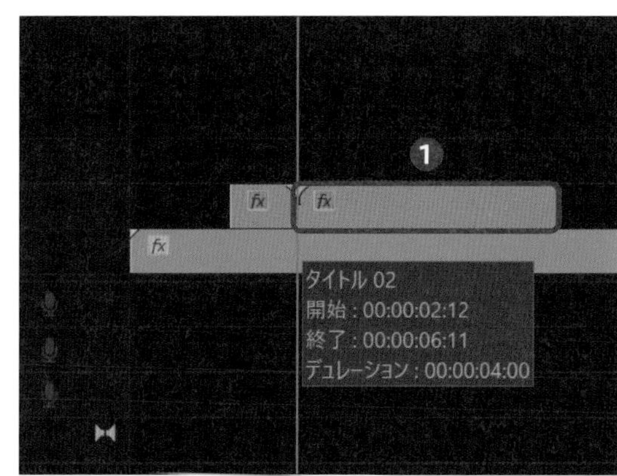

2 アニメ素材を複製する

アニメ素材を複製したい位置まで再生ヘッドを移動させ❷、作成したアニメ素材を Alt キー、もしくは option キーを押しながらドラッグします❸。

POINT

「レガシータイトル」から、素材の色や太さを再度変更することもできます。

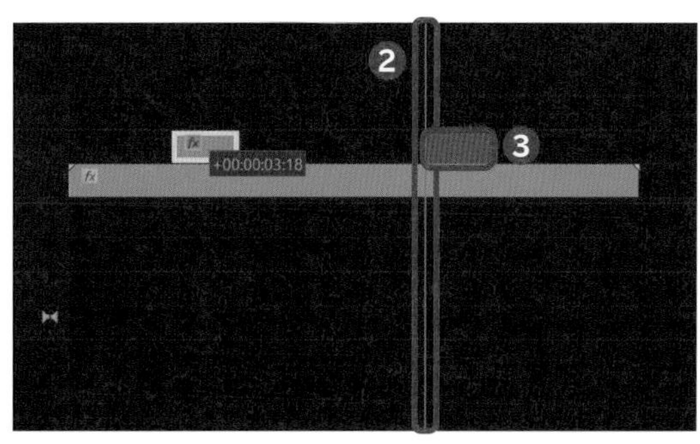

Technique 08

タイプライターの音でハードボイルドに

「カタカタ……」というタイプライターの音から始めることで、視聴者を引き付けるテクニックです。ハードボイルドな雰囲気だけでなく、おしゃれな映像と合わせても効果的です。

1 素材に目印を付ける

まずは、タイムラインに必要な映像素材を入れます。ここでは、実際にタイプライターを打っている映像を用意しました。ここに文字を重ねていくのですが、大事なのは打鍵のタイミングと文字の表示がしっかり合っていることです。うまくタイミングを合わせるために、マークを付けていく作業を解説します。

1 素材を選択する

「プロジェクト」パネルの動画素材をタイムラインにドラッグし、タイピング音を入れたい箇所まで再生ヘッドを移動させます❶。

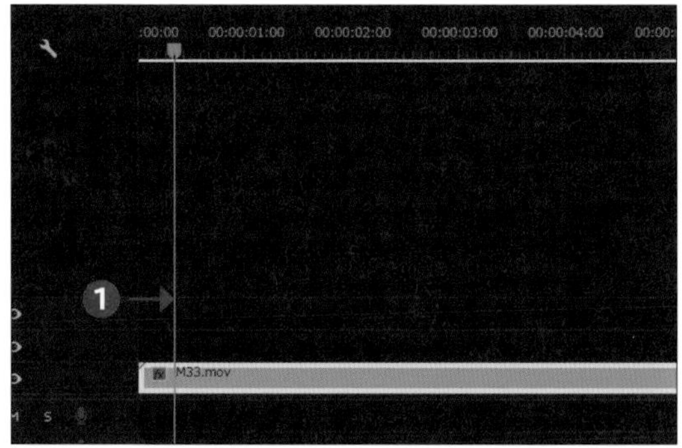

2 マークを付ける

キーボードのMキーを押してマークを付けます❷。以降は同様に、タイピング音を入れたい位置（ここでは指の動き）に合わせてマークを付けていきます。

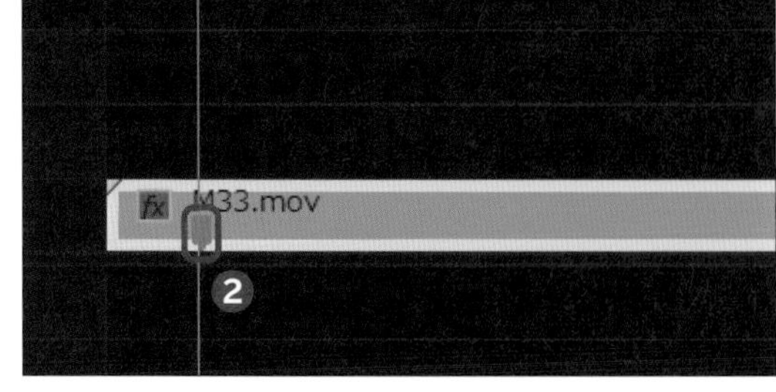

2 文字を入力する

続いて、タイプライターの文字を入力していきます。基本的にはくり返し作業なので、それほど手間はかかりません。なお、せっかくタイプライターの音に合わせるのなら、フォントにもこだわりたいところです。デフォルトのフォントでは「Courier New」などがおしゃれでおすすめです。

1 入力の準備をする

Tを選択してから❶、「プログラムモニター」パネルのプレビュー画面で文字を入れたい場所をクリックします❷。

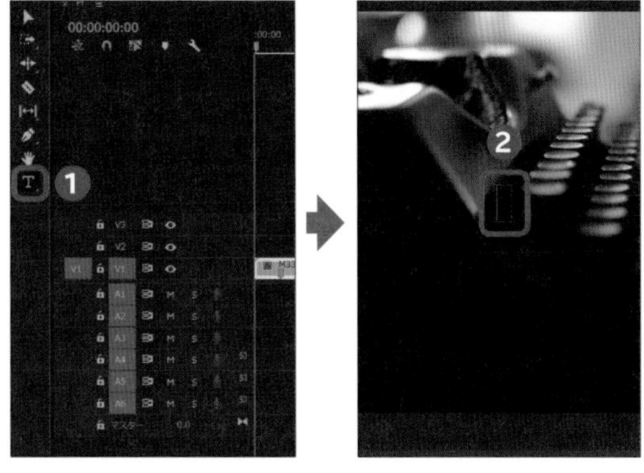

2 移動・調整する

「エフェクトコントロール」パネルに「グラフィック」と書かれたレイヤーが追加されます❸。P.036手順2で付けたマークの先頭部分に再生ヘッドを移動させます。

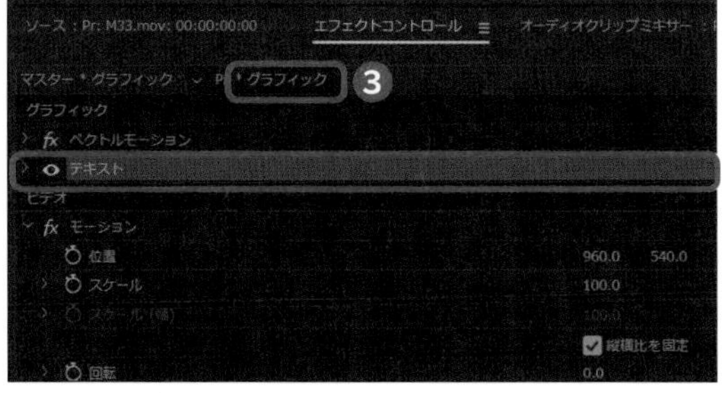

3 文字を入力する

横書き文字ツールを再び選択し❹、「グラフィック」と書かれたレイヤーを選択してから❺、最初の文字（ここでは「タ」）を入力します❻。

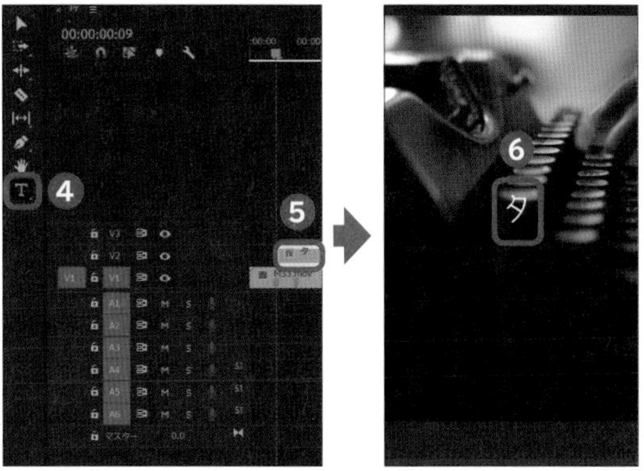

4「テキスト」項目が追加される

「エフェクトコントロール」パネルに「テキスト」という項目が追加されます❼。

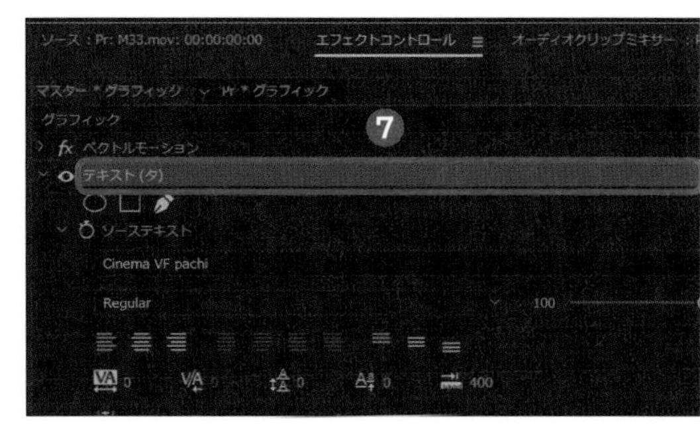

POINT

以降は、打った文字がパネル内の「テキスト」部分にも表示されるようになります。

5 アニメーションをオンにする

（アイコン）をクリックしてアニメーションをオンにし❽、パネル右上の（アイコン）をクリックします❾。

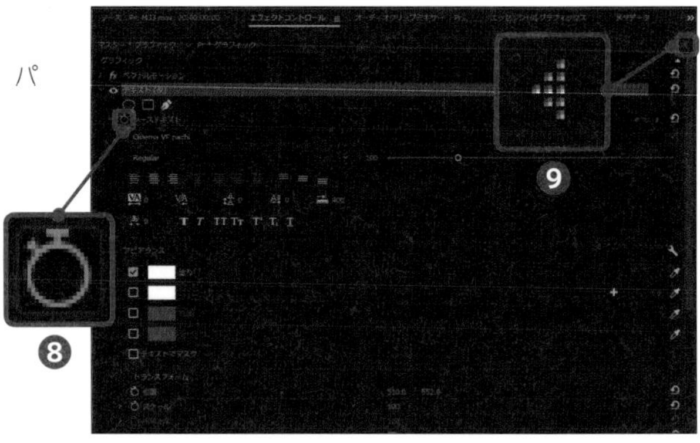

6 次の文字を入力する

タイムライン上の再生ヘッドを2つ目にマークした位置まで移動させ❿、再びプレビューの文字を選択し⓫、2文字目を入力します。3文字目以降も同様にくり返します。

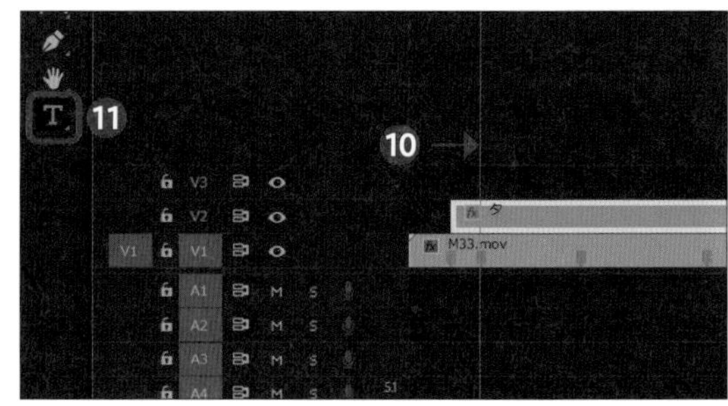

Check! スナップインを使いこなそう

付けたマークに移動して文字を入力していく際、手動で行なうと微妙にずれてしまうことがあります。これではマークを付けた効果が半減してしまいます。そこで覚えておきたいのが、「スナップイン」をオンにする方法です。スナップインをオンにすると、Shift キーを押しながら再生ヘッドを動かすだけで、正確にマークの位置に移動させることができます。

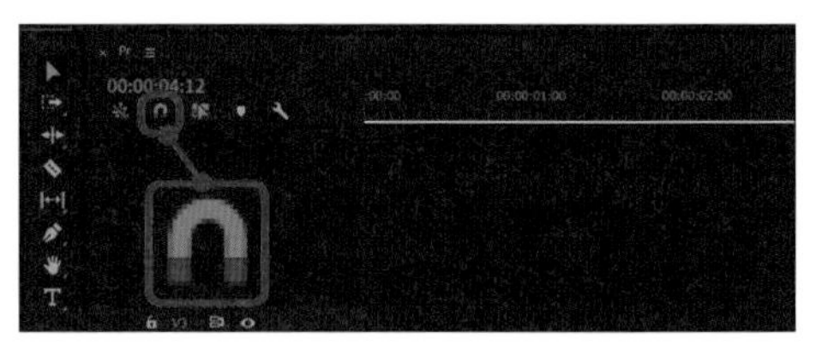

7 大きさや位置を調整する

［ウィンドウ］タブをクリックして⓬、［エッセンシャルグラフィックス］をクリックし⓭、文字レイヤーをクリックして、「トランスフォーム」の項目で文字の大きさや位置などを調整します⓮。

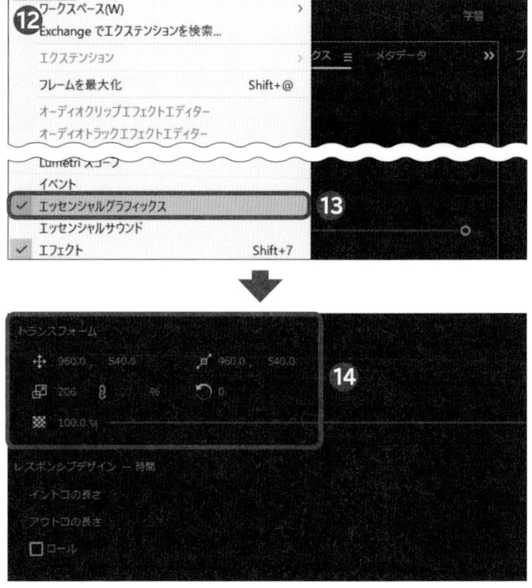

3 効果音を調整する

タイプライターの音は、「https://otologic.jp/free/se/typewriter01.html」などから無料でダウンロードすることができます。ダウンロードしたら、タイプしている指の動きに合わせて挿入していきます。

1 ソースモニターを開く

「プロジェクト」パネルに読み込んだ効果音をダブルクリックして❶、「ソースモニター」パネルを開きます❷。

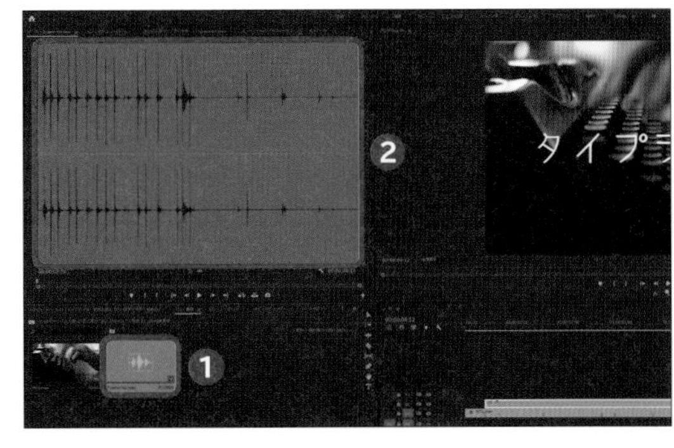

2 マークを付ける

P.036手順2を参考に、使用したい音の始めの位置に合わせて、キーボードのMキーを押し、マークを付けます❸。

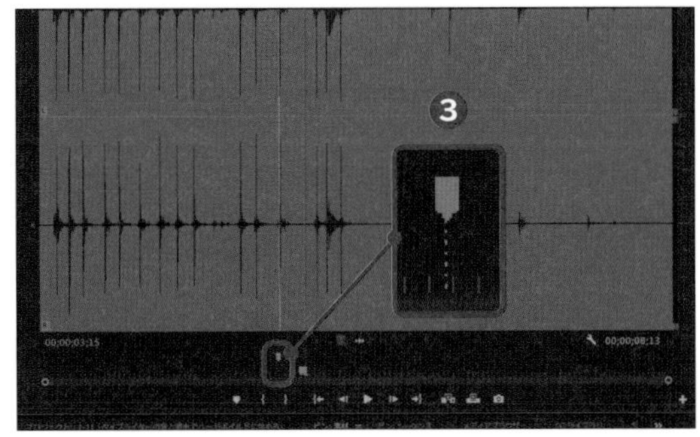

3 イン点とアウト点を打つ

次に使用したい部分を切り抜くため、使用する初めにカーソルを持っていきキーボードのiキーを押し❹、使用する終わりにカーソルを持っていきoキーを押すことで❺、イン点とアウト点を打ちます。

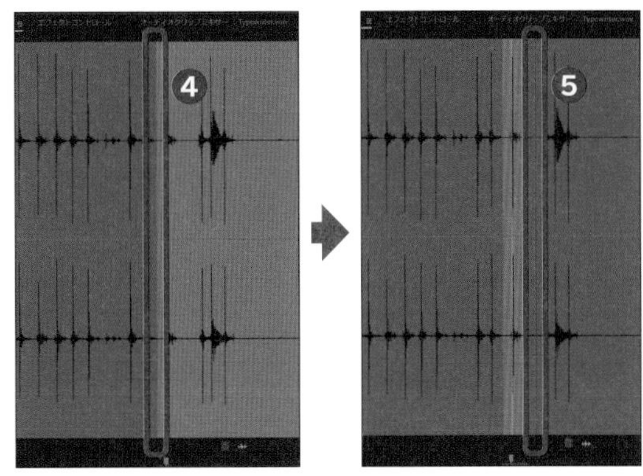

4「タイムライン」パネルへドラッグする

ソースモニター下の「オーディオのみドラッグ」を「タイムライン」パネルへドラッグします❻。さらに効果音のマークと動画素材のマークを合わせてタイミングを調整します。以上をほかのマーク部分にもくり返して完成です。

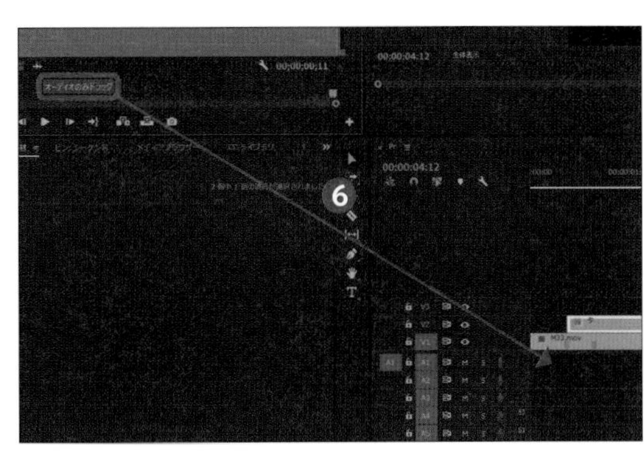

写真素材だけでカッコよく見せる

写真素材だけであっても、オープニングに利用することは可能です。ここでは写真を編集したり動かしたりすることで、スタイリッシュに構成するテクニックを紹介していきます。

1 カラーを調整する

まずは、見映えがよくなるようカラーを調整します。あらかじめ注意したいのが、写真と映像では基本的に画角が異なるということです。そのため前準備として「タイムライン」パネルにドラッグした写真素材を右クリックして［フレームサイズに合わせる］をクリックしてから、以下の手順でカラー調整を行なってください。

1 LUTを選択する

［カラー］タブをクリックして❶、「エッセンシャルグラフィックス」パネルの［Lumetriカラー］をクリックします❷。［クリエイティブ］をクリックして❸、［Look］をクリックし、任意のLUT（ここでは「Fuji ETERNA 250D Kodak 2395 (by Adobe)」）をクリックします❹。

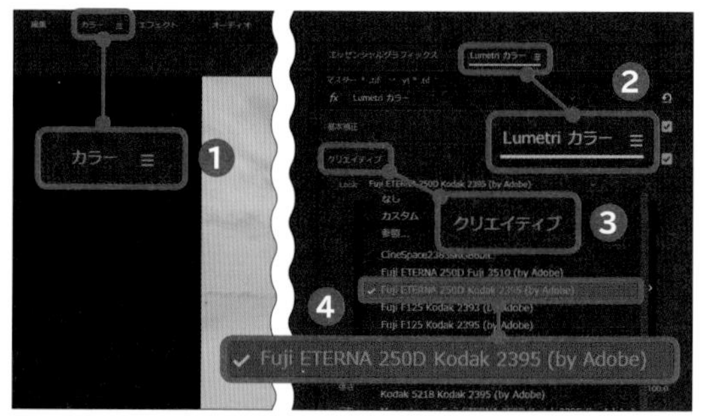

2 カーブを調整する

［カーブ］をクリックして❺、表示されたカーブ内の3点をクリックしてカーブの形を調整することで、好みのコントラストに調整します❻。

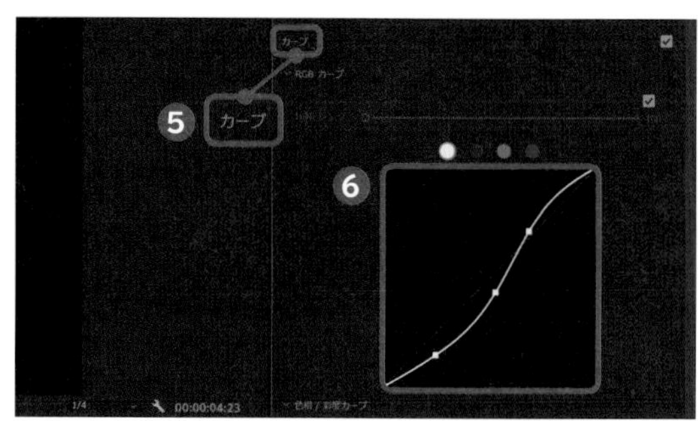

POINT

ほかにも、［基本調整］をクリックすることでも写真のトーンを変更することができます。

2 写真を再利用して背景にする

現在のままだと、カラー調整された写真がプレビュー画面にピッタリとおさまっているだけです。そこで、同じ写真を再利用して背景とし、よりオープニングに適した形になるよう、編集していきます。前準備としてP.040手順1～2で作成した写真素材を、その1つ上のレイヤーにペーストしてください。

1 ブラーを適用する

下側のレイヤーの写真素材をクリックし❶、「エフェクトコントロール」パネルで「スケール」の数値をプレビュー画面いっぱいになるまで上げます（ここでは「225.0」）❷。P.016手順1を参考に「エフェクト」パネルを表示して、検索窓で「ブラー」と入力し、[ビデオエフェクト]→[ブラー＆シャープ]の順にダブルクリックして、[ブラー（ガウス）]をクリックし❸、下側のレイヤーの写真素材にドラッグします❹。

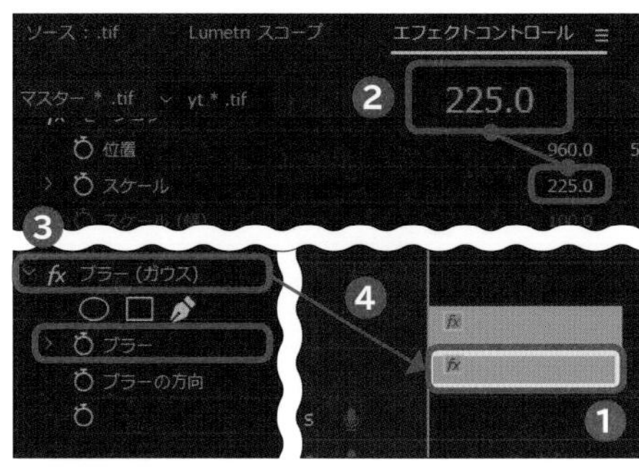

2 動画素材にドラッグする

「エフェクトコントロール」パネルで「ブラー（ガウス）」の「ブラー」に「10.0」と入力し❺、[エッジピクセルを繰り返す]をクリックしてチェックを付けます❻。「エッセンシャルグラフィックス」パネルの「Lumetriカラー」で、ハイライトを任意の値（ここでは「-70」）まで下げます❼。

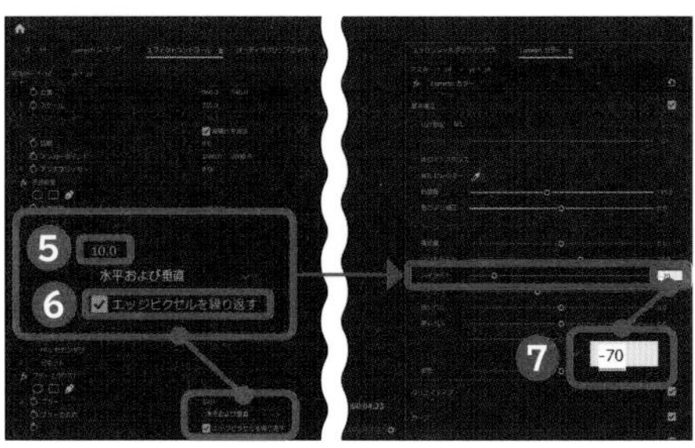

3 写真をズームさせる

最後に写真を動かします。前準備として、「タイムライン」パネルの上側にあるレイヤーの写真素材をクリックします。次に「エフェクトコントロール」パネルで「スケール」に「20」と入力し、「エフェクト」タブの検索窓で「ドロップシャドウ」と入力して、[ドロップシャドウ]を上側の写真素材へドラッグしてください。

1 ドロップシャドウとアニメーションを適用する

「エフェクトコントロール」パネルで、「ドロップシャドウ」の「距離」に「25.0」、「柔らかさ」に「20.0」と入力します❶。再生ヘッドを先頭まで移動させてから上側の画像レイヤーを選択し、「エフェクトコントロール」パネルで「スケール」の⏱をクリックしてアニメーションをオンにします❷。

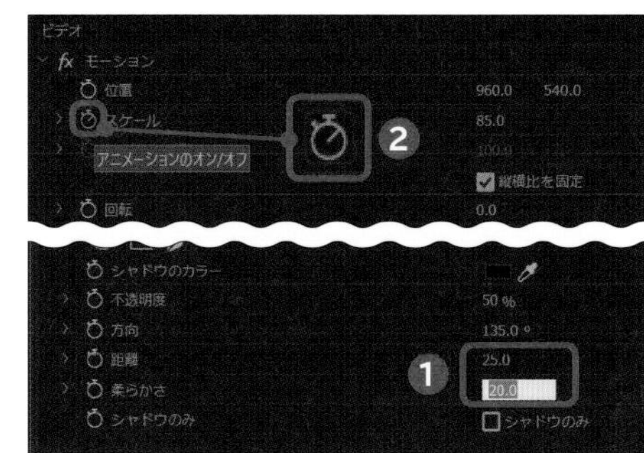

2 モーションを調整する

動きを付け終えたい場所（今回は「2秒」後）に再生ヘッドを移動させ❸、上側の画像素材をクリックします❹。「エフェクトコントロール」パネルで「モーション」の「スケール」に「95.0」と入力します❺。

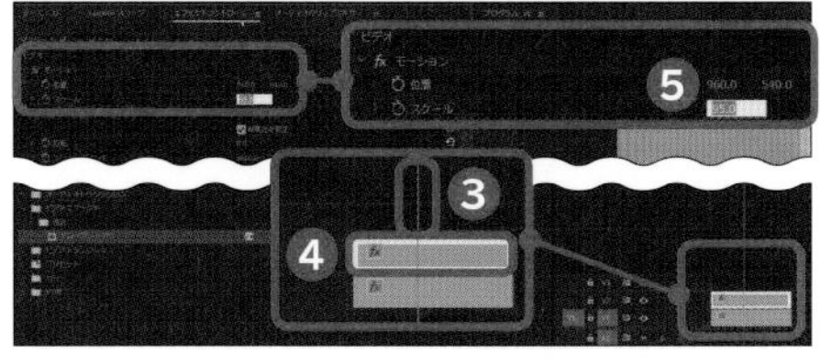

Technique 10 幕が上がる演出で始める

オープニングの演出のなかでもすぐに使えて効果的なのが、暗幕が下から上がっていく演出で始めるテクニックです。簡単なアニメーションの調整だけで行なうことができます。

1 エフェクトを適用する

「タイムライン」パネルに映像素材をドラッグしたら、暗幕の代わりとなる調整レイヤーを適用し、「クロップ」を適用します。これで暗幕の用意が完了します。

1 調整レイヤーを選択する

「プロジェクト」パネル右下の をクリックし❶、[調整レイヤー] をクリックします❷。

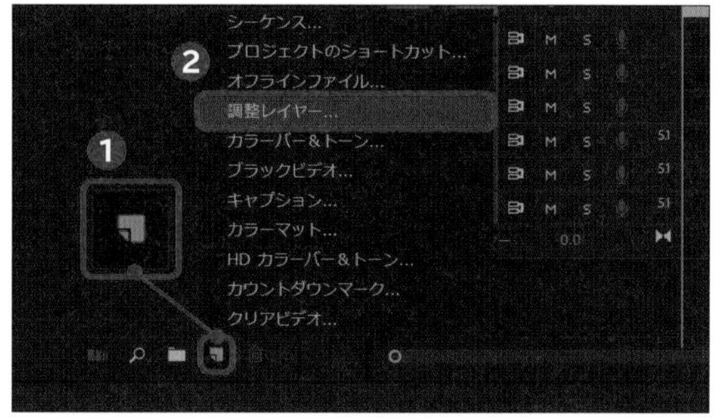

2 調整レイヤーをドラッグする

「プロジェクト」パネルに追加された調整レイヤーをクリックして「タイムライン」パネルへドラッグし❸、もう一度クリックして、エフェクトを適用するクリップと同じ長さまで右方向へドラッグします❹。

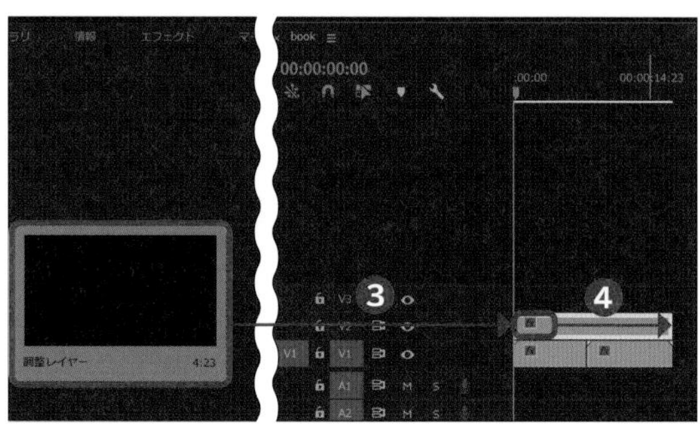

3 クロップを適用する

P.016手順1を参考に「エフェクト」タブの検索窓で「クロップ」と入力し❺、[クロップ] をクリックして❻、調整レイヤーにドラッグします❼。

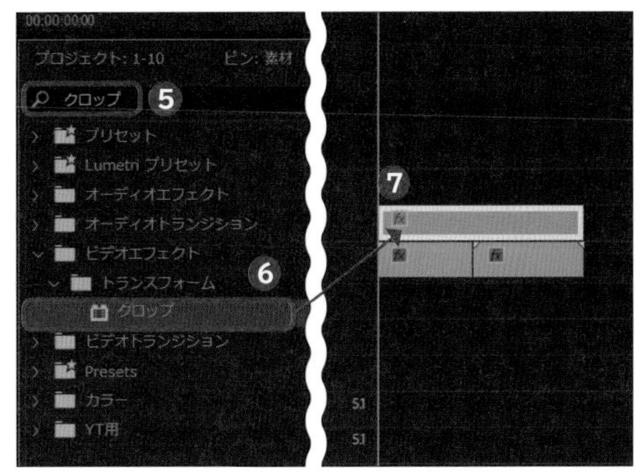

2 アニメーションを適用する

暗幕が用意できたら、あとは暗幕を画面の上方向まで上げていくだけです。クロップの数値を設定してアニメーションをオンにし、幕を上げ終えたい位置まで再生ヘッドを移動させてクロップの数値を「0」に戻す、という流れです。

1 上方向のアニメーションをオンにする

「タイムライン」パネルで再生ヘッドを最初の位置へ移動させ❶、「エフェクトコントロール」パネルで「クロップ」の「上」に「100.0」と入力して❷、「上」の⏱をクリックしてアニメーションをオンにします❸。

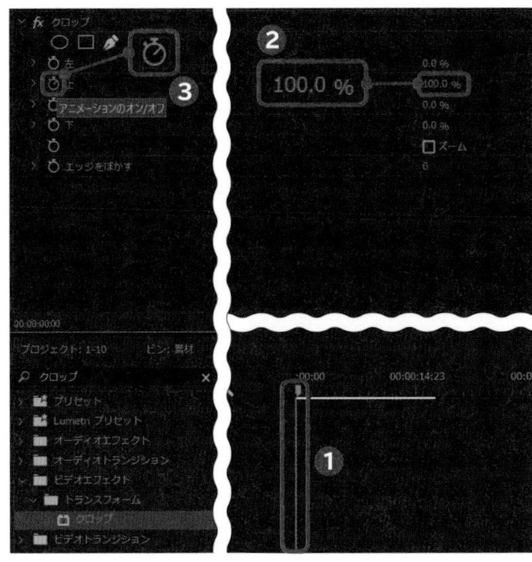

2 上方向の数値を「0」にする

再生ヘッドを幕を上げ終えたい位置へ移動させ（ここでは「10秒」）❹、「エフェクトコントロール」パネルで「クロップ」の「上」に「0」と入力します❺。

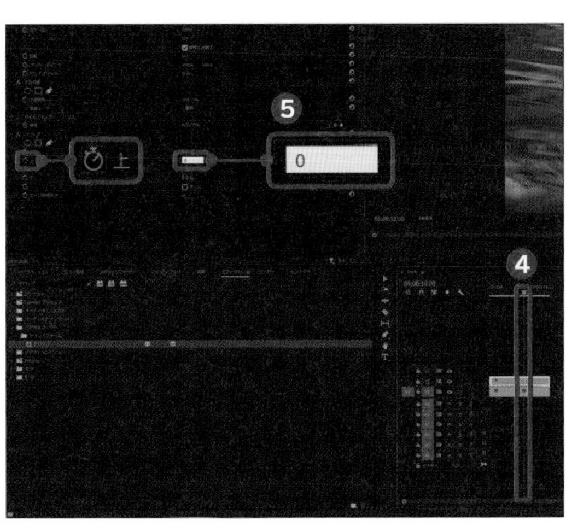

POINT

「タイムラインビュー」（P.031 参照）で、2つ目のキーフレーム「◆」を1つ目に近づけることで幕の上がる速度を速くすることができます。また、2つ目のキーフレーム「◆」を1つ目と遠ざけることで幕の上がる速度を遅くすることができます。

Technique 11

披露宴のビデオをオシャレにする①

披露宴の余興で流されるビデオをオシャレな雰囲気で始めたいときに使えるテクニックです。細い線のシェイプをうまく使うことで演出できます。

1 シェイプを作成する

前準備として、「タイムライン」パネルにドラッグした映像素材をクリックして、「エフェクトコントロール」パネルで「不透明度」を「65」まで下げます。次に、画面上側の［グラフィック］タブをクリックして、「エッセンシャルグラフィックス」パネルを表示します。次に、P.037を参考に新郎新婦の名前を入力して、入力した名前のテキストをドラッグして選択し、「エッセンシャルグラフィックス」パネルの「テキスト」内で任意のフォントを選択します。P.038手順7を参考に、文字の大きさや位置も調整してください。

1 プレビュー画面の大きさを調整する

「ツール」パネルで■を長押しして❶、［長方形ツール］をクリックします❷。「プログラムモニター」パネルのプレビュー画面下の［全体表示］をクリックして❸、見やすい大きさになる数値（ここでは［150%］）をクリックします❹。

2 細い線をテキスト素材の下側に配置する

いちばん下のレイヤーにある映像素材をクリックし❺、プレビュー画面に表示されているテキストの下部分をドラッグして細長い線を作成します❻。「エッセンシャルグラフィックス」パネルのをクリックして❼、中央へ配置します。

3 細い線をテキスト素材の上側に配置する

手順2で「タイムライン」パネルに表示された線の素材のレイヤーを Alt キーもしくは Option キーを押しながらドラッグして、1つ上のレイヤーに複製します❽。クリックして「エッセンシャルグラフィックス」パネルの「トランスフォーム」の値にここでは「960.0」「323」と入力して❾、名前の上側に配置します❿。

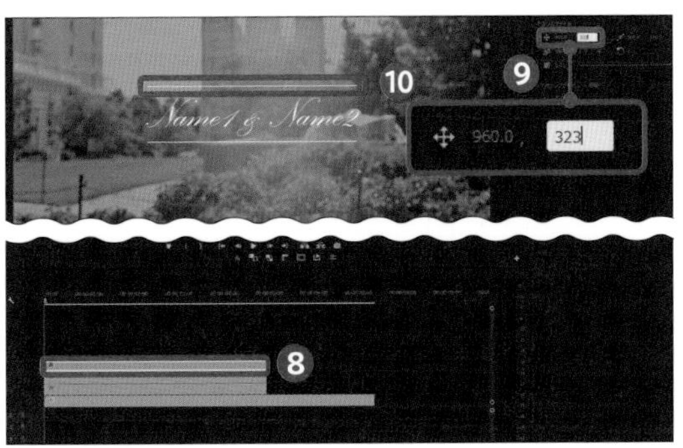

2 シェイプを左右に伸ばす

前準備として、P.044と同様の手順でタイトルと日付のテキストを入力してください。 次にいちばん下のレイヤーの映像素材をクリックし、P.037を参考にタイトルを入力・調整します。同様の手順で日付を入力・調整したら、それぞれのレイヤーをドラッグして複数選択し、ほかのレイヤーの素材と同じ長さに調整します。その上で、以下の手順に従ってシェイプが左右に伸びるように動かしていきます。

1 スプリットを適用する

P.016手順1を参考に「エフェクト」タブの検索窓で「スプリット」と入力します❶。[スプリット] をクリックし❷、シェイプ素材のレイヤー(ここでは「V3」と「V4」2つのレイヤー)へドラッグし❸、クリックします❹。

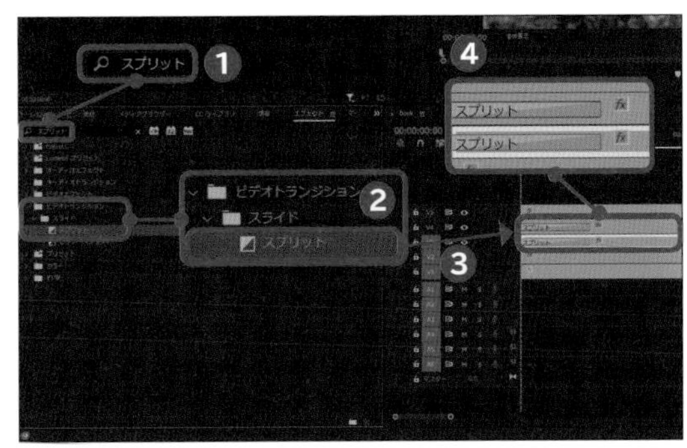

2 デュレーションを調整する

「エフェクトコントロール」パネルで、「デュレーション」を任意の数値(ここでは「00:00:03:00」)に変更します❺。

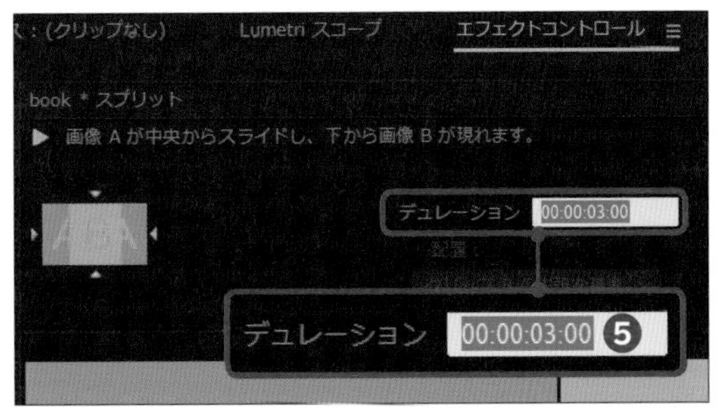

3 名前を下から上に動かす

続いて、新郎新婦の名前のテキストを下から上に動かしていきます。モーションを名前を出す位置に適用し、マスクを作ることで作成できます。

1 モーションを適用する

名前のテキスト素材（ここでは「V2」）をクリックし❶、「エフェクトコントロール」パネルで「モーション」の数値を、日付の位置より下へ配置されるよう入力して（ここでは「960.0」「820.0」）❷、「位置」の⏱をクリックしてアニメーションをオンにします❸。

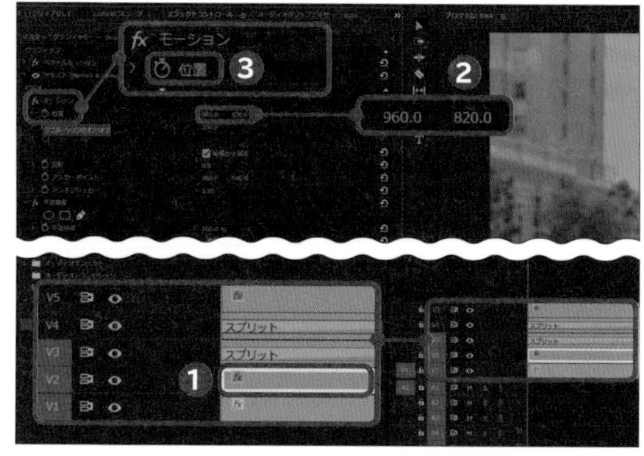

2 名前を出す位置を調整する

名前を出したい位置（ここでは「00:00:01:00」）まで再生ヘッドを移動させて❹、「エフェクトコントロール」パネルで「位置」の↺をクリックして元の位置に戻します❺。

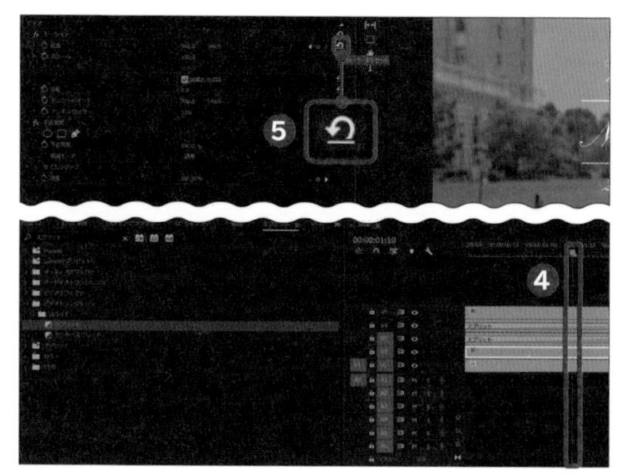

POINT

名前を消すタイミングとしては、P.045 で作成したシェイプのアニメーションと合わせるとちょうどよく終わります。なお、P.047 手順2も同様です。

3 ネストを選択する

名前のテキスト素材（V2）を右クリックして❺、［ネスト］をクリックし❻、もう一度名前のテキスト素材（V2）をクリックします❼。

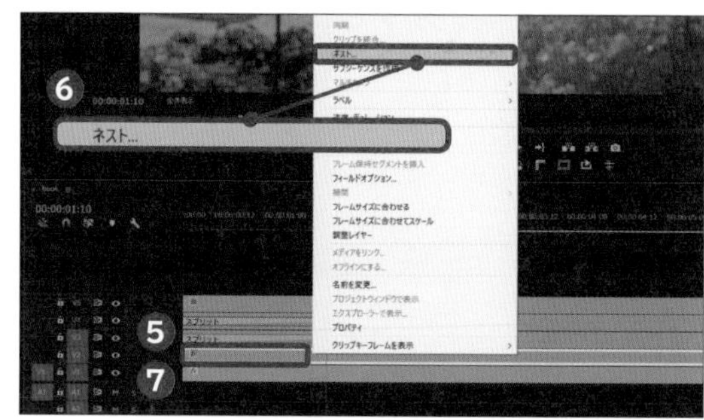

4 マスクを作成する

「エフェクトコントロール」パネルで「不透明度」の下の□をクリックし❽、4点の長方形マスクを作成して、プレビュー画面で上下シェイプの内側で名前が見えるように、4点をドラッグして調整します❾。

4 タイトルと日付を1文字ずつ表示させる

最後に、タイトルと日付を左から1文字ずつ表示させていきます。使用するのは、「リニアワイプ」というエフェクトで、映像内のテキストを動かす際によく使われるエフェクトです。

1 リニアワイプを適用する

P.016手順1を参考に、「エフェクト」タブの検索窓で「リニアワイプ」と入力し❶、[リニアワイプ]をクリックして❷、タイトルと日付のテキスト素材(V5)へドラッグします❸。

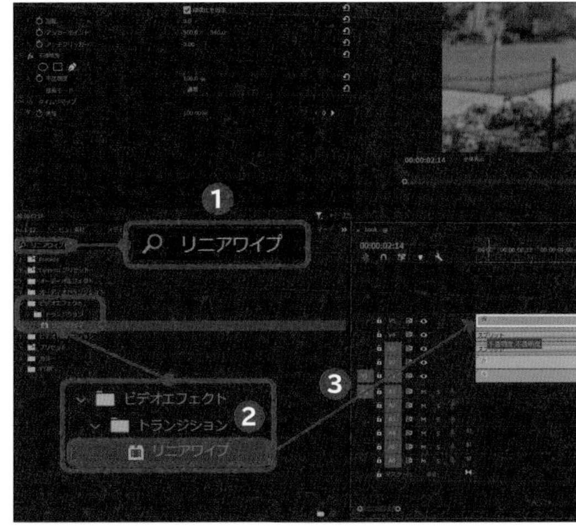

2 タイトルと日付を出す位置を調整する

タイトルと日付を出し始めたい位置(今回は「00:00:01:10」)まで再生ヘッドを移動させます❹。「エフェクトコントロール」パネルで[リニアワイプ]をクリックして❺、「変換終了」に「100」と入力し❻、「変換終了」の⏱をクリックしてアニメーションをオンにします❼。

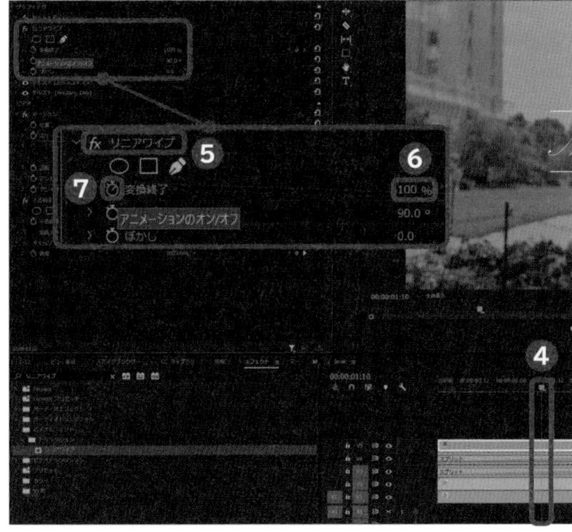

3 タイトルと日付を出し終わる位置を調整する

「ワイプ角度」に「-90.0」と入力し❽、タイトルと日付を出し終えたい位置(ここでは「00:00:02:10」)まで再生ヘッドを移動させて❾、「変換終了」に「0」と入力します❿。

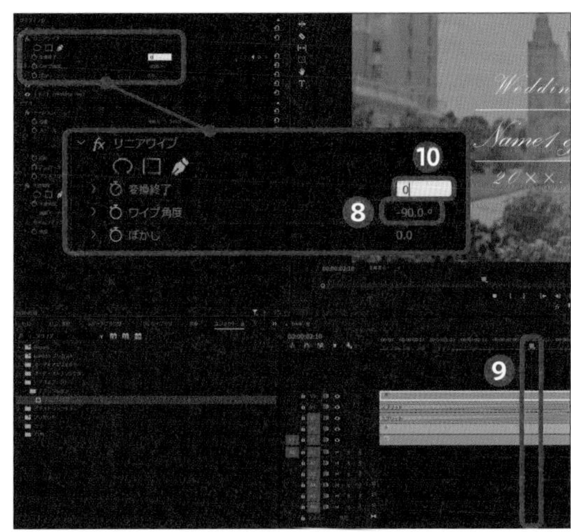

Technique 12 披露宴のビデオをオシャレにする②

よりかわいらしい披露宴のビデオを作りたいという人向けのテクニックを紹介します。書体にもこだわって、ポップで楽しげな印象のオープニングに仕上げていきましょう。

1 カラーマットを配置してテキストを入力し、動かす

前準備として、フォントをダウンロードします。「https://www.1001freefonts.com/moon-flower.font」にアクセスして、任意のフォント（ここでは「Moon Flower」）をダウンロードし、Technique 02を参考にインストールしてください。

1 カラーマットを選択する

プロジェクト」パネル右下のをクリックして❶、[カラーマット]をクリックします❷。

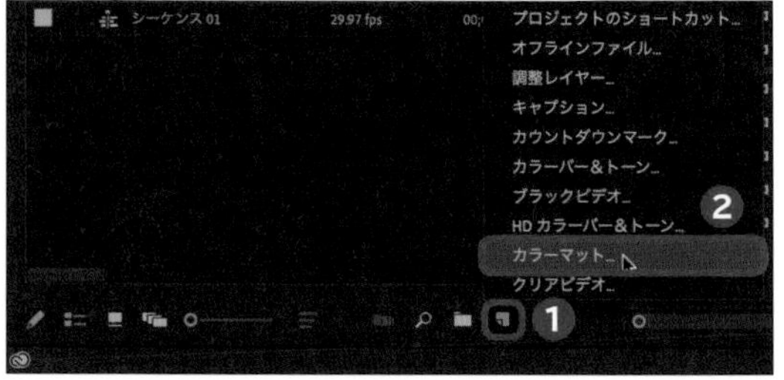

2 カラーマットの色を決める

「カラーピッカー」で好みの色をクリックし❸、[OK]をクリックして❹、もう1度[OK]をクリックします。

POINT

色を選ぶ際、右側のカラースライダーで大まかな色を選択してから、正方形のカラーフィールドで最終の色を決定するとスムーズです。また、右下の「#」にカラーコードを入力することも可能です。

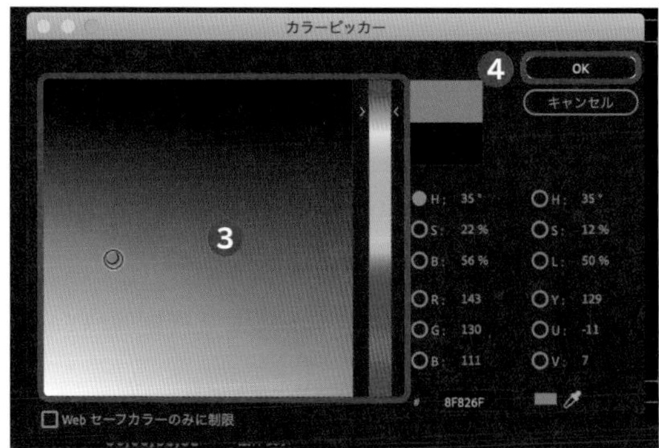

3 エッセンシャルグラフィックスパネルを表示する

「プロジェクト」パネルに表示された［カラーマット］をクリックして「タイムライン」パネルにドラッグし❺、［ウィンドウ］をクリックして❻、［エッセンシャルグラフィックス］をクリックします❼。次に、P.037手順1～3を参考にテキストを入力し、「エッセンシャルグラフィックス」パネルで位置を調整します。

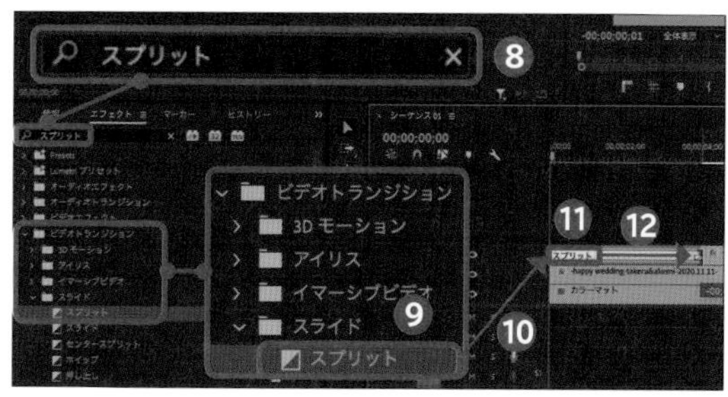

4 スプリットを適用する

P.016手順1を参考に「エフェクト」タブの検索窓で「スプリット」と入力し❽、［スプリット］をクリックし❾、テキスト素材先頭へドラッグして❿、ドラッグしたスプリットをクリックし⓫、任意の時間（ここでは「00:00:04:00」）まで右側にドラッグします⓬。

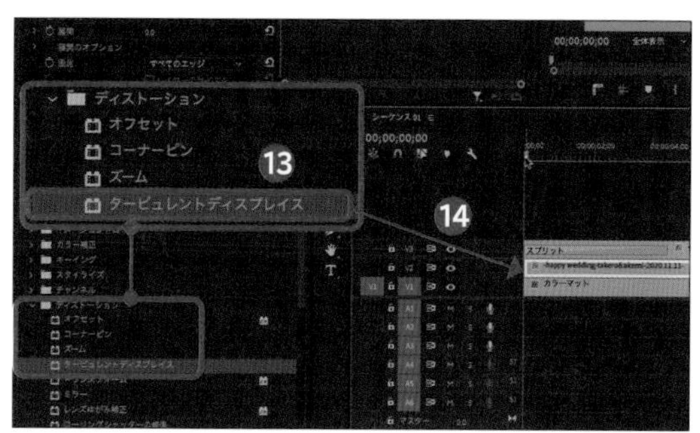

5 タービュレントディスプレイスを適用する

「エフェクト」タブで［ビデオエフェクト］→［ディストーション］の順にダブルクリックして、［タービュレントディスプレイス］をクリックし⓭、テキスト素材へドラッグします⓮。次に、「エフェクトコントロール」パネルで「タービュレントディスプレイス」の「変形」の［タービュレント］をクリックし、［バルジスムーザー］をクリックします。

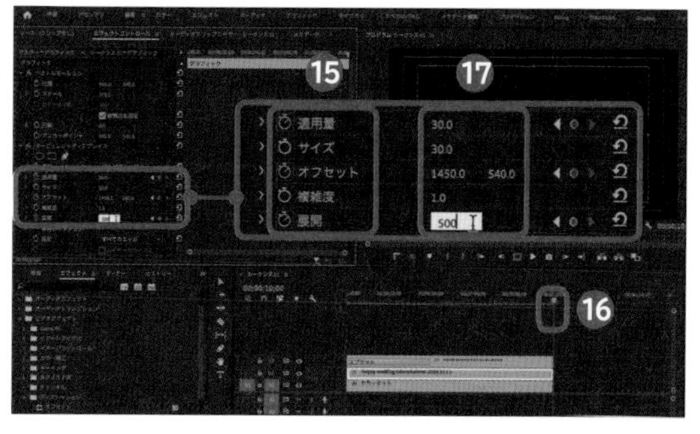

6 アニメーションをオンにする

「サイズ」に「30」と入力して「適用量」「オフセット」「展開」「不透明度」の⏱をクリックしてアニメーションをオンにします⓯。「不透明度」と「適用量」の数値にそれぞれ「0.0」と入力します。再生ヘッドを「00:00:10:00」まで移動させ⓰、「適用量」に「30」と入力し、「オフセット」に「1450」「540」、「展開」に「500」と入力します⓱。

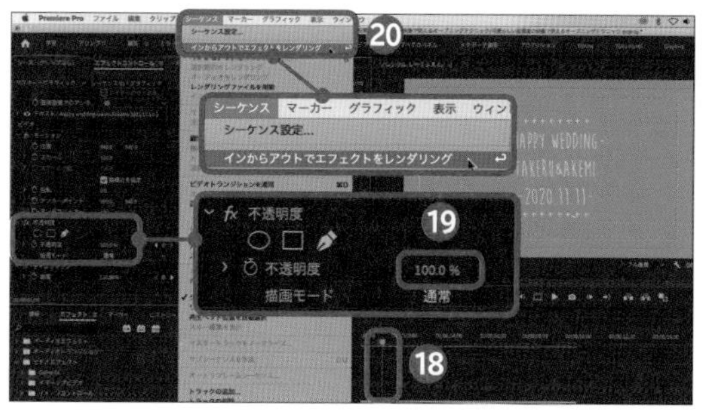

7 エフェクトをレンダリングする

再生ヘッドを「00:00:01:00」に移動させ⓲、「エフェクトコントロール」パネルで「不透明度」に「100.0」と入力して⓳、画面上の［シーケンス］タブ→［インからアウトでエフェクトをレンダリング］の順にクリックします⓴。

Technique 13 披露宴のビデオをオシャレにする③

披露宴ビデオのオープニングに登場する日付や新郎新婦の名前を円形の枠で囲むことで、よりスタイリッシュかつ円満な印象を与えることができます。ここではそのテクニックを解説していきます。

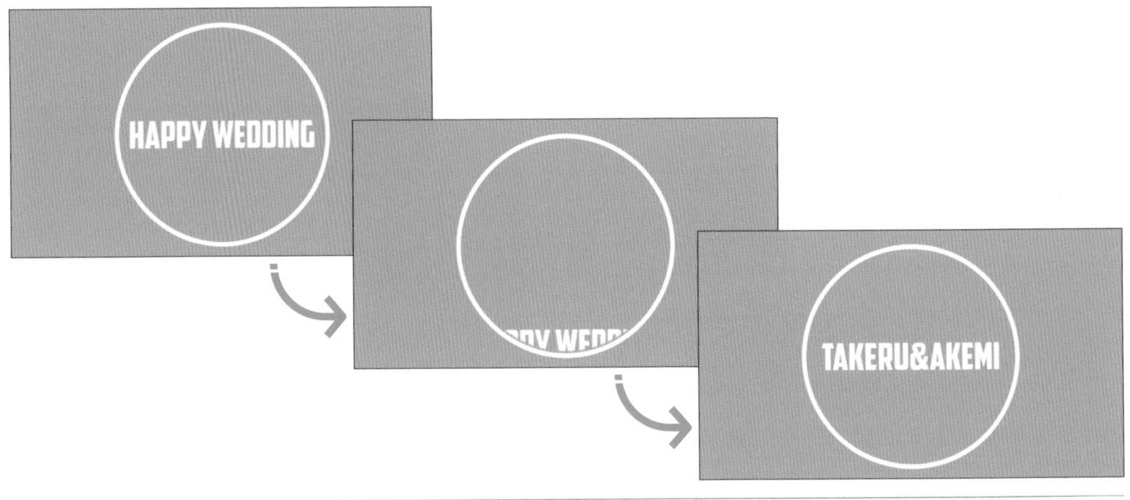

1 円の中に配置したテキストを動かす

フォントは、Technique 02でも使用した「American Captain」を使用します。また、前準備として、P.048手順1〜2を参考にカラーマットの色(ここではカラーコード「A5B996」)を決めておきましょう。その上で、透明なマットで画像を生成する「クリアビデオ」というエフェクトを適用していきます。

1 クリアビデオを選択する

P.048手順1の画面で[クリアビデオ]をクリックし、「タイムライン」パネルのカラーマット素材の上側のレイヤー(ここでは「V2」)にドラッグします❶。「プログラム」パネルの➕をクリックします❷。▣をクリックして下側のパネルにドラッグし❸、クリックします❹。

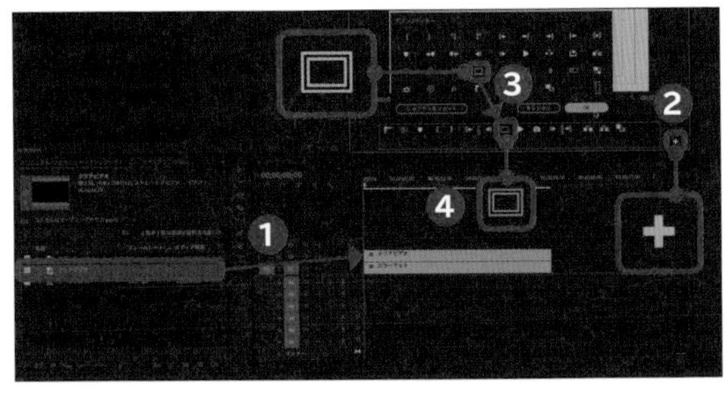

2 円の位置を調整する

「エフェクト」タブの検索窓で「円」と入力して❺、[円]をクリックします❻。クリアビデオ素材にドラッグして❼、「エフェクトコントロール」パネルで「エッジ」の[太さ]をクリックして「20.0」と入力し❽、「半径」に「470.0」と入力します❾。

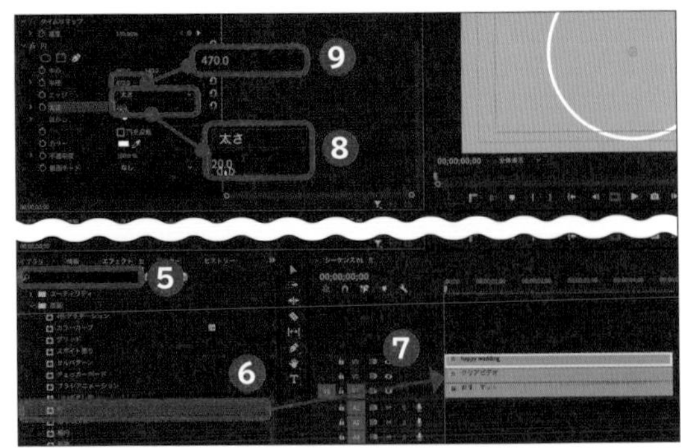

3 円の中に名前を入れる

カラーマット素材をクリックし⑩、Tをクリックして⑪、「プログラム」パネルのプレビュー画面に表示されている円をクリックします⑫。P.037手順1～3を参考にテキストを入力・調整します⑬。

4 マスクを作る

「エフェクトコントロール」パネルで、◯をクリックし⑭、「プログラム」パネルのプレビュー画面で4つの点をクリックしながら白い円の内側にぴったりと収まるように配置します⑮。

5 動かす位置を調整する

再生ヘッドを先頭に戻し⑯、「エフェクトコントロール」パネルの［ベクトルモーション］をダブルクリックします⑰。⏱をクリックしてアニメーションをオンにし⑱、「位置」に「960.0」「20.0」と入力します⑲。

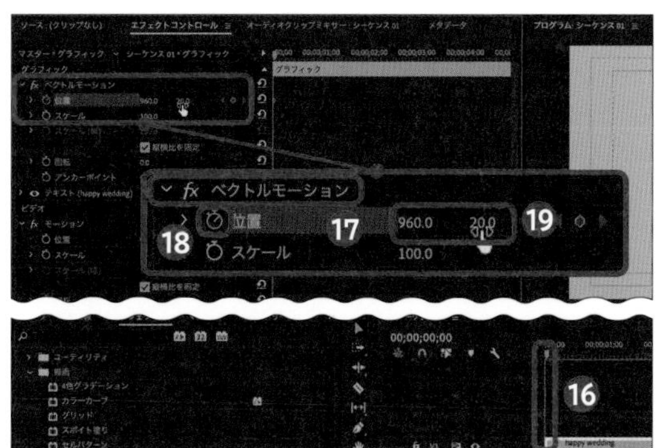

6 動かす位置を調整する

再生ヘッドを「00:00:05:00」の位置に動かして⑳、「エフェクトコントロール」パネルの「位置」に「960.0」「540.0」と入力します㉑。

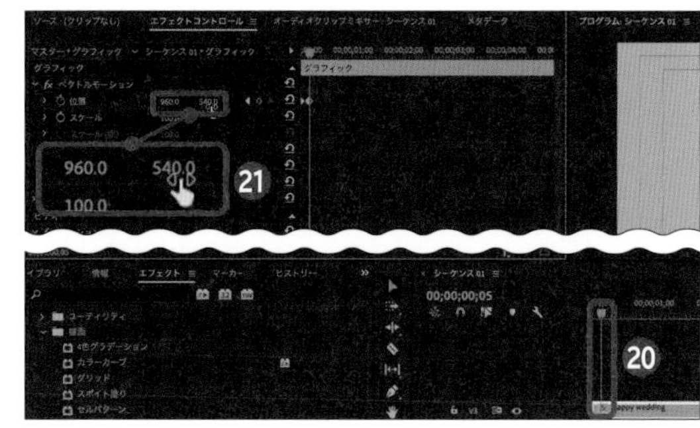

7 動かす位置を調整する

再生ヘッドを「00:00:02:05」の位置に動かして㉒、「位置」の◆をクリックし㉓、再生ヘッドを「02:10」の位置に動かして、「位置」の数値に「960.0」「1100.0」と入力します㉔。2つ目のキーフレームを右クリックして［時間補間法］→［イーズイン］の順にクリックし、3つ目のキーフレームを右クリックして［時間補間法］→［イーズイン］の順にクリックします。以降は同様の手順で、テキストが縦回転で次々に現われるようにアニメーションを付けます。

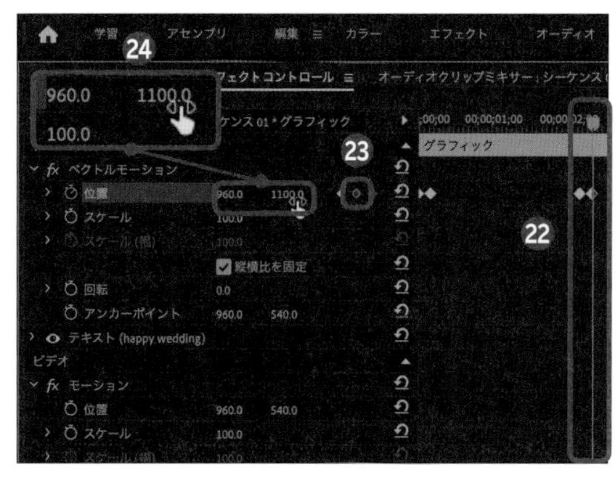

オープニング
登場シーン
メリハリ
エンディング
字幕
音
時短テク

Technique 14 スケッチから実写に変わる演出

スケッチブックに描かれている絵が実写の映像に変わる演出です。「輪郭検出」のエフェクトを使用することで、映像が写真のネガフィルムのようになったり、スケッチで描いたようになります。

1 素材を配置してエフェクトを適用する

前準備として、スケッチ画像であることをわかりやすく表現するためのペンやスケッチブックといった素材を、「https://pixabay.com/ja/」からダウンロードしておきましょう。検索窓に「スケッチブック」と入力して検索すると、イメージに近いものがいろいろと表示されるので、好きなものを選ぶとよいでしょう。

1 素材を配置する

「タイムライン」パネルの「V1」に、ダウンロードしたスケッチブック素材を、スケッチの中に入れたい映像を「V2」にそれぞれクリックしてドラッグし❶、同じ長さになるようクリックしてドラッグします❷。「V2」の映像素材をクリックし❸、「エフェクトコントロール」パネルの「位置」と「スケール」で「V1」のスケッチブック素材の枠に収まるように数値を入力（ここでは「1011.0」「610.0」「20.5」）します❹。

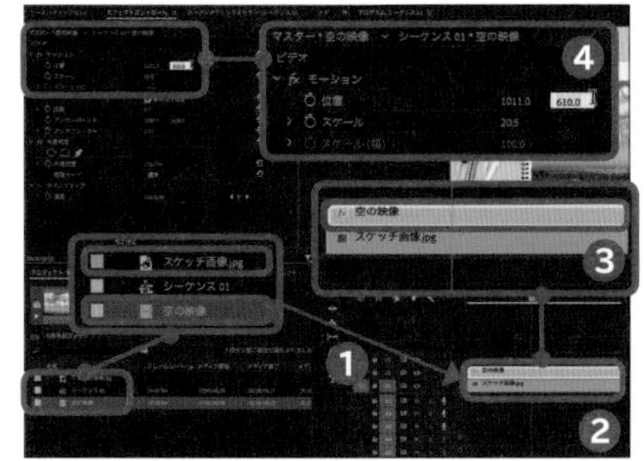

2 実写に変化する地点まで再生ヘッドを移動させる

「エフェクト」パネルの検索窓に「輪郭検出」と入力して❺、[輪郭検出] をクリックし「V2」の映像素材にドラッグして❻、「タイムライン」パネルの再生ヘッドを「00:00:01:00」まで移動させます❼。「エフェクトコントロール」パネルの「輪郭検出」をクリックして❽、「元の画像とブレンド」の をクリックしてアニメーションをオンにし❾、数値に「0」と入力します❿。

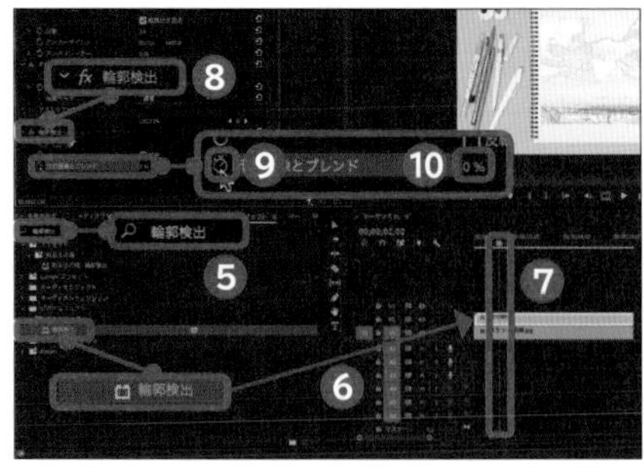

3 数値を変更する

再生ヘッドを実写に切り替わる地点(ここでは「00:00:03:00」)に移動し⓫、「エフェクトコントロール」パネルの「輪郭検出」で「元の画像とブレンド」に「100」と入力します⓬。

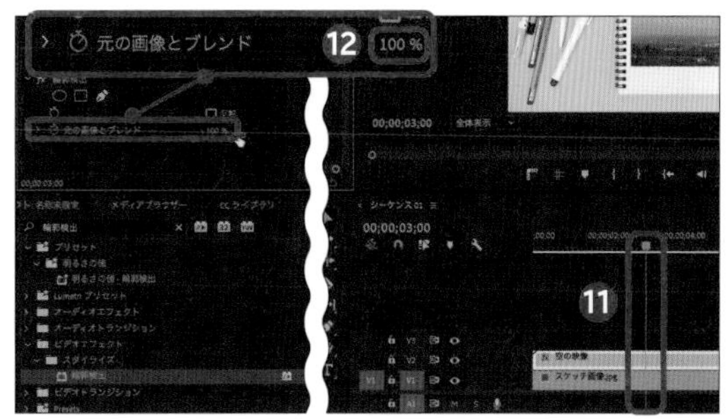

4 ネストを選択する

映像素材とスケッチブック素材をドラッグして複数選択し⓭、右クリックして[ネスト]をクリックします⓮。

5 1つのネストにまとめる

ネストの名前を入力し(ここでは「ネストされたシーケンス02」)、1つのネストとしてまとめられたら⓯、再生ヘッドを「00:00:02:00」まで移動します⓰。

6 動かす位置を調整する

「タイムライン」パネルのネストされたシーケンスをクリックし⓱、「エフェクトコントロール」パネルの「位置」と「回転」のをクリックしてアニメーションをオンにし⓲、再生ヘッドを「00:00:03:00」に移動します⓳。

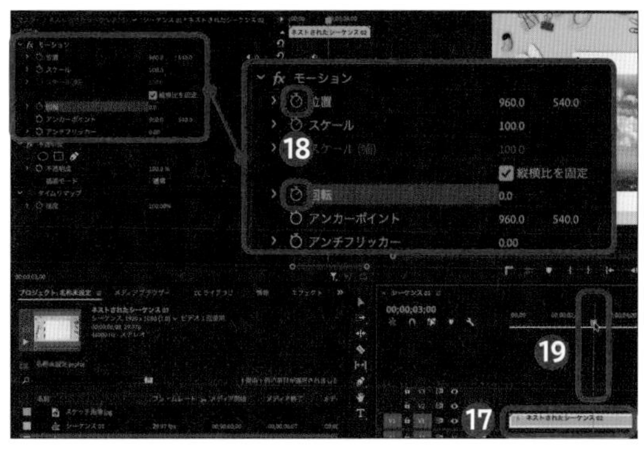

7 配置を調整する

ネストされたシーケンスをクリックして「エフェクトコントロール」パネルで「スケール」「位置」の数値を調整して(ここでは「859.0」「412.0」と「182.0」)、実写画像が画面全体に収まるように調整します⓴。

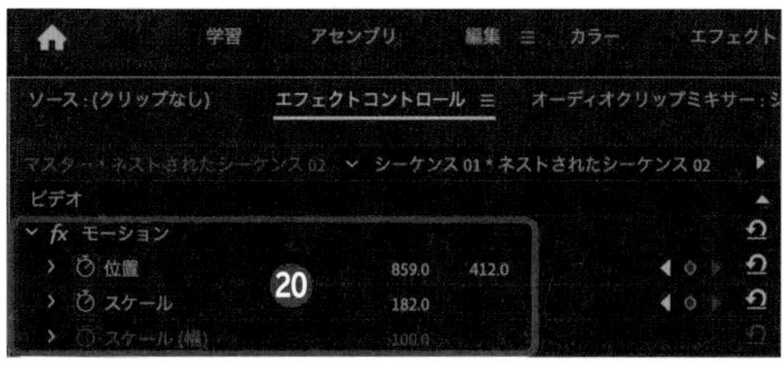

Technique 15

作 例 > Chapter1 − Technique15　素 材 > Chapter1 − sozai15

『情熱大陸』風の手書き文字

「ブラシアニメーション」というエフェクトを使って、手書き文字のようなオープニングを作成できます。「情熱大陸」風の素材を使うことで、テレビ番組のオープニングのような演出ができます。

1 1つ目のテキスト要素を配置して動かす

前準備として、「ツール」パネルでT→［プログラムモニター］の順にクリックして、入力テキストとしてあらかじめ「https://pm85122.onamae.jp/851mkpop.html」でダウンロード／インストールしておいた［851マカポップ］をクリックします。次に、［選択ツール(V)］をクリックして、「エッセンシャルグラフィックス」パネルでフォントサイズの数値に「300」と入力し、素直方工と水平方向ともに中央に配置したら、「V1」のテキスト素材の右端をクリックしながら、「00:00:10:00」の位置まで伸ばしておいてください。なお、テキストの後ろにある青い色の素材はダウンロード可能ですので、ご自由にお使いください。

1 ブラシを表示する

［エフェクト］→［ビデオエフェクト］→［描画］→［ブラシアニメーション］の順にクリックして❶、［ブラシアニメーション］を「V1」のテキスト素材にドラッグします❷。テキスト素材をクリックして❸、「エフェクトコントロール」パネルで「ブラシのサイズ」に「30.0」と、「ストロークの長さ(秒)」に「5.0」と、「ブラシの間隔(秒)」に「0.001」と入力して❹、［ブラシアニメーション］をクリックします❺。

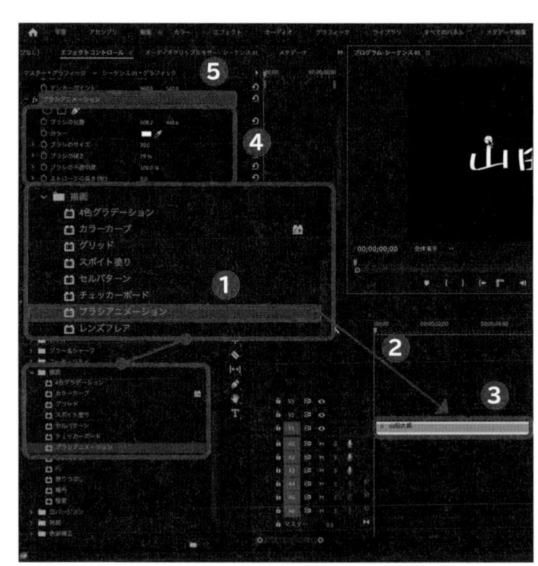

POINT

「ブラシのサイズ」は、プレビュー画面のフォントよりも太くなるように設定しましょう。

2 1フレームごとに名前をなぞる

ブラシをクリックした状態で、プレビュー画面に表示されている名前の一画目にブラシを配置し❻、「プログラムモニター」パネルの「表示」に「100」と入力します❼。「エフェクトコントロール」パネルで「ブラシの位置」の⏱をクリックしてアニメーションをオンにし❽、1フレーム右側に進めて❾、ブラシをクリックした状態で少しづつなぞって、また1フレーム進む工程をくりかえすことで文字を描いていきます❿。

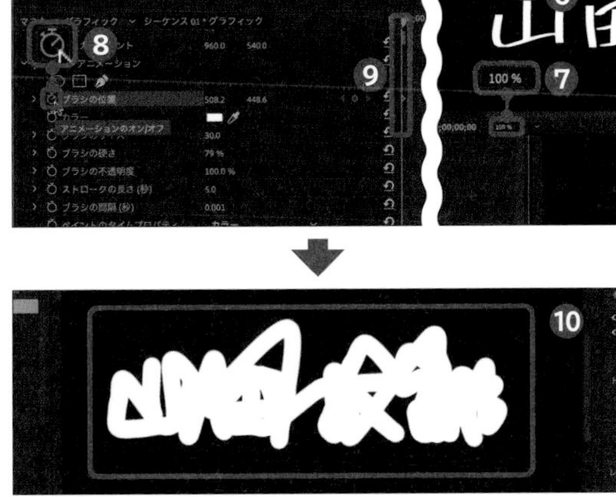

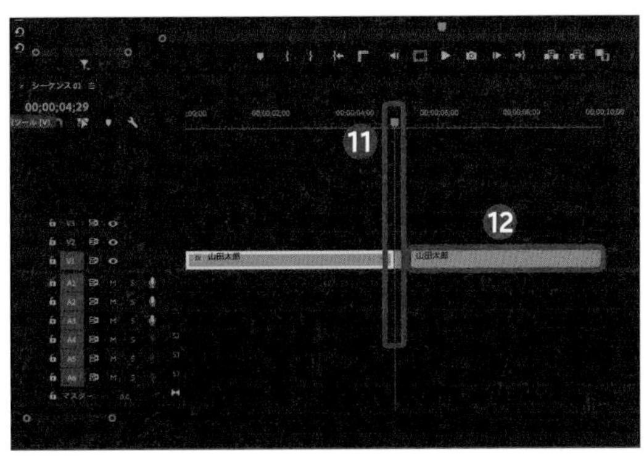

3 余分な部分をカットする

「タイムライン」パネルの再生ヘッドを、文字の表示を終える地点まで移動させ⓫、キーボードのCキーを押してカットツールで「04:29」以降のテキスト素材をクリックしてBack spaceもしくはDeleteキーを押して削除します⓬。

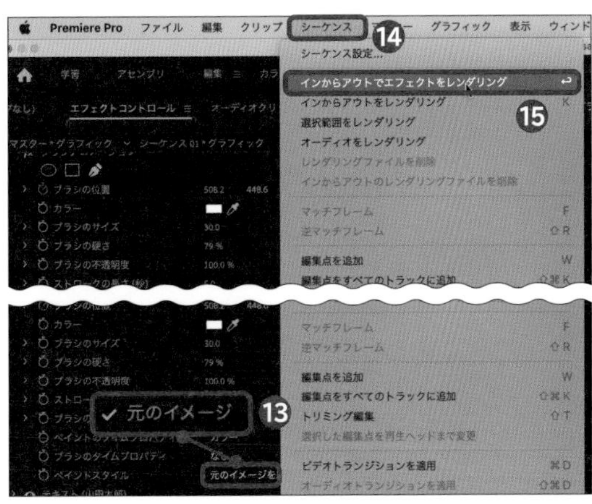

4 全体表示にする

「エフェクトコントロール」パネルの「ペイントスタイル」で[元のイメージを表示]をクリックして⓭、[シーケンス]をクリックし⓮、[インからアウトでエフェクトをレンダリング]をクリックして⓯、プロジェクトモニターを全体表示にします。

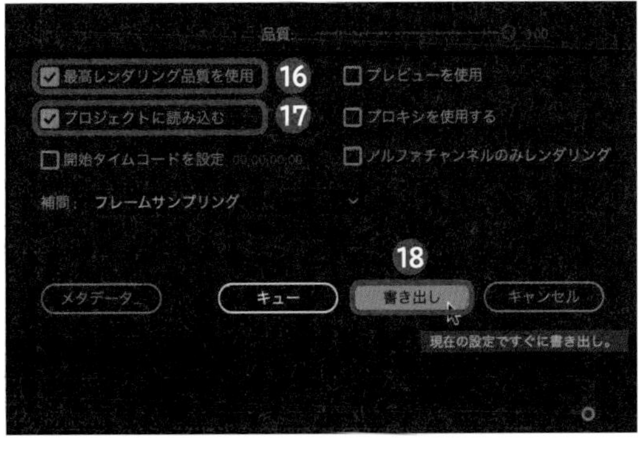

5 テキスト要素を書き出す

[ファイル]→[書き出し]→[メディア]の順にクリックし、「形式」で[QuickTime]を、「プリセット」で[アルファPQを含むApple ProRes 4444 XQ]をクリックします。[オーディオを書き出し]をクリックしてチェックを外し、[最高レンダリング品質を使用]をクリックし⓰、[プロジェクトに読み込む]をクリックして⓱、[書き出し]をクリックします⓲。

Technique 16 『スター・ウォーズ』風に始める

『スター・ウォーズ』といえば、字幕がゆっくり上がっていく特徴的なオープニングで知られています。ここでは、「コーナーピン」エフェクトであのオープニングを再現するテクニックを解説します。

1 テキスト要素を配置して動かす

前準備として、P.050手順1を参考にをクリックして下側のパネルにドラッグし、クリックします。宇宙の映像を用意して「タイムライン」パネルに配置してください。次に、「プログラムモニター」パネルでプレビュー画面をクリックし、フォントは「漢字タイポス415 Std」を、フォントのカラーコードは「＃FFE600」を適用して、テキストを入力します。「エッセンシャルグラフィックス」パネルの「整列と変形」で縦軸の数値に「-445」と入力してください。

1 テキストを入力する

Vキーを押して選択ツールを表示し、「プログラムモニター」パネル内の青い四角形の線中央の点をクリックしてタイトルの下まで引き伸ばし❶、続きのテキストを入力します❷。「エッセンシャルグラフィックス」パネルでをクリックし❸、「整列と変形」で「縦軸」の数値に「77.0」と入力して❹、「エフェクト」タブで［ビデオエフェクト］→［コーナーピン］の順にダブルクリックします❺。

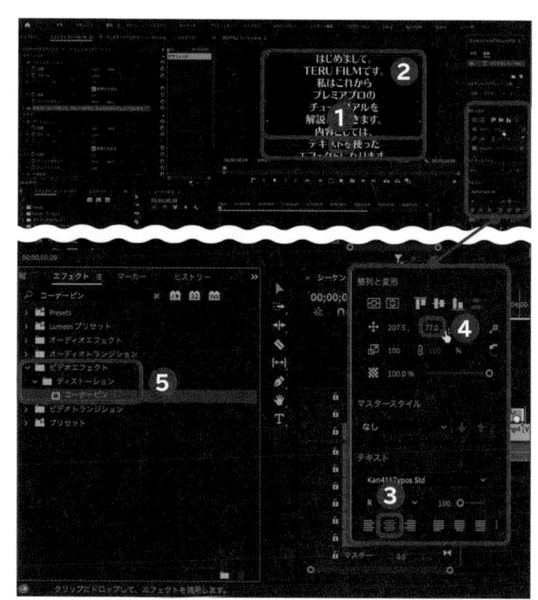

2 コーナーピンを適用する

「エフェクト」タブの検索窓で「コーナーピン」と入力して[コーナーピン]をクリックし❻、テキスト素材にドラッグします❼。「エフェクトコントロール」パネルの「コーナーピン」で「左上」に「578.1」「500.0」、「右上」に「1138.1」「500.0」、「左下」に「-100.0」「1076.0」、「右下」に「2020.0」「1085.0」と入力します❽。

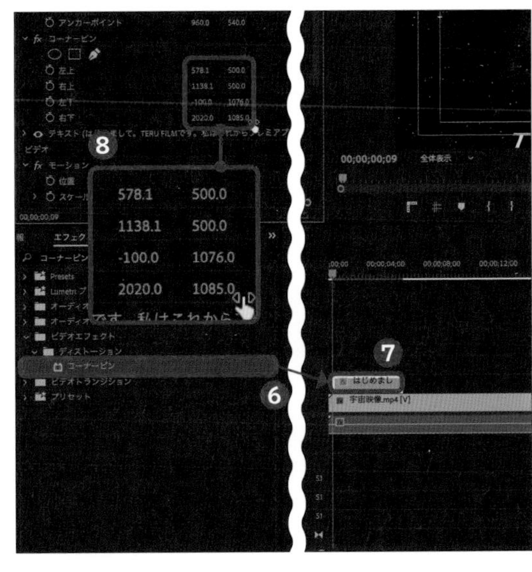

3 テキストの角度を調整する

「エフェクトコントロール」パネルで、「ベクトルモーション」の「位置」の⏱をクリックしてアニメーションをオンにし❾、「縦軸」に「1558.0」と入力します❿。「タイムライン」パネルの再生ヘッドをテキストの表示が終わる地点（ここでは「00:00:02:24」）まで移動させます⓫。「縦軸」に「-870.0」と入力して⓬、キーフレームをクリックした状態で再生ヘッドを最後尾に移動させます⓭。

POINT

このタイミングで一度、再生ボタンをクリックして、きちんと動きがあるか確認するとより確実です。

4 テキスト要素を引き伸ばす

「V2」のテキスト要素の左端をマウスでクリックして、再生ヘッドの「00:00:00:00」の地点まで引き伸ばし、同様に右端もクリックして、テキストの再生を終わらせたい地点まで引き伸ばします⓮。

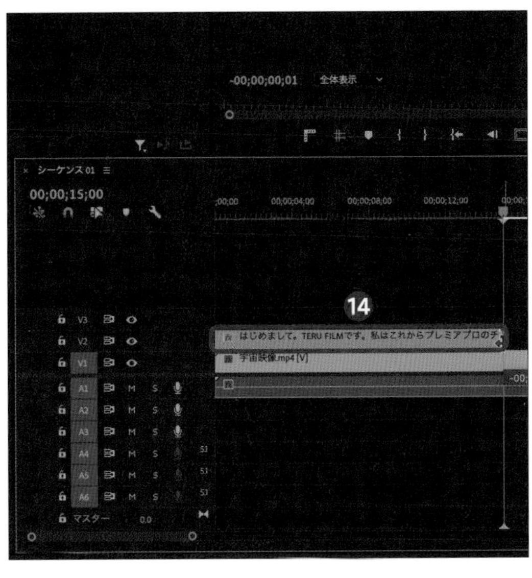

Technique 17

波に漂うようにタイトルを揺らす

海の中の映像から始める場合などにテキストをゆらゆら揺らすと、水中の浮遊感をうまく表現したオープニングを作ることができます。

1 タービュレントディスプレイスを適用する

前準備として、P.037を参考に揺らしたいテキストを用意して「タイムライン」パネルに配置してください。その上で使用するのは、「タービュレントディスプレイス」エフェクトです。文字全体に歪みを付けることができます。

1 タービュレントディスプレイスを適用する

「エフェクト」タブの検索窓で「タービュレントディスプレイス」と入力し❶、[タービュレントディスプレイス] をクリックして❷、「タイムライン」パネルのテキスト素材へドラッグします❸。

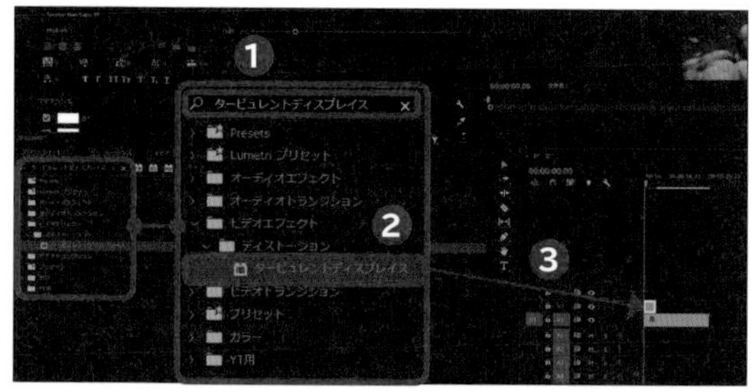

2 タービュレントディスプレイスを調整する

再生ヘッドを先頭へ移動させ❹、「エフェクトコントロール」パネルで「タービュレントディスプレイス」の「適用量」と「サイズ」のをクリックしてアニメーションをオンにし❺、数値にそれぞれ「0.0」「2.0」と入力します❻。

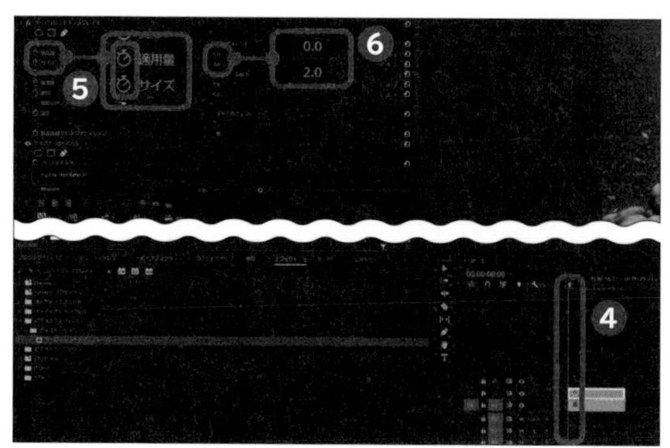

3 動きの終了地点を調整する

「エフェクトコントロール」パネルで、「タービュレントディスプレイス」の「適用量」「サイズ」「複雑度」「展開」の⏱をクリックしてアニメーションをオンにし❼、テキストの動きを終えたい箇所（ここでは「00:00：20：21」）まで再生ヘッドを移動させて❽、「適用量」「サイズ」「複雑度」「展開」の◆をクリックしてキーフレームを追加します❾。

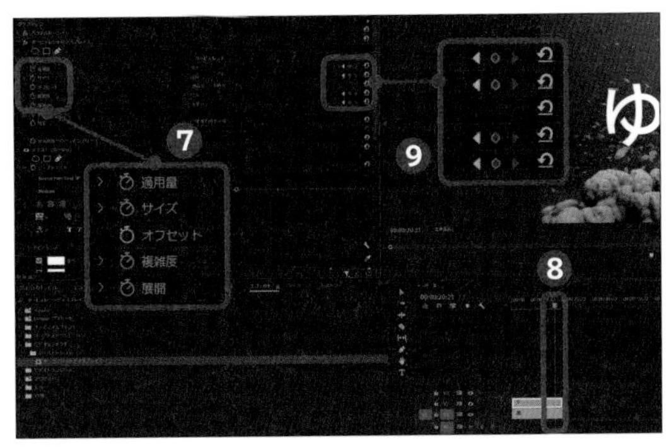

4 キーフレームを可視化する

「エフェクトコントロール」パネル右上の▶をクリックして❿、「タイムラインビュー」で手順3で入力したキーフレームを可視化して❿、2地点のキーフレームの真ん中辺りに再生ヘッドを移動させます⓫。

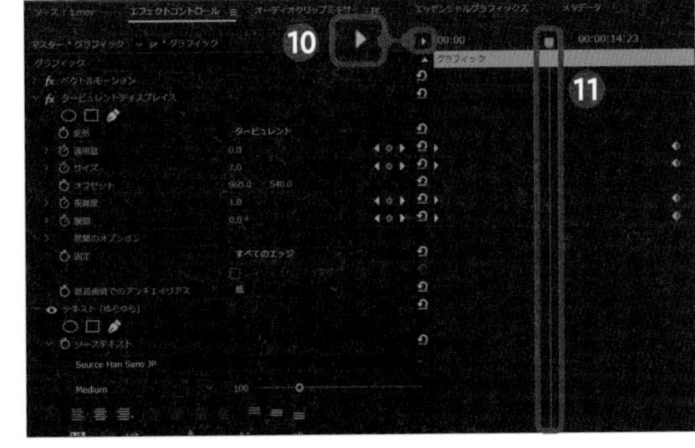

5 揺れ方を調整する

「エフェクトコントロール」パネルの「タービュレントディスプレイス」で「適用量」に「100.0」、「サイズ」に「50.0」、「複雑度」に「3.0」、「展開」に「10.0」と入力します⓬。

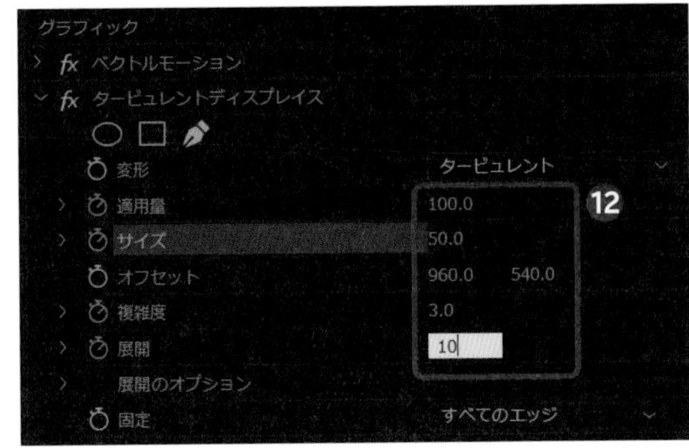

Another

さらに大きく揺らす

手順5で入力したキーフレームの「適用量」「サイズ」「複雑度」「展開」の数値を低くしたり高くしたりすることで、揺れ具合を変化させることができます。 また、「タイムラインビュー」のキーフレームの位置をドラッグして、2点同氏の距離を近づけたり遠ざけたりすることで、エフェクトの速度を変化させることもできます。

オープニング
登場シーン
メリハリ
エンディング
字幕
音
時短テク

Technique 18

物陰からタイトルが現われる演出

映像内に配置された物の背後からタイトルが現われるオープニングの作り方です。物の存在感を維持したままタイトルを登場させたい、といったときに効果的なテクニックです。

1 モーションを適用する

前準備として、P.037を参考に、動かしたいテキストを用意して「タイムライン」パネルに配置してください。その上で使用するのは、「モーション」エフェクトです。文字全体を動かすことができます。

1 テキストを移動させる

動きを付け始めたい箇所（ここでは先頭）へ「タイムライン」パネルの再生ヘッドを移動させて❶、テキスト素材をクリックします❷。「エフェクトコントロール」パネルで「モーション」の「位置」のをクリックしてアニメーションをオンにし❸、「位置」の数値を、物陰に隠れる位置（ここでは「2397.0」「540.0」）になるよう入力します❹。

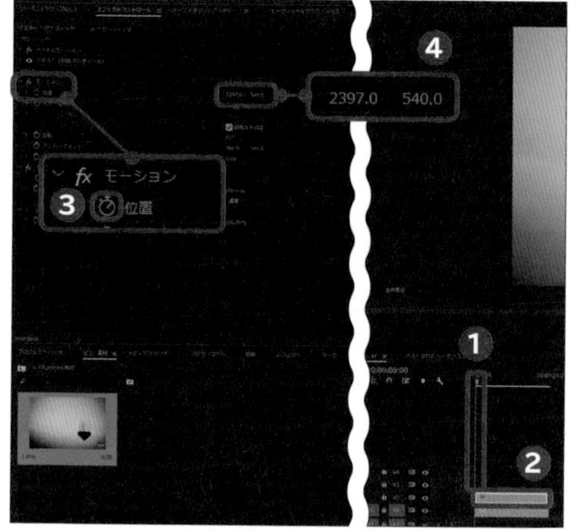

POINT

この時点ではまだ、テキストは物に隠れません。

2 再生ヘッドを進める

「プログラム」パネルのプレビュー画面下にあるを15回クリックして、再生ヘッドを15コマぶん進めます❺。

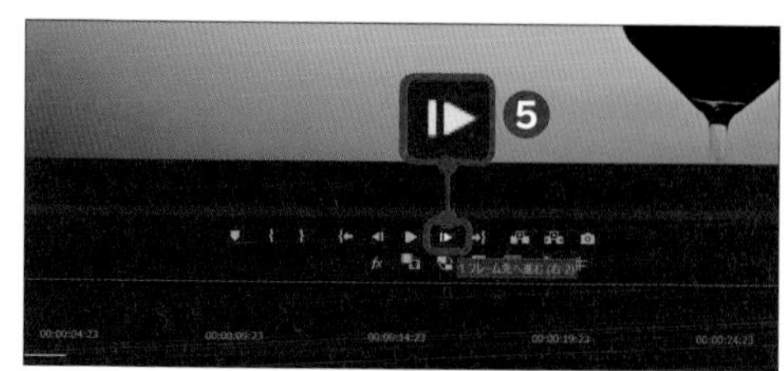

3 キーフレームを可視化する

テキスト素材をクリックして❻、「エフェクトコントロール」パネルで「位置」のをクリックして数値をリセットします❼。をクリックして❽「タイムラインビュー」を表示し、手順1～2で入力したキーフレームを可視化します。

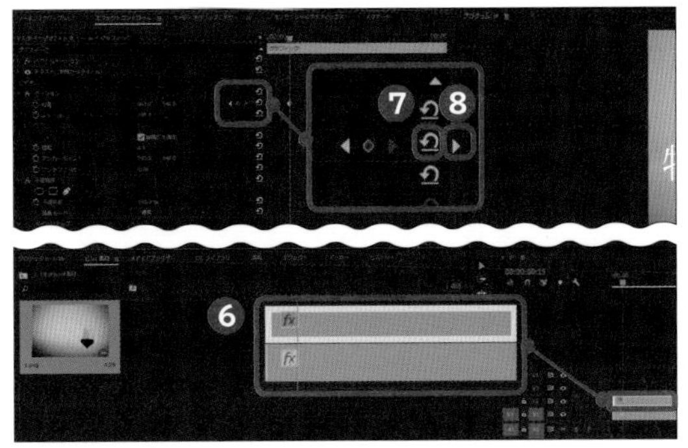

4 ベジェを適用する

2つのキーフレームをドラッグで複数選択して右クリックし❾、［時間補間法］→［ベジェ］の順にクリックします❿。

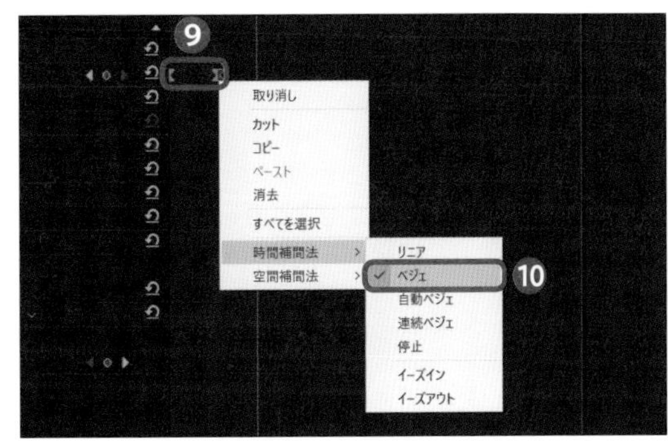

2 マスクを適用する

テキストの動きを調整したら、次は物の背後にテキストを隠す作業を行ないます。「マスク」でテキストを囲んで、物の背後に配置されるように調整していきます。

1 ネストを適用する

テキスト素材を右クリックして❶、［ネスト］をクリックし❷、［OK］をクリックして❸、ネストしたテキスト素材をクリックします❹。

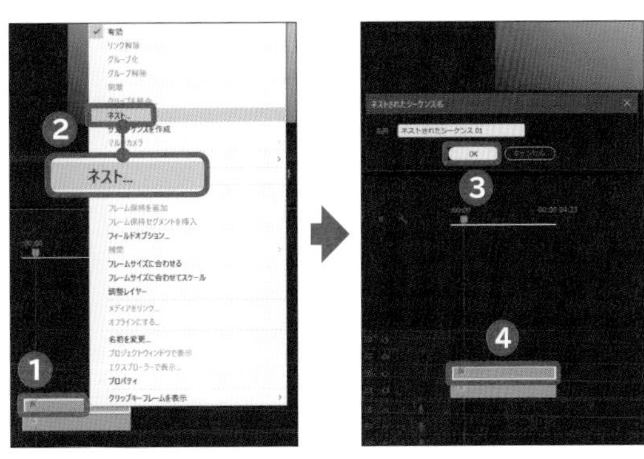

2 マスクを作成する

「エフェクトコントロール」の「不透明度」でをクリックしてマスクを作成し❺、プレビュー画面で物陰の境界線をクリックして線を引き、そのままタイトルを四角く囲みます❻。

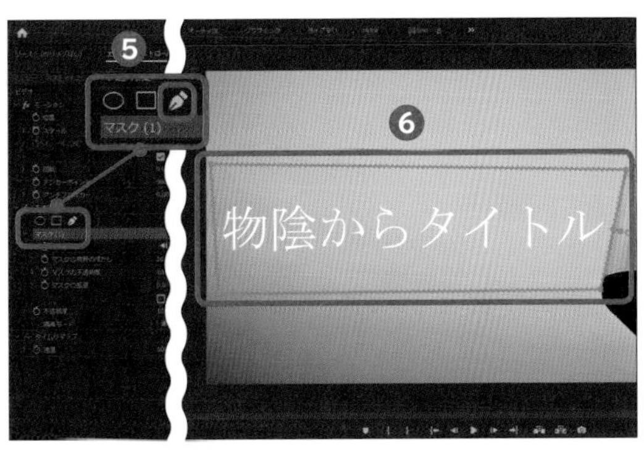

Technique 19

無料テンプレートを使いこなす

オープニング作りにあまり時間をかけられないときは、無料でダウンロードできるテンプレートを利用しましょう。ここでは、数ある無料テンプレートの中からオススメを2つ紹介します。

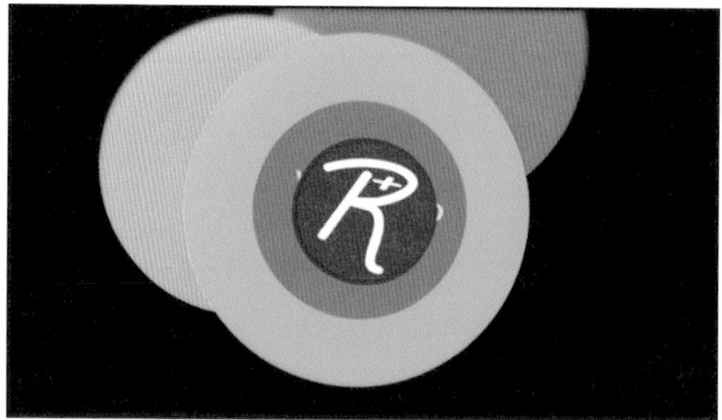

1 Flicker Light Titles

前準備として、海外のテンプレートサイト「Motion Array」で無料プランを登録してください。「https://motionarray.com/」にアクセスして[Join Free]をクリックし、[Start With Free]をクリックして、画面の指示に従ってメールアドレスやパスワードを入力し会員登録を行ないます。「Motion Array」の無料テンプレートの中からダウンロードできる「Flicker Light Titles」は、「ネオン風のタイトル」を簡単に作成できます。「Flicker Light Titles」をダウンロードしたら、ダブルクリックして解凍し、「Flicker light titles.prproj」をダブルクリックしてください。

1 タイトルを選ぶ

「プロジェクト」パネルで[01 Edit Placeholders]→[Titles]の順にダブルクリックして❶、任意のタイトル（ここでは[Title 01]）をダブルクリックします❷。

2 フォントを調整する

レガシータイトルプロパティからフォントやサイズ、位置を変更します❸。

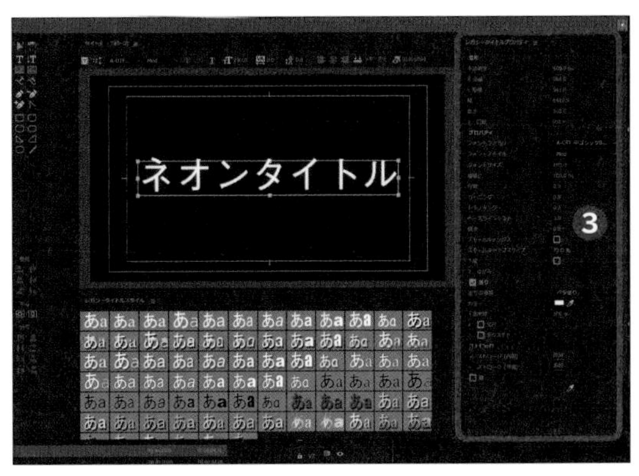

2 Inspire Travel Opener

次に紹介するのも、「Motion Array」でダウンロードできる無料テンプレートです。「Flicker Light Titles」はテキストをネオン風に加工するだけのテンプレートでしたが、「Inspire Travel Opener」は、動きも付けてくれるテンプレートです。

1 エフェクトを選ぶ

「プロジェクト」パネルで、[Inspire Travel Opener]→[01 Edit]の順にダブルクリックし❶、編集したい項目(ここでは[Logo])をクリックします❷。

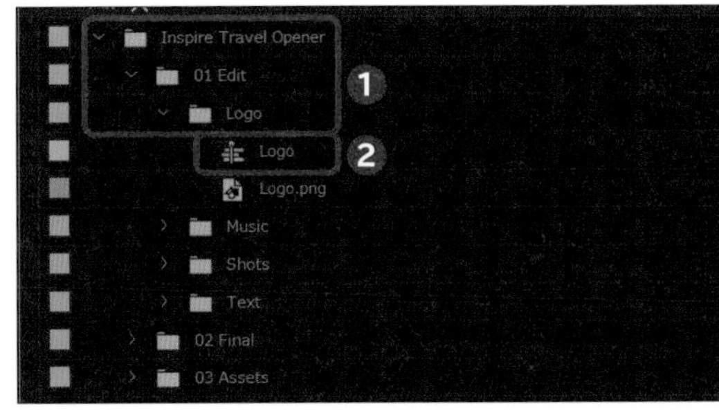

2 動かしたい素材を配置する

「タイムライン」パネルに、動かしたい素材(ここではオリジナルのロゴマーク)をドラッグします❸。

3 動かしたい素材を配置する

ドラッグして長さを調整すると❹、その長さに応じて「final」のシーケンス内に変更が反映されます❺。

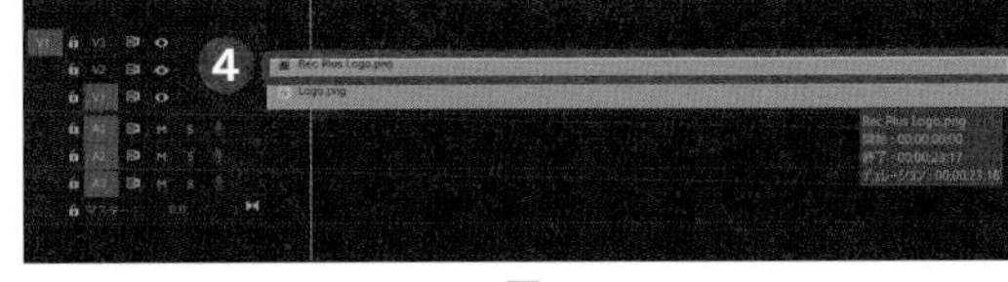

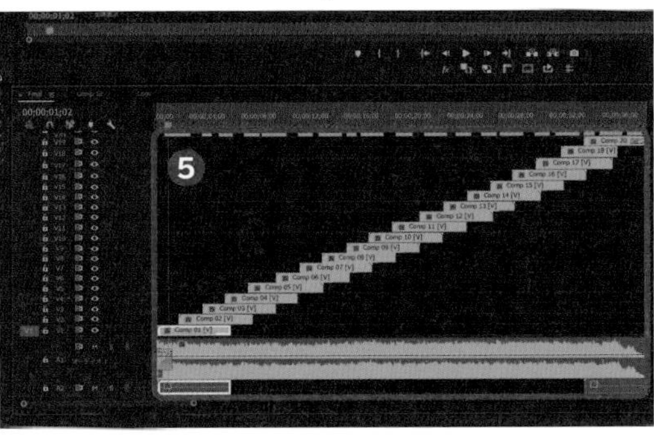

POINT

同じ要領で「Inspire Travel Opener」の中にある「Shots(映像や写真)」や「TEXT(文字)」のシーケンスをダブルクリックし、その都度、任意の素材をドラッグしていくことでオープニングが完成します。

Technique 20 有料テンプレートを使いこなす

ここでは、有料テンプレートの中からオススメのものを紹介していきます。無料テンプレートよりもクオリティが高いオープニングを短時間で作成したいときにオススメです。

1 Youtube Pack - MOGRT for Premiere

前準備として、「Envato Market」でユーザー登録をしてから各有料テンプレートを購入してください。「https://themeforest.net/ 」にアクセスして[Sign In]をクリックし、[Create an Envato account]をクリックして、画面の指示に従って名前、ユーザーネーム、メールアドレス、パスワードを入力し会員登録を行ないます。ユーザー登録が終わったら、購入したい素材の[Buy Now]をクリックし、「Select Payment Method」で支払い方法を選択し、支払い情報を入力後、[Make payment]をクリックするとダウンロード画面へ移動します。その中でダウンロードできる「Youtube Pack - MOGRT for Premiere」は、その名の通りYouTube向けのテンプレート素材です。「Youtube Pack - MOGRT for Premiere」をダウンロードしたら、ダブルクリックして解凍し、[YT-Pack]をダブルクリックしてください。

1 エフェクトを選ぶ

[ウィンドウ]→[エッセンシャルグラフィックス]の順にクリックします❶。ダウンロードした「YT-Pack」ファイル内の項目(ここでは[001. Subscribe Overlay])をクリックして「.mogrt」という拡張子のファイルをドラッグして複数選択し❷、「エッセンシャルグラフィックス」パネルにドラッグします。

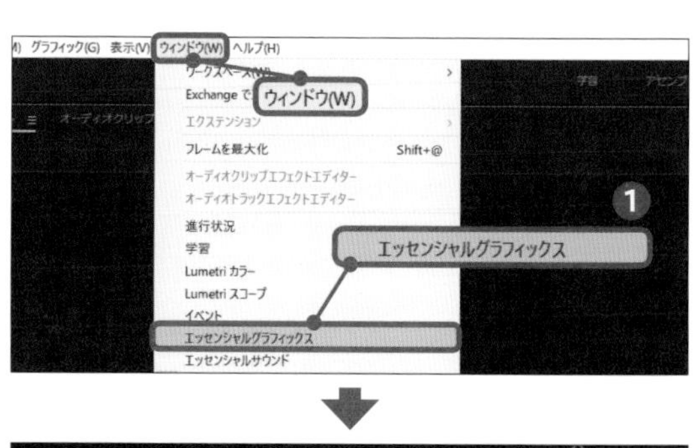

2 テンプレートをドラッグする

「エッセンシャルグラフィックス」パネルに読み込まれたテンプレートの中から使用したいものをクリックして❹、「タイムライン」にドラッグします❺。

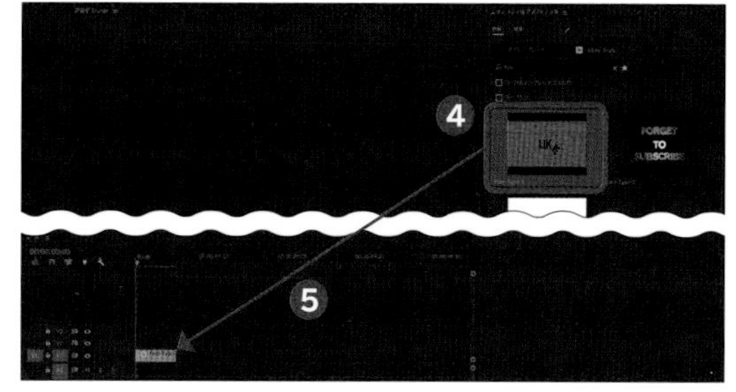

Check! テンプレート素材の大きさが合っていないときは

作成したシーケンスにテンプレート素材の大きさが合っていない場合、テンプレートを右クリックして［フレームサイズに合わせる］をクリックすると大きさが調整されます。

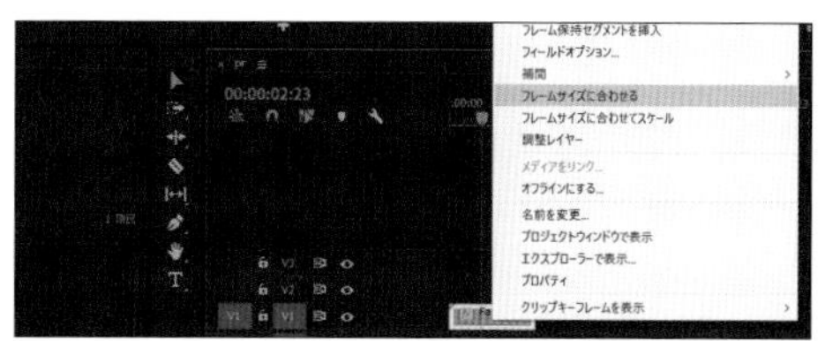

3 フォントや色を調整する

「タイムラインパネル」のテンプレート素材をクリックして❻、画面右側の「エッセンシャルグラフィックス」パネルで［編集］タブをクリックし❼、テキストや色を調整します❽。

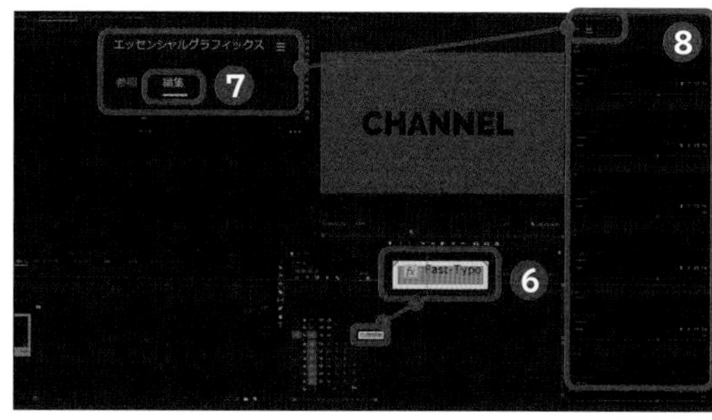

2 The Most Useful Transitions Pack for Premiere Pro

トランジション（映像の切り替え）のテンプレート素材です。映像と映像の間にズームなどの動きを付けることで見ている人を引きつける躍動感ある映像を制作できます。近年SNSを中心に流行しているタイプの切り替えが約300種類含まれており、Vlogなどの映像を作成したい場合に活用するとよいでしょう。前準備として、ダウンロードが完了したらダブルクリックして解凍し、［The_Most_Useful_Transitions］というフォルダをダブルクリックして、［Premiumilk_Transitions_Pack_for_Premiere_Pro］をダブルクリックしてください。

1 トランジションを選ぶ

「Premiumilk_Transitions_Pack_for_Premiere_Pro」で使いたいトランジション（ここでは［02.Zoom］）の「.prproj」ファイルをクリックして、「プロジェクト」パネルへドラッグします❶。

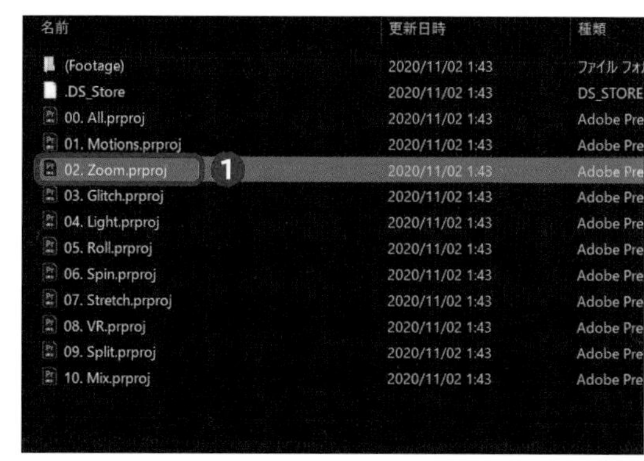

2 プロジェクトを読み込む

プロジェクトの読み込み設定画面が表示されたら、[プロジェクト全体を読み込み] をクリックし❷、[OK] をクリックして読み込みます❸。

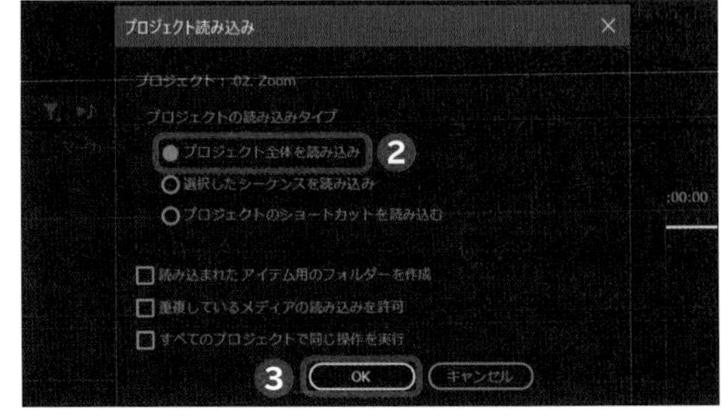

3 トランジションの種類を選択する

「プロジェクト」パネルに表示された [Premiummilk Transitions] をクリックして❹、[02.Zoom] をクリックします❺。

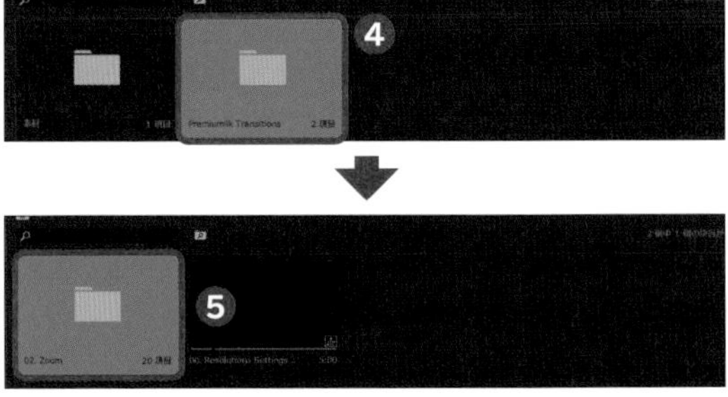

4 トランジションを読み込む

一覧表示されたトランジションの中から任意の1つ(ここでは [Spin Right Zoom In]) をクリックして❻、「タイムライン」パネルの中の映像の切り替え部分へドラッグします❼。

Check! トランジションを読み込む際の注意

手順4で読み込む際は、「タイムライン」パネル左上のをクリックして、「ネストとしてまたは個別のクリップとしてシーケンスを挿入または上書き」をオフ（白色の状態）にしてください。この部分がオンのままだと、トランジションをレイヤーで読み込むことができません。

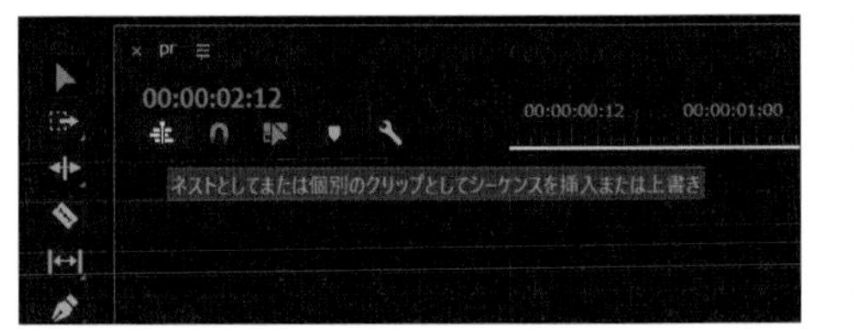

5 トランジションを適用する

「タイムライン」パネルにあるプレビュー用の素材を削除して❽、トランジションを適応します。

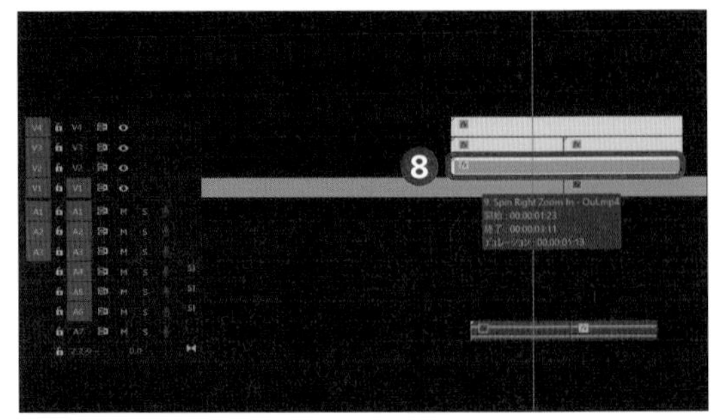

Chapter

2

人・モノの 登場シーンで 使えるテクニック

このチャプターでは、人やモノをキラキラさせたり、画面を回したり、人気YouTuberの商品レビュー風に演出したりするテクニックを紹介します。より印象的な登場シーンを考える際に役立ててください。

［作例・文］
谷口晃聖 : Technique 27 ～ 30
Rec Plus ごろを : Technique 21 ～ 26, 31 ～ 36

Technique 21

フリーズエフェクトによる人物の登場シーン

フリーズエフェクトは、人物の登場シーンでひんぱんに用いられるテクニックの1つです。人物の動きが止まり、そこにカットインする形で名前が登場します。

1 フリーズ画像を作成する

まずは、人物がフリーズした画像と背景を作成します。前準備として、「タイムライン」パネルに人物の映像素材をドラッグし、フリーズさせたい箇所まで再生ヘッドを移動させてください。

1 フレーム保持を追加する

映像素材を右クリックして❶、[フレーム保持を追加]をクリックしてクリップを分割し❷、後半の映像素材をフリーズさせます。

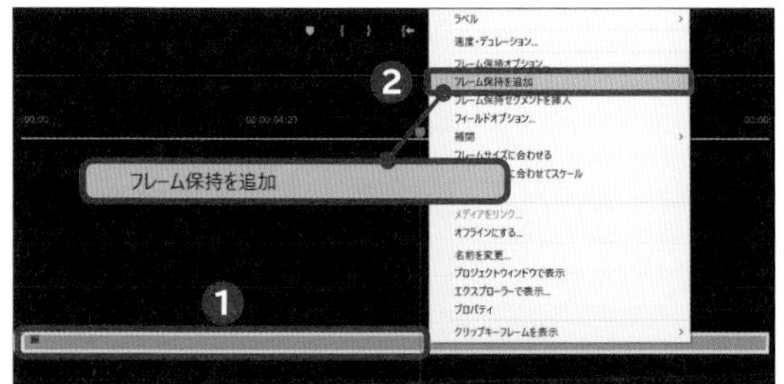

2 フリーズした素材を複製する

Alt/Option キーを押しながら、フリーズした素材を右方向へドラッグして複製して❸、右クリックします❹。「フレーム保持オプション」をクリックして❺、「フレーム保持オプション」で[保持するフレーム]をクリックしてチェックを外し❻、[OK]をクリックします❼。

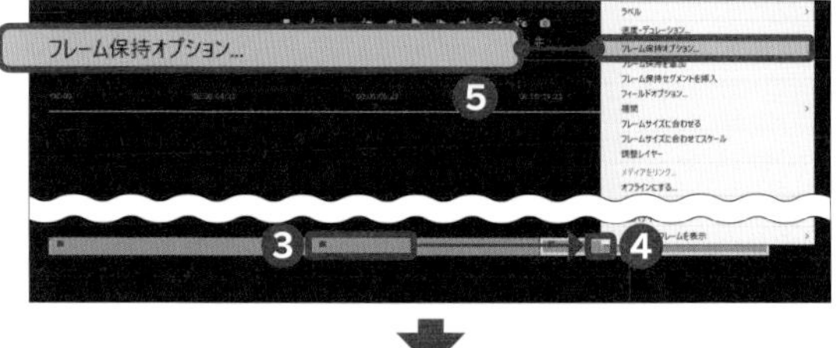

3 ペンツールを選択する

Alt/Optionキーを押しながら、フリーズした素材を3つ上のレイヤー（ここでは「V4」）へドラッグして複製し❽、クリックします❾。「エフェクトコントロール」パネルで「不透明度」のをクリックします❿。

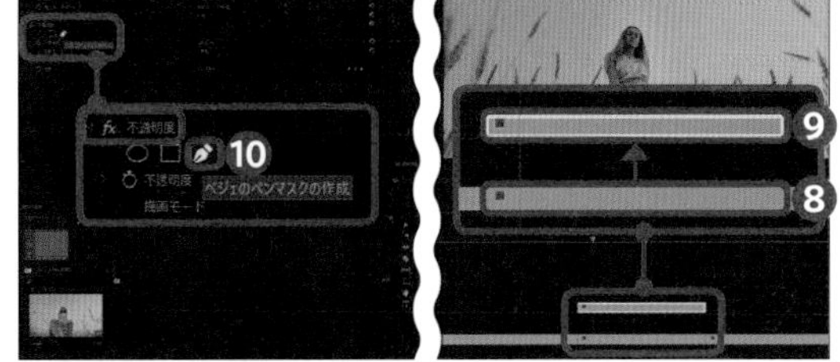

4 マスクを作成する

「プログラム」パネルのプレビュー画面で被写体をクリックし⓫、最初の点と最後の点をクリックして結んでマスクを作成します。

POINT

必要に応じて、プレビュー画面下の画面拡大率を上げると切り抜きやすくなります。また、切り抜く際には被写体の少し内側を縁取るようにすると、きれいに仕上げることができます。

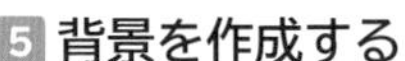

5 背景を作成する

「プロジェクト」パネル右下のをクリックして⓬、[カラーマット]をクリックし⓭、「カラーピッカー」で任意の色（今回はカラーコード「＃460125」）を選択します⓮。[OK]→[OK]の順にクリックし、「プロジェクト」パネルに追加します⓯。

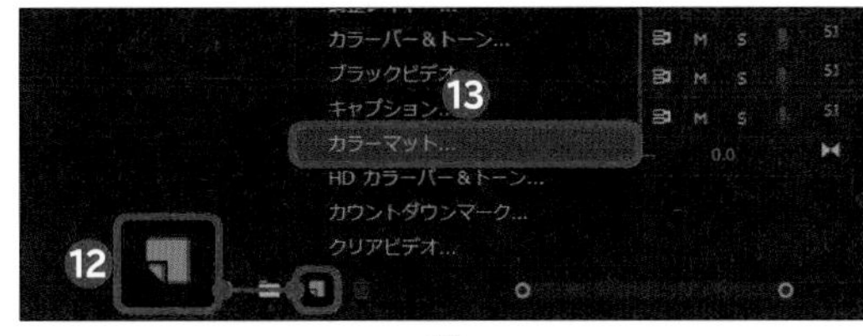

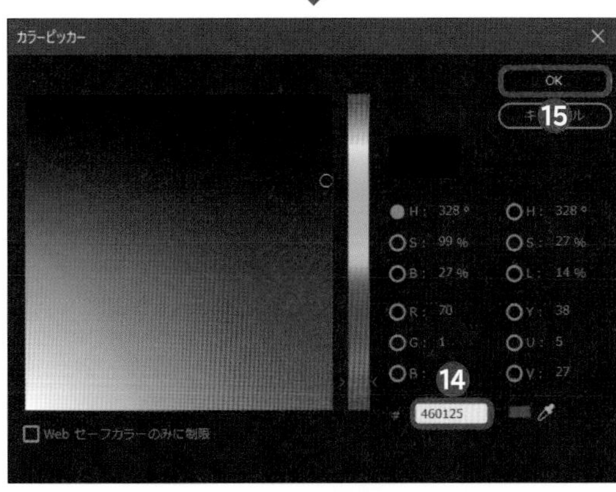

6 調整レイヤーを適用する

手順5で作成した調整レイヤーをクリックして⓰、「タイムライン」パネルの「V2」へドラッグします⓱。上のレイヤーにあるマスク素材と同じ長さになるようドラッグして調整して⓲、「ツールバー」のを長押しし⓳、[長方形ツール]をクリックします⓴。

7 長方形の背景を作成する

プレビュー画面で長方形をドラッグして任意の形に作成し㉑、作成したシェイプのレイヤーを「V3」に配置します㉒。「ツールバー」のTを長押しして㉓、「縦書き文字ツール」をクリックします㉔。

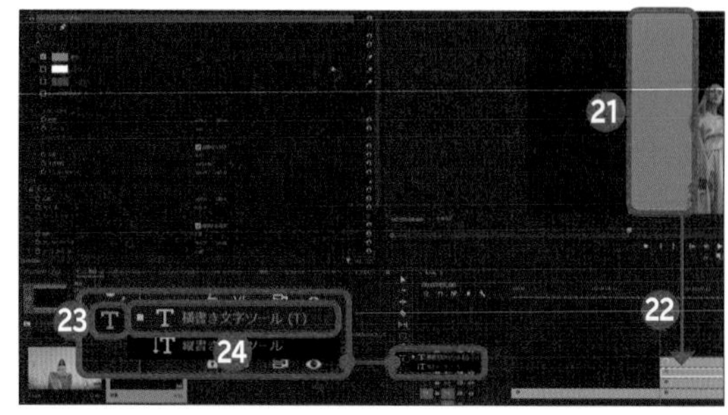

8 テキストを入力する

プレビュー画面で長方形の中に名前などのテキストを入力し㉕、「エフェクトコントロール」パネルで［テキスト］をダブルクリックします。「エフェクトコントロール」パネルで色やフォントサイズを調整します㉖。

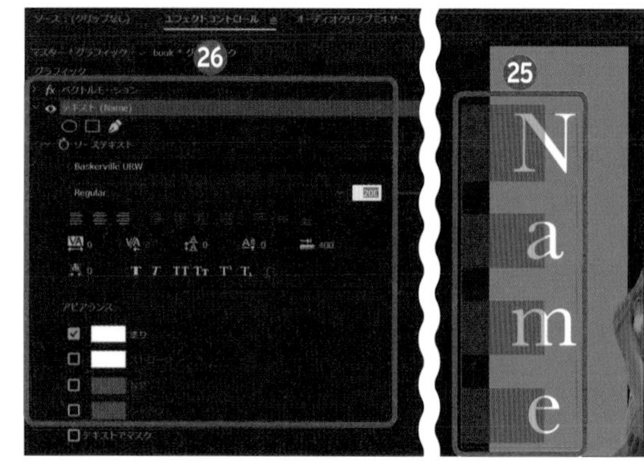

2 フリーズ素材に動きを付ける

フリーズ素材とテキストが完成したところで、動きを付けていきます。人物、長方形のシェイプ、テキスト、背景のそれぞれに動きを付けていく必要があります。主に使用するのは、「リニアワイプ」と「クロスディゾルブ」です。

1 被写体を止めてズームさせる

マスクで切り抜いた人物素材（ここでは「V4」）をクリックし❶、再生ヘッドをレイヤーの先頭へ移動させます❷。「エフェクトコントロール」パネルで［モーション］をダブルクリックして❸「スケール」のをクリックしてアニメーションをオンにします❹。動きを終わらせたい位置（ここでは2秒前）まで再生ヘッドを移動させ❺、「スケール」の数値を「200」に変更します❻。

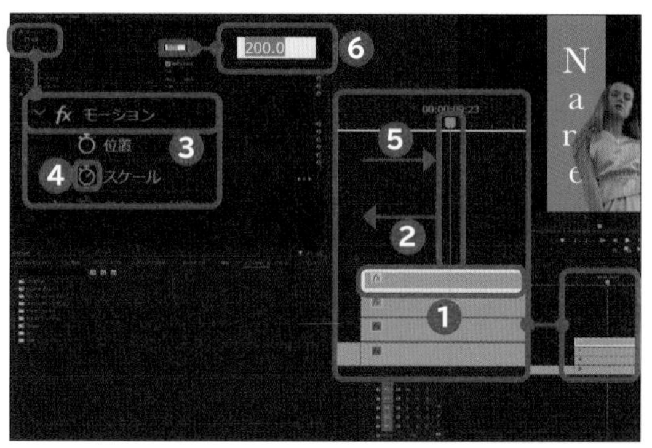

2 動かし方を調整する

被写体の大きさを元に戻し始めたい位置（ここではフリーズ終了から「2秒前」）まで再生ヘッドを移動させて❼、「エフェクトコントロール」パネルで「スケール」のをクリックしてキーフレームを打ち❽、再生ヘッドをフリーズ素材の終わりまで移動させ❾、「スケール」のをクリックして大きさを元に戻します❿。

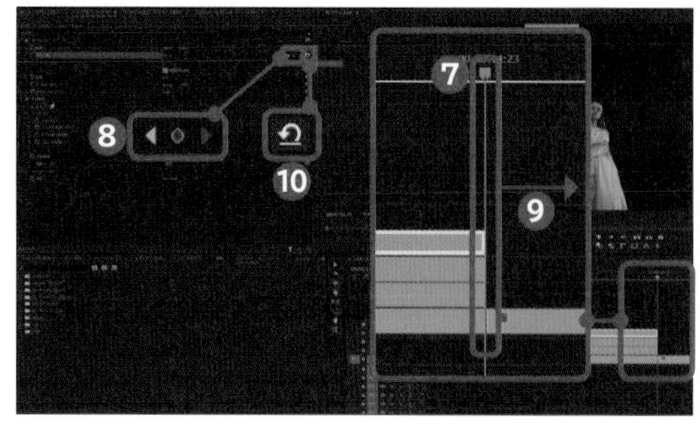

3 シェイプとテキストを下から上に動かす

再生ヘッドを「V3」レイヤーの先頭へ移動させて⑪、P.016を参考に「エフェクト」タブの検索窓で「リニアワイプ」と入力して［リニアワイプ］をクリックします⑫。テキスト素材（ここでは「V3」）へドラッグして⑬「エフェクトコントロール」パネルで［リニアワイプ］をダブルクリックし⑭、「変換終了」の⏱をクリックしてアニメーションをオンにして⑮、「変換終了」の数値に「100」と入力します⑯。

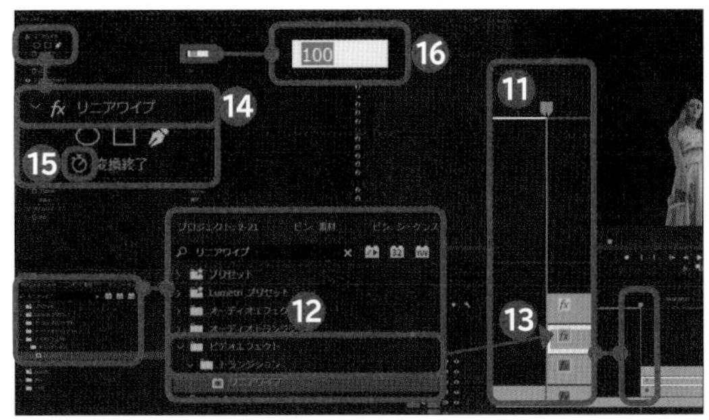

4 動かし方を調整する

「エフェクトコントロール」パネルで、「ワイプ」の「角度」を調整（ここでは縦長の長方形なので「180.0」）して⑰、シェイプと文字を出したい位置（今回は1秒後）まで再生ヘッドを移動させます⑱。「変換終了」の数値に「0」と入力して⑲、シェイプと文字を出し終えたい位置（ここでは1秒前）まで再生ヘッドを移動させ⑳、「変換終了」の◆をクリックしてキーフレームを打ちます㉑。

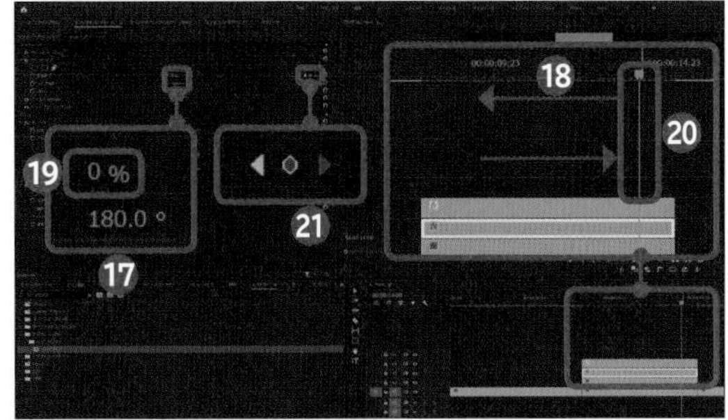

5 フリーズ素材の終わりを調整する

再生ヘッドをフリーズ素材の終わりまで移動させ㉒、「変換終了」の数値に「100」と入力します㉓。

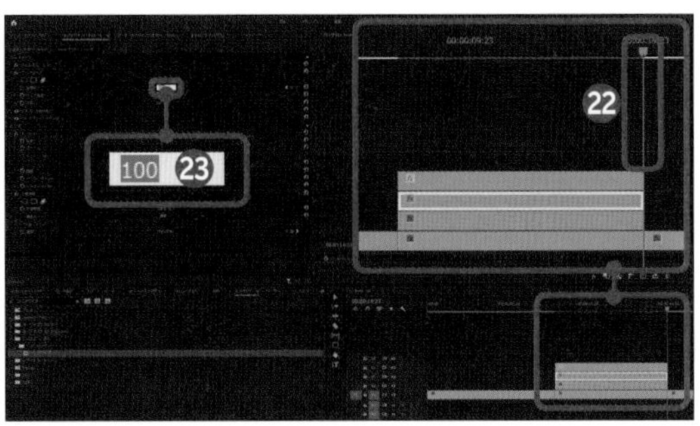

6 素材先頭にデュレーションを適用する

再生ヘッドを「V2」レイヤーの先頭へ移動させて㉔、P.016を参考に「エフェクト」タブの検索窓で「クロスディゾルブ」と入力して［クロスディゾルブ］をクリックします㉕。背景素材（ここでは「V2」）の先頭へドラッグして㉖、クリックし㉗、「エフェクトコントロール」パネルで「デュレーション」に任意の数値（ここでは「00:00:00:05」）を入力㉘。

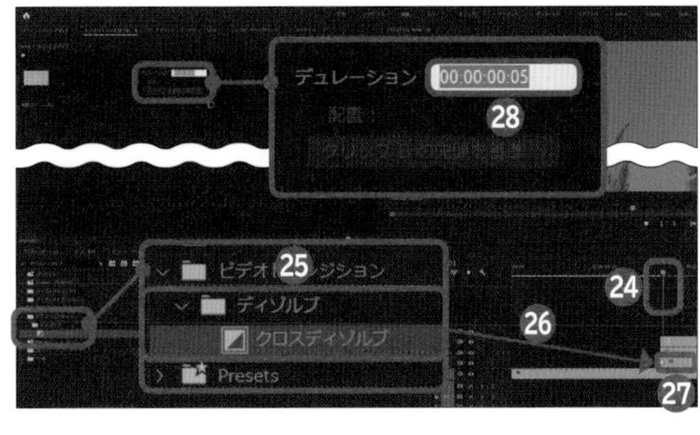

7 素材終わりにデュレーションを適用する

再度［クロスディゾルブ］をクリックして㉙、今度は背景素材の終わりへドラッグし㉚、クリックします㉛。「エフェクトコントロール」パネルで「デュレーション」に任意の数値（ここでは「00:00:00:05」）を入力します㉜。

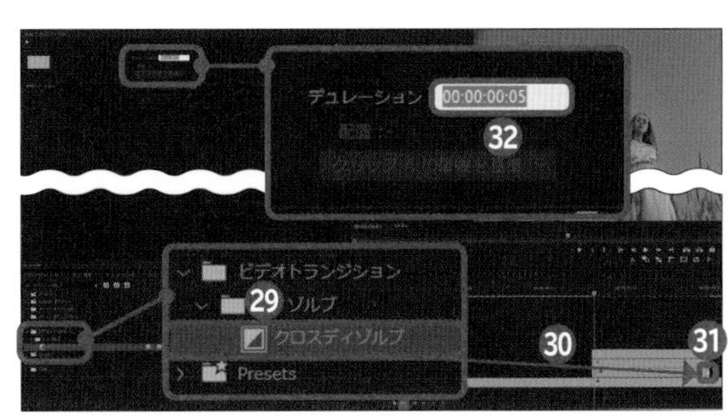

Technique 22

サム・コルダー風に演出する

Sam Kolder（サム・コルダー）は、YouTubeのチャンネル登録者数約115万人を誇る世界的動画クリエイターです。そんな彼が頻繁に使う、ズームイン・アウトによる切り替え効果テクを紹介します。

1 調整レイヤーを作成する

前準備として、ズームトランジションで繋げたい2つの映像素材を「V1」に配置します。次に、P.042手順1を参考に「調整レイヤー」を「プロジェクト」パネルに追加し、「タイムライン」パネルの「V2」に配置します。このとき、「V1」に配置した2つ目の映像素材と揃う位置にドラッグしてください。

1 余分なレイヤーを削除する

2つのクリップの間に再生ヘッドを移動させて→キーを5回押して5コマ右に移動させ❶、Cキーを押してレーザーツールを選択します。再生ヘッドの位置で調整レイヤーをカットして❷、残りの右の調整レイヤーをDeleteで消去します❸。

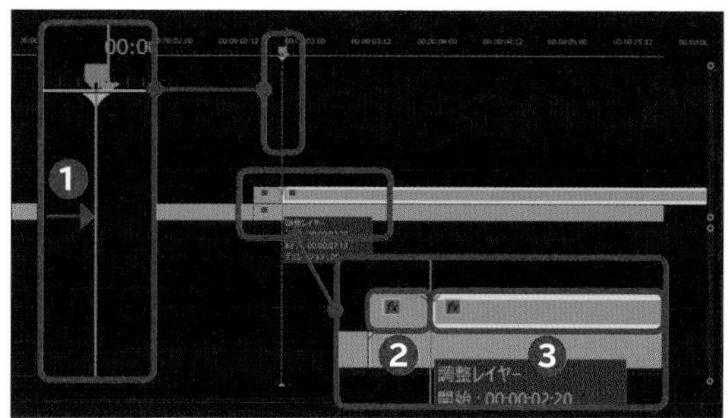

2 調整レイヤーをドラッグする

Alt/Optionキーを押しながら上方向へドラッグして、手順1でカットした調整レイヤーを「V3」にペーストします❹。2つのクリップの間に再生ヘッドを移動させ、←キーを5回押して5コマ左に移動させ❺、「V3」にペーストした調整レイヤーをドラッグして再生ヘッドの位置まで伸ばします❻。

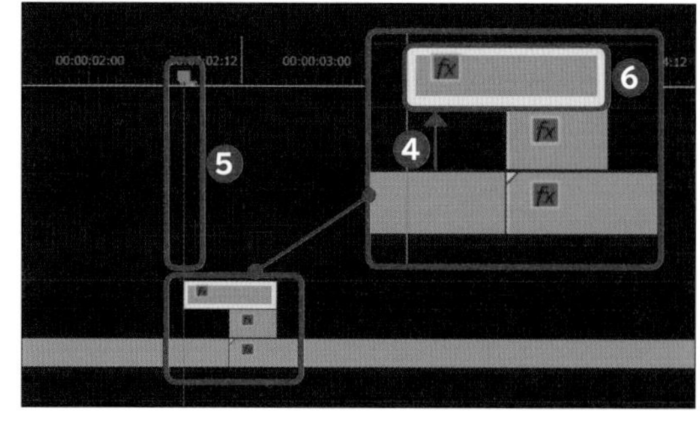

2 ズームの下地を作成する

前準備として、P.016手順1を参考に「エフェクト」タブの検索窓で「複製」と入力し、[複製] をクリックし、「V2」にドラッグします。次に「エフェクトコントロール」パネルで、「カウント」に「3」と入力します。

1 ミラーを複製する

「エフェクト」タブの検索窓で「ミラー」と入力して [ミラー] をクリックし❶、もう一度 [ミラー] をクリックして❷、「V2」の調整レイヤーに4回ドラッグします❸。

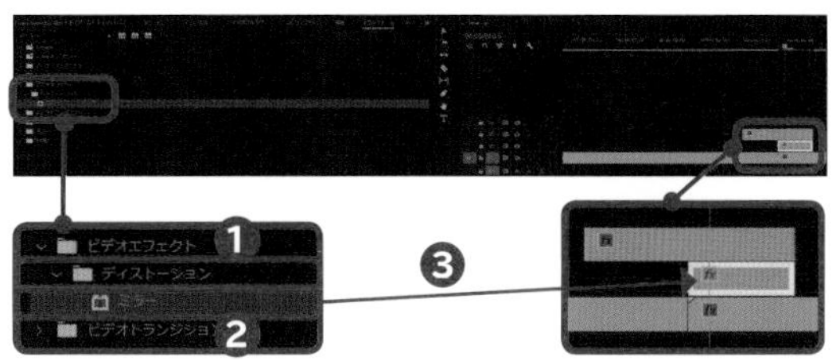

2 隙間がなくなるようにミラーを調整する

「ミラー」の「反射の中心」の「X軸」にここでは「1279」と入力し❹、2番目の「ミラー」の「反射角度」に「90」と入力して❺、2番目の「ミラー」の「反射の中心」の「Y軸」に「719」と入力します❻。次に、3番目の「ミラー」の「反射角度」に「180」と入力して❼、3番目の「ミラー」の「反射の中心」の「X軸」に「640」と入力し❽、4番目の「ミラー」の「反射角度」に「-90」と入力して、4番目のミラーの「反射の中心」の「Y軸」に「360」と入力します❾。

3 動きを付ける

前準備として、「エフェクト」タブの検索窓で「トランスフォーム」と入力し、[トランスフォーム] をクリックし、「V3」にドラッグします。次に再生ヘッドを上の調整レイヤー「V3」の先頭へ移動させ、「エフェクトコントロール」パネルで「トランスフォーム」の「スケール」の⏱をクリックしてアニメーションをオンにしてください。

1 各エフェクトを調整する

再生ヘッドを「V3」の調整レイヤーの最後へ移動させ❶、「エフェクトコントロール」パネルで「トランスフォーム」の「スケール」に「300」と入力します❷。「エフェクトコントロール」パネル右側の▶をクリックしてキーフレームを可視化し❸、2つのキーフレームのうち後半のキーフレームを右クリックして [イーズイン] をクリックします❹。次に、2つのキーフレームのうち前半のキーフレームを右クリックして [イーズアウト] をクリックし❺、「エフェクトコントロール」パネル」[コンポジションのシャッター角度を使用] をクリックしてチェックを外します❻。最後に、「シャッター角度」の値に「300」と入力します❼。

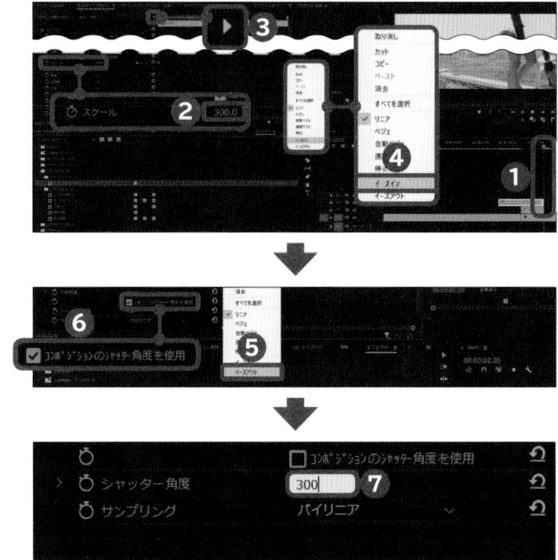

Technique 23

人やモノを光によって切り替える

光のエフェクトをうまく使って、まばゆい光で登場するようなテクニックを紹介します。食べ物や人物を美しく見せたいときに用いると効果的です。

1 ライトリークを調整する

前準備として、キラキラさせるライトリークの素材をダウンロードします。Technique 19で紹介した「Motion Array」(https://motionarray.com/stock-video/freelight-leak-footage-220) にアクセスしてフリー素材を表示し、画面右上の［Download］をクリックしてダウンロードします。ダウンロードが完了したらダブルクリックして解凍し、［Freelight-leak-footage-220.mov］というファイルを「プロジェクト」パネルの「V2」に、切り替えたい2つの映像素材を「V1」にドラッグしてください。

1 マーカーを打つ

「タイムライン」パネルの再生ヘッドを動かし、ライトリークの光が強いと感じる地点まで移動させます❶。Mキーを押してマーカーを打ち❷、ライトリーク素材をクリックします❸。

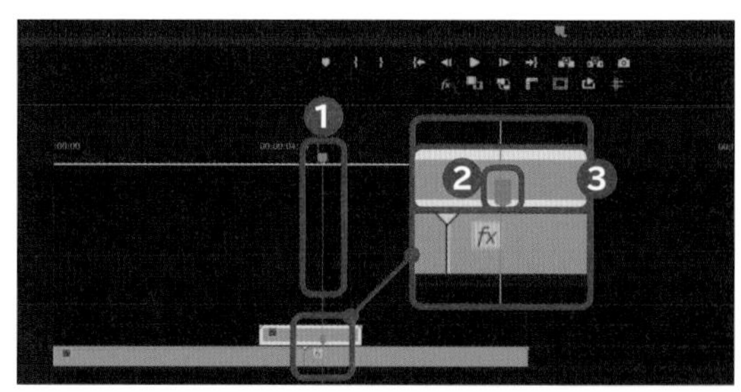

2 描画モードを変更する

「エフェクトコントロール」パネルの「描画モード」で［スクリーン］をクリックし、「不透明度」に「80.0」と入力します❹。

POINT

この時点で光が強いと感じたら、「不透明度」の数値を下げて調整します。手順2の画面では「不透明度」の数値を「80」に下げています。

3 長さを調整する

C キーを押して、ライトリークを適用したくない部分をカットし、Delete キーで削除します❺。

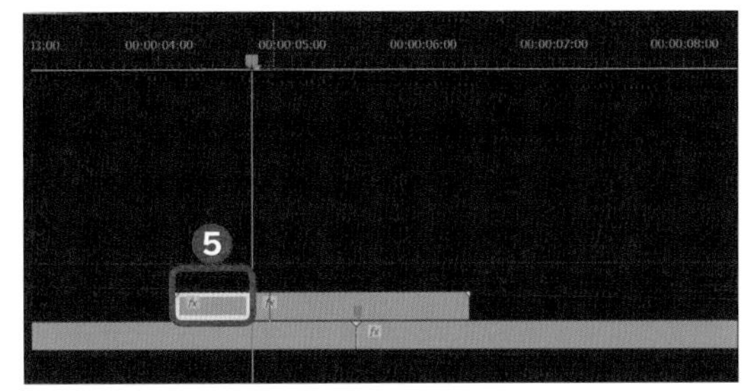

2 ライトリークをなじませる

次に、ライトリークを映像になじませてよりスムーズに光るよう調整していきます。使用するのは「クロスディゾルブ」です。ライトリークとクロスディゾルブを適用することで、光に包まれながらスムーズに映像を切り替えることが可能です。

1 クロスディゾルブを切り替え部分に適用する

「エフェクト」タブの検索窓で「クロスディゾルブ」と入力し❶、[クロスディゾルブ] をクリックします❷。「V1」の映像素材の切り替え部分へドラッグして❸、ドラッグした [クロスディゾルブ] をクリックし❹、「エフェクトコントロール」パネルで「デュレーション」の値を調整（ここでは「00:00:00:10」）します❺。

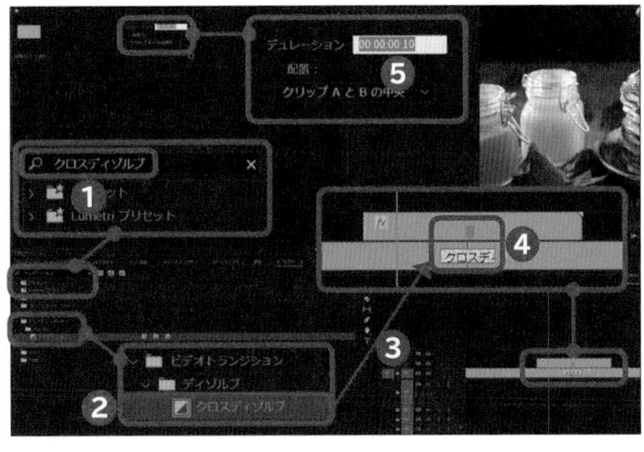

2 クロスディゾルブを前半に適用する

[クロスディゾルブ] をクリックして❻、「V2」のライトリーク素材の前半部分へドラッグします❼。ドラッグした [クロスディゾルブ] をクリックして❽、「エフェクトコントロール」パネルで「デュレーション」の値を調整（ここでは「00:00:00:10」）します❾。

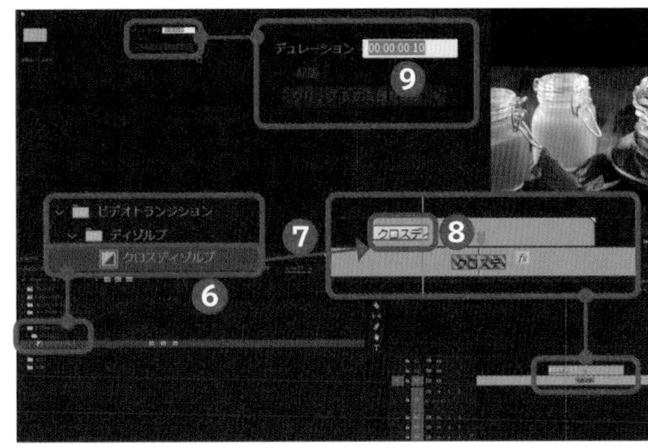

3 クロスディゾルブを後半に適用する

[クロスディゾルブ] をクリックして❿、「V2」のライトリーク素材の後半部分へドラッグし⓫、ドラッグした [クロスディゾルブ] をクリックして⓬、「エフェクトコントロール」パネルで「デュレーション」の値を調整（ここでは「00:00:00:10」）します⓭。

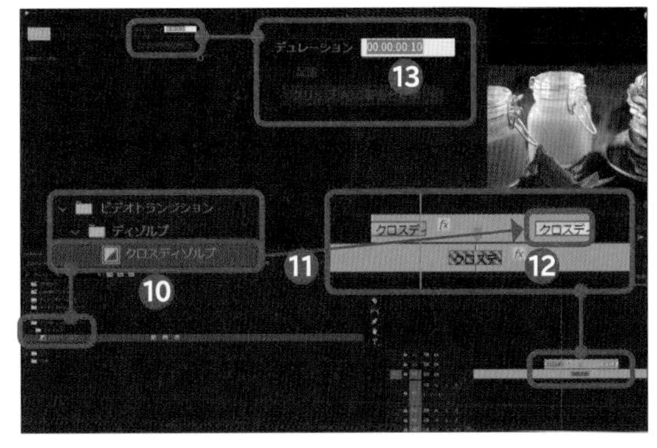

Technique 24 動画の一部をトリミングして目立たせる

動画の一部だけをトリミングして配置することで、人やモノを強調することができます。トリミングの形や配置によってさまざまな効果が狙えるので、ぜひ覚えておきましょう。

1 映像素材をトリミングする

前準備として、トリミングしたい素材を「タイムライン」パネルにドラッグします。次に、「エフェクト」タブの検索窓で「クロップ」と入力して、[クロップ] をクリックしてトリミングしたい素材へドラッグしてください。

1 素材をトリミングする

「エフェクトコントロール」パネルで「クロップ」の「左」の数値に「15.0」と入力し❶、「上」の数値に「12.0」と入力します❷。「右」の数値に「32.0」と入力し❸、「下」の数値に「23.0」と入力して、トリミングの大きさを調整します❹。

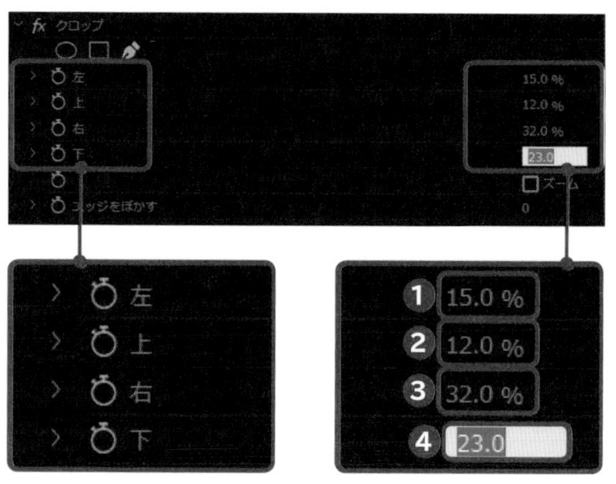

2 モーションを適用する

[モーション] をクリックします❺。

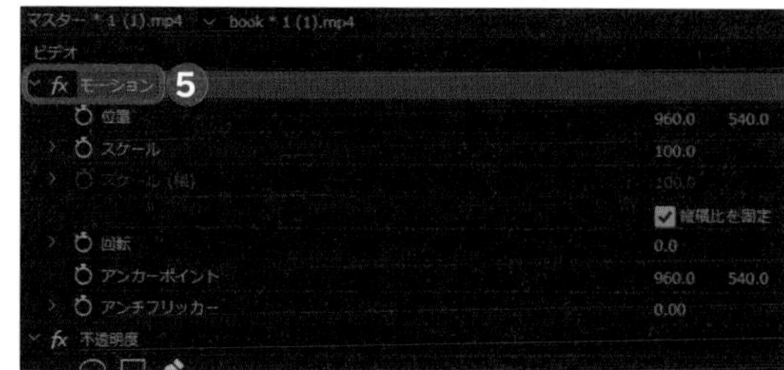

2 トリミングの形を楕円形にする

以上でトリミング自体は完了しますが、ここでは応用編として、四角ではなく楕円形にトリミングする方法を解説していきます。ここでは、「クロップ」のほかに円形のマスクを用いてトリミングしていきます。

1 円形マスクを適用する

P.076手順1の画面で、「クロップ」の◯をクリックし❶、プレビュー画面で被写体に合わせて円形マスクをドラッグして調整します❷。

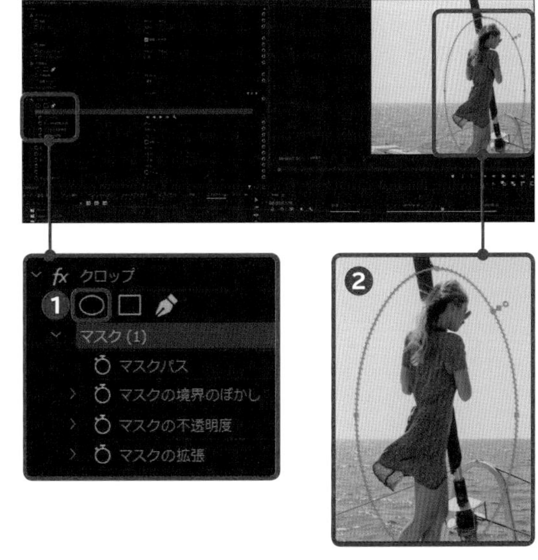

2 背景を反転させる

「エフェクトコントロール」パネルで、「マスク」の[反転]をクリックしてチェックを付け❸、「左」の数値に「100.0」と入力します❹。

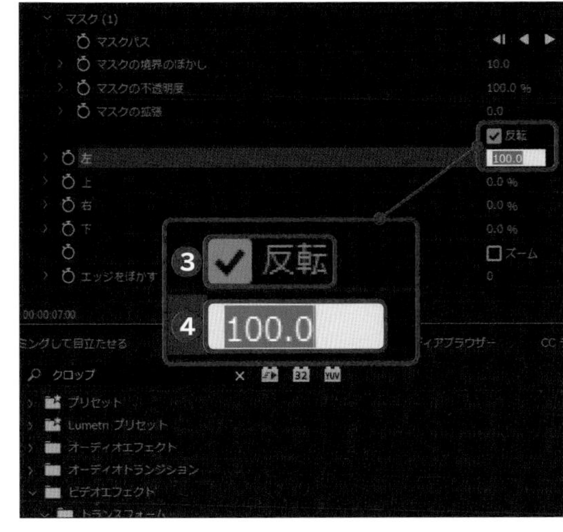

Check! 配置位置を細かく調整する

「プログラム」パネルのプレビュー画面をドラッグすることで、トリミング範囲を自由に動かすことができます。また、「エフェクトコントロール」パネルの「クロップ」で[ズーム]をクリックしてチェックを付けることで、トリミングした部分を拡大し、目立たせることもできます。

オープニング
登場シーン
メリハリ
エンディング
字幕
音
時短テク

Technique 25

背景が徐々に現われる

2つの映像を「グラデーションワイプ」エフェクトを使って合成することで、背後の映像素材が現われるという演出テクニックです。

1 グラデーションワイプを適用する

前準備として、最初に映したい映像素材と、その背後から現われる映像素材の2つを用意し、「タイムライン」パネルにドラッグします。そこから「グラデーションワイプ」というエフェクトを使って、徐々に背後の映像素材が現われるよう調整していきます。

1 映像素材を重ねる

後から現われる映像素材をドラッグして、最初に現れる映像素材にかぶるよう配置（ここでは3秒間重なるよう配置）します❶。

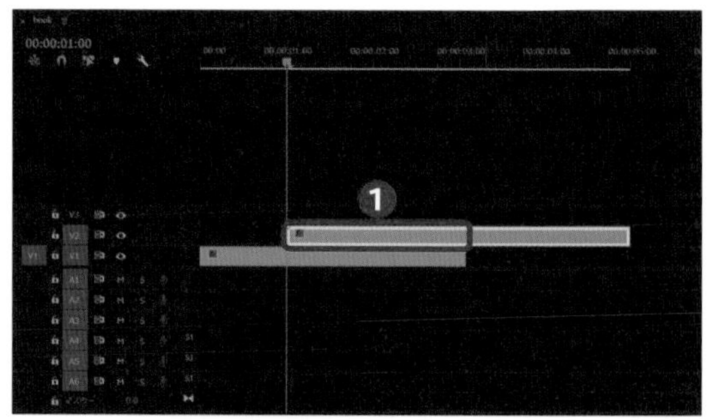

POINT

ここで重ねた秒数が、そのままエフェクトの適用時間となります。

2 グラデーションワイプを適用する

「エフェクト」タブの検索窓で「グラデーションワイプ」と入力し❷、［グラデーションワイプ］をクリックします❸。手順1で重ねた上側の映像素材へドラッグします❹。

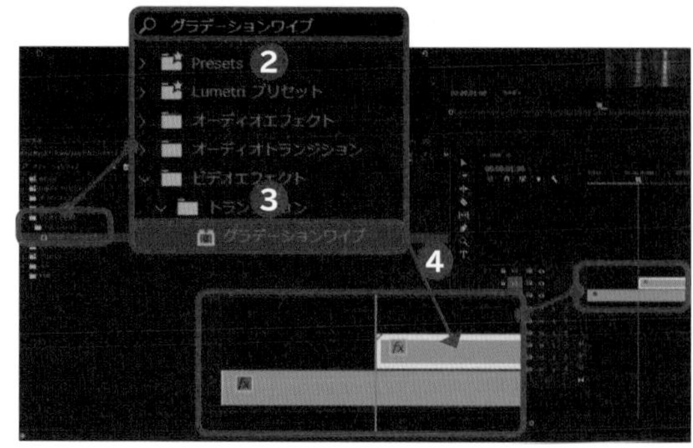

3 グラデーションレイヤーを選択する

再生ヘッドを上側の映像素材先頭に移動させ❺、「エフェクトコントロール」パネルで[変換の柔らかさ]をクリックし❻、「グラデーションレイヤー」で[ビデオ1]をクリックします❼。

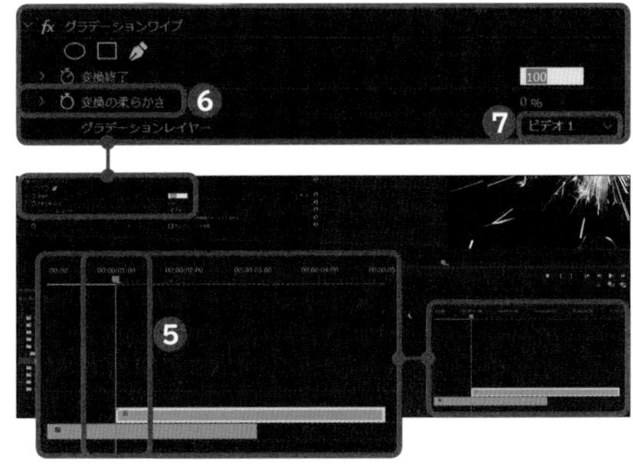

4 変換終了のアニメーションをオンにする

「変換終了」のをクリックし、アニメーションをオンにして❽、「変換終了」に「100」と入力します❾。

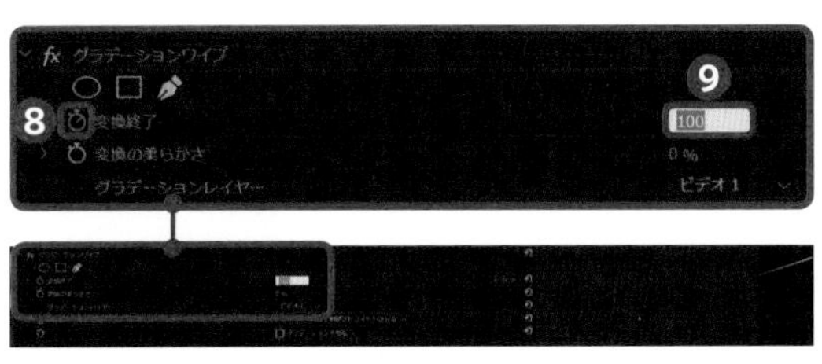

5 変換終了の数値を変更する

再生ヘッドを重ねたクリップの下側の映像素材の最後に移動させ❿、上側の映像素材をクリックします⓫。「エフェクトコントロール」パネルで「グラデーションワイプ」の「変換終了」に「0」と入力します⓬。

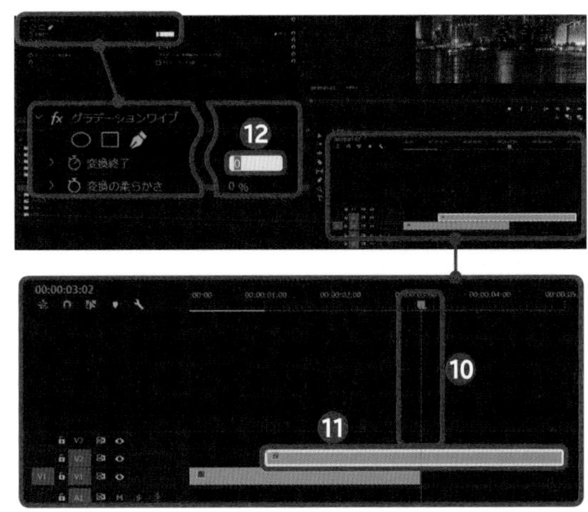

Another

グラデーションワイプの微調整

グラデーションワイプは本来、明るい部分から徐々に変化していくエフェクトですが、「エフェクトコントロール」パネルで[グラデーションを反転]にチェックを入れと、暗い部分から明るい部分へと変化させることも可能です。また、エフェクトの変化が急であると感じる場合には「変換の柔らかさ」の値を上げることで、より滑らかに仕上げることができます。

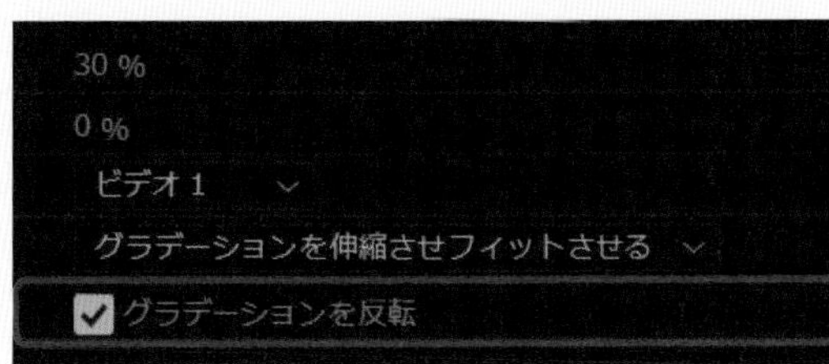

オープニング
登場シーン
メリハリ
エンディング
字幕
音
時短テク

画面を回転させる

2つの映像を、画面が回転することで切り替える、「ローリングトランジション」という演出テクニックです。

1 2つの映像素材を用意する

前準備として、回転によって繋げたい2つの映像素材を「タイムライン」パネルにドラッグします。次に、P.042を参考に［調整レイヤー］をクリックし、「タイムライン」パネルの「V2」へドロップしてください。

1 再生ヘッドを移動させる

2つの映像素材の間に「タイムラインパネル」の再生ヘッドを移動させ、←キーを10回押して10コマ左に移動させます❶。

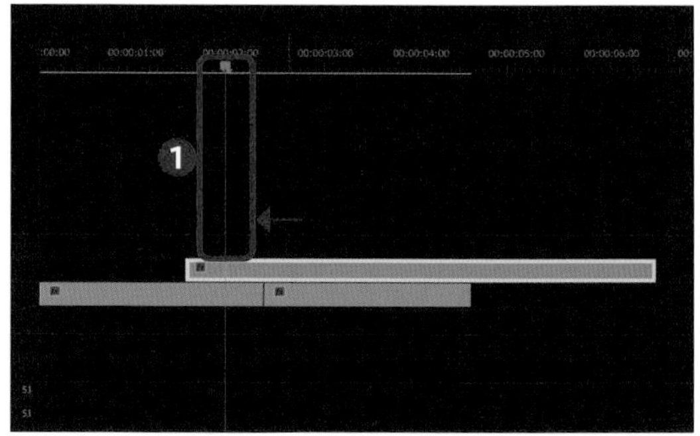

2 調整レイヤーをカットする

Cキーを押して「レーザーツール」を選択し、再生ヘッドの位置で調整レイヤーをカットして❷、再び2つのクリップの間に再生ヘッドを移動させます❸。

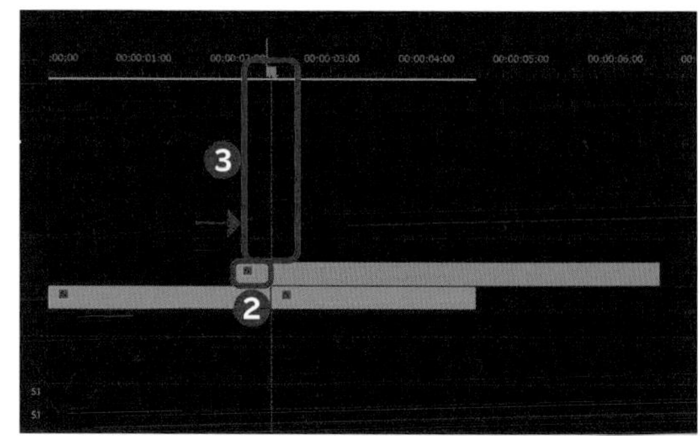

3 余分な調整レイヤーを削除する

→キーを10回押して10コマ右に移動します❹。Cキーを押して「レーザーツール」を選択して再生ヘッドの位置で調整レイヤーをカットし❺、残りの右の調整レイヤーはDeleteキーを押して削除します❻。

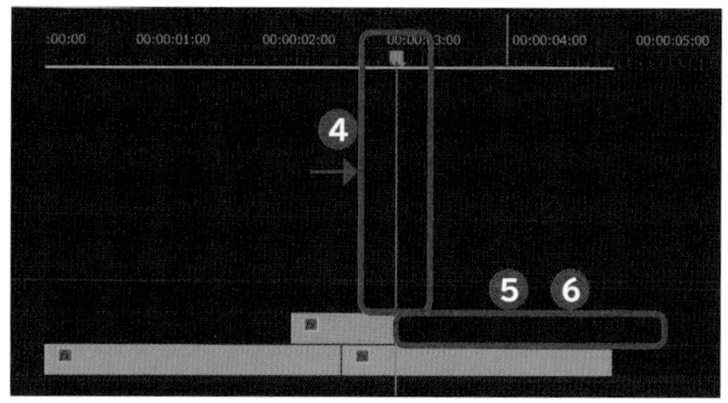

2 オフセットを調整する

続いて、画面が回転するトランジションを作成していきます。使用するのは、すでに何度か登場している「クロスディゾルブ」と「オフセット」というエフェクトです。オフセットは、くるくる回る度合いを調整することができます。

1 クロスディゾルブを適用する

「エフェクト」タブの検索窓で「クロスディゾルブ」と入力し❶、[クロスディゾルブ]をクリックし❷、「タイムライン」パネルの「V1」へドラッグします❸。「エフェクトコントロール」パネルの「デュレーション」に「 00:00:00:06 」と入力します❹。

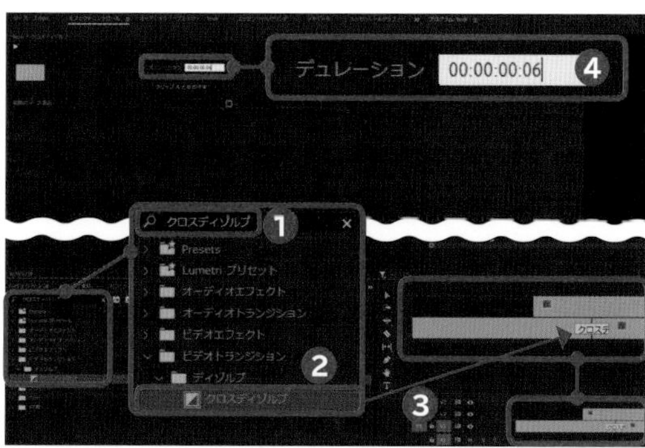

2 オフセットを適用する

「エフェクト」タブの検索窓で「オフセット」と入力し❺、[オフセット]をクリックして❻、「V2」の調整レイヤー(V2)へドラッグします❼。再生ヘッドを調整レイヤーの先頭へ移動させ❽、左上「エフェクトコントロール」パネルで「中央をシフト」の⏱をクリックしてアニメーションをオンにします❾。

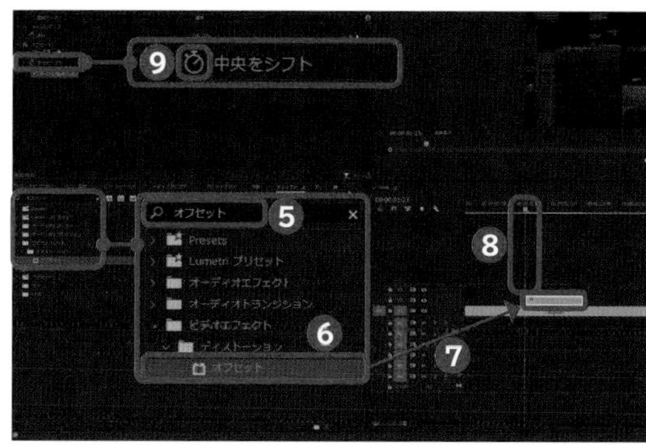

3 シフトの数値を調整する

再生ヘッドを調整レイヤー(V2)の最後へ移動させ❿、「エフェクトコントロール」パネルで、「中央をシフト」に「6720」「540.0」)と入力します⓫。

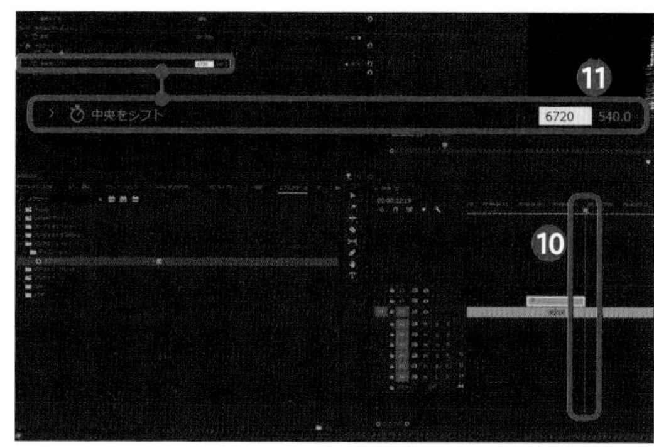

オープニング
登場シーン
メリハリ
エンディング
字幕
音
時短テク

4 イーズインを選択する

「エフェクトコントロール」パネル右端の■をクリックしてキーフレームを可視化し、可視化したキーフレーム２点のうち後半のキーフレームを右クリックして⓬、[イーズイン] をクリックします⓭。

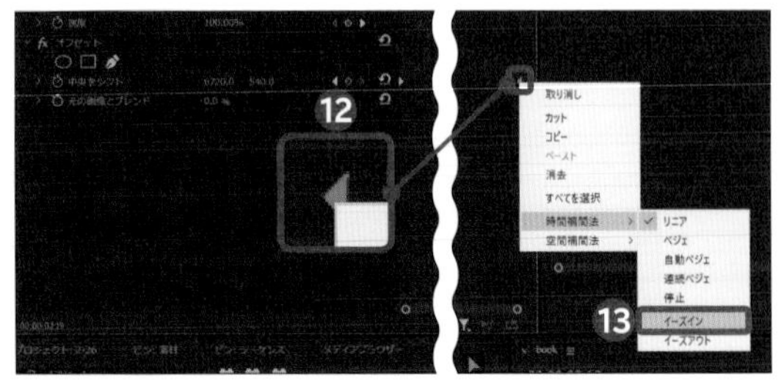

5 イーズアウトを選択する

可視化したキーフレーム２点のうち後半のキーフレームを右クリックして⓮、[イーズアウト] をクリックします⓯。

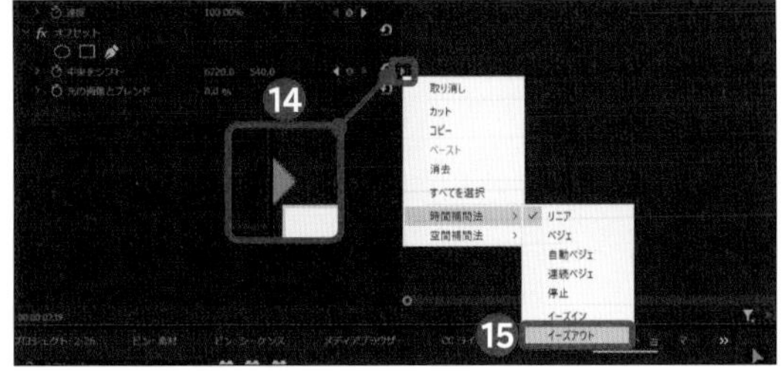

6 緩急を付ける

「中央をシフト」左の■をクリックして、「タイムラインビュー」にグラフを表示し⓰、再生ヘッドを調整レイヤーの中央へ移動させ、その中央に向かって尖るような山を作ります⓱。

POINT

グラフの山が尖れば尖るほど、緩急が強い回転に仕上がります。

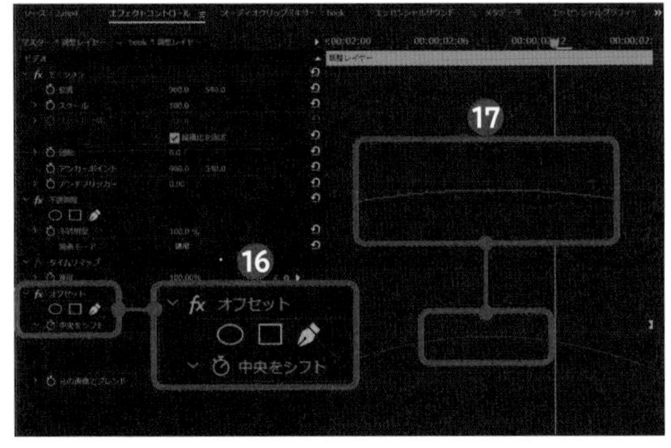

3 ブラーを調整する

ここまでで画面の回転そのものは終了ですが、最後に「ブラー」エフェクトで、回転にブレを加え、よりリアリティのある映像に仕上げていきます。

1 ブラーを適用する

P.016を参考に、「エフェクト」タブの検索窓で「ブラー」と入力し❶、「ブラー（方向）」をクリックして❷、「タイムライン」パネルの調整レイヤーへドラッグします❸。

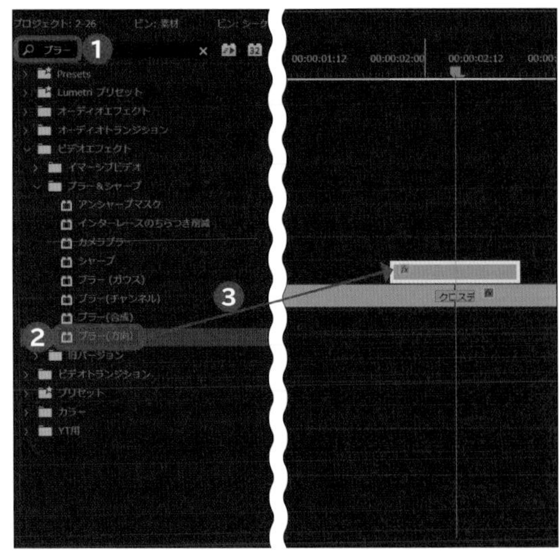

2 回転方向を調整する

「エフェクトコントロール」パネルで「方向」に「90」と入力します❹。

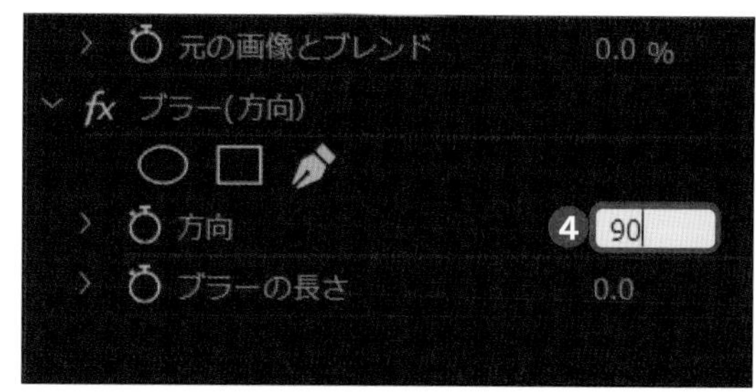

POINT

今回は横方向の回転のため数値を変更しましたが、縦方向に回転する場合は「0」のままで問題ありません。

3 アニメーションをオンにする

再生ヘッドを調整レイヤーの先頭へ移動させ❺、「エフェクトコントロール」パネルで「ブラーの長さ」のをクリックしてアニメーションをオンにします❻。

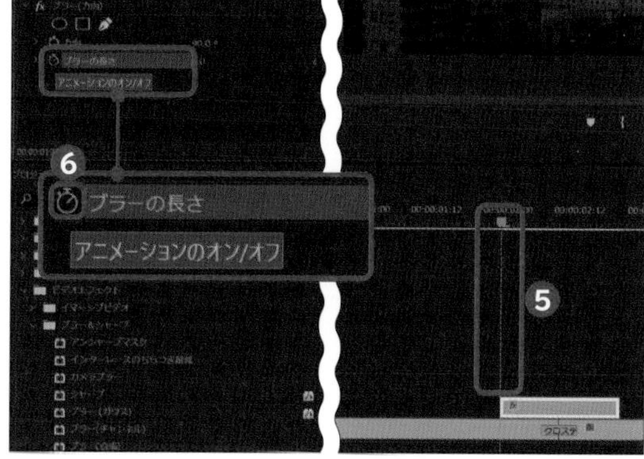

4 ブラーの長さを変更する

再生ヘッドを調整レイヤーの中央へ移動させ❼、「エフェクトコントロール」パネルで「ブラーの長さ」に「100.0」と入力します❽。

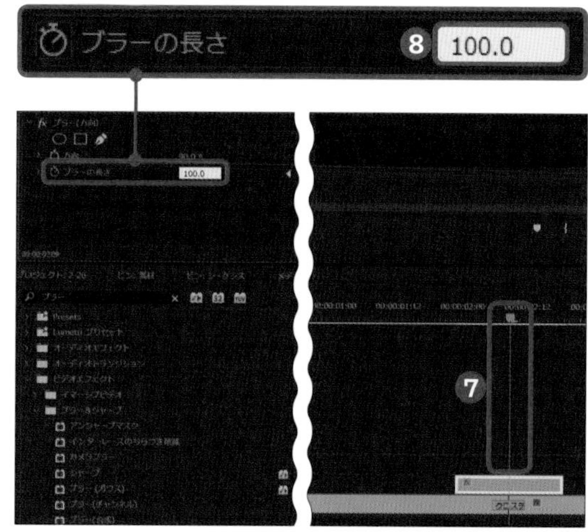

5 ブラーの長さを元に戻す

再生ヘッドを調整レイヤーの最後へ移動させ❾、「エフェクトコントロール」パネルで「ブラーの長さ」のをクリックし、数値を「0」に戻します❿。

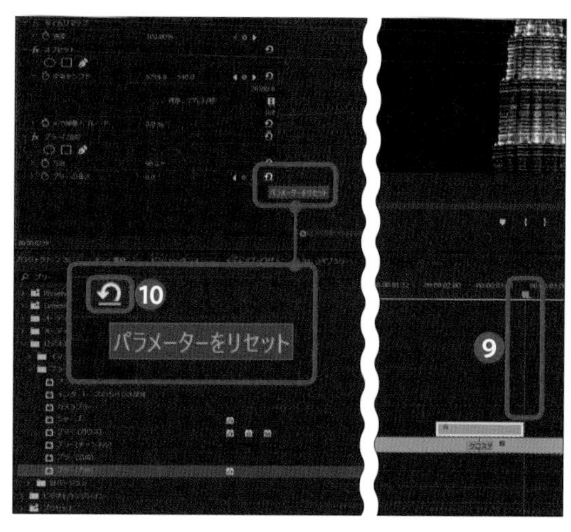

Technique 27

HIKAKINの製品レビュー風に集中線を使う

集中線という素材を使った演出です。集中線を使うことで、動画内で商品を紹介する際などにコミック風のインパクトを与えることができます。

1 集中線を適用する

前準備として、商品を紹介している動画素材を「タイムライン」パネルの「V1」にドラッグしてください。次に、フリー素材の集中線を「https://f-stock.net/intensive_line_02/」からダウンロードします。効果音として「https://soundeffect-lab.info/sound/anime/」から「時代劇演出1」をダウンロードし、それぞれ「プロジェクト」パネルに読み込んでおいてください。

1 再生ヘッドを移動させる

「タイムライン」パネルの再生ヘッドを、商品を紹介している瞬間（ここでは「00:00:00:21」）まで移動させます❶。

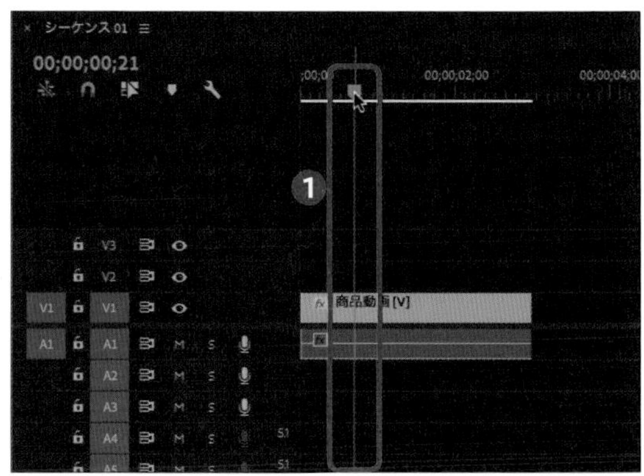

2 集中線を配置する

手順1で移動させた再生ヘッドに合わせて、ダウンロードした集中線素材をクリックし❷、「タイムライン」パネルの「V2」へドラッグします❸。

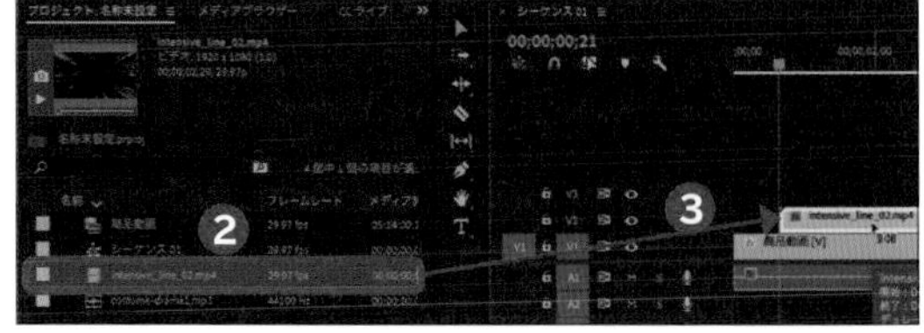

3 スクリーンを選択する

[エフェクトコントロール] をクリックし❹、「エフェクトコントロール」パネルの「不透明度」の「描画モード」で [スクリーン] をクリックします❺。

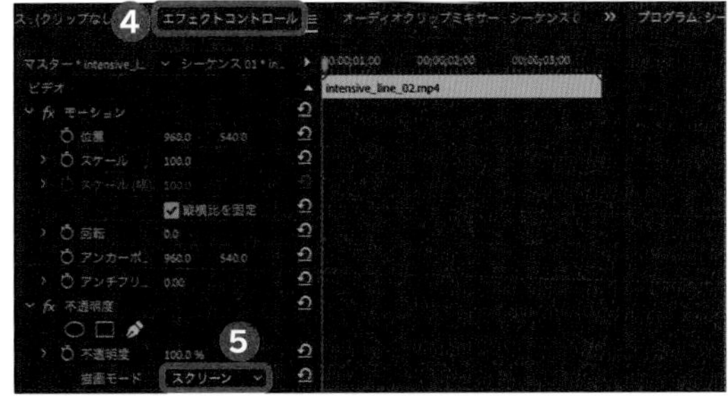

4 集中線の長さを調整する

「タイムライン」パネルで、集中線素材の右端をクリックしたまま左方向にドラッグして、下側のレイヤーの映像素材と長さを合わせます❻。

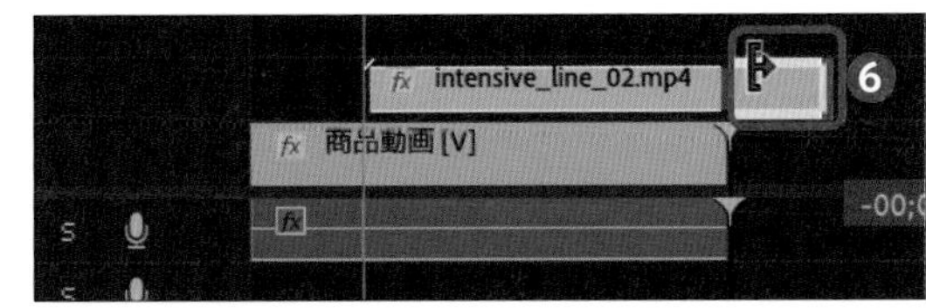

5 効果音を適用する

あらかじめダウンロードして「プロジェクト」パネルに読み込んだ効果音素材をクリックして❼、いちばん下側のレイヤー（ここでは「A2」）にドラッグします❽。

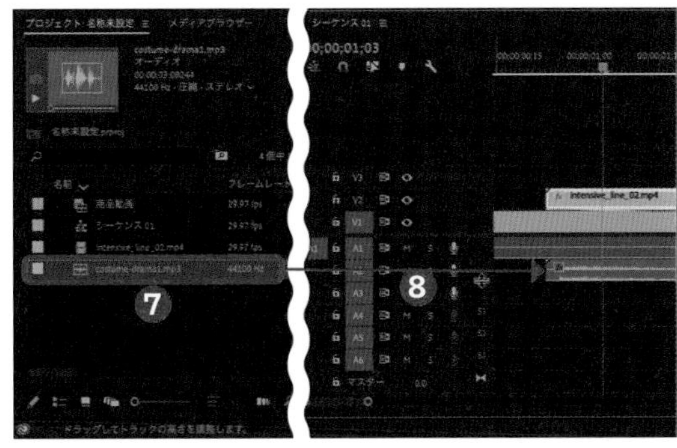

6 波形を大きく表示する

効果音素材の下側をクリックして下側にドラッグして波形を大きく表示し❾、再生ヘッドを集中線素材の先頭に移動させ❿、効果音素材をドラッグして位置を添えます⓫。

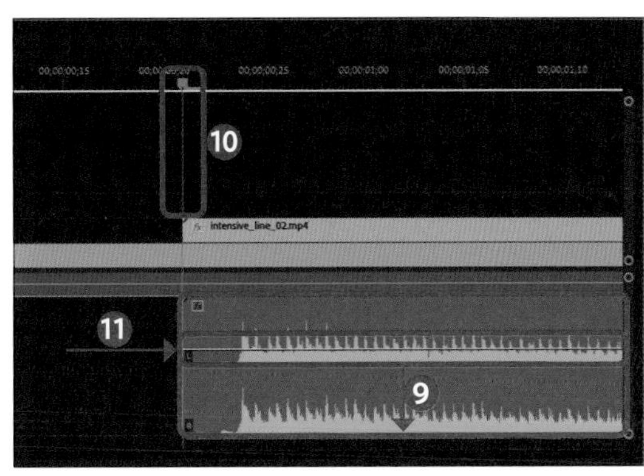

7 効果音のタイミングを合わせる

Ⓒキーを押して、効果音素材の波形が出始めている箇所を上側の集中線素材の先頭に合わせてカットし⓬、効果音素材の右端をクリックして左側にドラッグし、映像素材の長さと合わせます⓭。

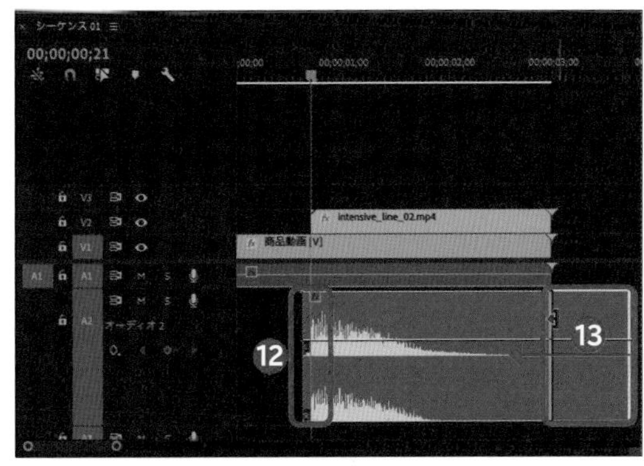

Technique 28 マスクを使ったサスペンス風の演出

人物の顔に合わせてマスクが動く登場シーンを紹介します。まるでスナイパーに狙われているかのような、サスペンス感のある雰囲気に仕上げることができます。

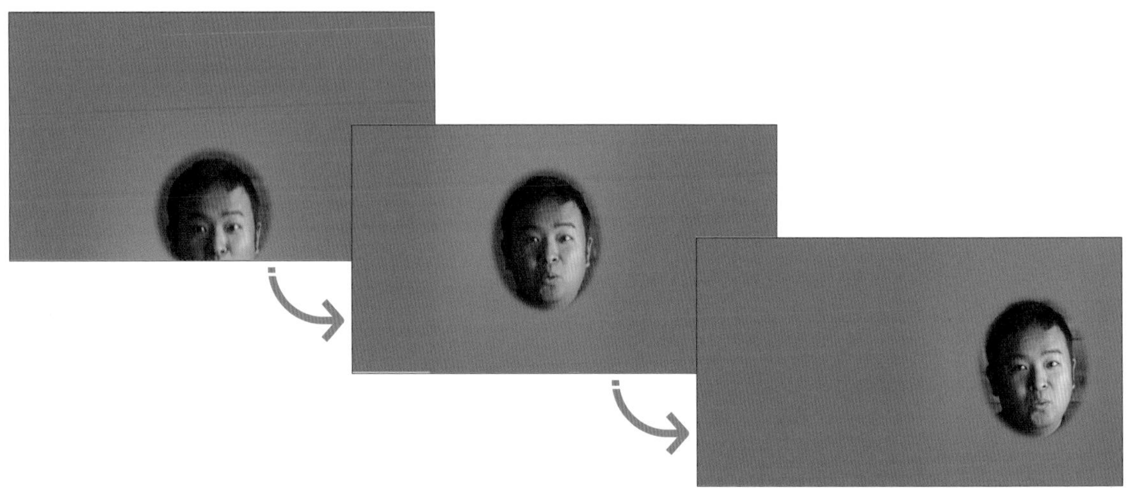

1 マスクをトラッキングする

今回の映像は、誰もいない状況で、下側からゆっくりと顔を出す映像にマスクを付けるものです。ゆっくり動いている映像を使うことで、マスクを適用する際もスムーズに切り抜き作業を行なえます。

1 最初のマスクを適用する

「タイムライン」パネルの再生ヘッドを、頭が見え始めた地点（ここでは「00:00:00:06」）まで移動させ、「エフェクトコントロール」パネルの「不透明度」で円形のマスクを表示します。「プログラム」モニターのプレビュー画面をクリックして頭が出てきた部分にだけマスクをかけ❶、「マスクパス」で⏱をクリックしてアニメーションをオンにし❷、「マスクの境界のぼかし」に「60.0」と入力します❸。

2 マスクを1フレームずつ適用する

「エフェクトコントロール」パネルの「マスクパス」で▶をクリックして選択したマスクを1フレームずつ順方向にトラックします❹。プレビュー画面をクリックしてマスクをかけ❺、これらの工程を顔全体が画面に表示されるようになるまでくり返します。

3 トラッキングを適用する

「エフェクトコントロール」パネルの「マスクパス」で▶をクリックし、選択したマスクを順方向にトラックします❻。これで自動で顔がトラッキングされ、これまでの1フレームずつの作業が自動で行なわれるようになります。

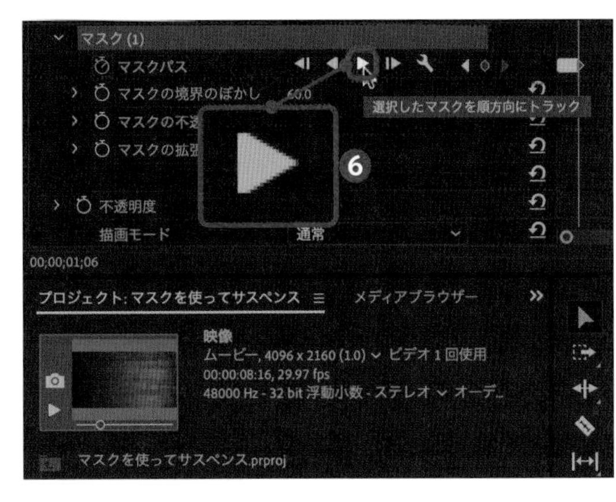

POINT

このとき、ゆっくりとした動きであればあるほど、正確にトラッキングできます。

4 マスクを画面外へ移動させる

再生ヘッドを頭が見えていない地点（ここでは「00:00:00:05」）まで移動させ❼、「V1」の映像素材をクリックします❽。「エフェクトコントロール」パネルで「マスクパス」の⏱をクリックしてアニメーションをオンにし❾、プレビュー画面に表示されている円形のマスクをクリックして下側にドラッグし、モニター外に移動させます❿。

5 カラーマットの色を選択する

P.048を参考に「カラーピッカー」を表示し、任意の色（ここではカラーコード「#806985」）を選択し⓫、[OK] → [OK] の順にクリックします⓬。

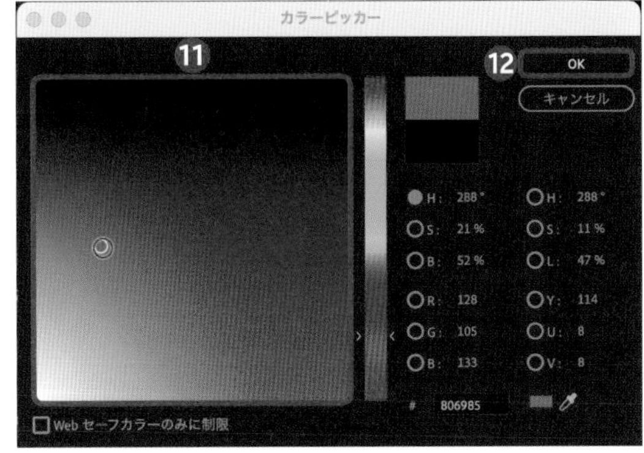

6 カラーマットを適用する

「V1」の映像素材をクリックし、上側の「V2」にドラッグして移動させ⓭、空いた「V1」に手順5で作成したカラーマット素材をドラッグします⓮。カラーマット素材をクリックして右方向へドラッグして、長さを「V2」の映像素材と合わせます⓯。

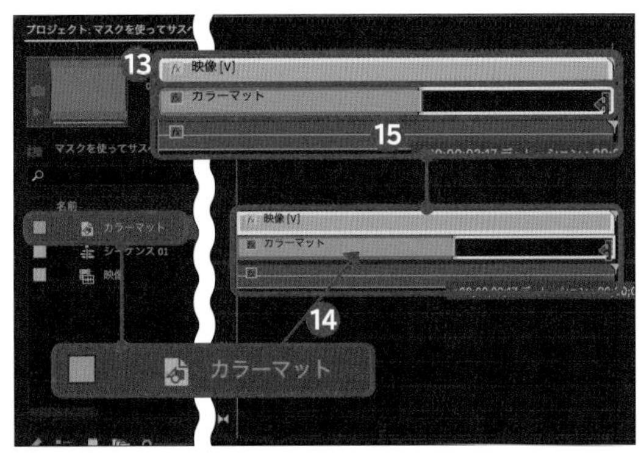

「どこでもドア」風の演出

ドアを開けたらまったくの別世界だった！ という驚きを与えることのできるテクニックです。絶景の屋外風景の映像素材を用意して、インパクトある演出に仕上げましょう。

1 ドアと屋外風景の映像を合成する

前準備として、ドアや引き出しなどを開けている映像素材と、合成したい屋外の映像素材を用意します。そこからペンマスクを用いて、これら２つの映像を組み合わせていきます。ここでは「タイムライン」パネルの「V1」に屋外の映像素材を、「V2」にドアの映像素材をドラッグして配置しています。

1 ドアを開けた地点で止める

「タイムライン」パネルの再生ヘッドを、ドアが開いて向こう側が見え始めた地点まで移動させ❶、その地点で映したい屋外の映像素材を右方向にドラッグして、先頭部分を再生ヘッドに合わせます❷。

2 マスクを選択する

「V2」の映像素材をクリックして❸、「エフェクトコントロール」パネルで「不透明度」の🖋をクリックし、マスクを作成します❹。

3 ペンツールで囲む

「プログラムモニター」パネルのプレビュー画面で、ドアの隙間を囲むようにマスクを作成して、始点と終点をクリックして結び付けます❺。

Check! 狭い範囲をマスクで囲む際のコツ

手順3の画面のように、結ぶ点同士が近すぎてクリックしにくい場合は、プレビュー画面下で画面の表示倍率を変更すると作業しやすくなります。こちらの例では表示倍率を400%まで拡大しています。

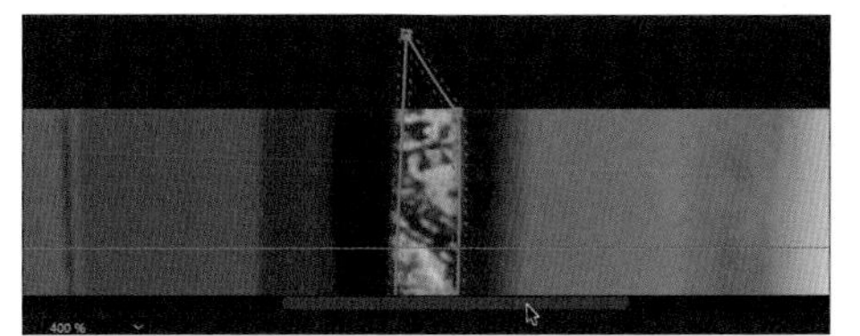

4 マスクを反転する

「エフェクトコントロール」パネルの「マスクの拡張」で［反転］をクリックしてチェックを付け❻、▶をクリックして、選択したマスクを1フレーム順方向にトラックします❼。以降は、同様の作業をドアが開き切るまでくり返します。

5 不要なマスクを削除する

Cキーを押してレーザーツールを選択し、「V1」の映像素材の先頭と同じ箇所で「V2」の映像素材をカットし❽、Vキーを押して選択ツールを選択し、「V2」ドアの映像素材の前方をクリックします❾。「エフェクトコントロール」パネルの「不透明度」でDeleteキーを押してマスクを消去します❿。

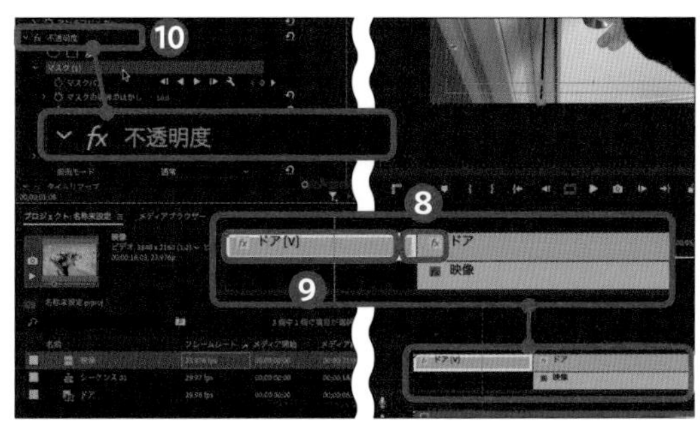

オープニング
登場シーン
メリハリ
エンディング
字幕
音
時短テク

Technique

30 静止画の一部だけを動かして人やモノを目立たせる

フレーム保持オプションを使うことで、映像を静止画にした状態で、動きを付けたい箇所にだけマスクをかけて動かすテクニックを紹介します。

1 フレーム保持オプションとマスクを適用する

フレーム保持オプションとマスクを用いて作成していきます。なお、今回の作例は洗面所で手を洗っている映像素材を用意しましたが、コップに水を入れている映像や道路で車が走っている映像などで使用しても効果的です。

1 映像を配置する

「プロジェクト」パネルの映像素材をクリックして❶、「タイムライン」パネルの「V1」にドラッグします❷。

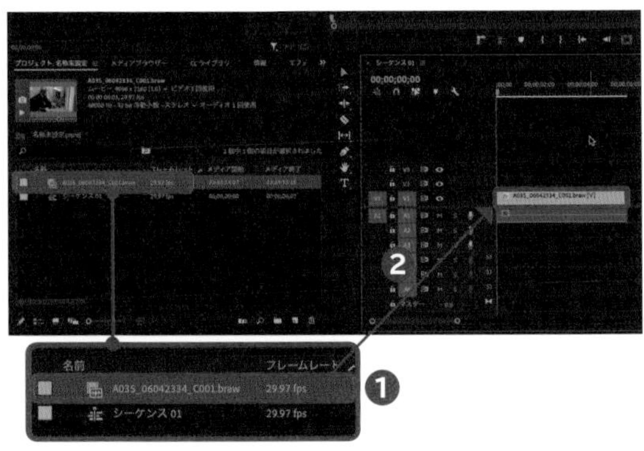

POINT

映像素材は、固定した状態で撮影されたものを用いると、編集作業が行ないやすくなります。

2 映像素材を複製する

Alt / Option キーを押しながら「V1」の映像素材をクリックし、上側のレイヤーにドラッグして複製します❸。

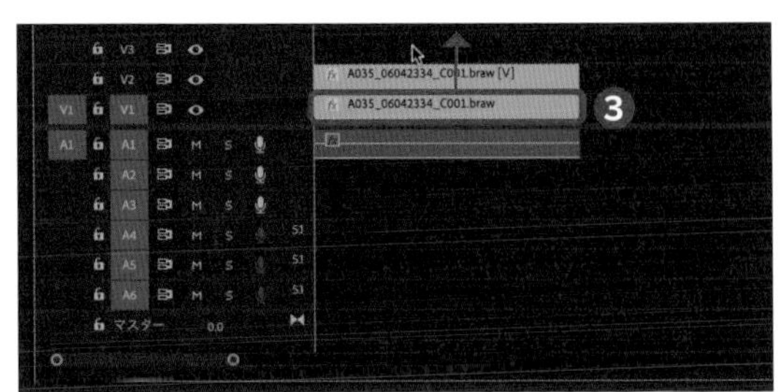

3 フレーム保持オプションを選択する

「V1」の映像素材を右クリックして❹、[フレーム保持オプション] をクリックし❺、[OK] をクリックします❻。

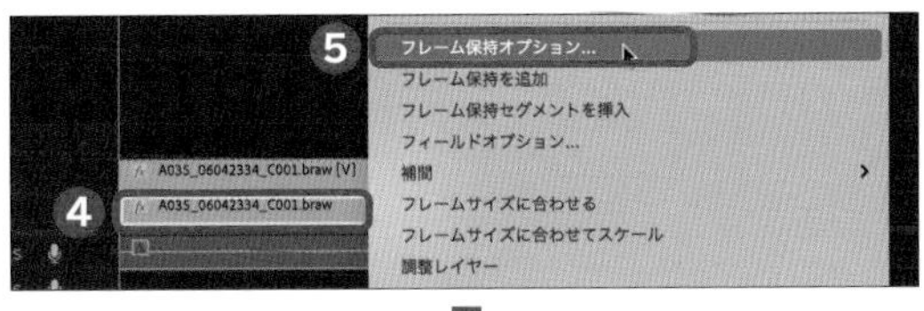

4 拡大率を調整する

「V2」の映像素材をクリックして❼、「プログラム」パネルの表示倍率で [全体表示] → [200%] の順にクリックします❽。

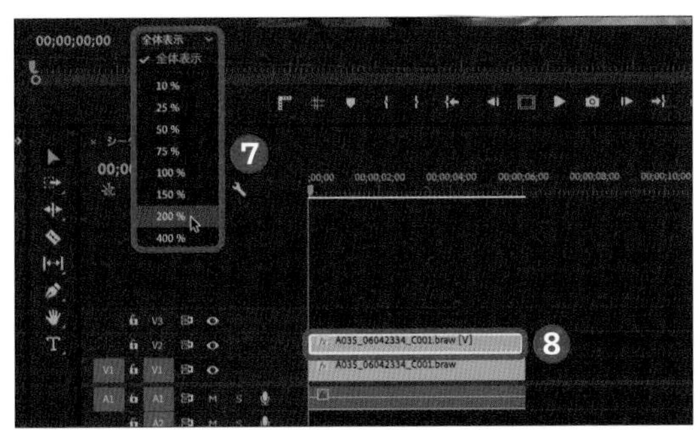

5 動かしたい箇所を選択する

「プログラムモニター」パネルのプレビュー画面をクリックして、上下左右を調整し動かしたい箇所で止め❾、「エフェクトコントロール」パネルの「不透明度」で✎をクリックします❿。

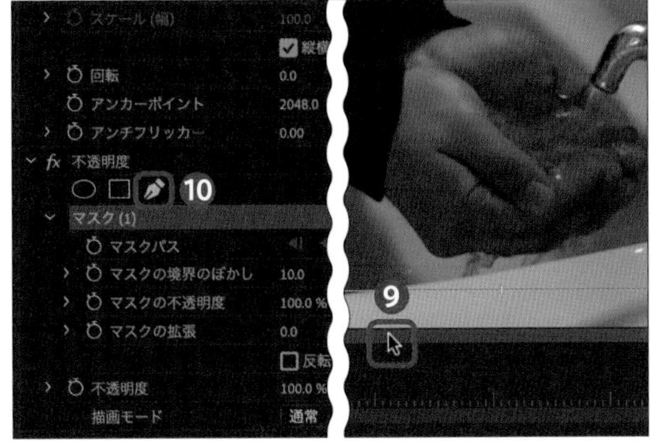

6 マスクを作成する

プレビュー画面で、動かしたい部分をクリックして点と点をつないでマスクを作成し⓫、表示倍率で [全体表示] をクリックします⓬。

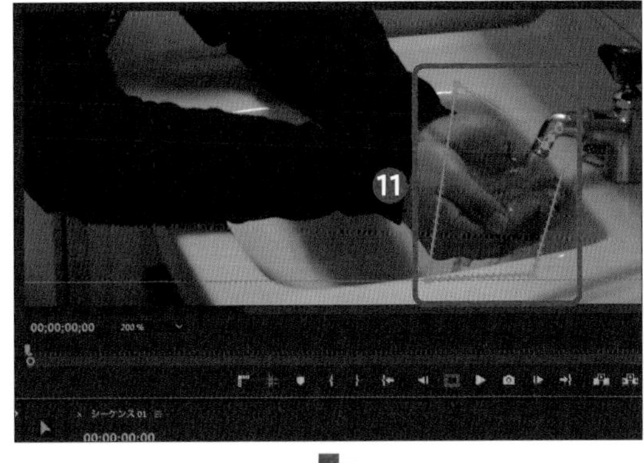

Technique 31

スマホ画面をホログラムでSF風に演出する

スマホの画面をホログラム風に浮き上がらせるテクニックを紹介します。近未来的な雰囲気を醸し出すことができ、観ている人の意表を突く効果があります。

1 ホログラムを作成・適用する

前準備として、机やスマートフォンの映像素材を「タイムライン」パネルの「V1」に、ホログラム用にスマホを画面録画した映像素材を「V2」にドラッグします。次に、P.036手順1～2を参考に、ホログラムの「出し始め」「出し終わり」「閉じ始め」「閉じ終わり」の地点にそれぞれ再生ヘッドを移動させて、Mキーを押し、「V1」に配置した映像素材に計4点の目印マークを付けます。次に、「V2」に配置したホログラムの映像素材を、出現させたい地点にドラッグして、「V1」の「閉じ終わり」のマーク位置でカットします。最後に、ホログラムの映像素材を右クリックして [フレームサイズに合わせる] をクリックしてください。

1 クロップを適用する

P.016手順1を参考に、「エフェクト」タブの検索窓で「クロップ」と入力し❶、[クロップ] をクリックして❷「タイムライン」パネル「V2」のホログラム素材へドラッグします❸。「エフェクトコントロール」パネルで「クロップ」の値を調整(ここでは「3」)し、不要な部分をカットします❹。

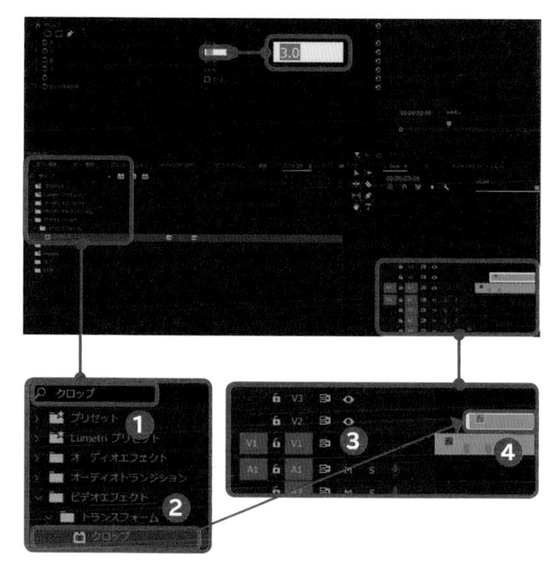

POINT

ここでは「クロップ」に「3」と入力することで、スマホの画面上部にある画面録画のアイコンを隠すことができます。

2 ホログラムの色を調整する

手順1と同様に「エフェクト」タブの検索窓で今度は「カラーバランス」と入力して［カラーバランス(RGB)］をクリックしてホログラム用の素材（V2）へドラッグします。「エフェクトコントロール」パネルの「カラーバランス（RGB）」で「赤」の値に「0」と、「緑」の値に「80」と入力し❺❻、「不透明度」の値に「85」と入力します❼。

3 ホログラムの形を調整する

手順1と同様に「エフェクト」タブの検索窓で今度は「波形ワープ」と入力して［波形ワープ］をクリックしてホログラム用の素材（V2）へドラッグします。「エフェクトコントロール」パネルの「波形ワープ」で「波形の高さ」の値に「3」と、「波形の幅」の値に「3」と入力し❽❾、「方向」の値に「0」と入力します❿。

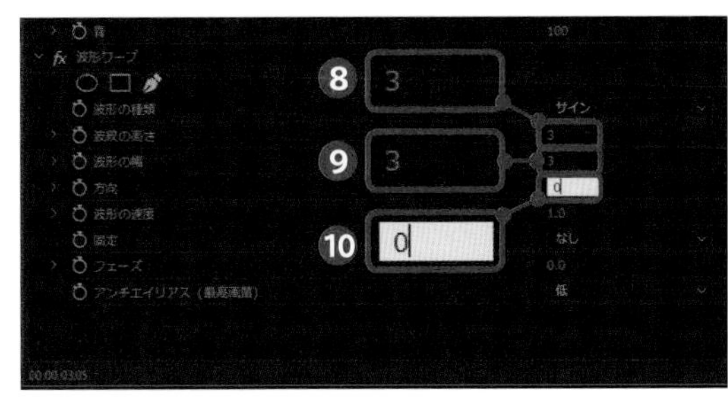

4 光（グロー）を調整する

「エフェクト」タブの検索窓で「アルファグロー」と入力して［アルファグロー］をクリックしてホログラム用の素材（V2）へドラッグします。「エフェクトコントロール」パネルの「アルファグロー」で「グロー」の値に「100」と、「明るさ」の値に「150」と入力し⓫⓬、をクリックします⓭。任意の色をクリックして選択し⓮、［OK］→［OK］の順にクリックします⓯。

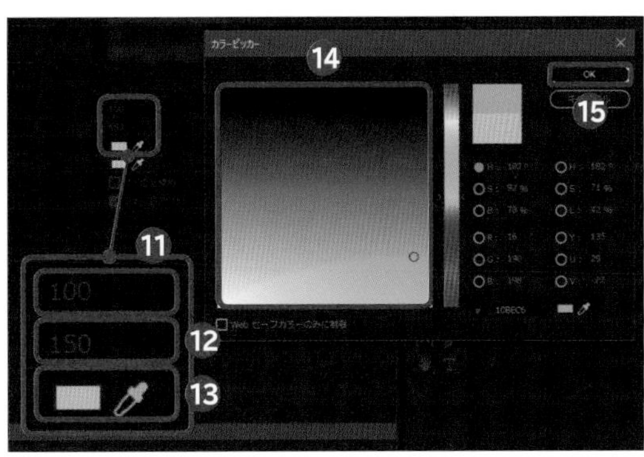

5 ホログラムの位置を調整する

手順1を参考に［コーナーピン］をクリックして「V2」のホログラム用の映像素材へドラッグし、「エフェクトコントロール」パネルで「コーナーピン」をクリックして⓰、配置や角度を調整します⓱。

Check! ホログラムを動かす

ここからホログラムを動かすには、出し始めたい位置へ打ったマーカーへ再生ヘッドを移動させ、「エフェクトコントロール」パネルで「位置」と「スケール」のをクリックしてアニメーションをオンにし、［モーション］をクリックして、プレビュー画面でホログラム素材をスマホの中心付近へドラッグして移動させます。次に、「スケール」の値に「0」と入力し、出し終わりたい位置へ打ったマーカーへ再生ヘッドを移動させます。「位置」と「スケール」のをクリックし、元の数値へ戻します。次に、閉じ始めたい位置へ打ったマーカーへ再生ヘッドを移動させます。最後に、「位置」と「スケール」のをクリックしてアニメーションをオンにし、閉じ終わりたい位置へ打ったマーカへ再生ヘッドを移動させます。

Technique 32 白黒映像の一部だけ色を残す

映像を白黒にし、その中で一部だけ色を残すというテクニックです。赤など目立つ色を残すと特に印象的に仕上げることができます。

1 色抜きエフェクトを適用する

ここで適用するのは「色抜き」のエフェクトです。その名の通り、指定した色を抜いて白黒にすることで、目立たせたい部分のみ、色を維持することができます。

1 色抜きを適用する

P.016手順1を参考に「エフェクト」タブの検索窓で「色抜き」と入力し❶、[色抜き]をクリックします❷。「タイムライン」パネルの「V1」に配置した映像素材へドラッグします❸。

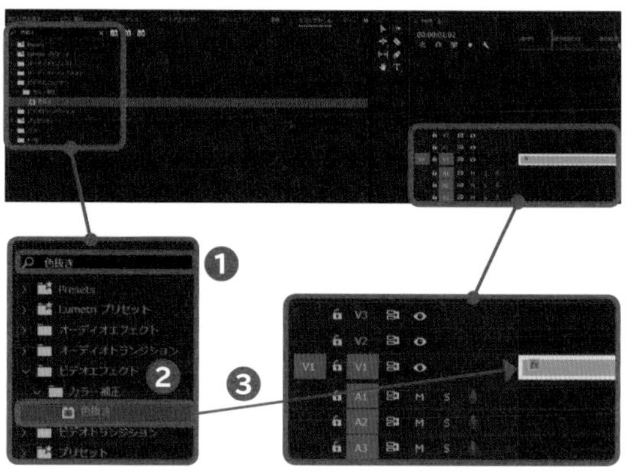

2 カラー保持のスポイトを選択する

「エフェクトコントロール」パネルで「保持するカラー」のをクリックします❸。

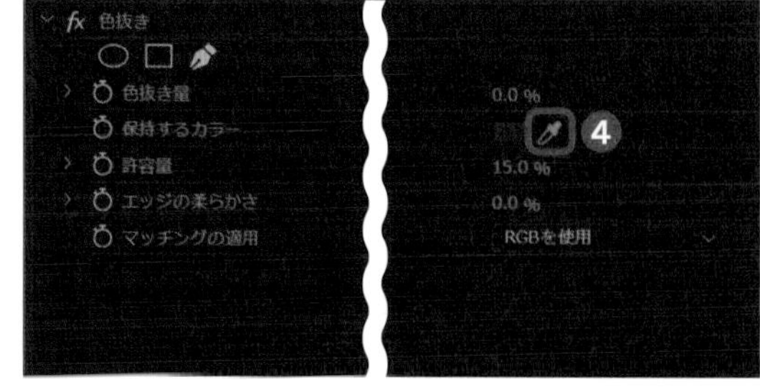

3 保持したい色を選択する

保持したい色（ここでは鉛色）をクリックします❺。

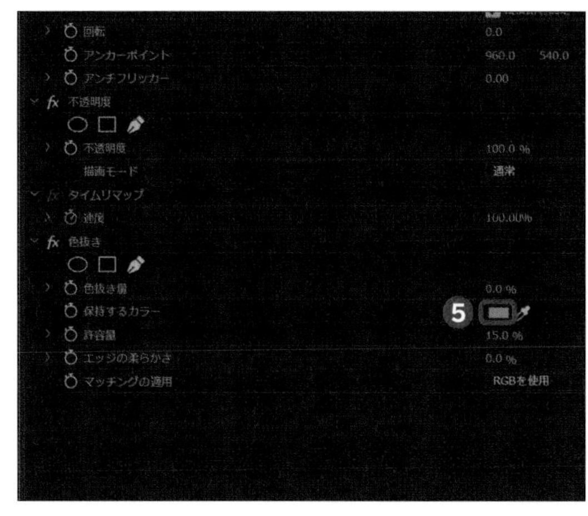

4 色抜きを調整する

「色抜き量」の数値を上げて（ここでは「45.0」）、色を抜く度合いを調整します❻。

Check! うまく色を抜くコツ

うまく色が抜けない場合は、［マッチングの適用］をクリックし、［色相を使用］をクリックします。

5 色抜きを微調整する

「プログラムモニター」パネルのプレビュー画面を見ながら、「色抜き量」「許容量」「エッジの柔らかさ」の値（ここでは「100.0」「24.0」「11.0」）を調整していきます❼。

Technique 33 シルエット→実写で登場する

人物の登場シーンで有効なのが、シルエットから実写に変化する演出です。いきなり登場する演出に比べて、観ている人の期待感を高めることができます。

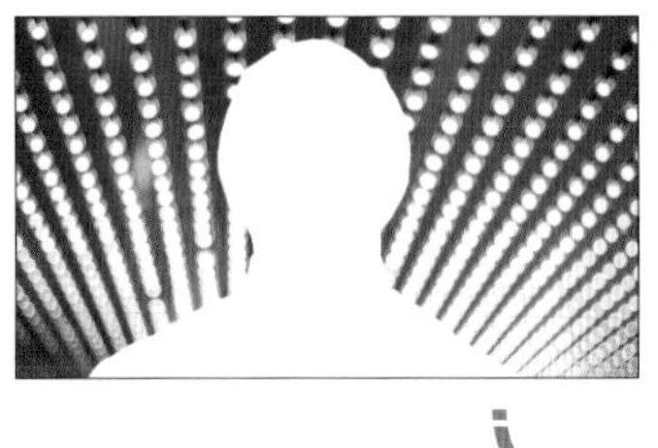

1 シルエットを作成する

まずはペンツールで人物を切り抜く作業を行ないます。その後、シルエットをぼかして、徐々に透明度を上げていくことで完成です。前準備として、シルエットに仕上げたい人物の映像素材を「タイムライン」パネルの「V1」にドラッグしてください。

1 ペンツールを選択する

「V1」の映像素材をクリックしてAlt/Optionキーを押しながらドラッグして上側の「V2」へ複製し❶、「V1」の👁をクリックしてトラック出力の切り替えをオフにします❷。「V2」の映像素材をクリックし❸、「エフェクトコントロール」パネルで「不透明度」の✒をクリックします❹。

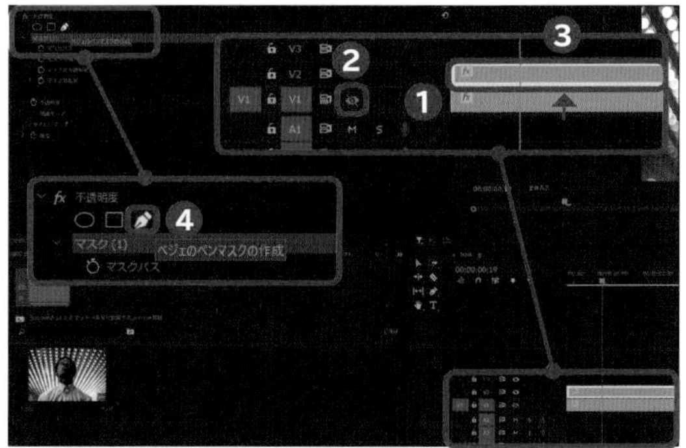

2 人物を切り抜く

必要に応じて見やすくなるようにプレビュー画面下の表示%を上げながら❺、「プログラムモニター」パネルのプレビュー画面で最初の点と最後の点をクリックで結んで縁取ります❻。

3 塗りつぶしを選択する

P.016手順1を参考に、「エフェクト」タブの検索窓で「塗りつぶし」と入力し❼、[塗りつぶし]をクリックして❽、手順2で切り抜いた「V2」の映像素材へドラッグします❾。「エフェクトコントロール」パネルの「塗りセレクター」で[アルファチャンネル]をクリックします❿。

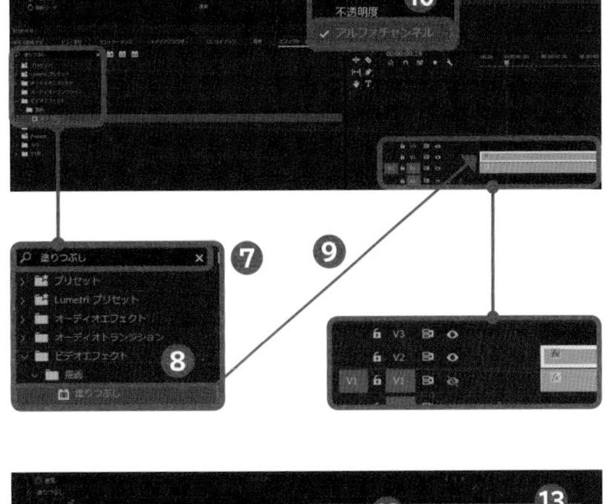

POINT

少しはみ出ている箇所がある場合は、左上「エフェクトコントロール」パネルで「マスクの拡張」の値を調整します。

4 シルエットの色を変更する

「エフェクトコントロール」パネルの「カラー」でカラーパネルをクリックし⓫、色を白に変更して⓬、[OK]をクリックします⓭。

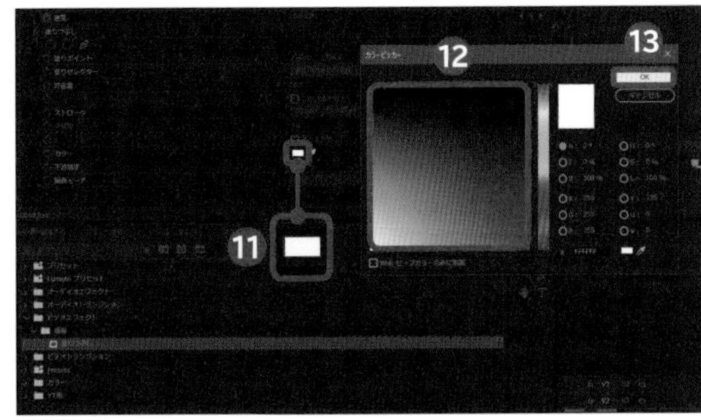

5 アニメーションを適用する

「タイムライン」パネルの再生ヘッドを先頭へ移動させ⓮、「エフェクトコントロール」パネルで「不透明度」の⏱をクリックして、アニメーションをオンにします⓯。

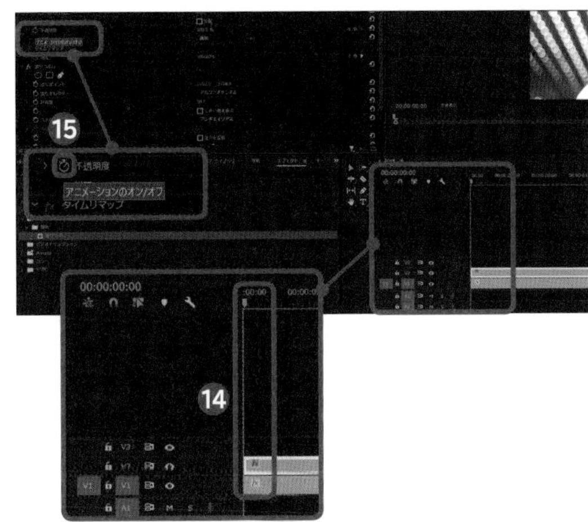

6 不透明度を変更する

再生ヘッドを実写で登場させたい位置（ここでは2秒後）に移動させ⓰、「エフェクトコントロール」パネルで「不透明度」の値に「0」と入力します⓱。

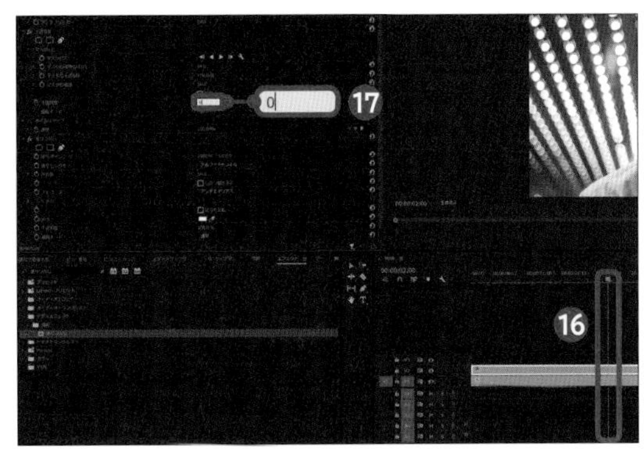

Technique 34 晴れの映像に雨を降らせる

晴れている映像に雨を合成させるテクニックです。雨の素材を用いて、オーバーレイすることにより表現できます。

1 調整レイヤーを作成する

前準備として、雨の素材を用意します。ここでは有料ストックサイトの「Envato Elements」より、雨の素材を「https://elements.envato.com/rain-USP9ZQ2」からダウンロードし、「プロジェクト」パネルから「タイムライン」パネルにドラッグしました。

1 「カラー」タブを開く

「カラー」タブをクリックして❶、[Lumetriカラー] をクリックして❷、[基本補正] をクリックします❸。

2 色を調整する

「色温度」が「-40」になるようドラッグし❹、「露光量」が「-0.8」になるようドラッグします❺。「ハイライト」が「-20.0」になるようドラッグし❻、「白レベル」が「-20.0」になるようドラッグして調整します❼。

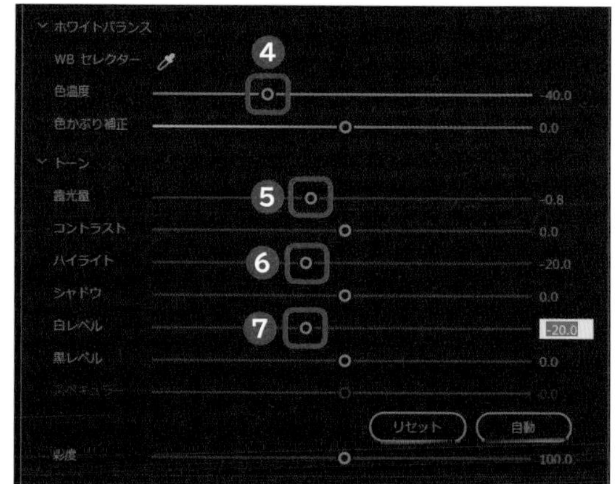

3「カーブ」タブを開く

「Lumetriカラー」パネルで［カーブ］をクリックします❽。

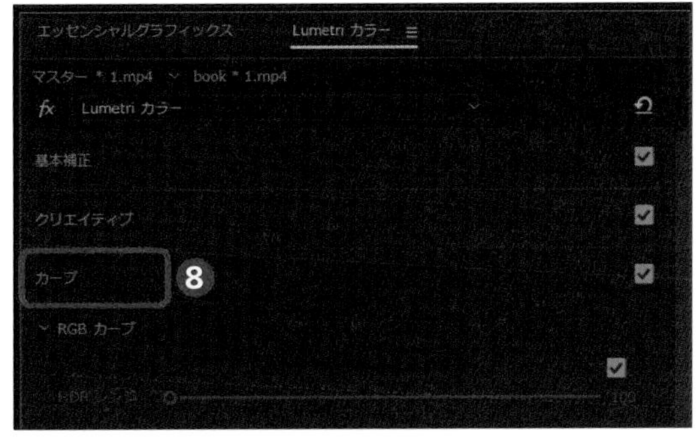

4 色相を曇りに近づける

「色相 vs 彩度」の🖊をクリックし❾、「プログラムモニター」パネルのプレビュー画面で青空の部分をクリックします❿。「色相 vs 彩度」のグラフに3つの点が打たれたことを確認してから、その中の真ん中の点をドラッグして下方向へ移動させます⓫。

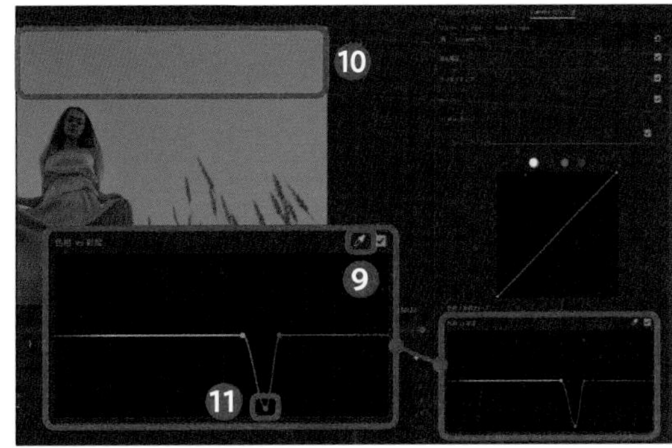

2 オーバーレイ素材を合成する

これで晴れの空から曇り空のような色調に仕上げることができました。続いて、あらかじめダウンロードしておいた雨の素材を合成していきます。

1 オーバーレイを適用する

雨のオーバーレイ素材をクリックして❶、P.098手順1～4で作成した曇り空素材の上側のレイヤー（ここでは「V2」）にドラッグし❷、クリックします❸。

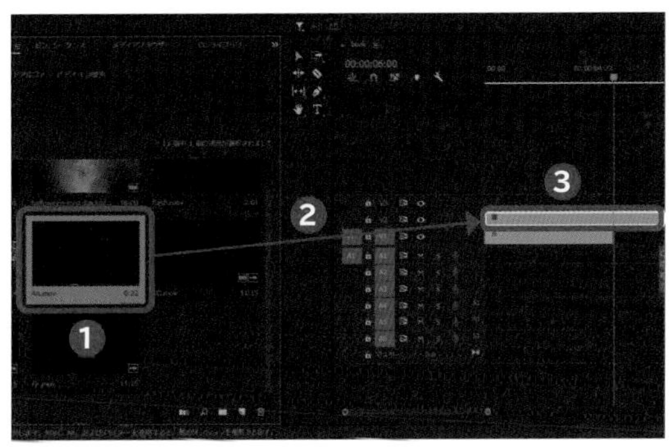

2 描画モードを変更する

「エフェクトコントロール」パネルで「描画モード」の［通常］をクリックし❹、［スクリーン］をクリックします❺。

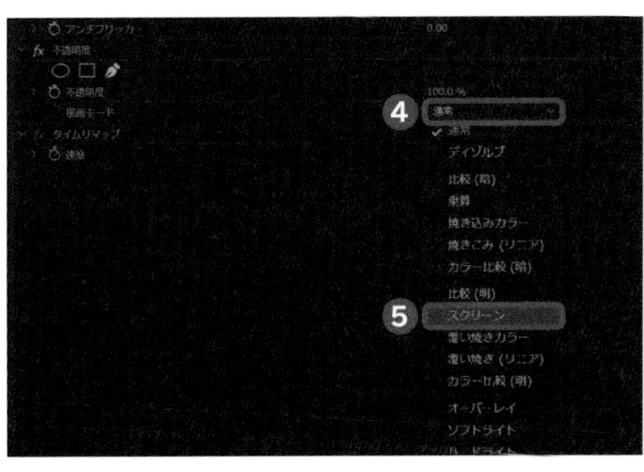

POINT

合成感が強すぎる場合などは、オーバーレイ素材をクリックして「エフェクトコントロール」パネルで「不透明度」の値を下げて調整しましょう。

Technique 35 昼の空を夜空にする

昼の空を夜空に変化させる演出です。ただし、ここでの方法は色を指定して合成する簡易的なものであるため、空の色が一定でない映像素材ではうまく合成できないことがあります。

1 空を暗くする

前準備として、「タイムライン」パネルの「V2」に風景の映像素材を、「V1」に空の映像素材をドラッグします。次に、P.016手順1を参考に、「エフェクト」タブの検索窓で「カラーキー」と入力し、[カラーキー] をクリックして、「タイムラインパネル」の「V2」に配置した映像素材へドラッグしてください。

1 空の色を暗くする

「エフェクトコントロール」パネルで「カラーキー」の をクリックし❶、「プログラムモニター」パネルのプレビュー画面で空の部分をクリックします❷。「カラー許容量」の数値を空が黒くなるよう（ここでは「27」）入力して❸、「V1」の映像素材をドラッグして「V2」の下側へ移動させます❹。

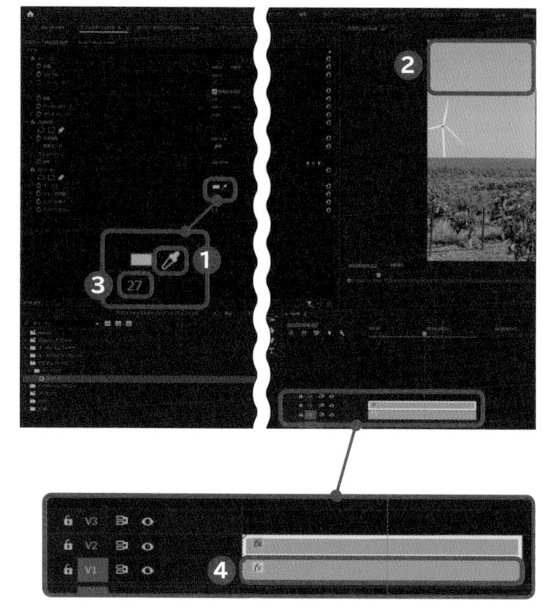

POINT

必要に応じて「エッジを細く」「エッジのぼかし」を調整してください。また、ここでうまく合成されない場合は「カラーキー」で［マスク］をクリックし、［反転］をクリックすることで、合成したくない部分を指定できます。

2 変化させる位置を決める

空を変化させたい位置（今回は開始から２秒後）に「タイムライン」パネルの再生ヘッドを移動させ❺、「エフェクトコントロール」パネルで「カラー許容量」のをクリックしてアニメーションをオンにします❻。

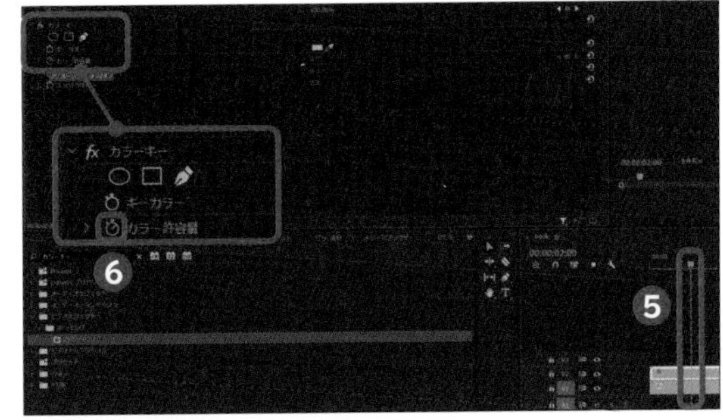

3 カラー許容量をリセットする

再生ヘッドを先頭に移動させ❼、「エフェクトコントロール」パネルで「カラー許容量」のをクリックします❽。

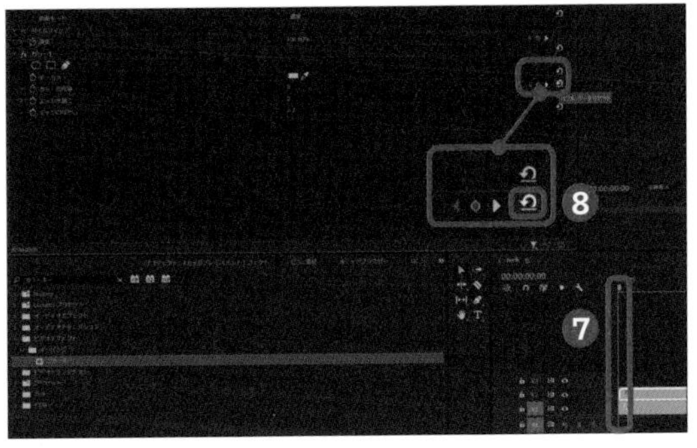

2 空以外の部分も夜らしくする

これで昼の空から夜空に変わる演出自体は完了しますが、このままでは地面の部分が明るいままで不自然です。そこで輝度とコントラストを調整し、映像全体を夜らしく加工していきます。前準備として、「エフェクト」タブの検索窓で「輝度」と入力し、［輝度＆コントラスト］をクリックして、「V2」へドラッグしてください。

1 明るさを変更する

再生ヘッドを先頭へ移動させ❶、「エフェクトコントロール」パネルで「輝度＆コントラスト」の「明るさ」の「コントラスト」のをクリックしてアニメーションをオンにします❷。

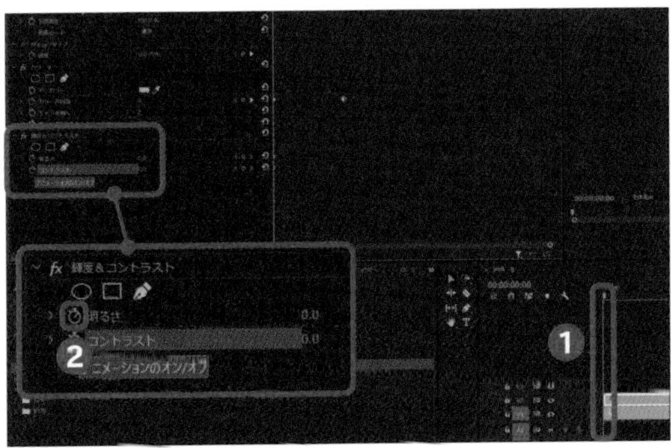

2 明るさをさらに調整する

再生ヘッドを手順1で入力したカラーキーのキーフレームに合わせて移動させます❸。「明るさ」と「コントラスト」の数値を夜になじむ値（ここでは「-44.0」「7.0」）に調整します❹。

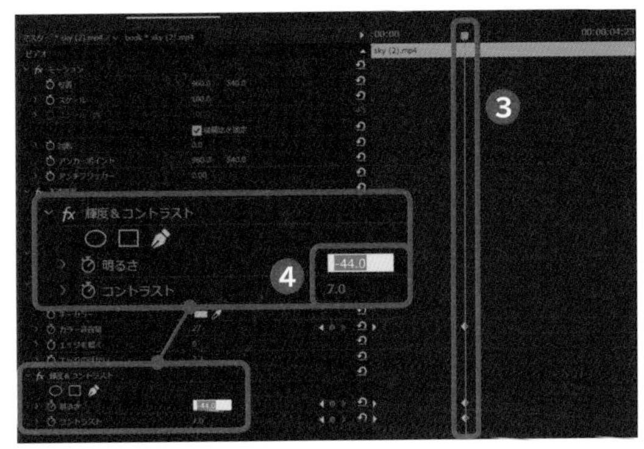

Technique 36

画像を3D風に登場させる

立体感のある画像が動きながら現われるテクニックです。3D風の動きを付けるエフェクトを適用することで仕上げていきます。

1 アニメーションを適用する

前準備として、「タイムライン」パネルの「V1」に映像素材、「V2」に画像素材をドラッグします。次に、2つの素材の長さをドラッグしてそろえ、「V2」の画像素材をクリックして、「エフェクトコントロール」パネルで[モーション]をクリックしてください。

1 スケールを調整する

プレビュー画面で、画像を登場させたい位置まで画像素材をドラッグし移動させ❶、「エフェクトコントロール」パネルで「スケール」の値に「0.0」と入力します❷。

2 アニメーションをオンにする

再生ヘッドを先頭に移動させ❸、「エフェクトコントロール」パネルで「位置」と「スケール」のをクリックしてアニメーションをオンにします❹。

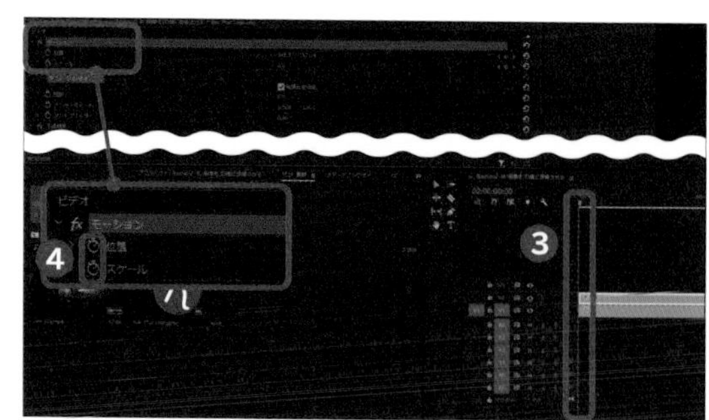

3 再生ヘッドを移動させる

画像素材を登場させ終わる位置（ここでは「00:00:04:00」）まで再生ヘッドを移動させます❺。

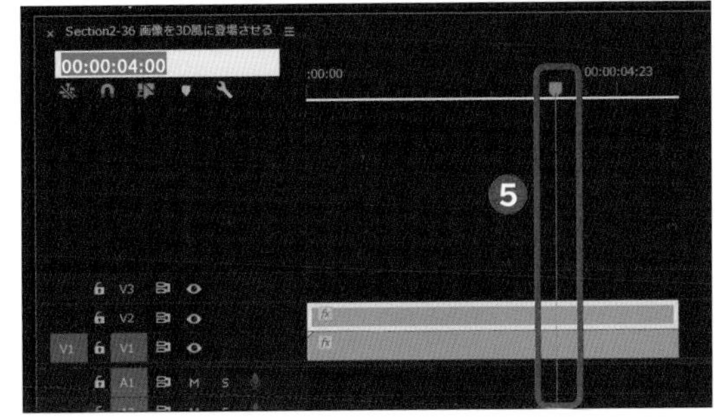

4 スケールの数値を上げる

「エフェクトコントロール」パネルで「スケール」の数値を上げて（ここでは「70.3」）画像をズームさせ❻、［モーション］をクリックします❼。

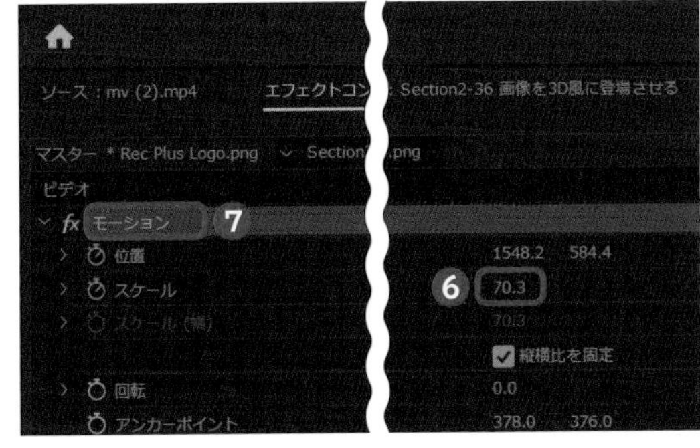

5 登場終了の位置を決める

「プログラムモニター」パネルのプレビュー画面で、画像素材をドラッグし、登場させ終わる場所を決めます❽。

2 基本3Dを適用する

続いて、3Dの動きを適用していきます。前準備として、「エフェクト」タブの検索窓で「基本3D」と入力し、［基本3D］をクリックして「タイムライン」パネルの「V2」にある画像素材（V2）へドラッグしてください。

1 キーフレームを可視化する

「エフェクトコントロール」パネルのをクリックして、「タイムラインビュー」を表示し、キーフレームを可視化します❶。

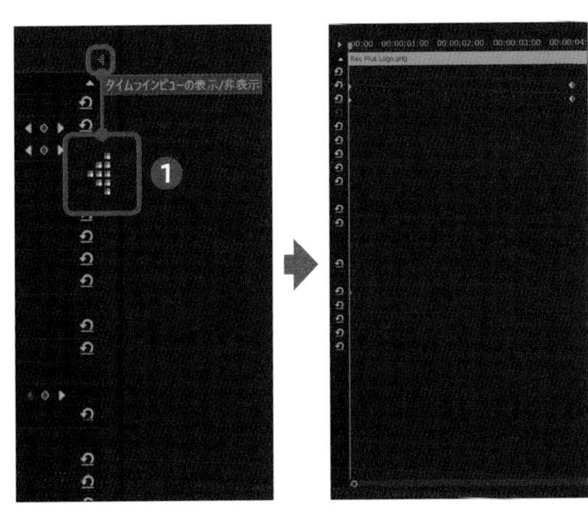

オープニング　登場シーン　メリハリ　エンディング　字幕　音　時短テク

2 左右の回転を調整する

再生ヘッドを先頭に移動させ❷、「エフェクトコントロール」パネルで「基本3D」の「スウィベル」の⏱をクリックしてアニメーションをオンにします❸。

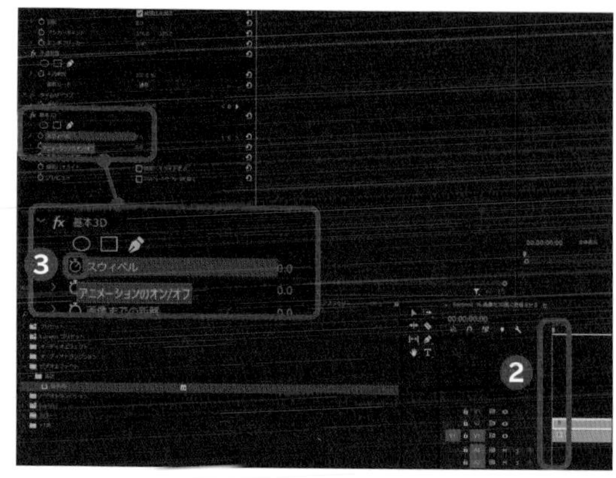

3 鏡に反射したような効果を付ける

[鏡面ハイライト表示]をクリックしてチェックを付けます❹。

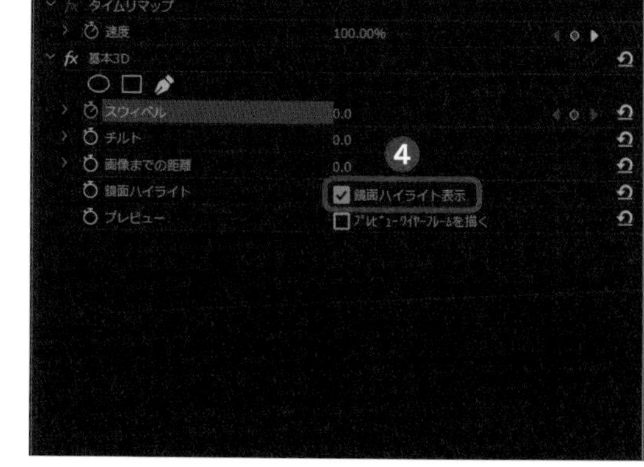

POINT

縦方向の回転を加えたい場合は、「チルト」の⏱をクリックしてアニメーションをオンにしてください。

4 再生ヘッドを移動させる

画像素材を登場させ終える地点(今回は4秒後)まで再生ヘッドを移動させます❺。

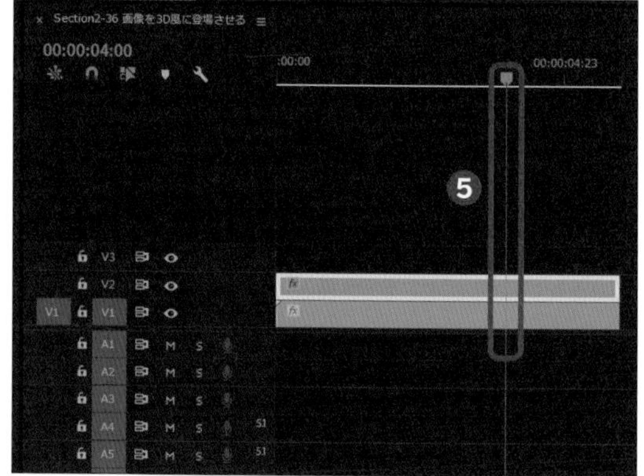

5 回転の分量を調整する

「スウィベル」の値を回転させたい値(ここでは「2X44°」)まで上げます❻。

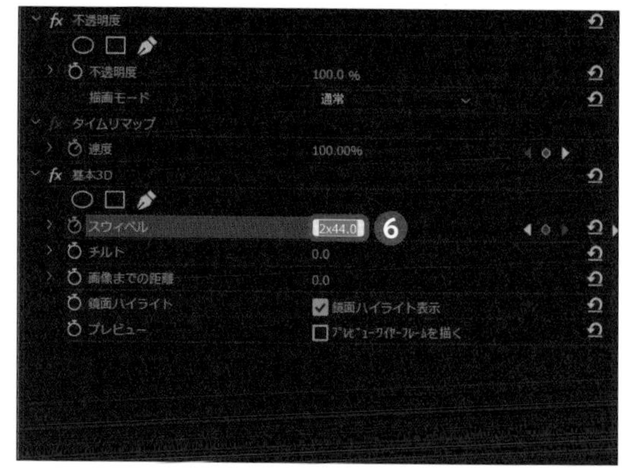

間延びした動画にメリハリを付けるテクニック

同じトーンの映像が続くと、観ている人はすぐに飽きてしまいます。そこでこのチャプターでは、動画が間延びしてしまいそうなときにメリハリやアクセントを付けるためのテクニックを紹介していきます。

［作例・文］
谷口晃聖：Technique 39 ～ 61
Rec Plus ごろを：Technique 37,38,62

Technique 37 ドラマチックに色を変える

ビデオ映像とカラーグラデーションをオーバーレイで合成し、シーンをドラマチックに、情感豊かに演出するテクニックを紹介します。

1 調整レイヤーを作成する

ここでは、「4色グラデーション」というエフェクトを使用します。4つの色をなじませることで、複雑かつ美しいグラデーションを作成することが可能です。前準備として、グラデーションを適用したい映像素材を「タイムライン」パネルにドラッグしてください。

1 調整レイヤーを選択する

プロジェクトパネル右下の をクリックし❶、[調整レイヤー] をクリックします❷。

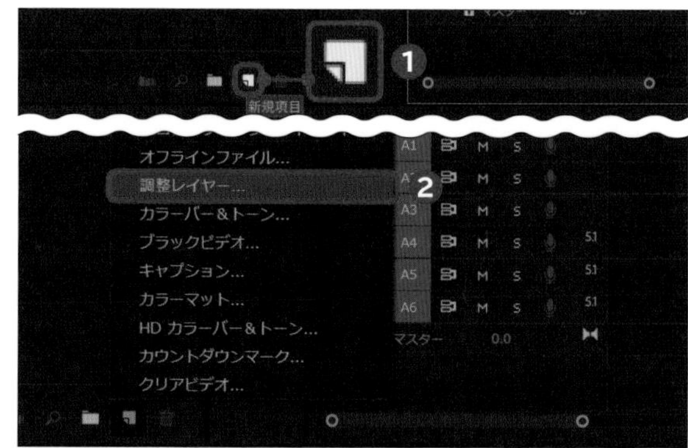

2 タイムラインに追加する

「プロジェクト」パネルに追加された調整レイヤーをクリックし❸、「タイムライン」パネルの「V2」へドラッグします❹。

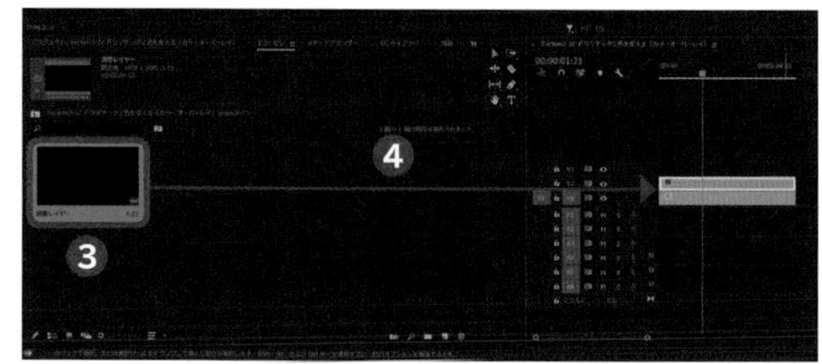

3 エフェクトタブを表示する

［ウィンドウ］をクリックし❺、［エフェクト］をクリックします❻。

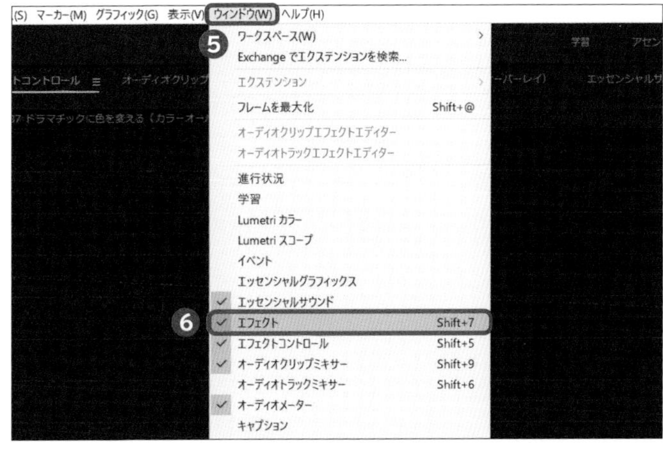

4 エフェクトカラーを追加する

「エフェクト」タブの検索窓で「4色」と入力し❼、［4色グラデーション］をクリックして❽、「タイムライン」パネルの調整レイヤーへドラッグします❾。

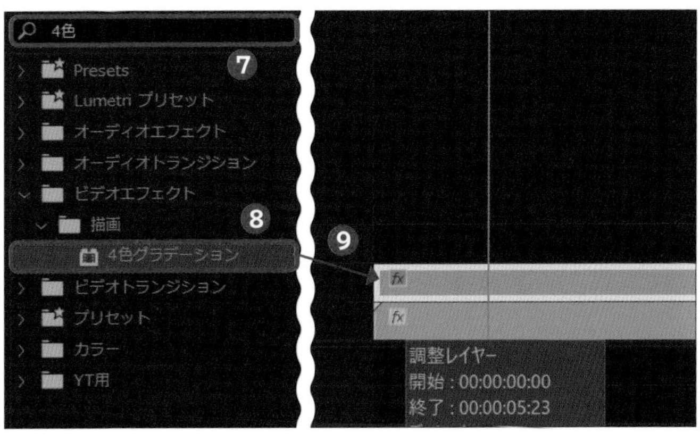

5 配色を調整する

「エフェクトコントロール」パネルの「4色グラデーション」で「カラー1」～「カラー4」をそれぞれクリックし、任意の色を選択して、それぞれの配色を作成します❿。

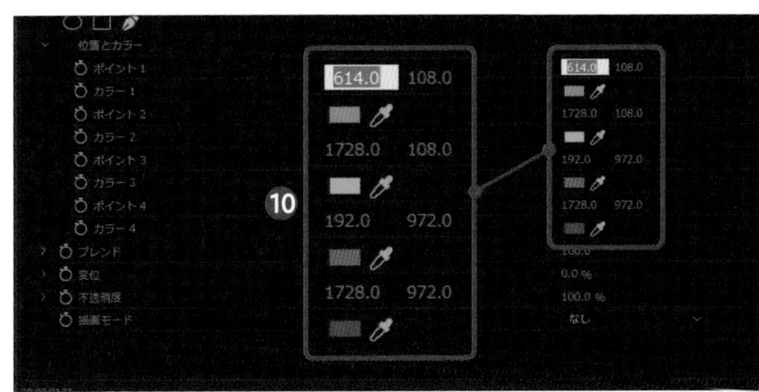

6 オーバーレイを適用する

「エフェクトコントロール」パネルの「4色グラデーション」で「描画モード」をクリックして⓫、［オーバーレイ］をクリックします⓬。

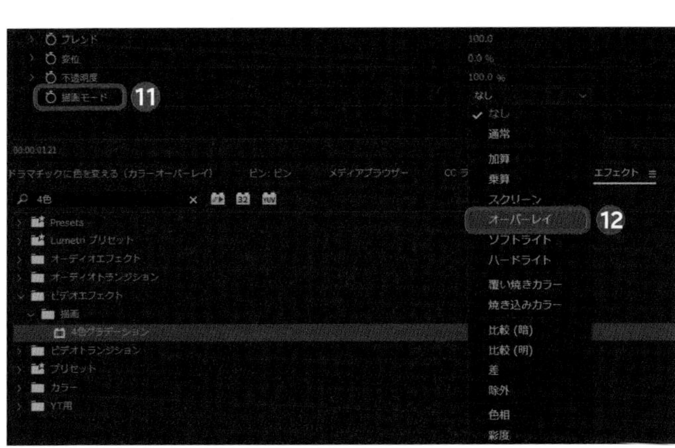

POINT

色が強いと感じたら、「エフェクトコントロール」パネルに表示されている「4色グラデーション」内の［不透明度］をクリックして、値を下げます。

Technique 38 瞬間移動する

いくつかの映像素材を組み合わせて、瞬間移動のように演出します。映像素材を用意する際は必ず三脚で固定し、明るさや背景が変化しない環境下で撮影しましょう。

1 素材を用意する

今回は5つの映像素材を撮影します。「①背景のみの素材」(少し長めに撮影してください)「②現われる素材」「③移動する素材」「④移動する素材」「⑤消える素材」の5つです。撮影したら、前準備として、「①背景のみの素材」を「タイムライン」パネルの「V1」に、その上側のレイヤーに「②現われる素材」以降4つの映像素材を「V2」にドラッグします。このとき「V2」に配置した②〜⑤の素材は、それぞれ動き始めのギリギリでカットして並べてください。

1 クロスディゾルブを適用する

P.016手順1を参考に「エフェクト」タブの検索窓で「クロスディゾルブ」と入力し、[クロスディゾルブ] をクリックして❶、「タイムライン」パネルの「V2」の「②現われる素材」の始めにドラッグします❷。「エフェクトコントロール」パネルで「デュレーション」に「00:00:00:10」と入力します❸。

2 表示時間を変更する

手順1を参考に「クロスディゾルブ」を「V2」の「⑤消える素材」の終わりへドラッグし❹、「エフェクトコントロール」パネルで「デュレーション」に「00:00:00:15」と入力します❺。

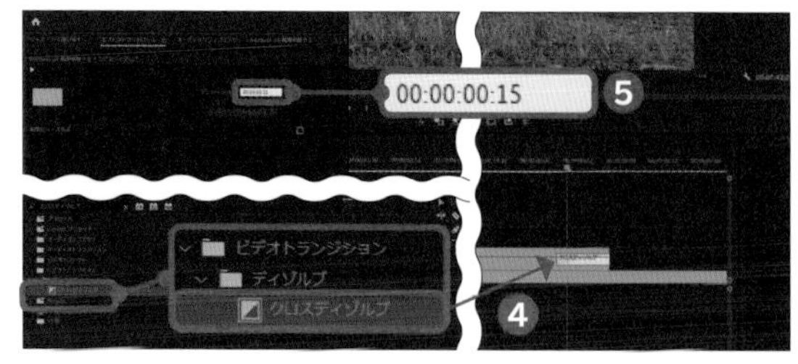

3 映像の切り替え部分でカットする

「③移動する素材」の先頭に再生ヘッドを移動させ、→キーを2回押して2コマ右へ再生ヘッドを移動させて❻、Cキーを押してレーザーツールを選択し、カットします❼。

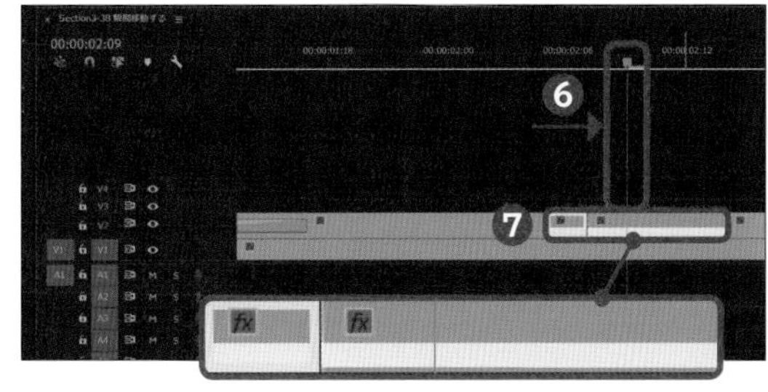

4 映像の速度を変更する

手順3でカットした「③移動する素材」の右側を右クリックして❽、[速度・デュレーション]をクリックします❾。「クリップ速度・デュレーション」で「速度」に「200」と入力して❿、[OK]をクリックします⓫。

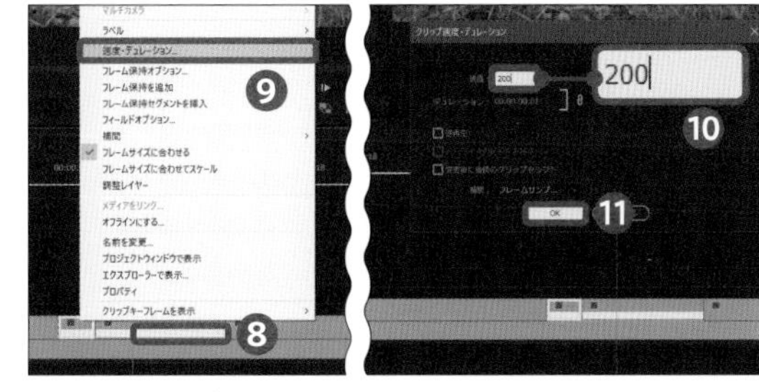

5 ブラーの長さを変更する

手順4で発生した映像素材同士のスペースをドラッグして詰め⓬、「エフェクト」タブの検索窓で「ブラー(方向)」と入力して[ブラー(方向)]をクリックします⓭。手順4で速度を変更した「③移動する素材」へドラッグして⓮、「エフェクトコントロール」パネルで「ブラー(方向)」の「ブラーの長さ」に「50」と入力します⓯。

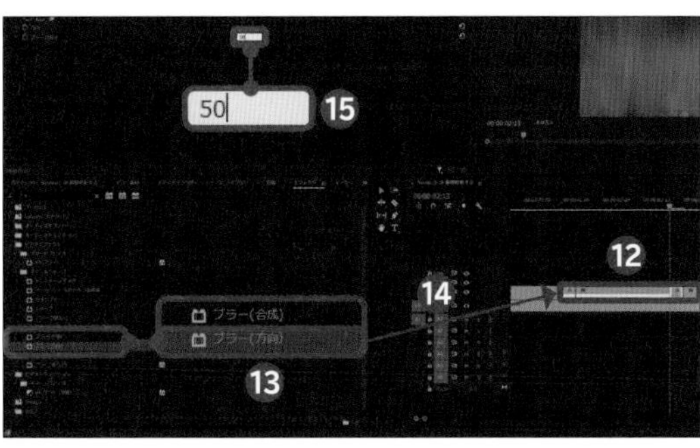

6 ブラーの方向を変更する

「エフェクトコントロール」パネルで「ブラー(方向)」の「方向」に「110」と入力します⓰。残り2つの映像素材も、手順1～5をくり返して作成してください。

POINT

動きの角度に合わせて変更してください。今回は斜め右に動いていたため「110」に変更しました。

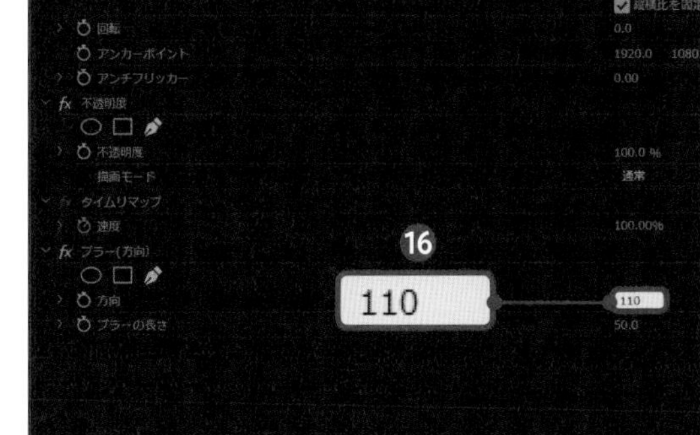

Check! 最終的な各素材の配置

最終的な配置は以下を参照してください。

「V1」→「①背景のみの素材」

「V2」→「②現われる素材」(冒頭にクロスディゾルブ)「③移動する素材」の冒頭2コマ(速度200%・ブラー)「④移動する素材」の冒頭2コマ(速度200%・ブラー)「④移動する素材」「⑤消える素材」の冒頭2コマ(速度200%・ブラー)「⑤消える素材」(最後にクロスディゾルブ)

Technique 39 アイキャッチを入れる

バラエティ番組やアニメなどでよく使われる、モーションテキストによるアイキャッチを作るテクニックです。キーフレームやマスクの調整をすることで、作成できます。

1 下地を作成する

前準備として、P.037手順1~4を参考に、アイキャッチの原型となるテキストを「プログラムモニター」パネルのプレビュー画面に入力してください。ここではフォントに「VDL-LogoJrBlack」を、フォントサイズに「100」を設定し、垂直方向と水平方向にそれぞれ中央揃えで作成しています。

1 テロップの1文字目を調整する

「タイムライン」パネルの再生ヘッドを、テキスト素材テキストから外れた地点(ここでは[00:00:06:00])まで移動させ❶、「プログラムモニター」パネルをクリックしてテキスト(ここでは「テ」)を入力します❷。入力したテキストをドラッグして選択し❸、「エッセンシャルグラフィックス」パネルで「フォントサイズ」に「120」と入力します❹。[アイコン]と[アイコン]をクリックして❺、[アイコン]→[楕円]の順にクリックします❻。

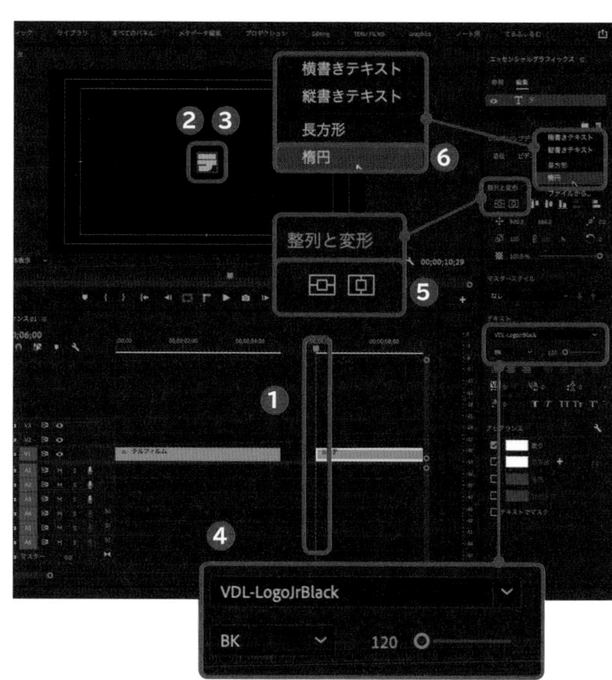

2 アイコンを円形に調整する

「エッセンシャルグラフィックス」パネルで［塗り］をクリックしてチェックを外し❼、［境界線］をクリックしてチェックを付けます❽。「境界線」に「15.0」と入力して❾、Tキーを押して選択ツールを選択し、プレビュー画面に表示されている楕円の形をクリックして「テ」の文字を囲むよう調整し❿、▣と▣をクリックします⓫。

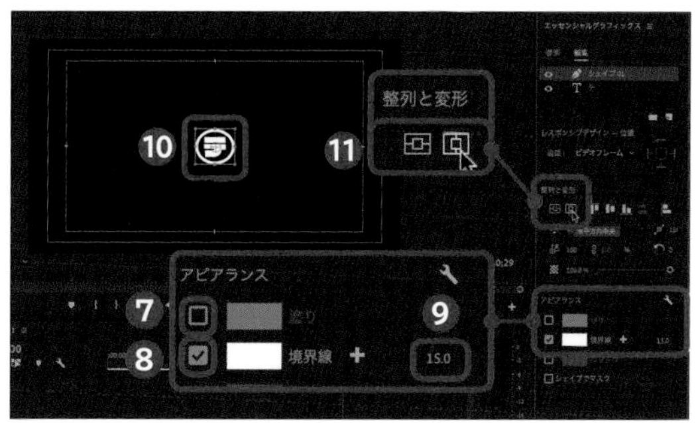

3 5フレームごとに動かす

再生ヘッドを手順2で作成した円形アイコン素材の先頭に移動させ⓬、クリックします⓭。「エフェクトコントロール」パネルで「回転」の⏱をクリックしてアニメーションをオンにし⓮、「0.0」と入力します⓯。以降は5フレームごとに「回転」と「位置」のアニメーションをオンにつつ、「テ」のアイコンが移動しながら90度傾くよう調整していきます。

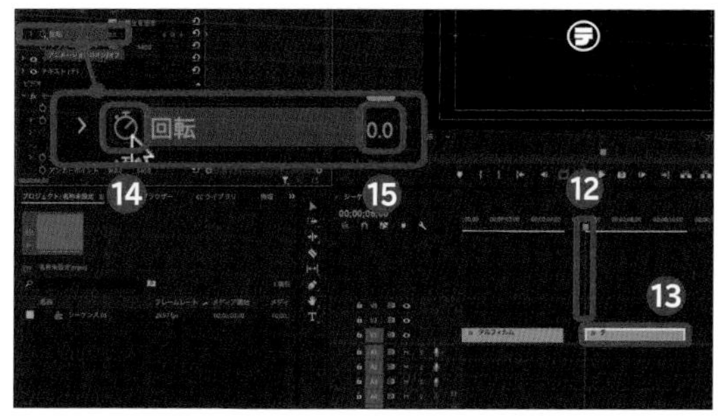

4 テキストの現われる位置を調整する

「V1」のテキスト素材をクリックして「V2」のテキスト素材の上側にドラッグし⓰、再生ヘッドを「00:00:00:15」の位置に移動させます⓱。「V1」のテキスト素材の先頭が「00:00:00:15」に揃うようドラッグします⓲。

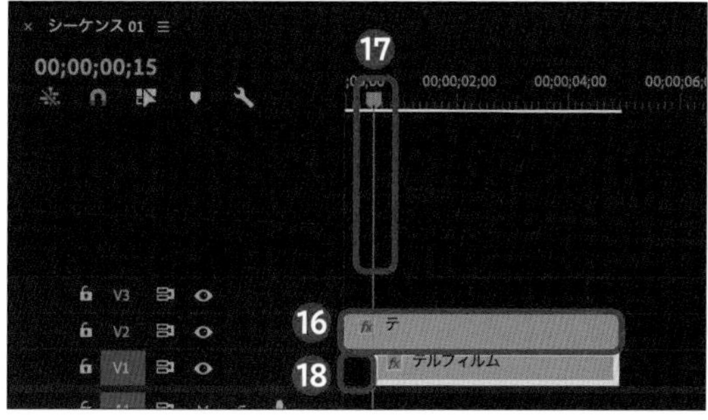

5 1フレームずつ動かす

「V1」のテキスト素材をクリックし⓳、「エフェクトコントロール」パネルで「不透明度」の■をクリックします⓴。プレビュー画面の表示率で［150%］をクリックし㉑、プレビュー画面に表示されているマスクをクリックして上方向にドラッグし、テキストが画面の表示範囲から外れるまで移動させます㉒。「エフェクトコントロール」パネルの「マスクパス」の⏱をクリックしてアニメーションをオンにし㉓、▶をクリックします㉔。以降は、1フレームごとに徐々にテキストが表示され、アイコンが左へ移動していくようにマスクをかけていきます。

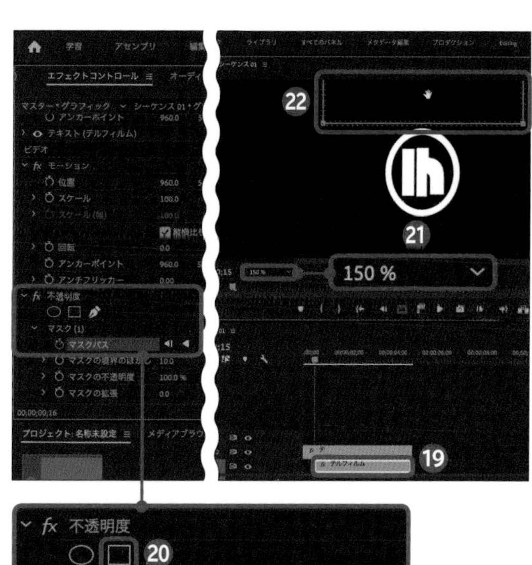

POINT

キーフレームを右クリックしてイーズイン・イーズアウトを適用すると、より滑らかに仕上げることができます。

カウントダウンでハラハラさせる

映像の中にカウントダウンタイマーを挿入するテクニックです。クライマックスへと続く緊張感を持たせたり、見どころをわかりやすく示したりすることができます。

1 タイムコードを適用する

このテクニックで使用するタイムコードとは、時間を表示する方法の1つです。「00:00:00:00」というように、2桁の数字が連なっており、左から時間（HH）、分（MM）、秒（SS）、フレーム（FF）と区分されています。

1 映像素材を準備する

「プロジェクト」パネルの映像素材をクリックして❶、「タイムライン」パネルの「V1」へドラッグします❷。

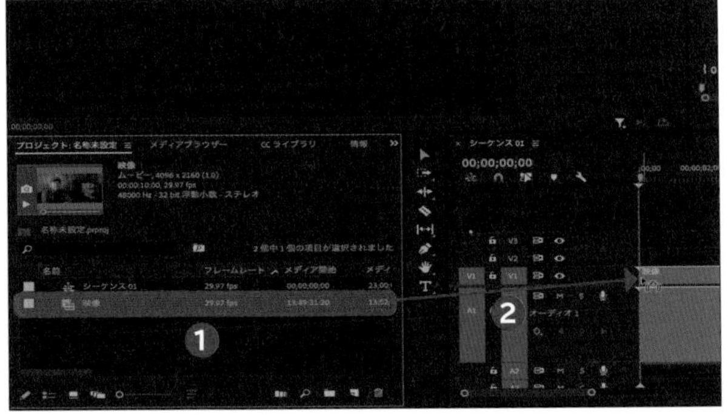

2 クリアビデオを選択する

「プロジェクト」パネルで■をクリックし❸、「新規クリアビデオ」で［クリアビデオ］をクリックして❹、［OK］をクリックします❺。

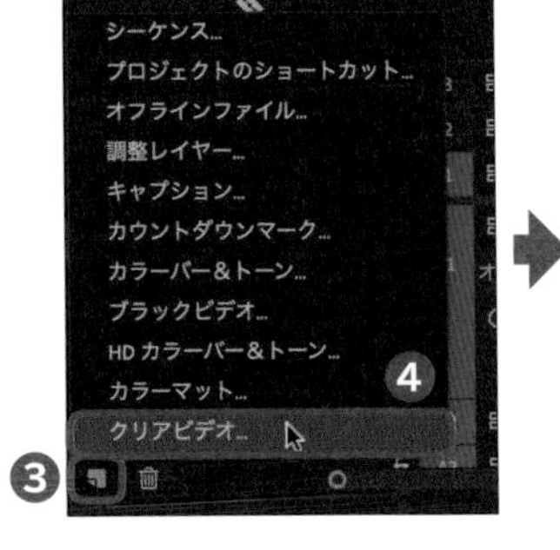

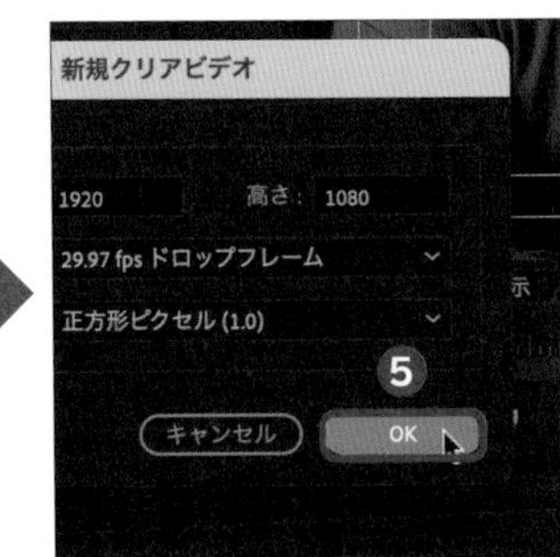

3 タイムコードを適用する

手順2で作成したクリアビデオを「タイムライン」パネルの「V2」にドラッグして❻、「V1」の映像素材と同じ長さになるよう右端をクリックして右方向にドラッグします❼。P.016手順1を参考に「エフェクト」タブの検索窓に「タイムコード」と入力して［タイムコード］をクリックし❽、「V2」のクリアビデオへドラッグします❾。

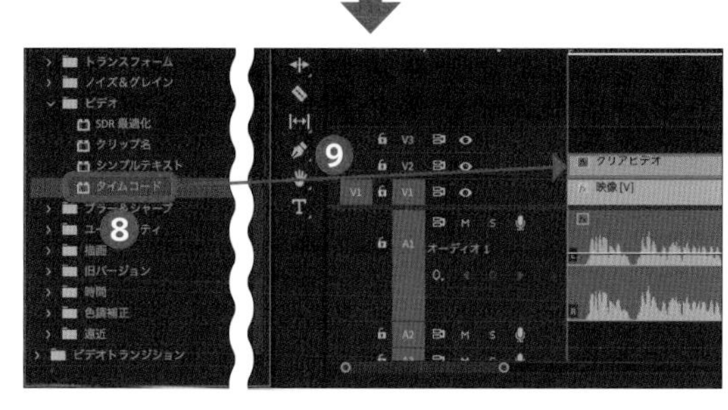

4 マスクを作成する

クリアビデオをクリックして❿、「エフェクトコントロール」パネルで「タイムコード」の「サイズ」に任意の値（ここでは「50.0」）を入力し⓫、■をクリックしてマスクを作成します⓬。

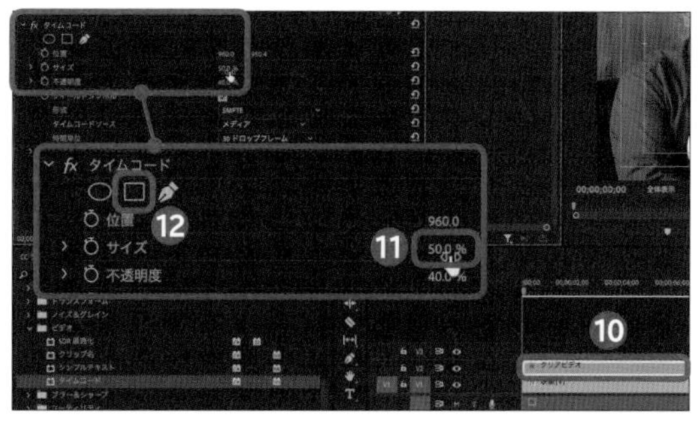

5 マスクでタイムコードの一部を表示する

「プログラム」パネルのプレビュー画面で、青い四角形のマスクをドラッグして、タイムコードの「秒」の数字だけが表示されるよう調整し⓭、「エフェクトコントロール」パネルで「マスクの境界のぼかし」の数値に「0.0」と入力します⓮。

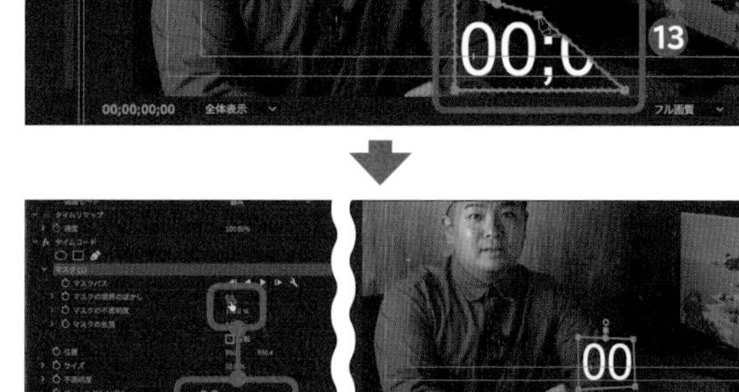

6 タイムコードの位置を調整する

「V2」のクリアビデオを右クリックして、［ネスト］→［OK］の順にクリックし、［V2］のネストをクリックし、［速度・デュレーション］をクリックし、「クリップ速度・デュレーション」で［逆再生］をクリックしてチェックを付けます⓯。［OK］をクリックし⓰、「エフェクトコントロール」パネルで「不透明度」の「描画モード」で［スクリーン］をクリックし⓱、「位置」に任意の値（ここでは「1013.0」「6.0」）を入力します⓲。

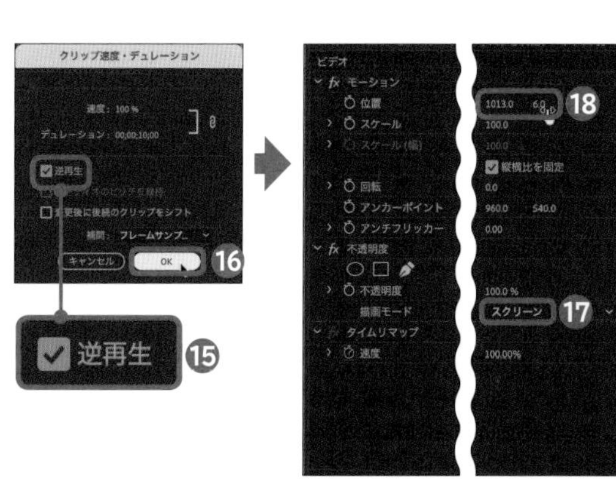

Technique 41 ワイプを入れる

画面にワイプ（小窓）を入れるには、「タイムライン」パネルに2つの映像を重ねて、一方には見せたい映像、もう一方にはワイプ用の顔の映像を用意します。解説動画などで活用できる演出です。

1 ワイプを作成する

ワイプを作成するには、まずカラーピッカーで色を選択し、その後ワイプとして切り抜きたい顔の映像素材をマスクで切り抜いていきます。また、トランスフォームを適用することで自由に場所を調整することも可能です。

1 カラーピッカーを選択する

「プロジェクト」パネルの■をクリックして❶、［新規項目］→［カラーマット］の順にクリックし❷、［OK］をクリックします。

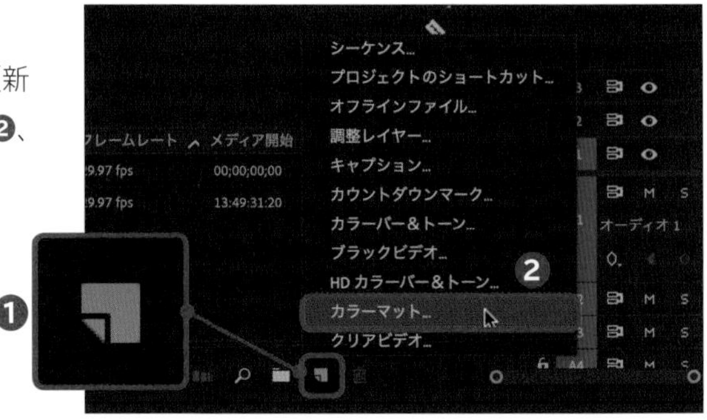

2 色を選択する

「カラーピッカー」で任意の色（ここでは白）を選択し❸、［OK］をクリックします❹。

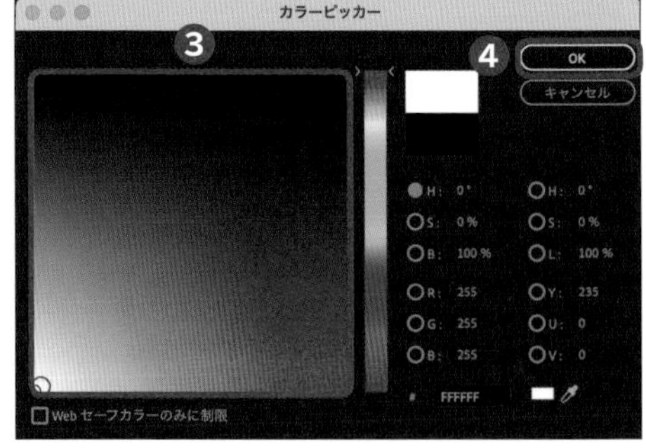

3 2つの素材を配置する

カラーマット素材をクリックして❺、「タイムライン」パネルの「V1」にドラッグし❻、映像素材をクリックして❼、「V2」にドラッグします❽。カラーマット素材の右端をクリックして右側にドラッグし、「V2」の映像素材の長さに合わせます❾。

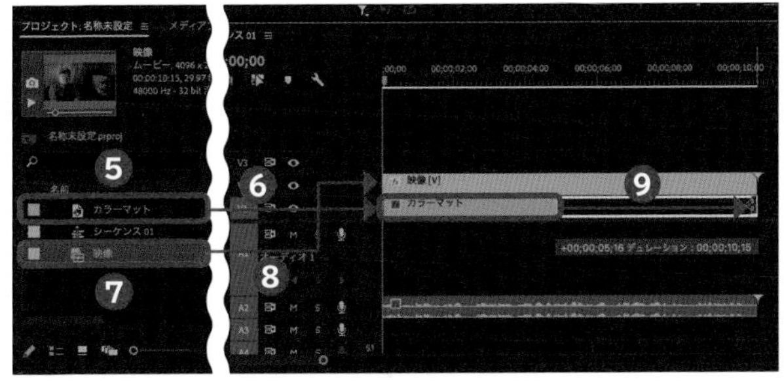

4 マスクを作成する

「タイムライン」パネルの映像素材をクリックし❿、「エフェクトコントロール」パネルの「不透明度」で⬬をクリックします⓫。「プログラムモニター」パネルのプレビュー画面でマスクをクリックして顔の位置までドラッグします⓬。

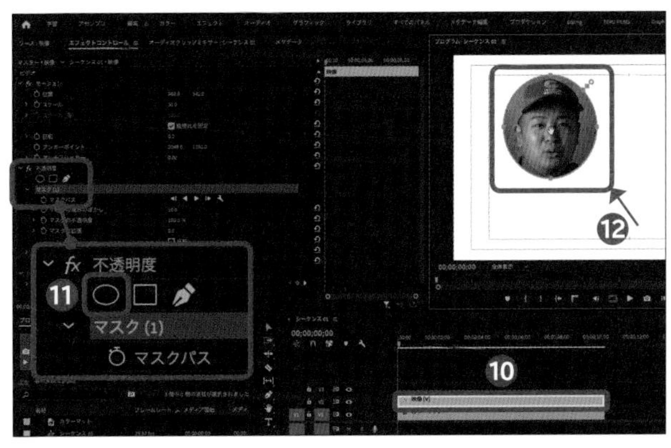

5 マスクの形を調整する

マスクの4つの点をクリックして、任意の形（ここでは楕円形）に調整します⓭。

6 マスクの位置を調整する

「エフェクトコントロール」パネルの「スケール」に任意の値（ここでは「35.0」）を入力し⓮、「位置」に任意の値（ここでは「582.0」「880.0」）を入力します⓯。

7 トランスフォームを調整する

P.016手順1を参考に「エフェクト」タブの検索窓で「トランスフォーム」と入力し、[トランスフォーム]をクリックします⓰。「タイムライン」パネル「V2」の映像素材にドラッグし⓱、「エフェクトコントロール」パネルで「トランスフォーム」の「位置」に任意の値（ここでは「2048.0」「1080.0」）を入力します⓲。

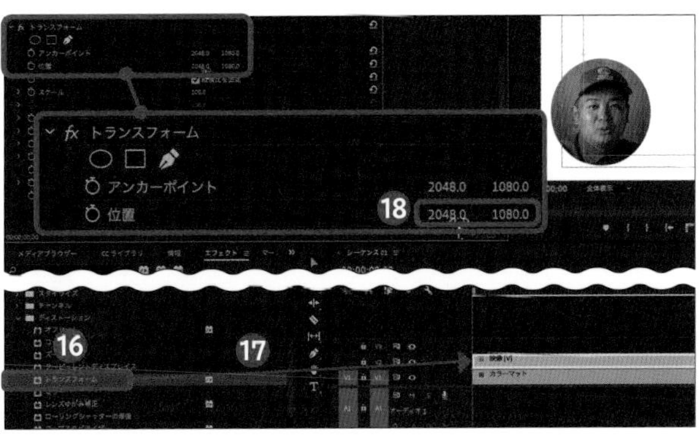

Technique 42

映像をガクガク揺らす

「エフェクトコントロール」パネルの「位置」のアニメーションを調整しキーフレームを打つことで、映像を縦に揺らすことができます。シンプルですが使い勝手のよいテクニックです。

1 縦軸のアニメーションを適用する

ここでは、縦に映像を揺らす方法を紹介します。「エフェクトコントロール」パネルで縦軸のアニメーションをオンにし、キーフレームを追加してはフレームを進めていくという流れです。

1 映像素材を配置する

「プロジェクト」パネルの映像素材をクリックして❶、「タイムライン」パネルにドラッグします❷。

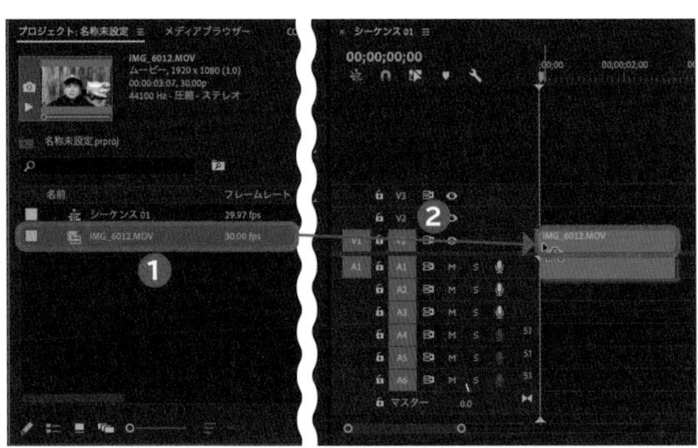

2 再生ヘッドを移動させる

映像を揺らし始めたい箇所(ここでは「00:00:00:24」)まで再生ヘッドを移動させ❸、映像素材をクリックします❹。

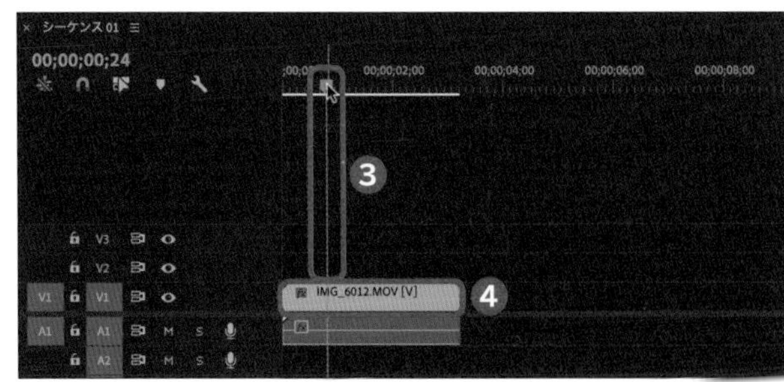

3 位置のアニメーションを適用する

「エフェクトコントロール」パネルの「モーション」で、「位置」と「スケール」のをクリックします❺。をクリックしてキーフレームを可視化し❻、再生ヘッドを2フレーム右（ここでは「00:00:00:25」）に移動させます❼。

4 再生ヘッドの移動とアニメーション適用をくり返す

「位置」の数値に「960.0」「500.0」と入力して❽、再生ヘッドをもう2フレーム右（ここでは「00:00:00:27」）に移動させます❾。

「位置」の数値に「960.0」「580.0」と入力して❿、再生ヘッドをもう2フレーム右（ここでは「00:00:00:29」）に移動させます⓫。

「位置」の数値に「960.0」「500.0」と入力して⓬、再生ヘッドをここでは「00:00:01:01」まで移動させます⓭。

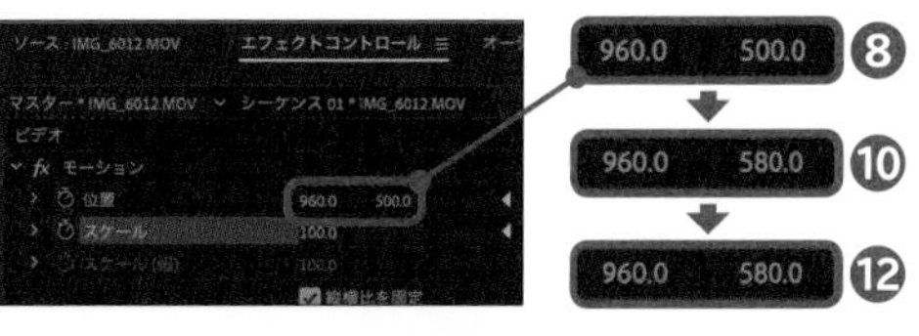

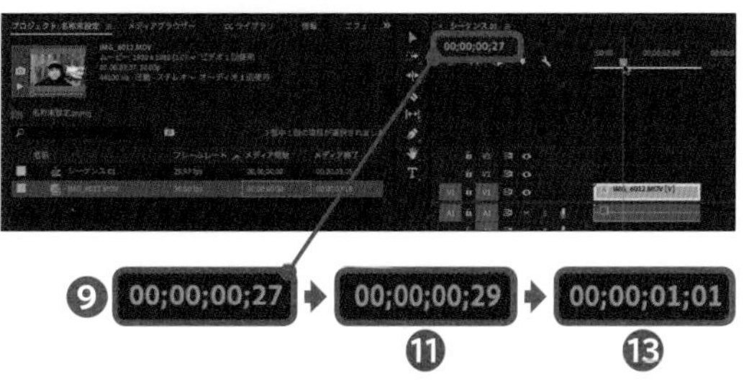

5 キーフレームをコピー＆ペーストする

手順3～4で入力した4つのキーフレームをドラッグして選択しコピーします⓮。再生ヘッドをここでは「00:00:01:03」まで移動させ⓯、「エフェクトコントロール」パネルのキーフレームタイムラインにペーストします⓰。

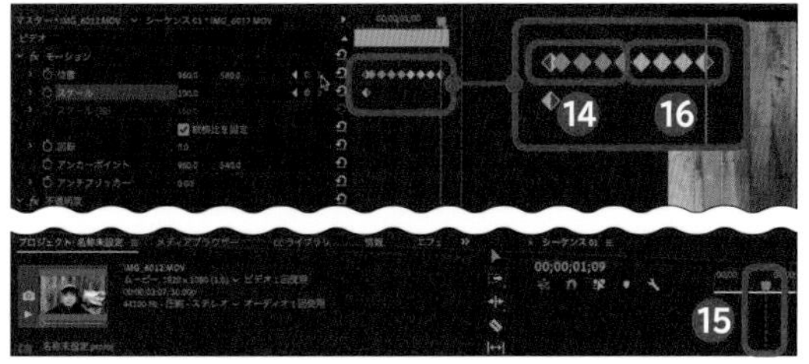

6 コピー＆ペーストをくり返す

をクリックして最後のキーフレームまで移動し⓱、再生ヘッドをここでは「00:00:01:11]まで移動させます⓲。「エフェクトコントロール」パネルのキーフレームタイムラインに手順5でコピーしたキーフレームをペーストします⓳。以降、映像を揺らしたい部分まで手順5～6をくり返します。

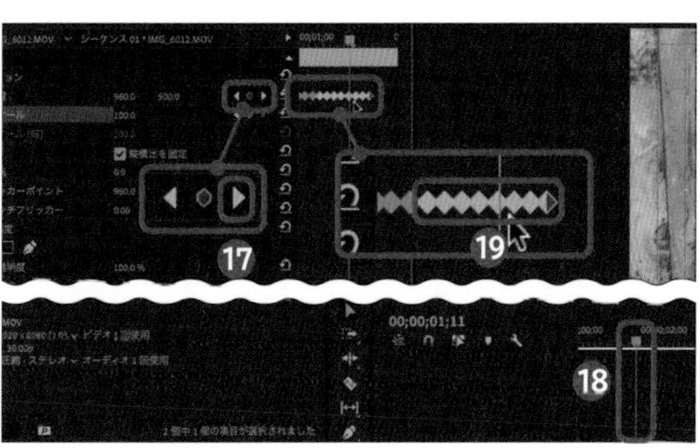

7 最後のキーフレームを追加する

「エフェクトコントロール」パネルで、2つ目のキーフレーム（ここでは「00:00:00:25」のキーフレーム）の「スケール」の値に「110.0」と入力して⓴、をクリックし㉑、再生ヘッドをここでは「00:00:02:03」まで移動させて㉒、をクリックし㉓、「位置」の値に「960.0」「540.0」と、「スケール」の値に「100.0」と入力します㉔。

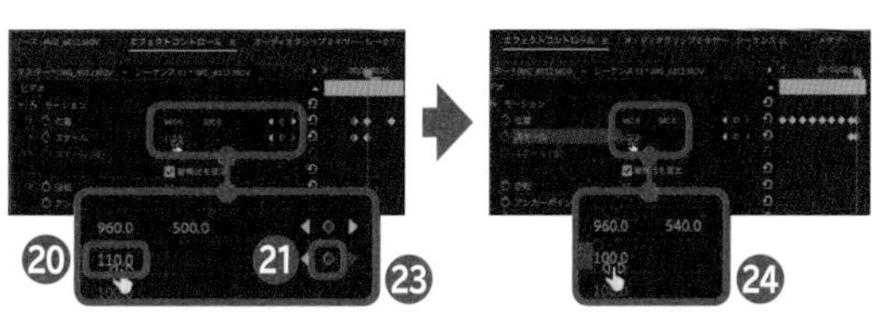

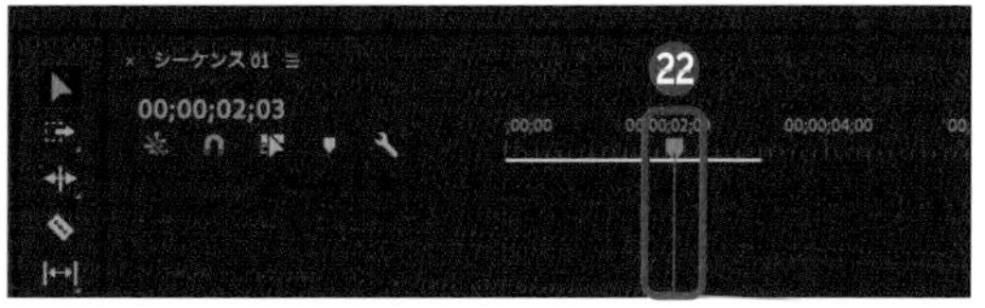

Technique 43 テレビの砂嵐のようなノイズを作る

テレビの砂嵐に似た演出ができるテクニックです。ここで使用する「ノイズHLSオート」は色相、明度、彩度に対してそれぞれにノイズをかけることができ、自動的にノイズを作成します。

1 ノイズを適用する

前準備として、「https://dova-s.jp/se/play836.html」から砂嵐の効果音をダウンロードし、「プロジェクト」パネルにドラッグして読み込んでください。

1 カラーピッカーを開く

P.114手順1を参考に「カラーピッカー」を表示して、ノイズの下地になる色（ここではカラーコード「5F5C5C」）を選択し❶、[OK]→[OK]の順にクリックします❷。

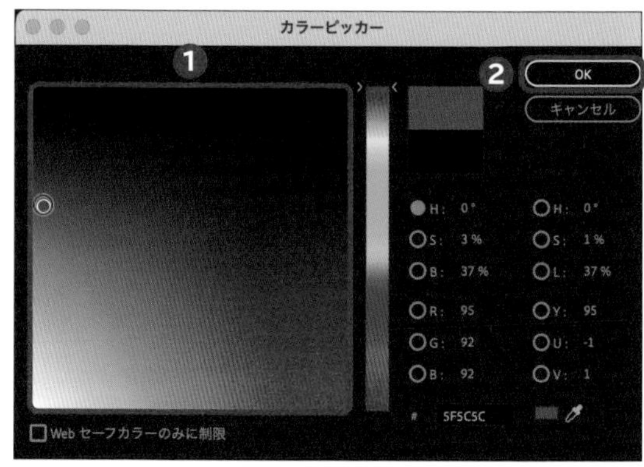

2 カラーマットを適用する

「プロジェクト」パネルに表示された[カラーマット]をクリックして❸、「タイムライン」パネルにドラッグします❹。

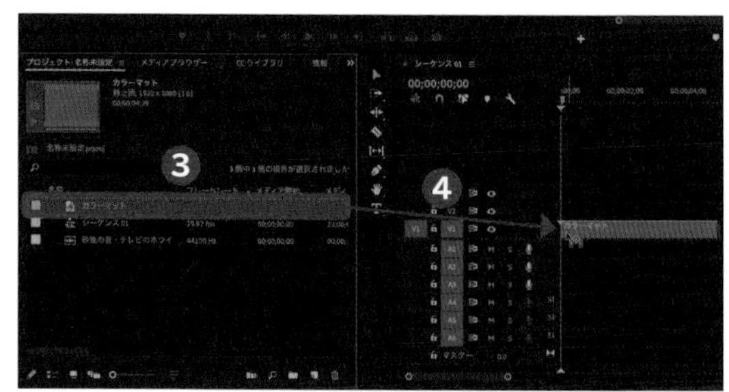

3 カラーマット素材を引き伸ばす

カラーマット素材の右端をクリックし、「00:00:02:00」の地点まで右方向にドラッグします❺。

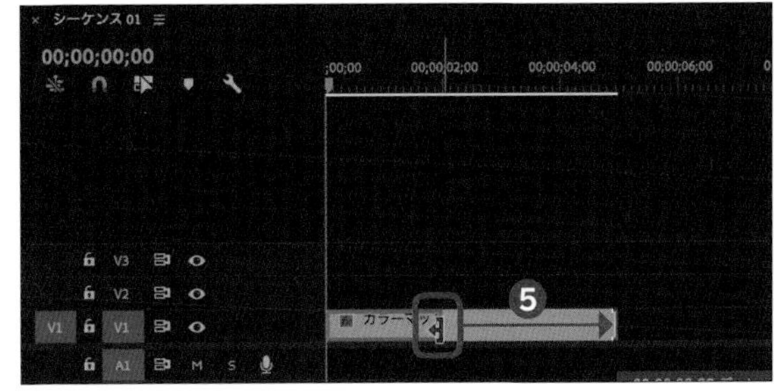

4 ノイズを適用する

P.016手順1を参考に「エフェクト」タブの検索窓で「ノイズHLSオート」と入力して［ノイズHLSオート］をクリックし❻、「タイムライン」パネルのカラーマット素材にドラッグします❼。

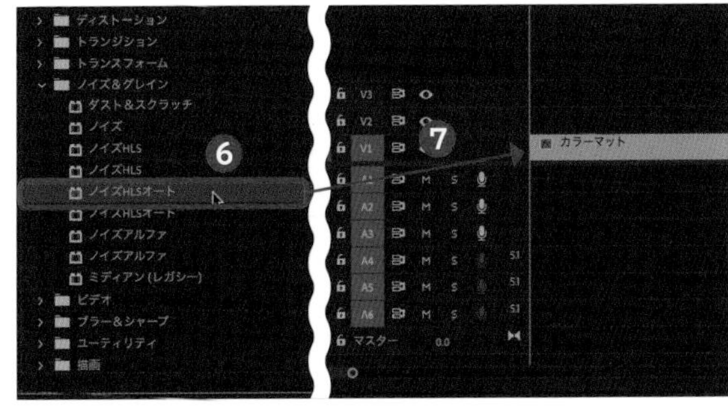

5 ノイズを調整する

「エフェクトコントロール」パネルで［均一］→［矩形］の順にクリックし❽、「明度」に「100.0%」と、「ノイズアニメーションの速度」に「40.0」と入力します❾❿。

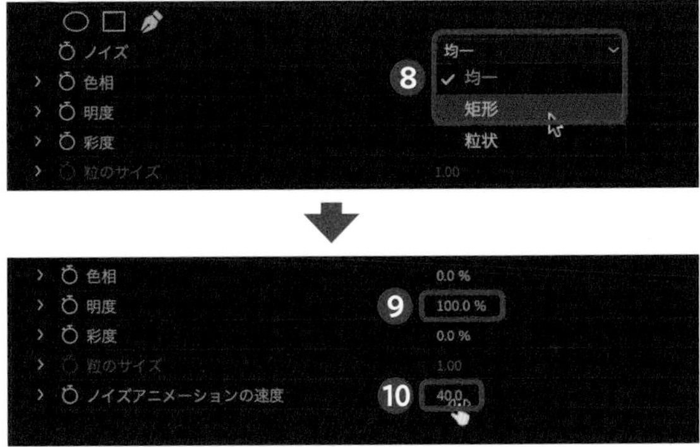

6 効果音を適用する

あらかじめダウンロードしておいた砂嵐の音声素材をクリックし⓫、「タイムライン」パネルのカラーマット素材の下側のレイヤー（ここでは「A1」）へドラッグします⓬。

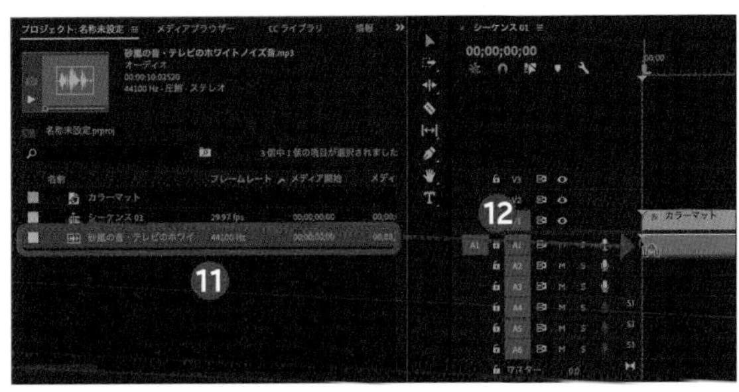

7 効果音を映像に合わせる

Cキーを押して、音声素材の左端を「00:00:07:00」の地点でカットし⓭、右方向にドラッグして映像素材と先頭部分を揃えます⓮。右端をクリックしたまま左方向にドラッグして終了地点も映像素材と合わせます⓯。

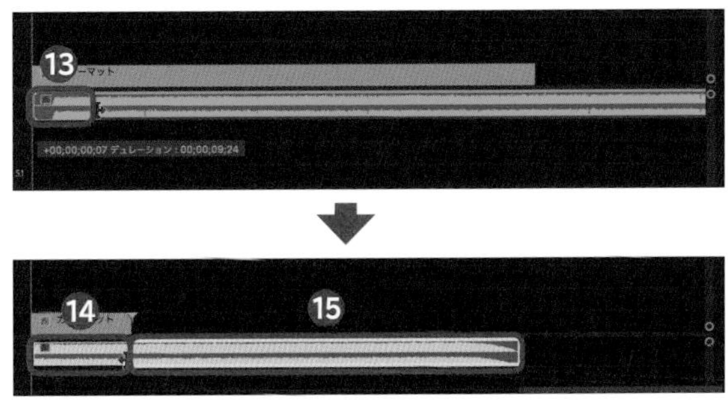

オープニング
登場シーン
メリハリ
エンディング
字幕
音
時短テク

Technique 44 逆再生する

ここでは、逆再生を何度もくり返すテクニックを紹介します。エンタメ系の動画で面白い箇所を強調したい場合のほか、滝の流れのような自然現象に適用しても、面白い効果が得られます。

1 速度・デュレーションを適用する

ここで使用するのは、「速度・デュレーション」という機能です。デュレーションとは継続時間を意味し、エフェクトがかかる時間の長さなどを調整できます。

1 映像素材を配置する

「プロジェクト」パネルの映像素材をクリックし❶、「タイムライン」パネルへドラッグします❷。

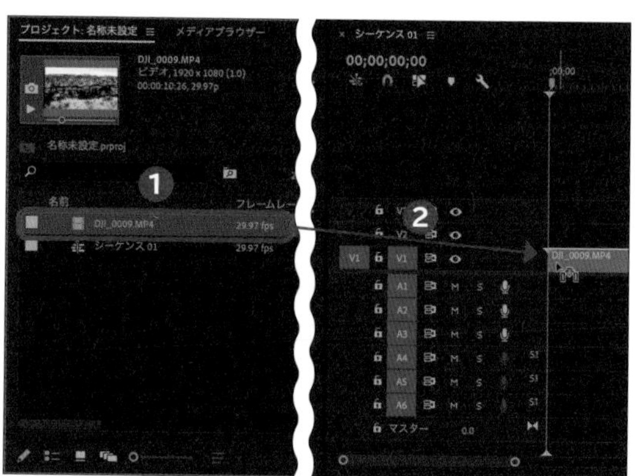

2 逆再生の開始地点を決める

逆再生を始めたい地点（ここでは「00:02:10:00」）まで再生ヘッドを移動させます❸。

3 逆再生の終了地点を決める

Cキーを押してレーザーツールを選択し、クリックしてカットします❹。逆再生を終えたい地点（ここでは「00:00:05:18」）まで再生ヘッドを移動させます❺。

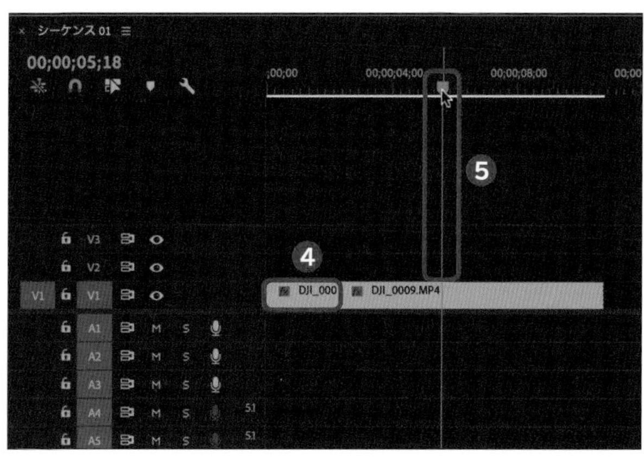

POINT

逆再生したい映像の秒数は1～4秒ぐらいがベストです。それ以上の秒数だと冗長になり、かえって逆効果です。

4 カットしてスペースを作る

Cキーを押してレーザーツールを選択し、クリックしてカットします❻。Vキーを押して選択ツールを選択し、3つに分かれた映像素材の3つ目をクリックして❼、右方向にドラッグし2つ目の映像素材と3つ目の映像素材の間にスペースができるようにドラッグします❽。

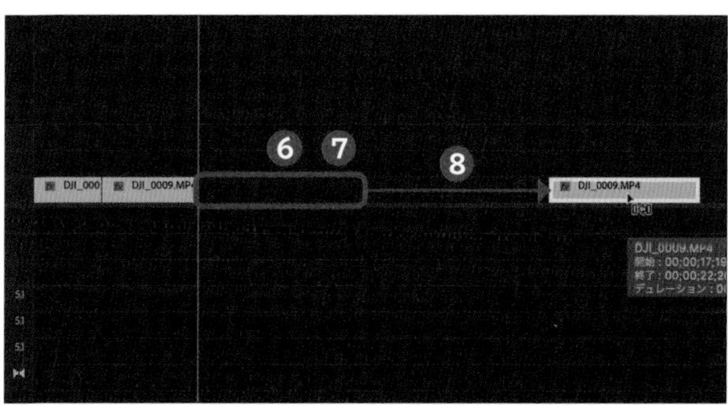

5 スペースにくり返し映像をペーストする

2つ目の映像素材を Alt / option キーを押したままクリックし❾、右方向にドラッグします❿。これらの手順を、同じ映像が5つ並ぶまでくり返します⓫。

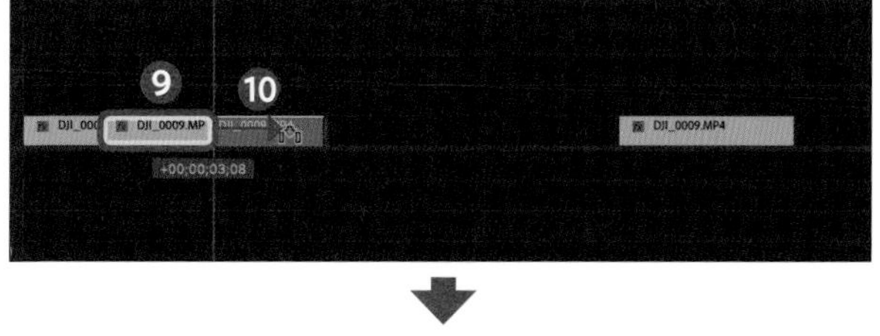

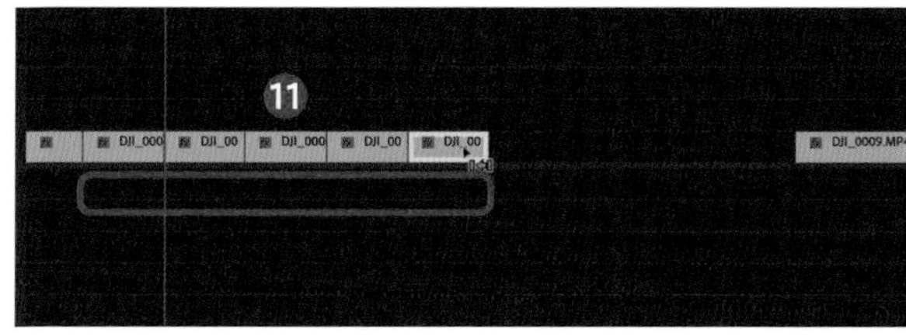

POINT

ペーストして並べる素材の数は必ず奇数にしましょう。偶数だと、ジャンプカットのように映像が飛んでしまいます。また、映像素材同士に空きスペースができないように、適宜ドラッグして詰めてください。

6 逆再生を適用する

3つ目の映像素材を右クリックして⓬、[速度・デュレーション] をクリックし⓭、「クリップ速度・デュレーション」で [逆再生] をクリックしてチェックを付け⓮、[OK] をクリックします⓯。5つ目の映像素材も同様の手順で「速度・デュレーション」を表示し、[逆再生] をクリックしてチェックを付け、[OK] をクリックします。

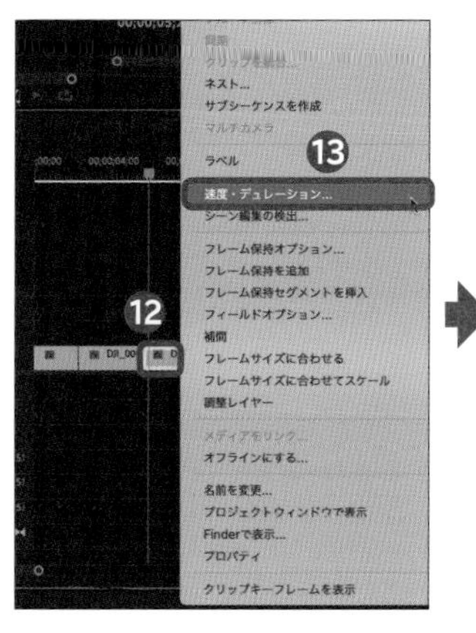

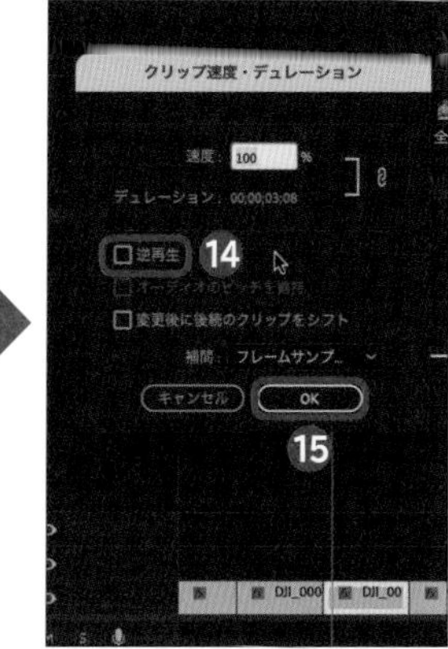

オープニング
登場シーン
メリハリ
エンディング
字幕
音
時短テク

Technique 45 モザイクを入れる

モザイクをかけるテクニックも汎用性があるのでぜひ覚えておきたいところです。自動トラッキング機能を利用すれば、1フレームごとにキーフレームを打つ必要もありません。

1 マスクをかけてモザイクを適用する

前準備として、モザイクをかけたい映像素材を「プロジェクト」パネルから「タイムライン」パネルの「V1」へドラッグしてください。

1 映像素材を配置する

P.016手順1を参考に「エフェクト」タブの検索窓で「モザイク」と入力して［モザイク］をクリックし❶、「タイムライン」パネルの映像素材にドラッグします❷。

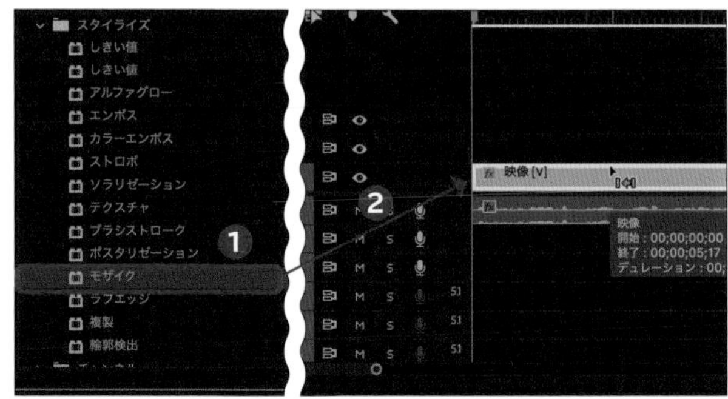

2 モザイクの大きさを調整する

「エフェクトコントロール」パネルの「モザイク」で⬭をクリックし❸、「プログラム」パネルのプレビュー画面でマスクをクリックしたまま上下左右にドラッグし、モザイクの大きさを調整します❹。

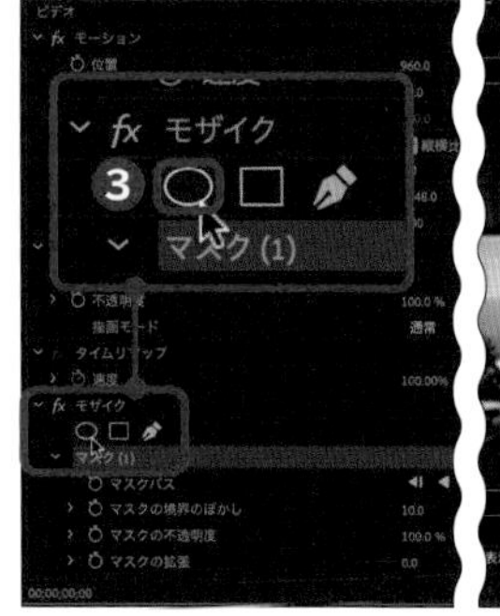

3 モザイクの濃さを調整する

「エフェクトコントロール」パネルの「モザイク」で「マスクの境界のぼかし」に「40.0」と入力し❺、「水平ブロック」に「50」と入力して❻、「垂直ブロック」に「50」と入力します❼。

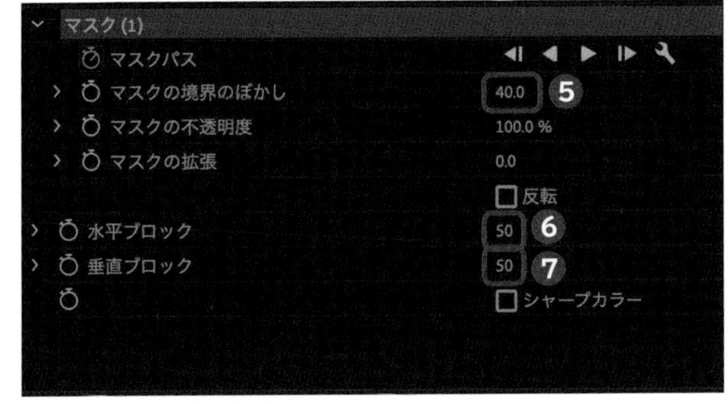

4 マスクパスを適用する

再生ヘッドを先頭に移動させ❽、「エフェクトコントロール」パネルの「モザイク」で「マスクパス」のをクリックしてアニメーションをオンにします❾。[マスク (1)] をクリックして❿、をクリックします⓫。

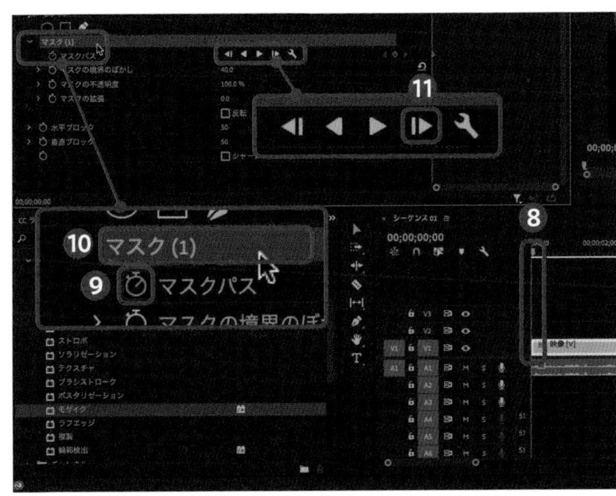

5 自動トラッキングを適用する

プレビュー画面で、1フレーム順方向にトラックしたモザイクの大きさをクリックして調整し⓬、「エフェクトコントロール」パネルの「モザイク」で「マスクパス」のをクリックします⓭。

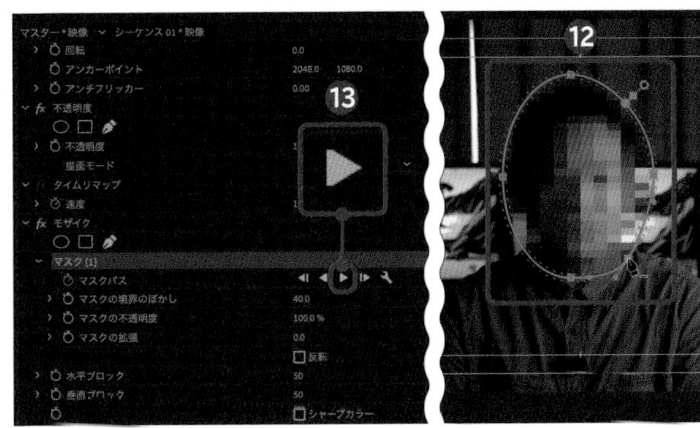

6 自動トラッキングをくり返す

プレビュー画面でモザイクの大きさを再度調整し⓮、「エフェクトコントロール」パネルの「モザイク」で「マスクパス」のをクリックします。

Technique 46 画面を分割する

2つの映像を同時に表示させるテクニックです。「トランスフォーム」というエフェクトを適用することで、2つの映像を好きな分け方で表示させることができます。

1 セーフマージンを適用する

セーフマージンとは、映像素材をどこまで表示させるかを決めることのできる「枠」のことです。セーフマージンをうまく調整することで、2種類の映像素材を1つの画面に表示させることができます。前準備として、2種類の映像素材を「プロジェクト」パネルにドラッグしてください。

1 セーフマージンを選択する

「プログラム」パネルで➕をクリックし❶、「ボタンエディター」で▣をクリックして❷、下側のパネルへドラッグします❸。[OK]をクリックして❹、下側のパネルにドラッグした▣をクリックします❺。

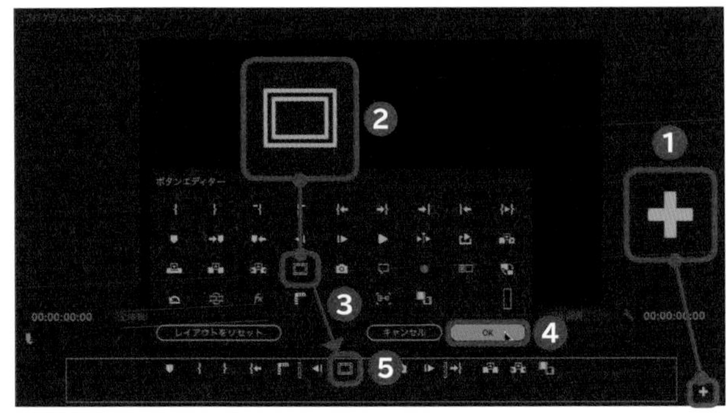

2 マスクを作成する

「プロジェクト」パネルで1つ目の映像素材をクリックし❻、「タイムライン」パネルの「V1」へドラッグします❼。「V1」をクリックし❽、「エフェクトコントロール」パネルで「不透明度」の■をクリックして長方形マスクを作成します❾。

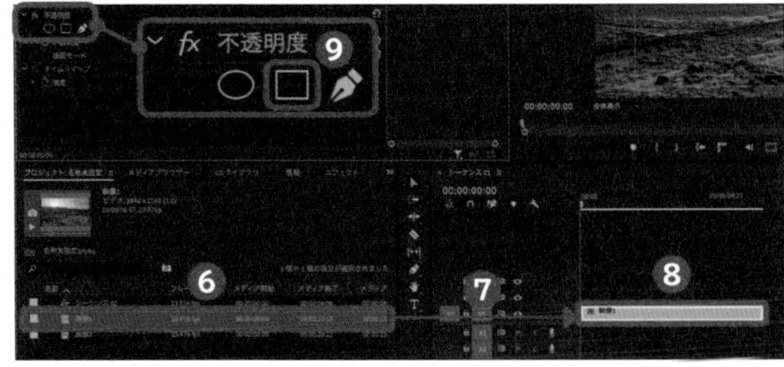

3 マスクを調整する

「プログラム」パネルで［画面表示］→［25%］の順にクリックし❿、プレビュー画面のマスクをクリックして左上にドラッグします⓫。セーフマージンの中心を境に、マスクを画面全体の左半分までクリックして拡大し⓬、「エフェクトコントロール」パネルの「不透明度」で「マスクの境界のぼかし」に「0.0」と入力します⓭。

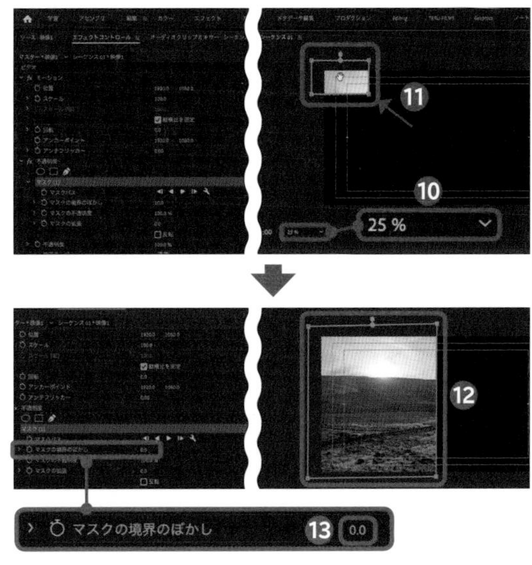

POINT

このとき、プレビュー画面の枠ギリギリではなく、枠の外側までマスクを広げて作成するようにしましょう。

4 トランスフォームを適用する

P.016手順1を参考に「エフェクト」タブの検索窓に「トランスフォーム」と入力して［トランスフォーム］をクリックします⓮。「タイムライン」パネルの「V1」へドラッグして⓯、「エフェクトコントロール」パネルで「トランスフォーム」の「位置」にここでは「1238.0」「1080.0」と入力します⓰。

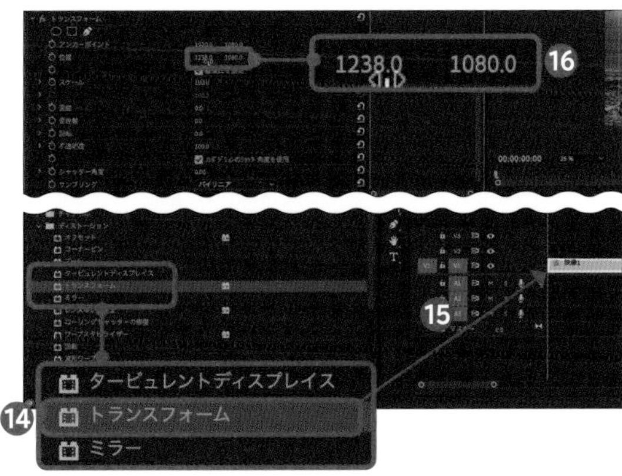

5 2つ目の映像素材を配置する

2つ目の映像素材も手順2～4を参考に配置し、プレビュー画面で2つの映像素材がセーフマージンの中心に合っているか確認します⓱。

POINT

ここで中心からずれていた場合は、「V1」の映像素材をクリックして「エフェクトコントロール」パネルで「不透明度」のマスクをクリックし、プレビュー画面で調整してください。

6 映像素材の長さを合わせる

「タイムライン」パネルの「V2」の映像素材の右端をクリックして左方向にドラッグし、「V1」の映像素材の長さに合わせます⓲。

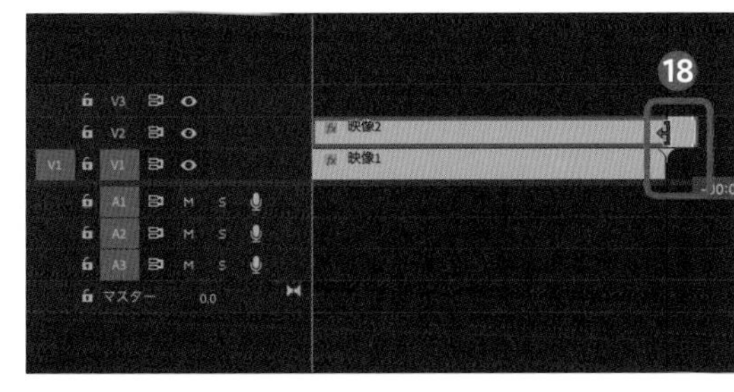

Technique
47 稲妻を光らせる

映像に稲妻を出現させるテクニックです。手と手のあいだから稲妻を出すことで、目を引く表現が可能となります。

1 稲妻のエフェクトを適用する

Premiere Proには、デフォルトで稲妻を走らせるエフェクトが搭載されているため、一から素材を作成する必要はありません。この稲妻エフェクトを映像素材に適用して、動かす時間などを調整して完成です。

1 動画素材を配置する

「プロジェクト」パネルの映像素材をクリックして❶、「タイムライン」パネルの「V1」へドラッグします❷。

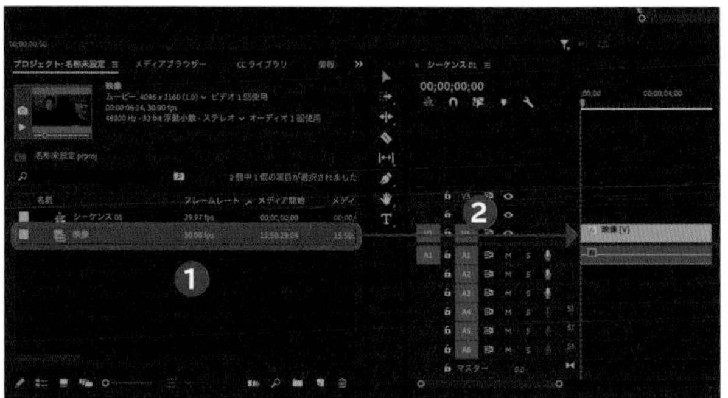

2 画質を落とす

「プログラム」パネルで［フル画質］をクリックして❸、［1/4］をクリックします❹。

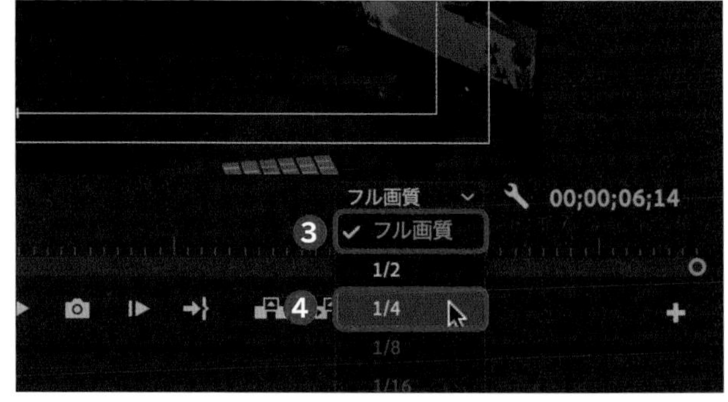

POINT

ややパソコンに負荷のかかるエフェクトであるため、あらかじめ画質を落としておくことでスムーズに作業ができます。

3 稲妻を入れる直前の地点を決める

稲妻を入れる直前の地点（ここでは映像の中で手と手が開く直前）まで再生ヘッドを移動させ❺、Cキーを押してレーザーツールを選択してカットします❻。

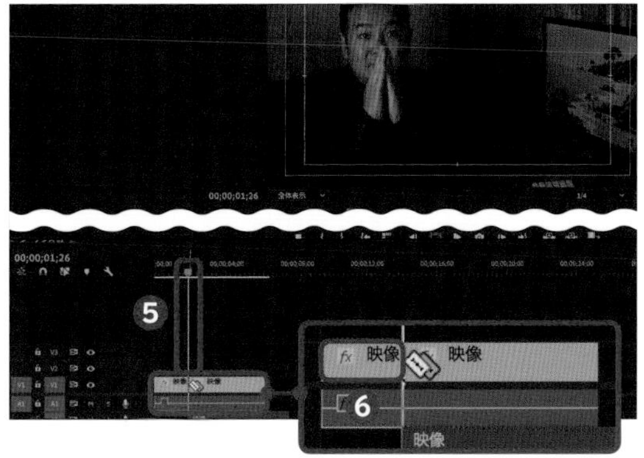

4 稲妻を入れる地点を決める

稲妻を入れたい地点（ここでは手が開ききった地点）まで再生ヘッドを移動させ❼、Cキーを押してレーザーツールを選択し、再生ヘッドを止めた地点でカットします❽。

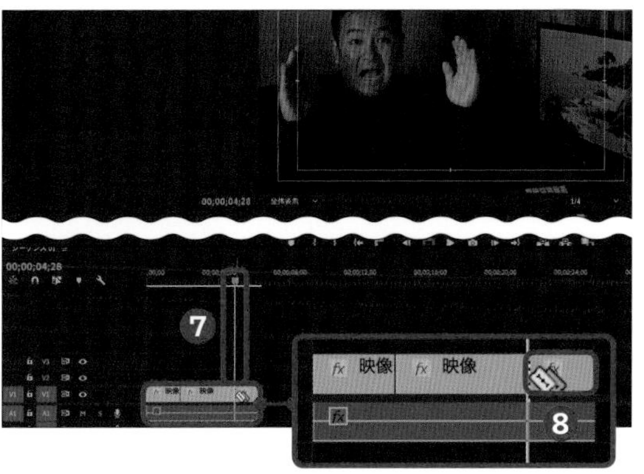

5 稲妻を適用する

P.016手順1を参考に「エフェクト」タブの検索窓で「稲妻」と入力し、[稲妻]をクリックして❾、「タイムライン」パネルの「V1」の映像素材にドラッグして❿、「V1」の映像素材の２つ目をクリックし⓫、その先頭まで再生ヘッドを移動させます⓬。「エフェクトコントロール」パネルで「稲妻」に「1260.0」「1280.0」と入力して稲妻左側の位置を調整し⓭、「開始点」の⏱をクリックしてアニメーションをオンにします⓮。▶をクリックして１フレーム先に進んでから⓯、「終了点」に「1377.0」「1292.0」と入力して稲妻右側の位置を調整し⓰、⏱をクリックします⓱。以降、この作業をくり返していきます。

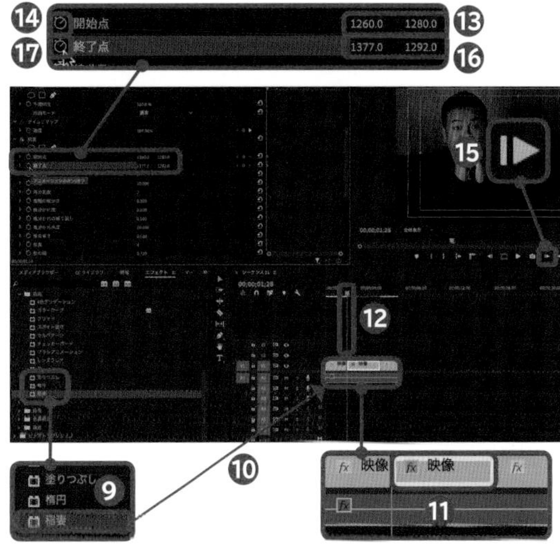

6 稲妻の質感を調整する

「エフェクトコントロール」パネルで「稲妻」の「線分数」に「25」と入力します⓲。[シーケンス]をクリックして⓳、[インからアウトでエフェクトをレンダリング]をクリックします⓴。

映像をぐるぐる回す

スピントランジションを使って、2つの映像をスピンして繋ぐテクニックを紹介します。スピード感のある切り替えを行ないたいときに便利な演出です。

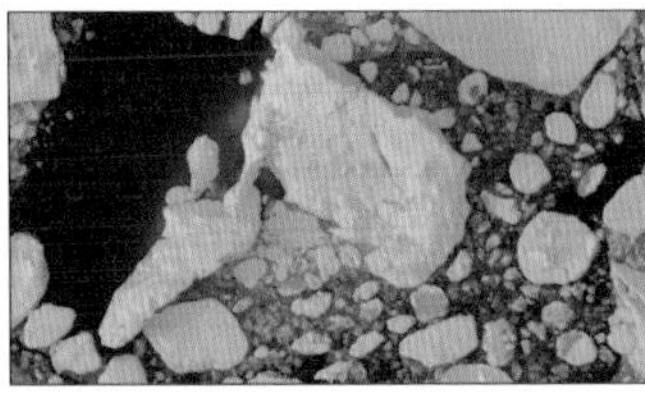

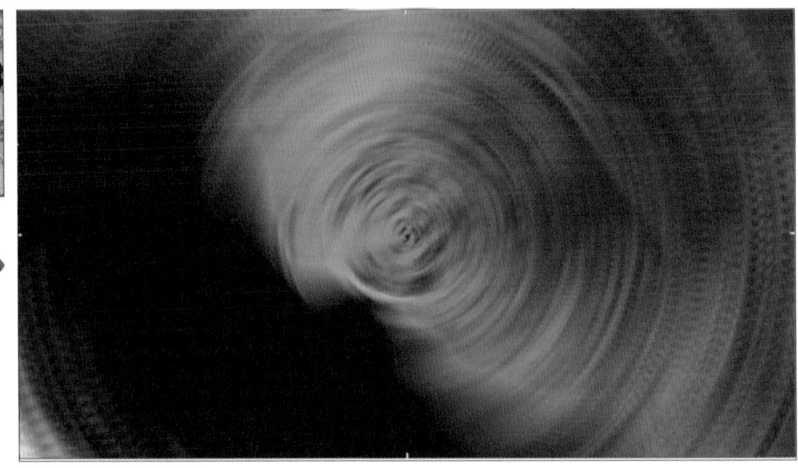

1 スピントランジションを適用する

前準備として、「タイムライン」パネルの「V1」へ2つの映像素材をドラッグしてください。次に、P.106手順1を参考に[調整レイヤー]をクリックして、[OK]をクリックします。最後に、「プロジェクト」パネルに表示された調整レイヤーをクリックして「タイムライン」パネルの「V2」へドラッグしてください。

1 動画素材を配置する

「V2」の調整レイヤーを、「V1」に配置した映像素材の境目を中心に前後6フレームぶん長くなるようドラッグして調整し❶、Alt / Option キーを押したまま「V3」にドラッグして複製します❷。

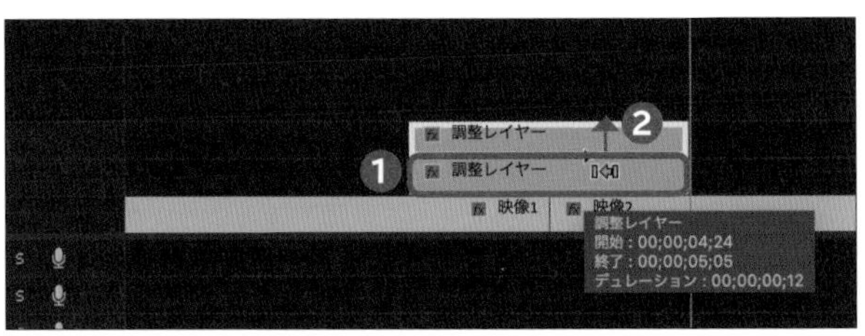

2 画面を分割する

P.016手順1を参考に「エフェクト」タブの検索窓で「複製」と入力し、[複製]をクリックします❸。「タイムライン」パネルの「V2」の調整レイヤーにドラッグして❹、「エフェクトコントロール」パネルで「複製」の「カウント」に「3」と入力します❺。

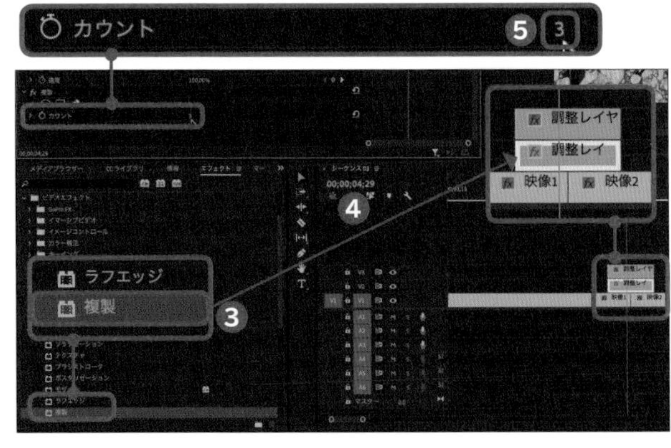

3 4つのミラーの動き方を調整する

「エフェクト」タブで「ミラー」と入力して［ミラー］をクリックして❻、「タイムライン」パネルの「V2」にドラッグします❼。「エフェクトコントロール」パネルで「ミラー」の「反射角度」にここでは「90.0」と、「反射の中心」に「1920.0」「720.0」と入力します❽。［ミラー］をクリックして「V2」にドラッグし、「ミラー」の「反射角度」に「-90.0」と、「反射の中心」に「1920.0」「360.0」と入力します❾。［ミラー］をクリックして「V2」にドラッグし、「ミラー」の「反射角度」に「180.0」と、「反射の中心」に「640.0」「540.0」と入力します❿。［ミラー］をクリックして「V2」にドラッグし、「ミラー」の「反射角度」に「0.0」と、「反射の中心」に「1280.0」「540.0」と入力します⓫。

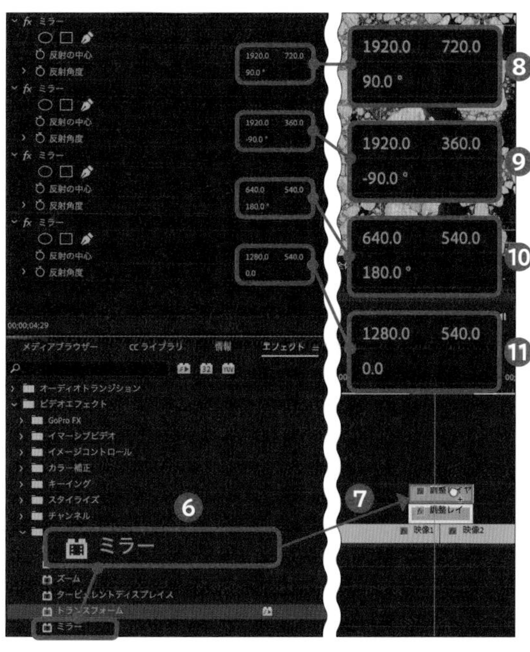

4 トランスフォームを適用する

「エフェクト」タブの検索窓に「トランスフォーム」と入力して［トランスフォーム］をクリックし⓬、「タイムライン」パネルの「V2」にドラッグします⓭。「エフェクトコントロール」パネルで「トランスフォーム」の「スケール」に「300.0」と入力します⓮。

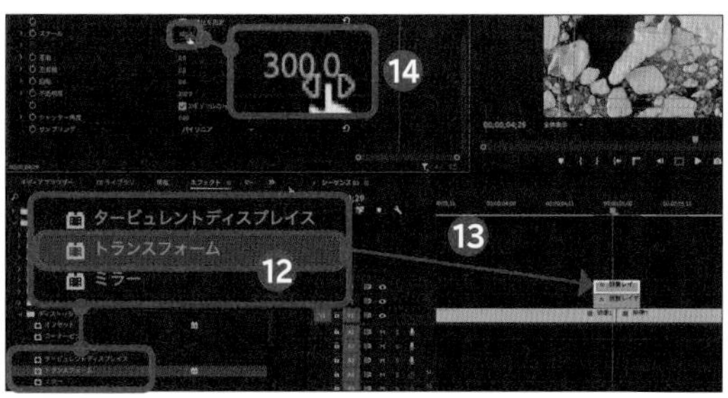

5 回転の速さを調整する

「V3」の先頭に再生ヘッドを移動させ⓯、「エフェクトコントロール」パネルで「トランスフォーム」の「回転」の⏱をクリックしてアニメーションをオンにします⓰。再生ヘッドを調整レイヤーの中心近く（ここでは「00:00:05:00」）まで移動させ⓱、「エフェクトコントロール」パネルで「回転」に「360」と入力します⓲。

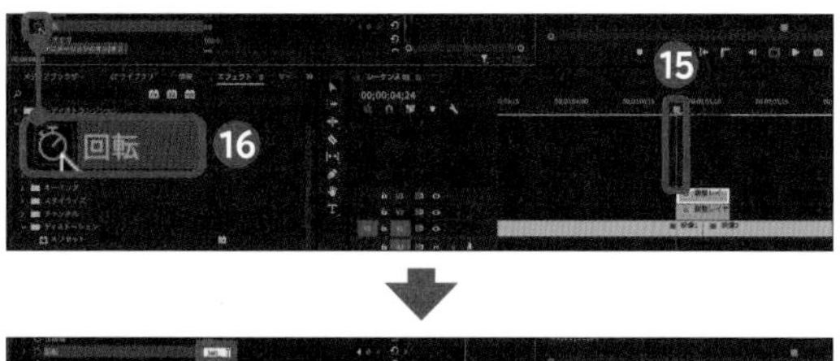

6 シャッター角度を調整する

「回転」のキーフレームを調整レイヤー最後尾まで移動させます（ここでは「00:00:05:06」）⓳。［コンポジションのシャッター角度を使用］をクリックしてチェックを外し⓴、「シャッター角度」に「360.00」と入力します㉑。

最後に、P.127手順6を参考にレンダリングを行ないます。

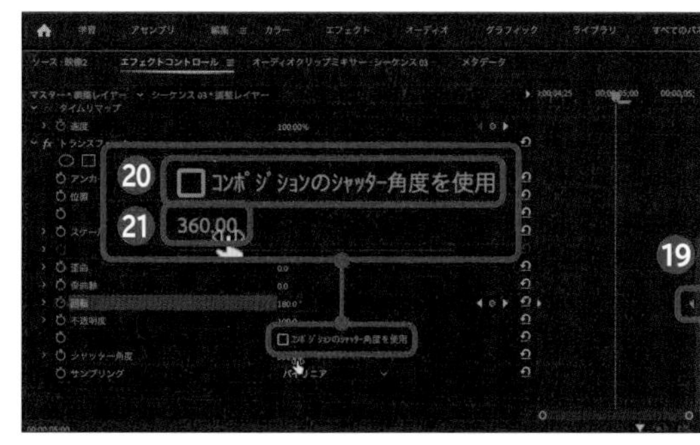

Technique 49 映画『インセプション』風に演出する

クリストファー・ノーラン監督作品『インセプション』で登場したような、上下が反転した映像を作るテクニックです。

1 画面の中心を境に映像素材を合成する

前準備として、「タイムライン」パネルの「V1」へ映像素材をドラッグします。次に、「V1」の映像を Alt / Option キーを押したまま「V2」へドラッグして複製してください。

1 回転と不透明度を調整する

「タイムライン」パネルで「V2」の映像素材をクリックして❶、「エフェクトコントロール」パネルで「回転」に「180.0」と❷、「不透明度」に「50.0」と入力します❸。

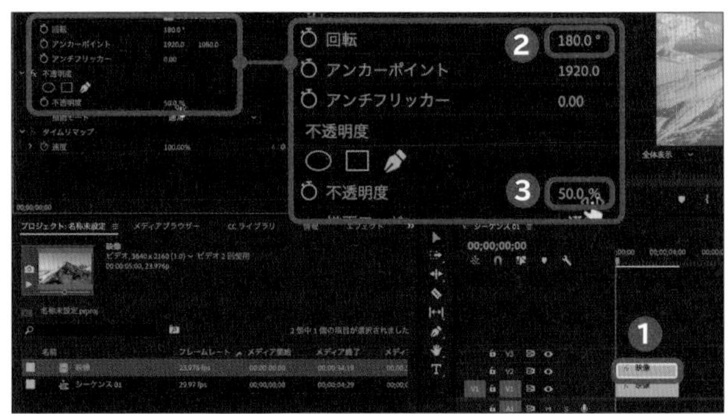

2 画面を分割する

P.124手順1を参考に、■を下のパネルへドラッグし❹、[OK]をクリックします❺。

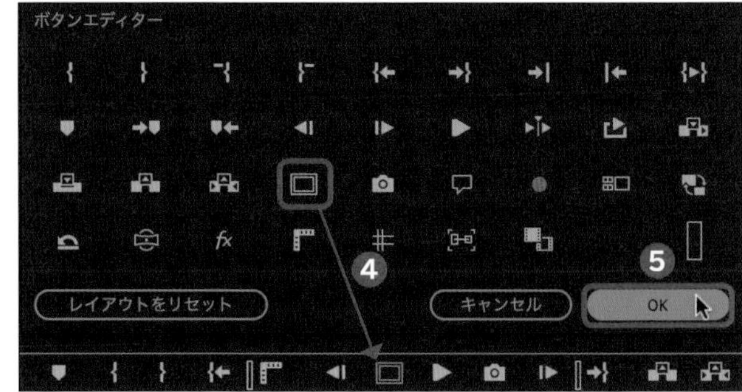

3 「V2」の素材の位置を調整する

「V2」の映像素材をクリックして❻、「エフェクトコントロール」パネルで「位置」の縦軸に、セーフマージンのセンターになるよう（ここでは「262.0」）入力します❼。

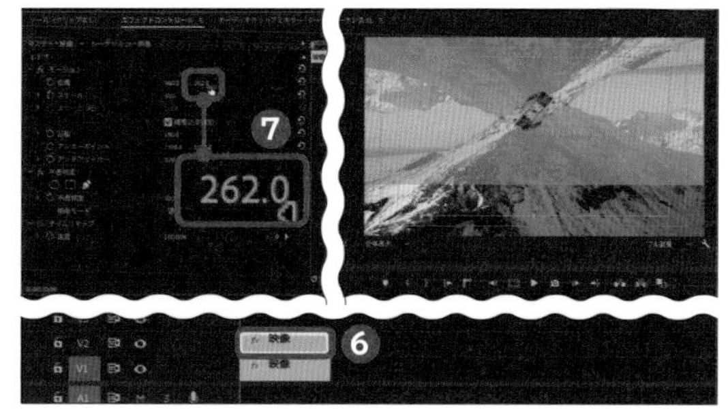

4 「V1」の素材の位置を調整する

「V1」の映像素材をクリックして❽、「エフェクトコントロール」パネルで「位置」の縦軸に、セーフマージンのセンターになるよう（ここでは「807.0」）入力します❾。

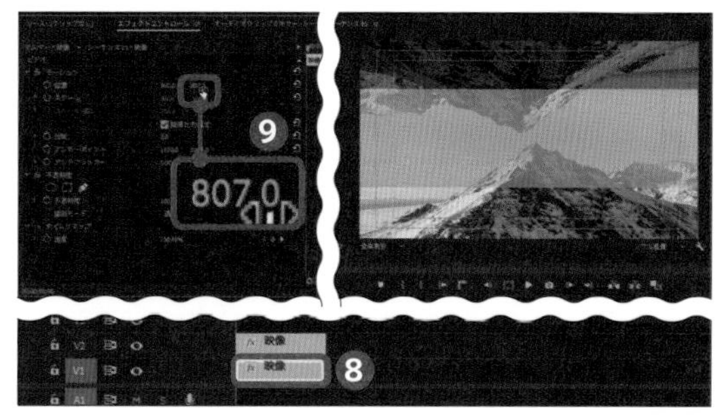

5 マスクを適用する

「V2」の映像素材をクリックして❿、「エフェクトコントロール」パネルで「不透明度」に「100.0」と入力し⓫、■をクリックして長方形マスクを作成し⓬、セーフマージンの中心に合わせてクリックし、マスクを作ります⓭。

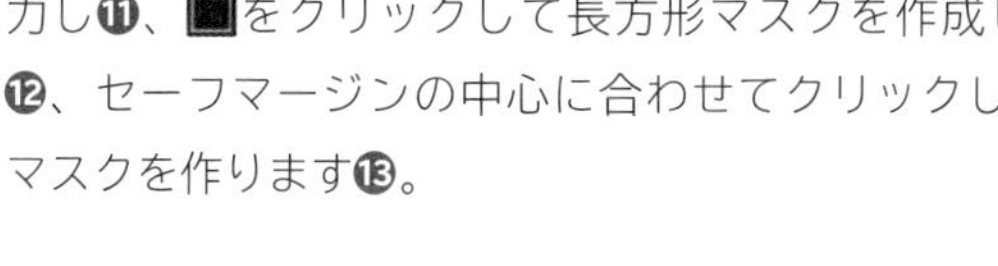

POINT

セーフマージンの中心に対してマスクが垂直に位置するように作成すると、きれいに仕上がります。

Check! 映像の境目を確認する

この段階で上下反転の映像は完成しますが、まだ映像の境目がはっきりと見えています。より自然になじませたい場合は、以下の手順に従ってください。

6 境界線をぼかす

「V2」をクリックして⓮、「エフェクトコントロール」パネルで「不透明度」の「マスクの境界のぼかし」に「110.0」と入力します⓯。「V2」の映像素材が「V1」の映像素材の中心に来るよう、「位置」と「スケール」を微調整します。

回想シーンっぽく演出する

フラクタルノイズエフェクトを使用してモノクロ映像の中にノイズを入れることで、色あせたフィルムのような回想シーン風の演出ができます。

1 調整レイヤーとフラクタルノイズを適用する

まず調整レイヤーを作成し、それから回想シーンとして映像素材をモノクロに加工し、最後にフラクタルノイズを調整・適用していきます。

1 動画素材を配置する

「プロジェクト」パネルの映像素材をクリックして❶、「タイムライン」パネルの「V1」にドラッグします❷。

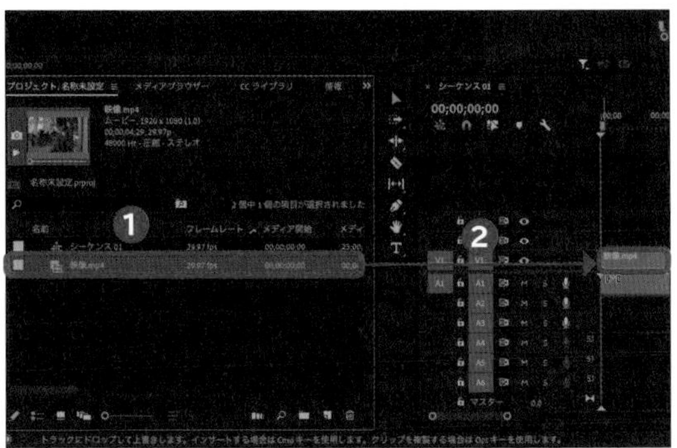

2 調整レイヤーを追加する

「プロジェクト」パネルの■をクリックし❸、[調整レイヤー] → [OK] の順にクリックします❹。

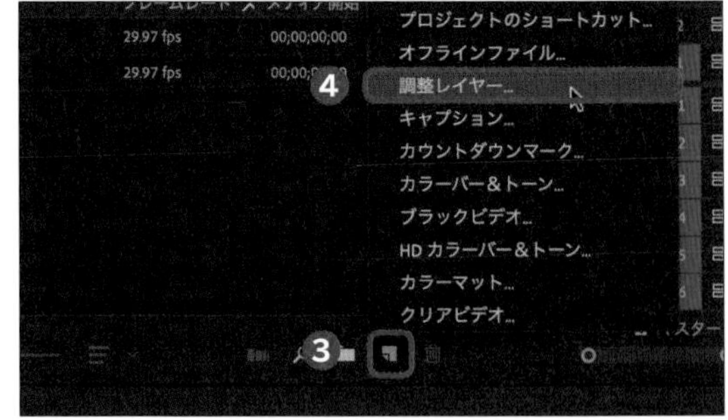

3 調整レイヤーを配置する

「プロジェクト」パネルに表示された調整レイヤーをクリックし❺、「タイムライン」パネルの「V2」へドラッグします❻。

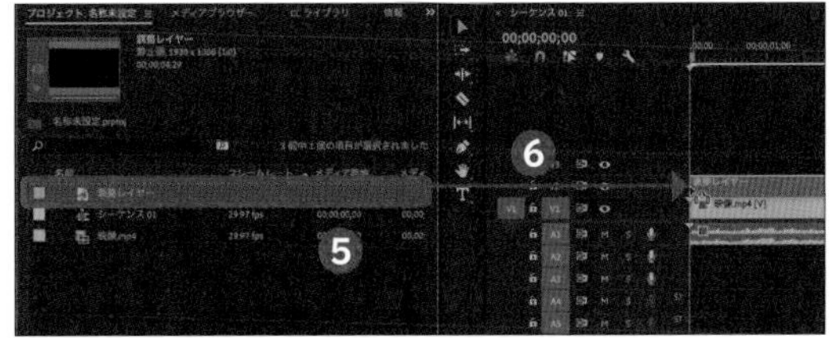

4 モノクロを適用する

「エフェクト」タブの検索窓で「モノクロ」と入力し、[モノクロの色あせたフィルム]をクリックして❼、「V2」の調整レイヤーにドラッグします❽。

5 ブラックビデオを適用する

手順2の画面で[ブラックビデオ]→[OK]の順にクリックして、「プロジェクト」パネルに表示されたブラックビデオをクリックし❾、「タイムライン」パネルの「V3」へドラッグします❿。

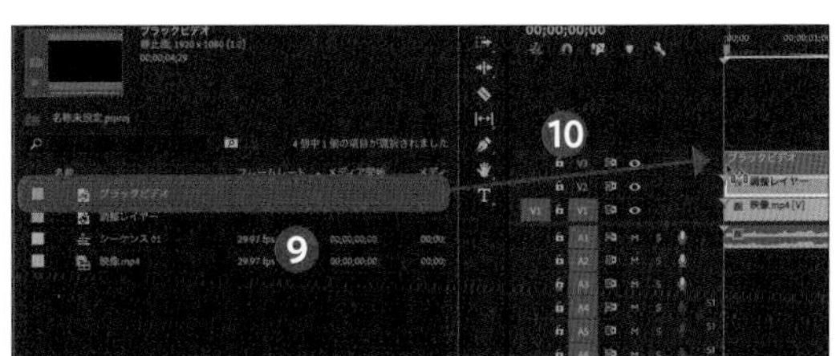

6 フラクタノイズを適用する

「エフェクト」タブの検索窓で「VR フラクタルノイズ」と入力し、[VR フラクタルノイズ]をクリックして⓫、「V3」のブラックビデオにドラッグします⓬。「エフェクトコントロール」パネルで「VR フラクタルノイズ」の「フラクタルの種類」で[文字列]をクリックします⓭。「コントラスト」の値に「300.0」と、「明度」の値に「-100.0」と入力し⓮、再生ヘッドを先頭に移動させます⓯。

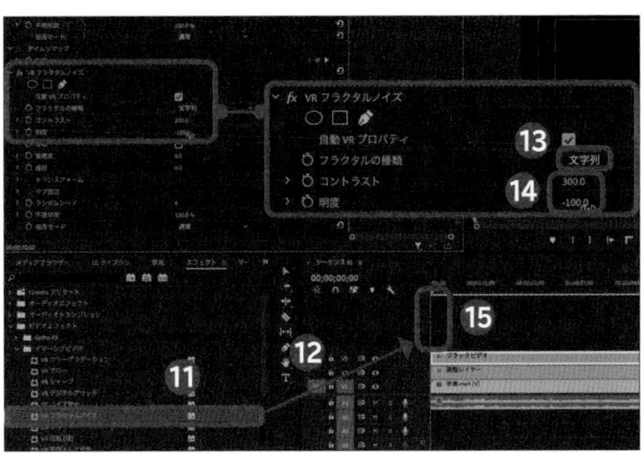

7 エフェクトがかかる時間を調整する

「ランダムシード」の⏱をクリックしてアニメーションをオンにし⓰、再生ヘッドをエフェクトをかけ始めたい地点(ここでは「00:00:04:29」)まで移動させます⓱。「エフェクトコントロール」パネルで「ランダムシード」の値に「60」と入力し⓲、「不透明度」の「描画モード」で[通常]→[スクリーン]の順にクリックします⓳。

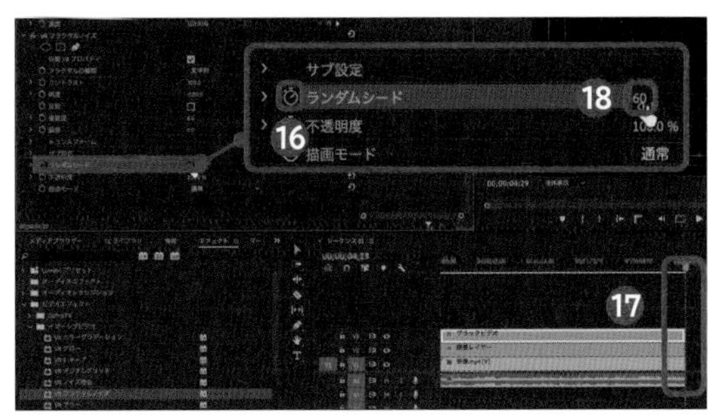

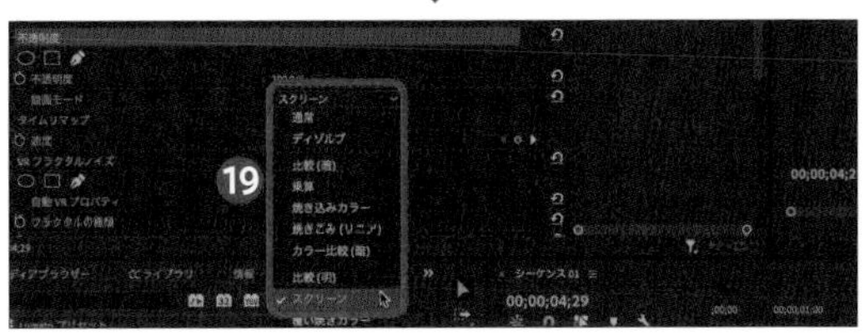

POINT

ランダムシードの"シード"とは「種」を意味し、乱数(擬似乱数)に再現性を持たせるための基準となります。この数値が大きければ大きな乱れに、小さければ小さな乱れになります。

Technique 51 残像風に演出する

残像エフェクトを使ったテクニックです。映像を複製して速度の調整と補間をし、残像のような表現ができます。アクションシーンなどで活用するとメリハリが出せます。

1 速度を変化させてクロスディゾルブを適用する

デフォルトのエフェクトを適用するだけでも残像を作ることはできますが、デュレーションの速度を変更することで、ゆっくりした動きであればあるほど残像が付きやすくなり、より本格的な印象を与えることができます。

1 動画素材を配置する

「プロジェクト」パネルの映像素材をクリックして❶、「タイムライン」パネルの「V1」にドラッグします❷。

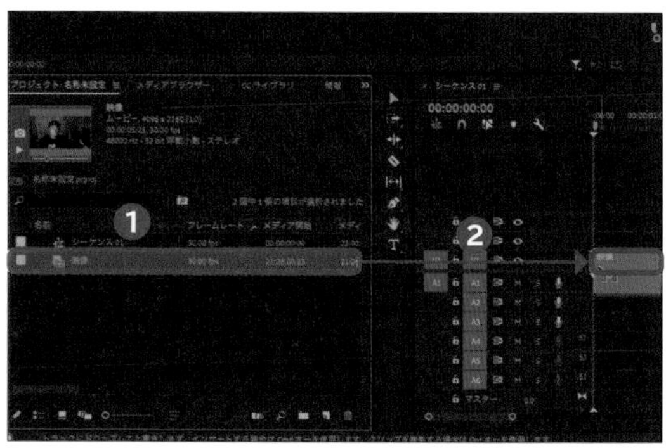

2 残像を入れる地点を決める

残像を入れたい地点（ここでは「00:00:01:05」）まで再生ヘッドを移動させ❸、Alt/option キーを押したまま「V2」へドラッグして複製します❹。

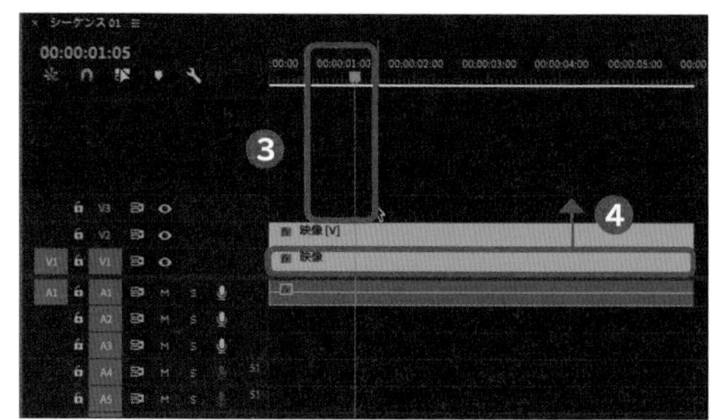

3 映像素材の長さを調整する

再生ヘッドを「00:00:01:05」まで移動させ❺、「V2」の映像の素材の先頭を右方向にドラッグして、再生ヘッドと合わせます❻。再生ヘッドを残像を終わらせたい地点（ここでは「00:00:04:02」）まで移動させて❼、「V2」の映像の素材の最後尾を左方向にドラッグして、再生ヘッドと合わせます❽。

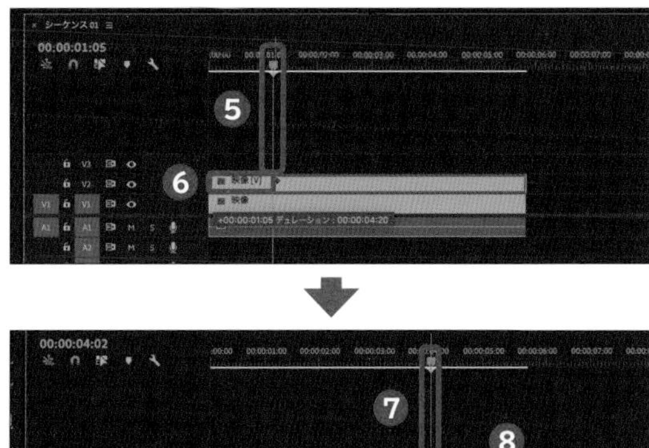

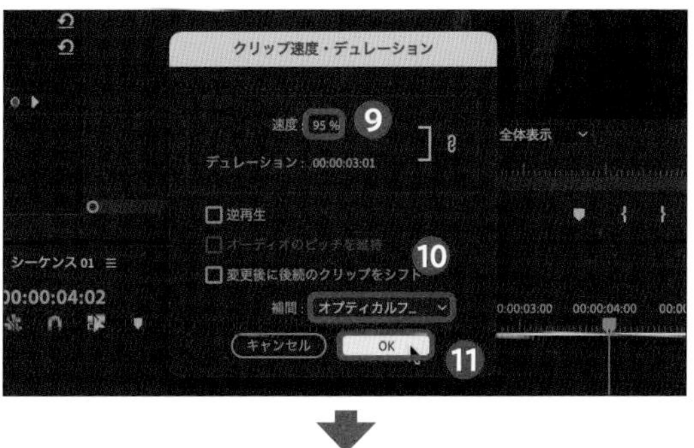

4 残像のかかり具合を調整する

P.121手順6を参考に「V2」の映像素材を右クリックして［速度・デュレーション］をクリックします。「速度」の値に「95%」と入力して❾、「補間」で［オプティカルフロー］をクリックし❿、［OK］をクリックします⓫。「エフェクトコントロール」パネルで「不透明度」の値に「50.0」と入力します⓬。

POINT

「速度」の値を下げれば下げるほど、残像が残りやすくなります。

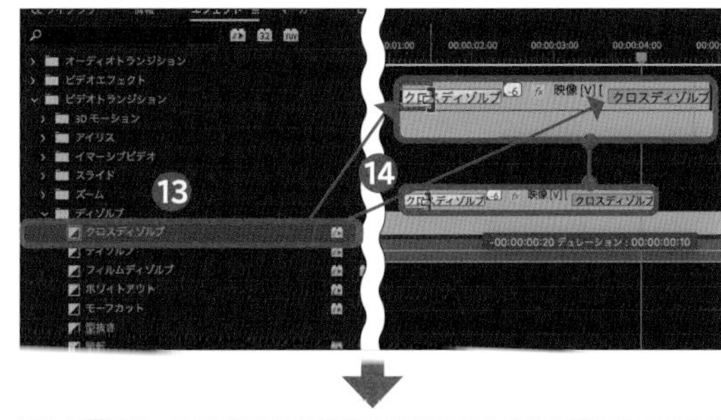

5 クロスディゾルブを調整する

P.016手順1を参考に「エフェクト」タブで「クロスディゾルブ」と入力し［クロスディゾルブ］をクリックして⓭、「タイムライン」パネルの「V2」の映像素材の先頭と最後尾にそれぞれドラッグします⓮。それぞれの長さがどちらも［00:00:00:10］になるようドラッグして調整します⓯。

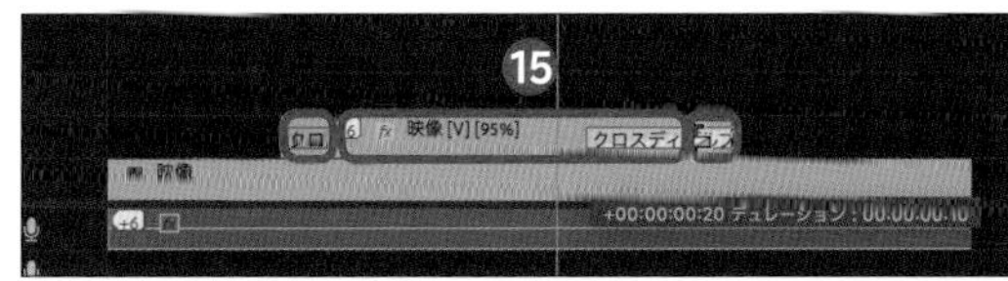

6 レンダリングする

［シーケンス］をクリックして⓰、［インからアウトをレンダリング］→［OK］の順にクリックします⓱。

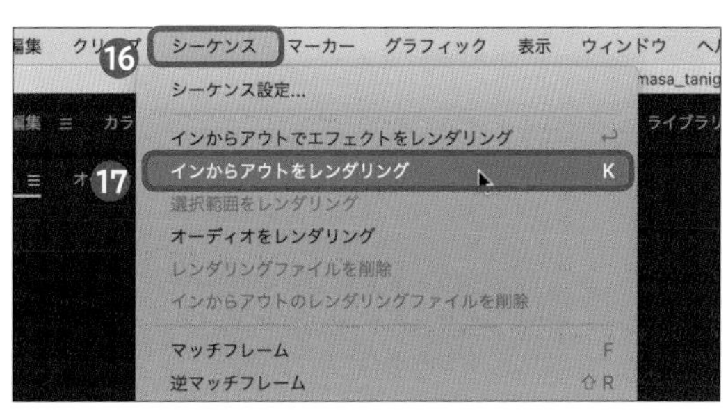

オープニング
登場シーン
メリハリ
エンディング
字幕
音
時短テク

52 スマートフォンをレントゲン機器として演出する

スマートフォンを手にかざすと、画面の中にレントゲン写真として表示される演出です。レントゲン写真だけでなく、さまざまな写真素材を用いて合成することで、幅広く応用できます。

1 映像素材とレントゲン素材を合わせる

前準備として、手にスマートフォンをかざす映像素材（事前に位置とスケールを調整してグリーンの素材を画面に合成したもの）とレントゲン素材を「プロジェクト」パネルへドラッグしてください。次に、「タイムライン」パネルの「V2」へ映像素材を、「V1」にレントゲン素材をそれぞれドラッグして配置し、「V1」の レントゲン素材をドラッグして「V2」の 映像素材の長さに合わせてください。なお、レントゲン素材とグリーンの素材は、作例の「sozai52」フォルダからダウンロード可能です。

1 動画の透明度を調整する

「タイムライン」パネルで「V2」の映像素材をクリックし❶、「エフェクトコントロール」パネルで「不透明度」の値に「50.0」と入力し❷、「V1」のレントゲン素材をクリックします❸。

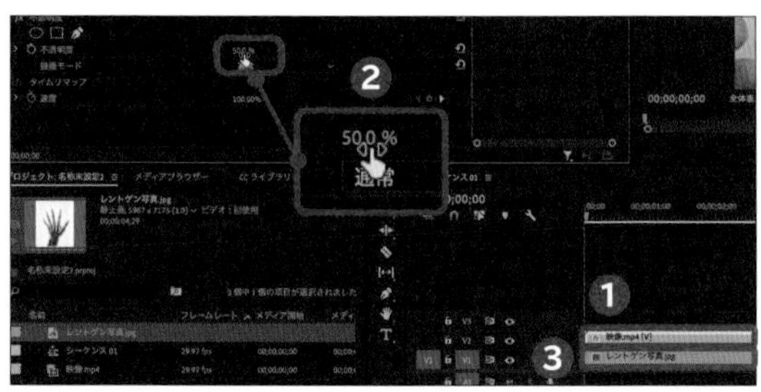

2 レントゲンの大きさを調整する

「エフェクトコントロール」パネルで、映像素材に表示されている手にレントゲン写真が重なるよう、「スケール」の値に「16.0」と入力します❹。「位置」の値に「961.0」「646.0」と入力して❺、「回転」の値に「15.0」と入力し❻、「不透明度」の をクリックしてペンマスクを選択します❼。

3 スマホに写したい部分を囲む

「プログラム」パネルのプレビュー画面で、マスクの終点と始点をクリックして繋ぎます❽。

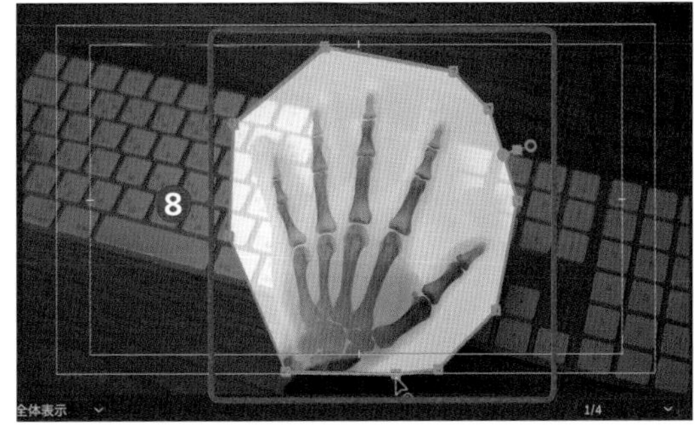

4 映像の不透明度を調整する

「V2」の映像素材をクリックして❾、「エフェクトコントロール」パネルで「不透明度」の数値に「100.0」と入力します❿。

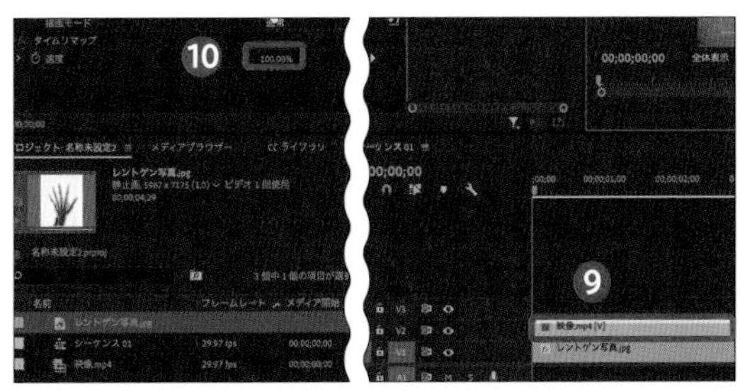

5 トラック出力を切り替える

「V1」のレントゲン素材と「V2」の映像素材をドラッグして選択します。Ctrl/Option キー＋↑キーを押したままドラッグし、それぞれ1つ上の階層に移動させます⓫。「V3」の をクリックしてトラック出力を切り替えます⓬。

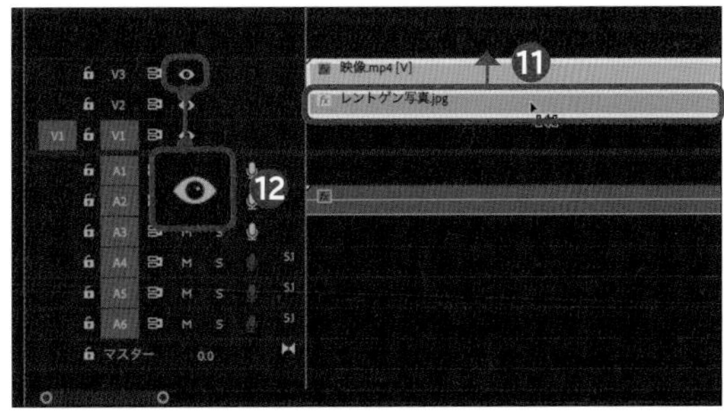

6 カラーマットを選択する

「プロジェクト」パネルで をクリックして⓭、[カラーマット]→[OK]の順にクリックします⓮。

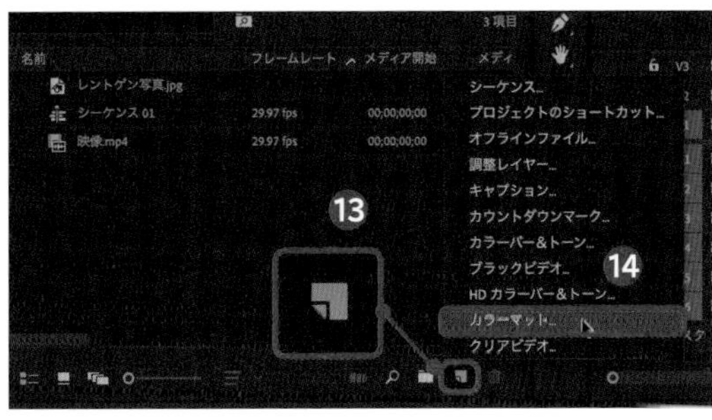

7 カラーマットの色を変更する

「カラーピッカー」で白い部分をクリックして⓯、[OK]→[OK]の順にクリックします⓰。

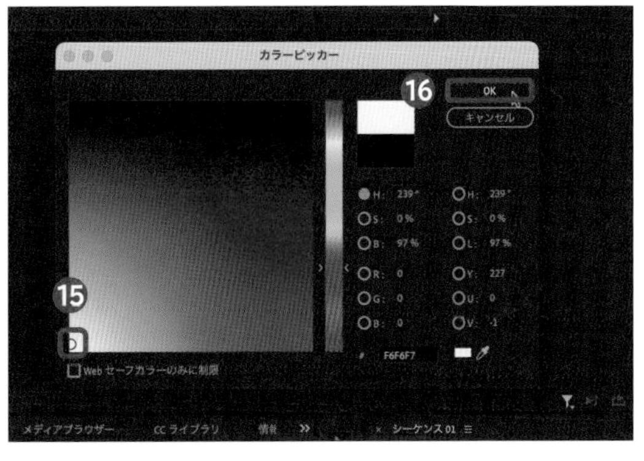

オープニング
登場シーン
メリハリ
エンディング
字幕
音
時短テク

8 カラーマットを配置する

「プロジェクト」パネルに表示されたカラーマットをクリックして⑰、「タイムライン」パネルの「V1」へドラッグします⑱。

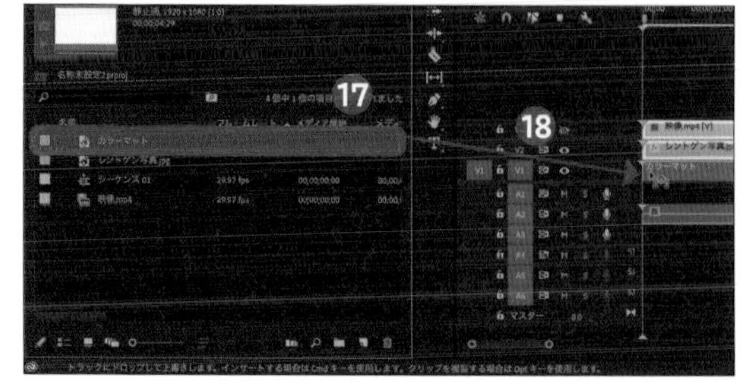

9 トラック出力を切り替える

カラーマットをドラッグして「V2」レントゲン素材の長さに合わせ⑲、「V3」の👁をクリックしてトラック出力を切り替えます⑳。

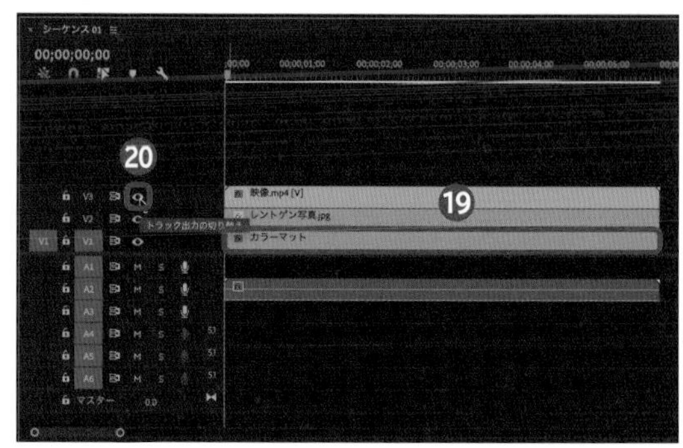

2 スマホ画面とレントゲン素材を合成する

続いて、スマホの画面とレントゲン素材を合成してなじませ、動かしていきます。合成の下地としてあらかじめ「プロジェクト」パネルにドラッグしておいたグリーン素材を用います。

1 透過処理の準備をする

「エフェクト」タブの検索窓に「Ultraキー」と入力し、[Ultra キー]をクリックして❶、「タイムライン」パネルの「V3」へドラッグします❷。

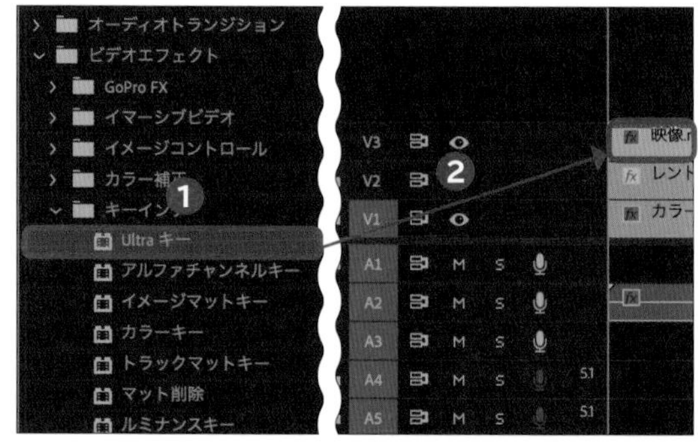

2 グリーン画面を選択する

スマホのグリーン画面が現われる地点（ここでは「00:00:01:11」）まで再生ヘッドを移動させ❸、「V3」の映像素材をクリックします❹。「エフェクトコントロール」パネルで「Ultra キー」の🖊をクリックし❺、「プログラム」パネルのプレビュー画面でグリーン画面をクリックします❻。これでスマホの中にレントゲン写真が表示されます。

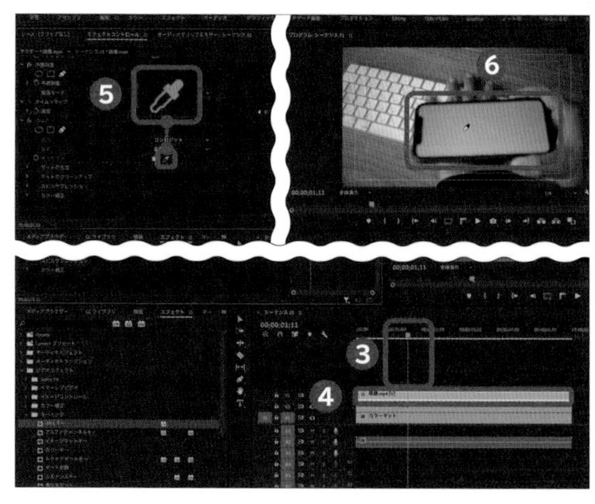

3 マットの値を調整する

「エフェクトコントロール」パネルの「Ultra キー」で「出力」の［アルファチャンネル］をクリックし❼、［マットの生成］をクリックします❽。「透明度」の値に「40.0」と❾、「シャドウ」の値に「0.0」と❿、「許容量」の値に「100.0」と⓫、「ペデスタル」の値に「100.0」と入力します⓬。

POINT

マットの生成の数値を調整する際は、プレビュー画面に表示されているスマホの画面だけが真っ黒になるような数値を探して入力しましょう。より自然にレントゲン写真を映しだすこができます。

4 映像の不透明度を調整する

「エフェクトコントロール」パネルの「Ultra キー」で「出力」の［コンポジット］をクリックします⓭。「V1」のカラーマットと「V2」のレントゲン素材をドラッグして選択し、右クリックして⓮、［ネスト］→［OK］の順にクリックします⓯。

5 トラック出力を切り替える

「エフェクト」タブの検索窓で「色かぶり補正」と入力して［色かぶり補正］をクリックし⓰、「V1」のネストされたシーケンス01へドラッグします⓱。「エフェクトコントロール」パネルで「色かぶり補正」の「ブラックをマップ」のをクリックして⓲、プレビュー画面でスマホ画面の白い部分をクリックし⓳、「エフェクトコントロール」パネルの「ホワイトをマップ」でをクリックします⓴。

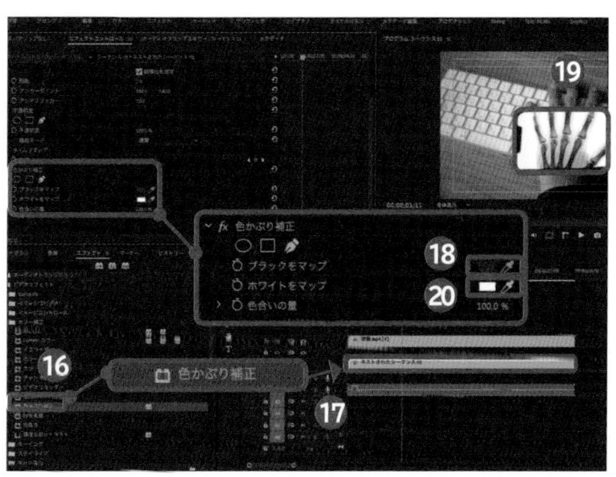

6 好きな色に切り替える

「カラーピッカー」で任意の色（ここではカラーコード「FF00CF」）をクリックして㉑、［OK］をクリックします㉒。

Technique 53 ミュージックビデオ風に演出する①

モザイクエフェクトを使って、乱れたような映像に演出できます。垂直ブロックや水平ブロックの数値を変えることで表現の幅が変わります。

1 モザイクを適用する

使用するのはモザイクのエフェクトです。このエフェクトの水平ブロックと垂直ブロックの値を変えていくことで鮮やかな印象を与えることができます。

1 映像素材を準備する

「プロジェクト」パネルの映像素材をクリックして❶、「タイムライン」パネルの「V1」へドラッグします❷。

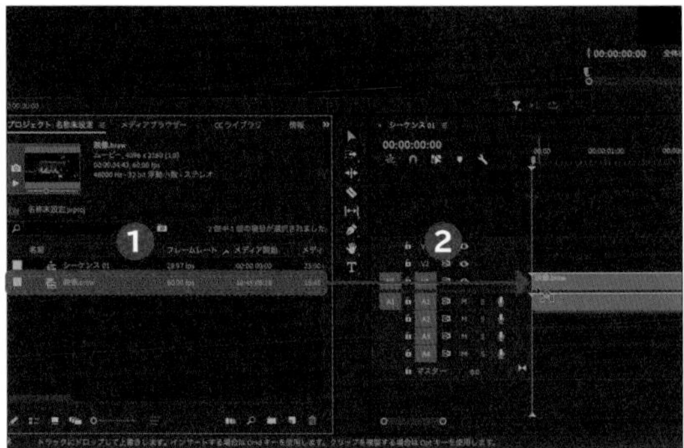

2 映像素材を複製する

「V1」の映像素材を、Ctrl/Option キーを押したまま「V2」へドラッグして複製します❸。

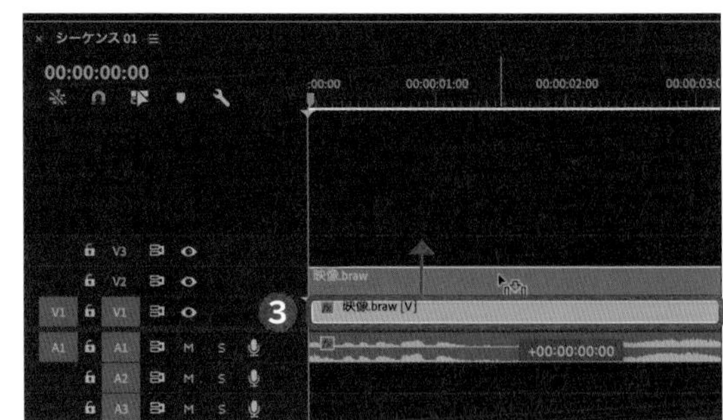

3 映像素材をカットする

Cキーを押してレーザーツールを選択し、エフェクトをかけ始めたい地点（ここでは「00:00:01:24」）まで再生ヘッドを移動させ❹、「V2」の映像素材をカットします❺。

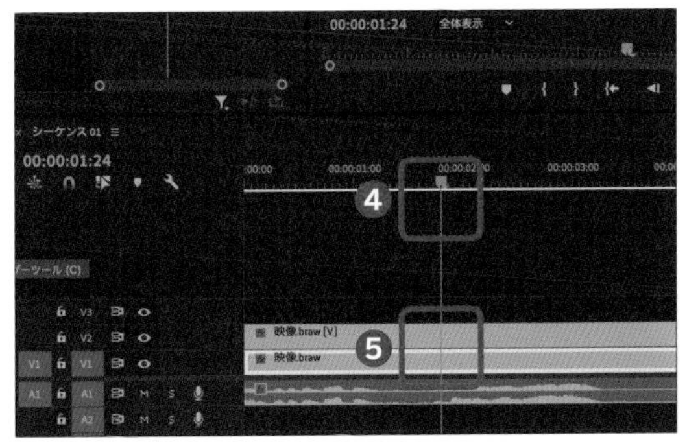

4 モザイクを適用する

P.016手順1を参考に「エフェクト」タブの検索窓に「モザイク」と入力します。「タイムライン」パネルでドラッグして手順3でカットした「V2」の映像素材を2つ選択して❻、[モザイク]をクリックし❼、「V2」へドラッグします❽。

5 横長のモザイクを作成する

「V2」の映像素材の左側をクリックして❾、「エフェクトコントロール」パネルで「モザイク」の「水平ブロック」の値に「1000」と、「垂直ブロック」の値に「5」と入力し❿、[シャープカラー]をクリックしてチェックを付けます⓫。

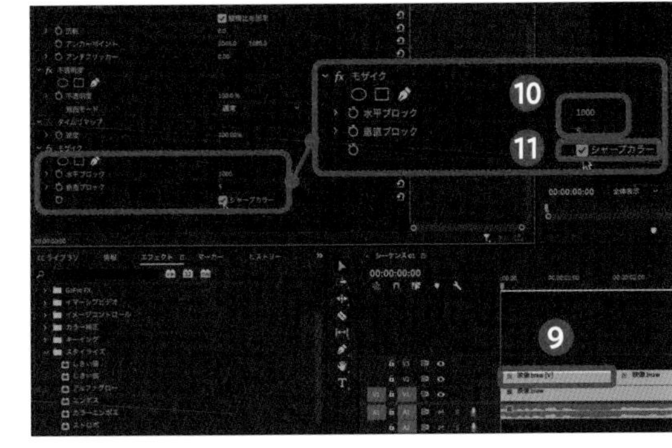

6 描画モードを変更する

「エフェクトコントロール」パネルで「不透明度」の値に「80.0」と入力し⓬、「描画モード」で[スクリーン]をクリックします⓭。

7 縦長のモザイクを作成する

「V2」の映像素材の右側をクリックして、「エフェクトコントロール」パネルで「モザイク」の「水平ブロック」の値に「5」と⓮、「垂直ブロック」の値に「1000」と入力します⓯。[シャープカラー]をクリックしてチェックを付けて⓰、「エフェクトコントロール」パネルで「不透明度」の値に「80.0」と入力し⓱、「描画モード」で[スクリーン]をクリックします⓲。

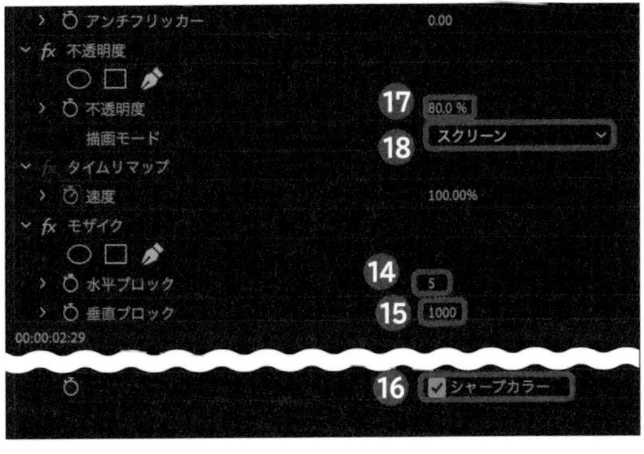

オープニング
登場シーン
メリハリ
エンディング
字幕
音
時短テク

Technique 54

ミュージックビデオ風に演出する②

ポスタリゼーション時間エフェクトを使ってフレームレートを落とすことで、コマ送りのような表現ができるテクニックを紹介します。

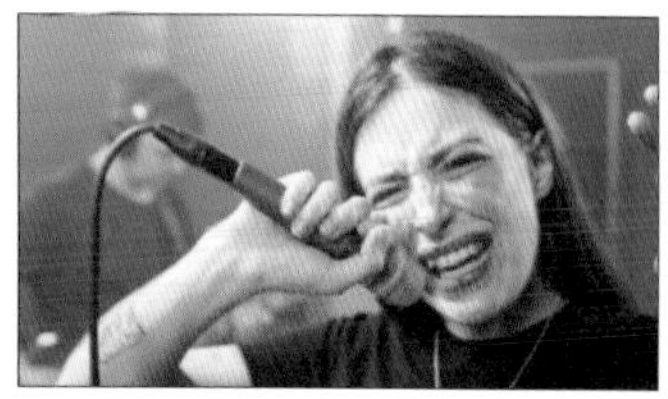

1 ポスタリゼーションを適用する

ポスタリゼーションとは、意図的にカクカクした効果を加えたいときに適用するエフェクトです。このエフェクトを利用することによって、いちいちフレームレートを落とした動画を作成して書き出す必要もなくなります。

1 映像素材を準備する

「プロジェクト」パネルの映像素材をクリックして❶、「タイムライン」パネルの「V1」へドラッグします❷。

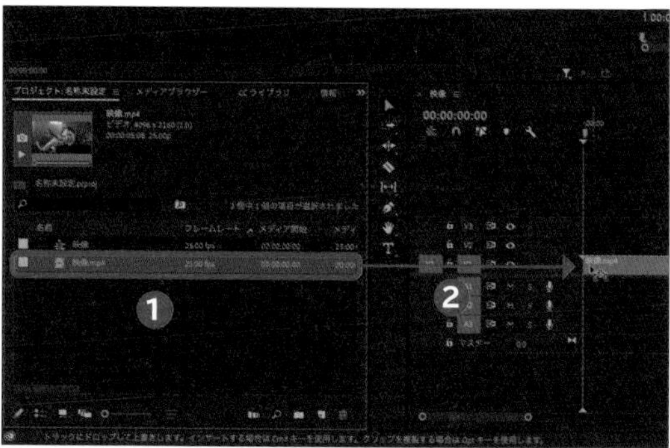

2 映像素材を複製する

「V1」の映像素材を、Ctrl/Option キーを押したまま「V2」へドラッグして複製します❸。

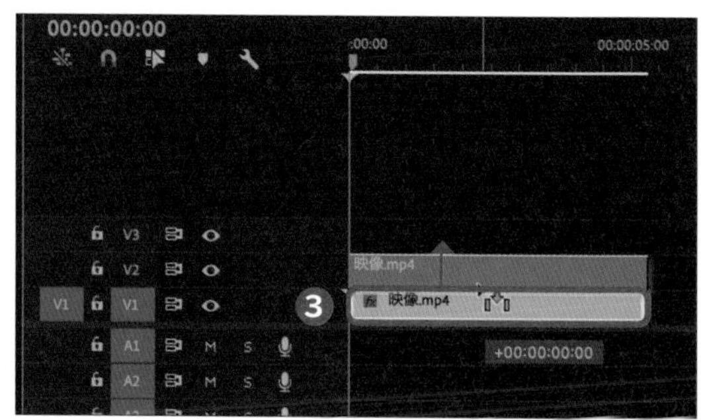

3 映像素材をカットする

P.016手順1を参考に「エフェクト」タブの検索窓に「ポスタリゼーション」と入力して[ポスタリゼーション時間]をクリックし❹、「タイムライン」パネルの「V2」へドラッグします❺。「V2」の映像素材をクリックし❻、「エフェクトコントロール」で「ポスタリゼーション時間」の「フレームレート」に「5.0」と入力します❼。「描画モード」で[通常]→[スクリーン]の順にクリックします❽。

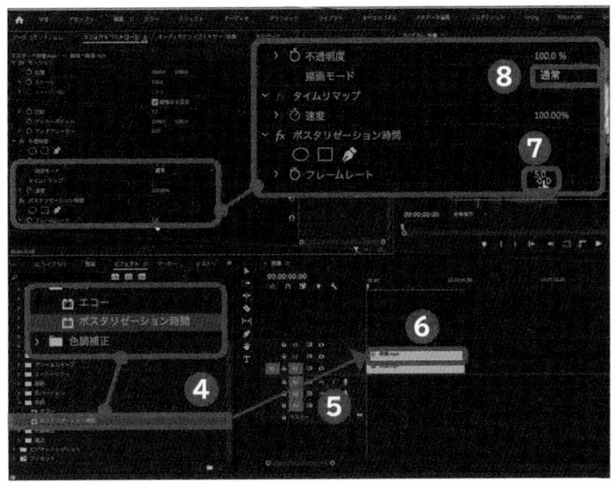

4 赤ブラーを調整する

「エフェクト」タブの検索窓に「ブラー」と入力して[ブラー(チャンネル)]をクリックし❾、「タイムライン」パネルの「V2」へドラッグして❿、「V2」の映像素材をクリックします⓫。「エフェクトコントロール」パネルで「ブラー(チャンネル)」の「赤ブラー」に「100.0」と入力します⓬。

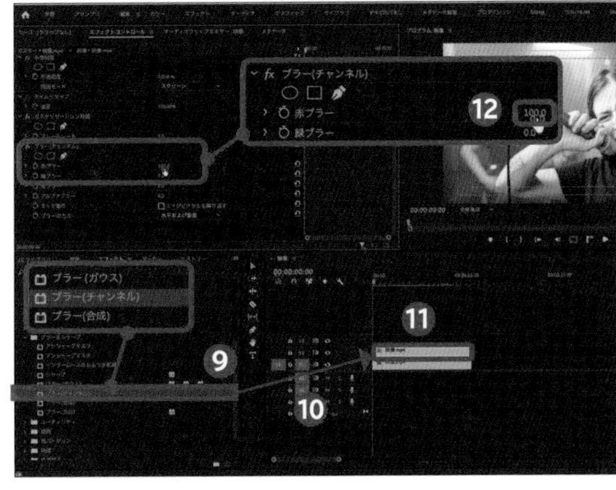

5 レンダリングする

[シーケンス]をクリックして⓭、[インからアウトをレンダリング]→[OK]の順にクリックします⓮。

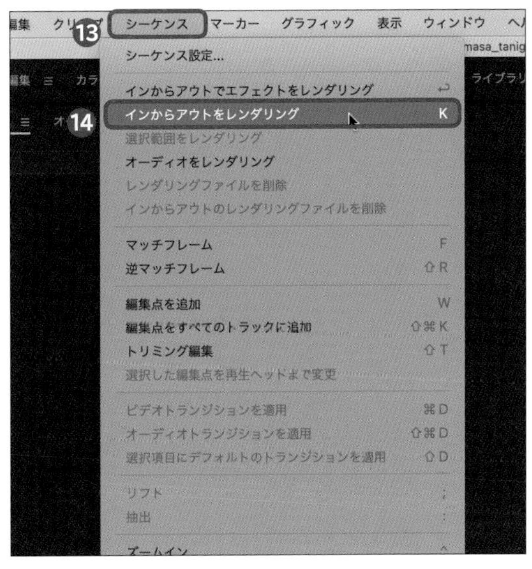

Another

フレームレートの微調整

手順3の画面で「フレームレート」の値は「5」と設定されていますが、「10～15.0」あたりに数値を変えると、古い映画のような雰囲気を出すこともできます。映像のトーンに合わせて調整してみるとよいでしょう。

Technique 55 ミュージックビデオ風に演出する③

エンボスエフェクトを使って、被写体に立体感を出すテクニックです。色の調整と組み合わせることで、おしゃれな質感に仕上げることができます。

1 縦軸のアニメーションを適用する

エンボスとは、凹凸感を出すことのできるエフェクトです。このエフェクトを違和感のないよう映像になじませ、RGBの値を調整することでスタイリッシュに仕上げていきます。

1 映像素材を配置する

「プロジェクト」パネルの映像素材をクリックして❶、「タイムライン」パネルの「V1」にドラッグします❷。

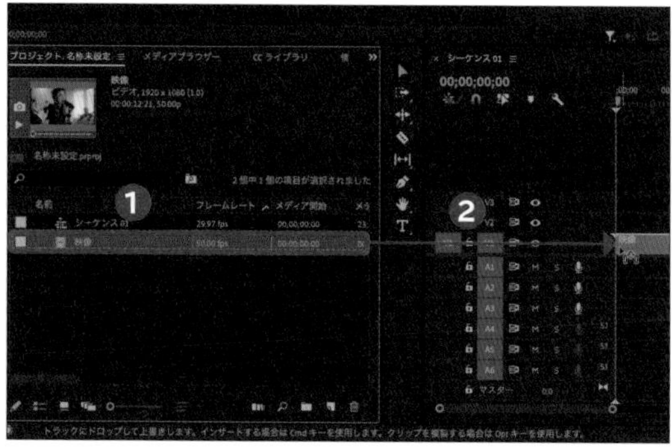

2 映像素材を複製する

「V1」の映像素材を、Ctrl/Option キーを押したまま「V2」へドラッグして複製します❸。

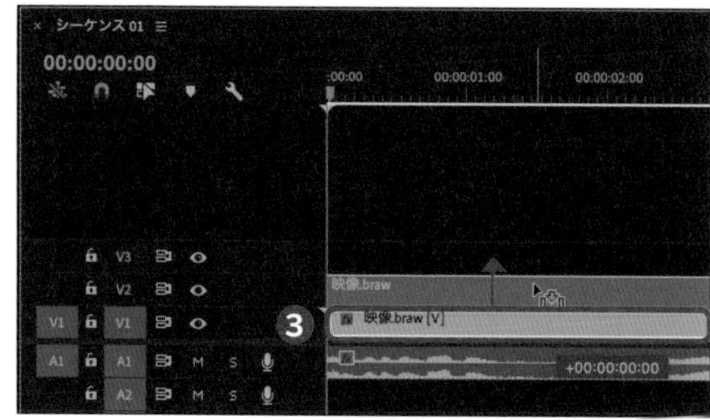

3 エンボスを適用する

P.016手順1を参考に「エフェクト」タブの検索窓に「エンボス」と入力し、[エンボス] をクリックし❹、「タイムライン」パネルの「V2」へドラッグして❺、「V2」の映像素材をクリックします❻。

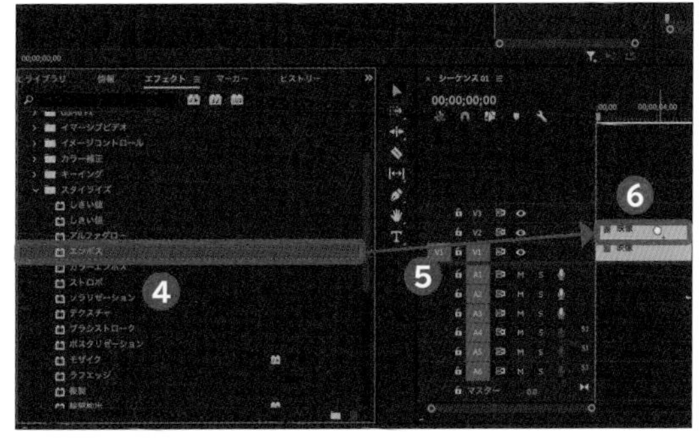

4 凹凸をなじませる

「エフェクトコントロール」パネルで「不透明度」の「描画モード」で [カラー] をクリックし❼、「エンボス」の「レリーフ」に「20.00」と入力します❽。「コントラスト」に「150」と入力し❾、「元の画像とブレンド」に「30」と入力します❿。

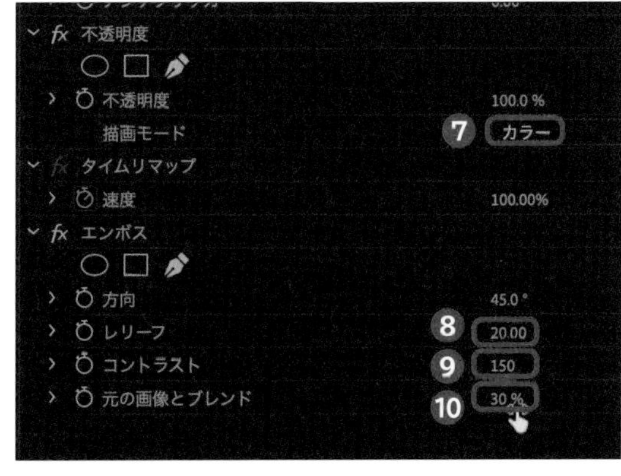

5 カラーバランスを適用する

「エフェクト」タブの検索窓に「カラーバランス」と入力し、[カラーバランス (RGB)] をクリックします⓫。「タイムライン」パネルの「V2」へドラッグして⓬、「V2」の映像素材をクリックします⓭。

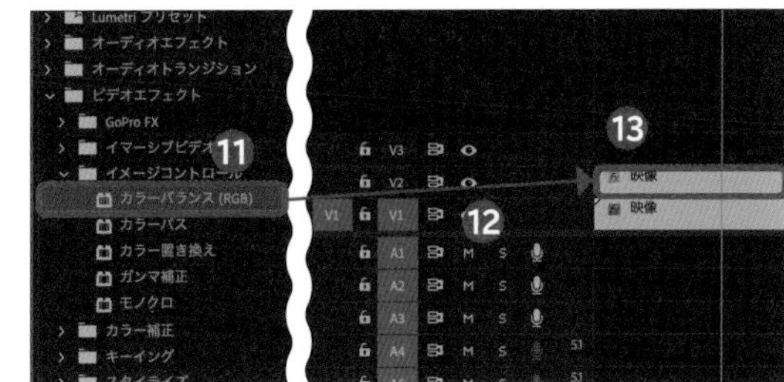

6 カラーバランスを調整する

「エフェクトコントロール」パネルで「カラーバランス (RGB)」の「赤」と「緑」にそれぞれ「115」と入力します⓮。

7 レンダリングする

[シーケンス] をクリックして⓯、[インからアウトをレンダリング] → [OK] の順にクリックします⓰。

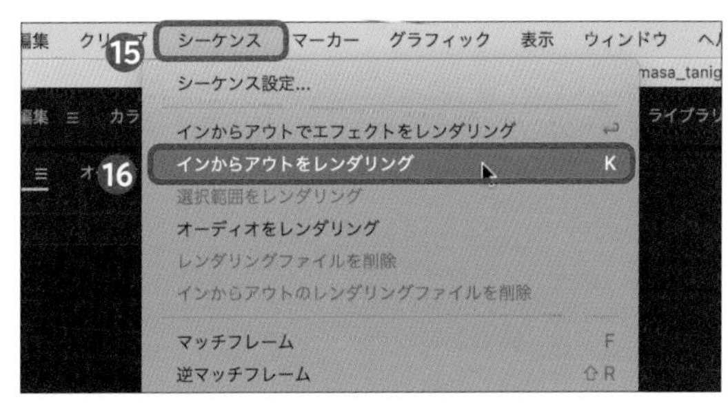

Technique 56 ミュージックビデオ風に演出する④

4色グラデーションというエフェクトによって、映像の色が次々と変わっていくテクニックです。BGMのリズムなどと合わせると、特に効果的です。

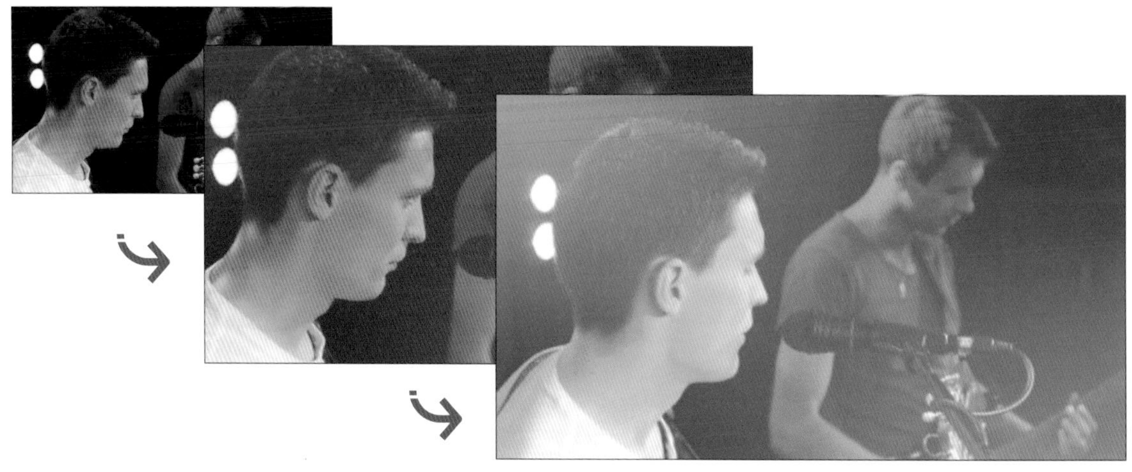

1 グラデーションを適用する

調整レイヤーを選択してカラーピッカーを表示し、自分好みの色を選択して適用していきます。ここでは1秒間隔で色が変化していくように調整していきます。

1 映像素材を配置する

「プロジェクト」パネルの映像素材をクリックして❶、「タイムライン」パネルの「V1」にドラッグします❷。

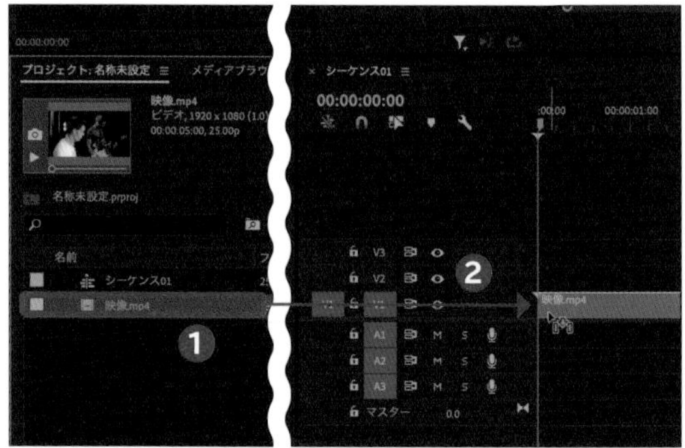

2 調整レイヤーを追加する

「プロジェクト」パネルのをクリックし❸、[調整レイヤー] → [OK] の順にクリックし❹、「タイムライン」パネルの「V2」にドラッグします。

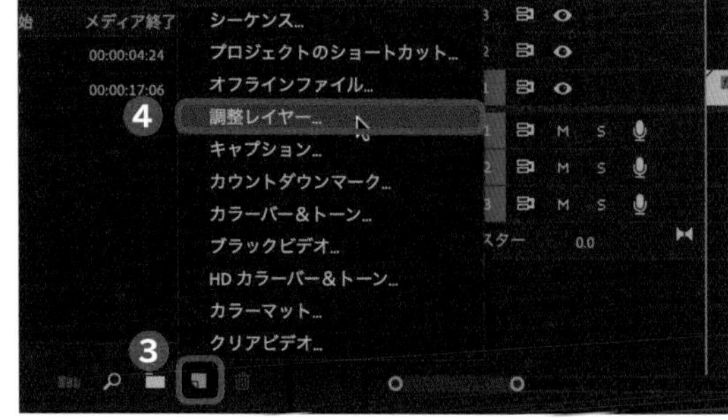

3 4色グラデーションを適用する

P.016手順1を参考に「エフェクト」タブの検索窓で「4色グラデーション」と入力して［4色グラデーション］をクリックし❺、「タイムライン」パネルの調整レイヤーにドラッグして❻、クリックします❼。

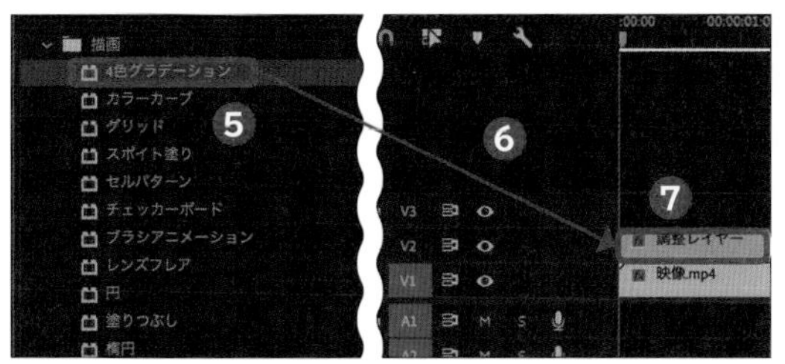

4 色を選択する

「エフェクトコントロール」パネルで「4色グラデーション」の「位置とカラー」で、各カラーのパネルをクリックし❽、「カラーピッカー」で任意の色を選択して［OK］をクリックします❾。

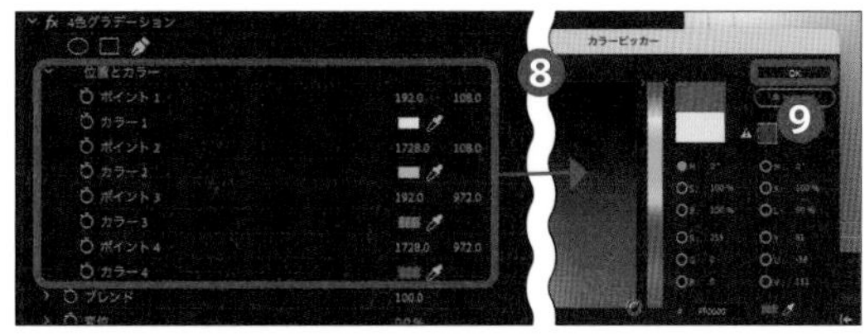

5 色をなじませる

「エフェクトコントロール」パネルで「ブレンド」に「600.0」と入力し❿、「不透明度」の「描画モード」で［スクリーン］をクリックします⓫。

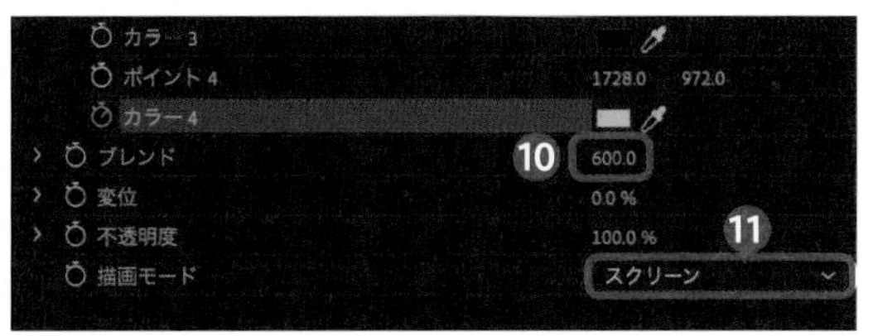

6 色を適用する

「タイムライン」パネルの調整レイヤーをクリックして⓬、映像の先頭に再生ヘッドを移動させ⓭、「エフェクトコントロール」パネルの「4色グラデーション」で「カラー1」と「カラー4」の⏱をクリックしてアニメーションをオンにします⓮。再生ヘッドを「00:00:01:00」まで移動させて「カラー1」のパネルをクリックします⓯。

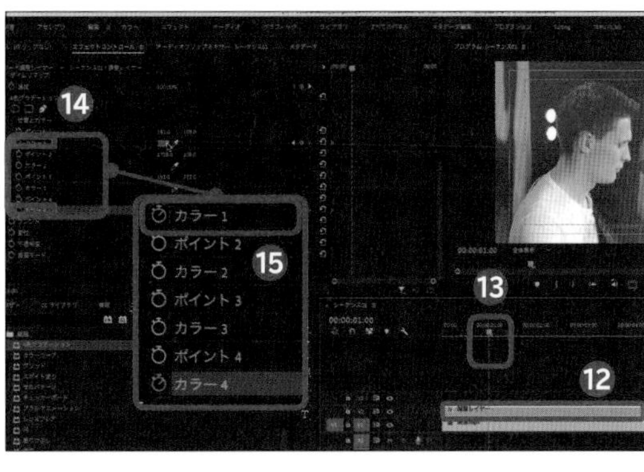

7 コピー＆ペーストをくり返す

手順4を参考に「カラー1」の「カラーピッカー」で手順4とは違う色（ここではカラーコード「SDFF00」の緑色）を選択して［OK］をクリックします⓰。「カラー4」の「カラーピッカー」で、ここではカラーコード「00D4FF」の水色を選択して［OK］をクリックし、再生ヘッドを「00:00:02:00」まで移動させます⓱。手順6の映像先頭で適用した「カラー1」と「カラー4」のキーフレームをドラッグしてコピーし、「00:00:02:00」の地点にペーストします⓲。以降は1秒間隔で、手順6で作成した色と手順4で作成した色が交互に現われるよう、再生ヘッドを移動させてコピーとペーストをくり返します。

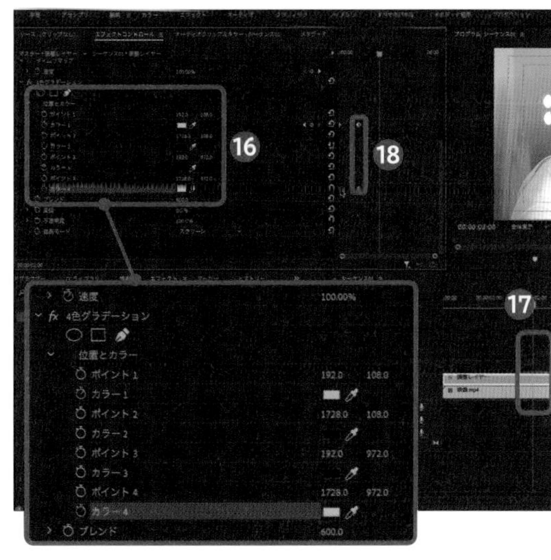

オープニング
登場シーン
メリハリ
エンディング
字幕
音
時短テク

Technique 57 ミュージックビデオ風に演出する⑤

チェッカーボードというエフェクトを使うことで、粒子感が強調されたテレビ画面に映し出されているような演出が可能になります。

1 速度・デュレーションを適用する

ここで使用するチェッカーボードというエフェクトは、あえて画面の粒子感を強調することで骨太な雰囲気を出すことのできるエフェクトです。映像に適用したあとは、ほかのテクニックと同様に「エフェクトコントロール」パネルで調整していきます。

1 映像素材を配置する

「プロジェクト」パネルの映像素材をクリックし❶、「タイムライン」パネルへドラッグします❷。

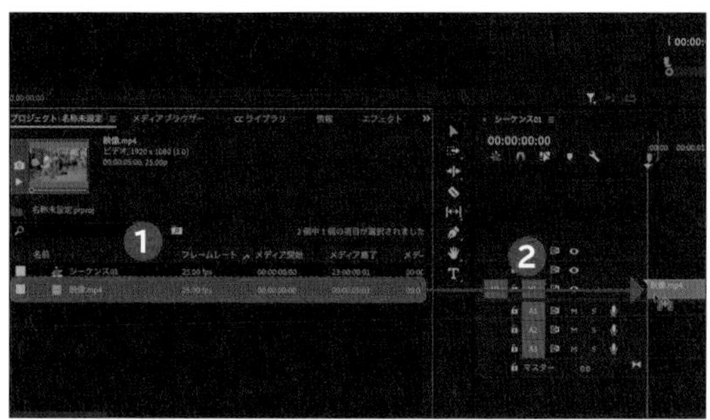

2 調整レイヤーを追加する

「プロジェクト」パネルの■をクリックし❸、［調整レイヤー］→［OK］の順にクリックし❹、「タイムライン」パネルの「V2」にドラッグします。

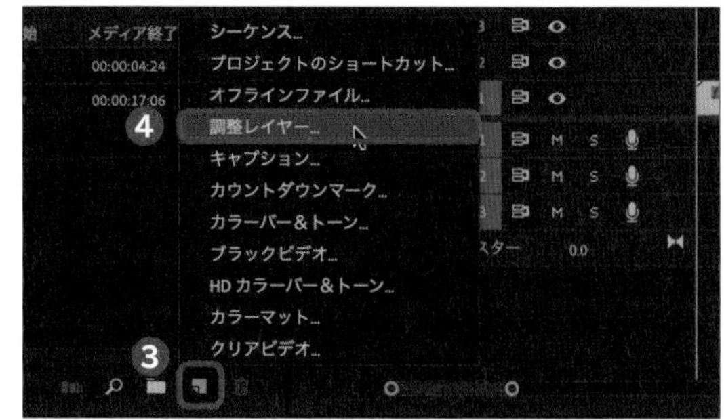

3 チェッカーボードを適用する

P.016手順1を参考に「エフェクト」タブの検索窓で「チェッカーボード」と入力して［チェッカーボード］をクリックし❺、「タイムライン」パネルの調整レイヤーにドラッグして❻、クリックします❼。

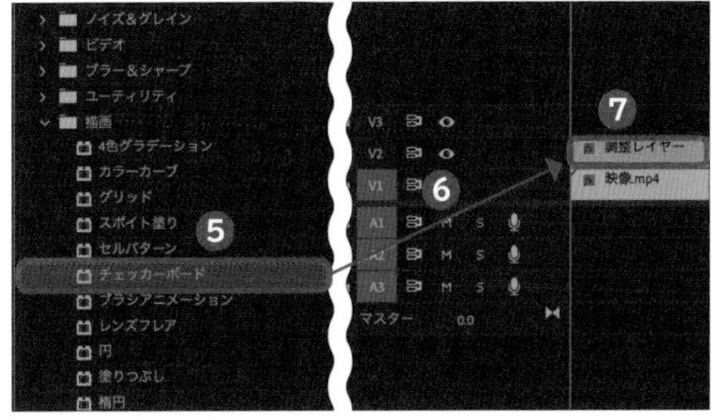

4 チェッカーボードを調整する

「エフェクトコントロール」パネルで「チェッカーボード」の「幅」に「5.0」と入力し❽、「不透明度」で「オーバーレイ」をクリックします❾。

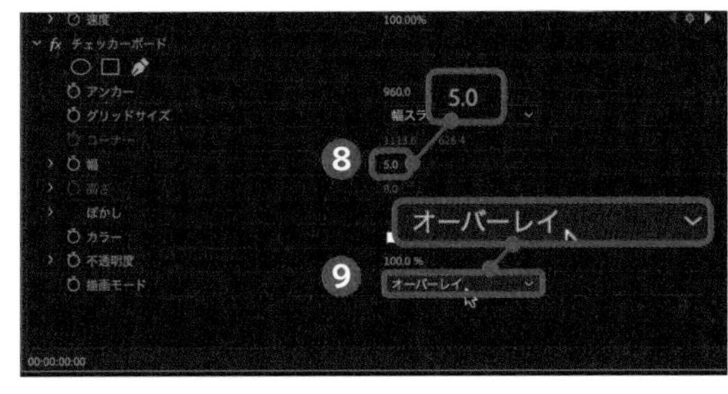

5 ポスタリゼーションを適用する

「エフェクト」タブの検索窓で「ポスタリゼーション」と入力して［ポスタリゼーション］をクリックし❿、「タイムライン」パネルの調整レイヤーにドラッグして⓫、クリックします⓬。

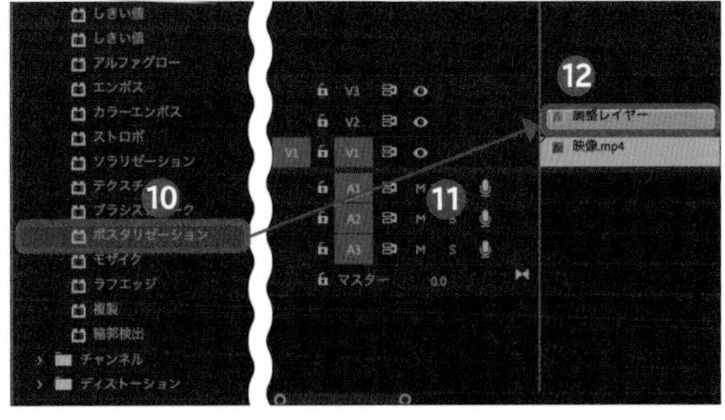

6 スペースにくり返し映像をペーストする

「エフェクトコントロール」パネルで「ポスタリゼーション」の「レベル」に「10」と入力し⓭、「カラー」の白いパネルをクリックします⓮。「カラーピッカー」で任意の色（ここではカラーコード「FFFB00」の黄色）を選択して⓯、［OK］をクリックします⓰。

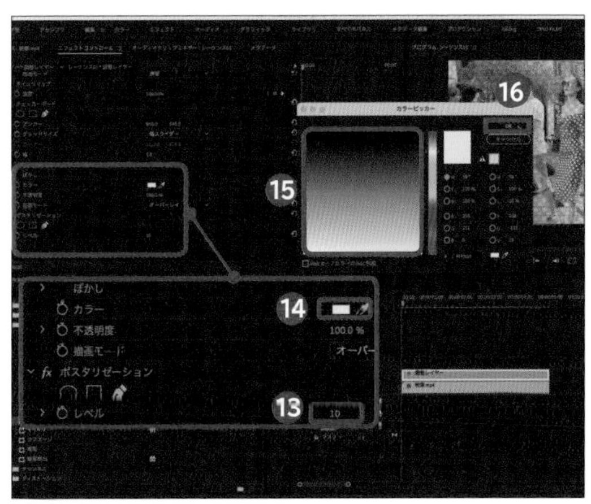

7 不透明度を変更する

「エフェクトコントロール」パネルで「不透明度」に「80.0」と入力して⓱、P.147手順7を参考にレンダリングします。

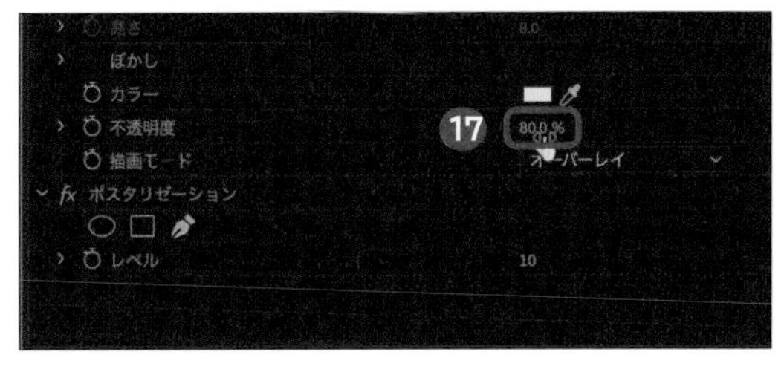

Technique 58 キャラクターで顔を隠す

顔にキャラクターの画像をかぶせて動かすテクニックです。顔出しナシの動画などでも、視聴している人を飽きさせない映像を作ることができます。

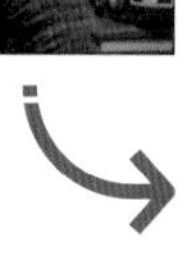

1 マスクをかけてモザイクを適用する

前準備として、「https://illustrain.com/?p=24389」から、顔にかぶせるキャラクターの画像をダウンロードし、「プロジェクト」パネルにドラッグしてください。画像は無料でダウンロード可能です。

1 映像素材を配置する

「プロジェクト」パネルの映像素材をクリックし❶、「タイムライン」パネルの「V1」へドラッグします❷。

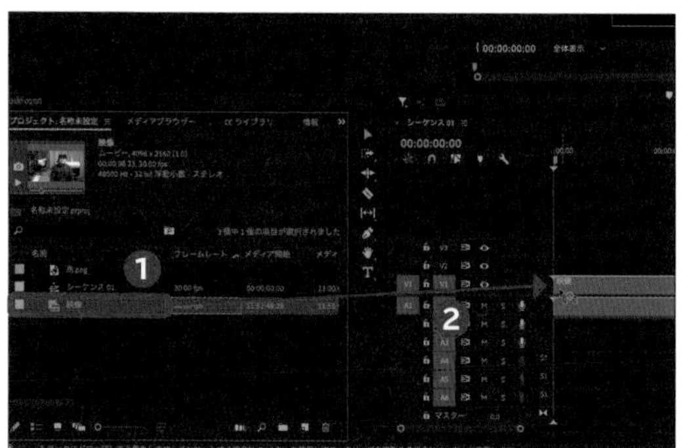

2 キャラクター素材を配置する

あらかじめダウンロードしたキャラクター素材をクリックして❸、「V2」へドラッグします❹。キャラクター素材を登場させ終わる地点（ここでは「00:00:06:28」）まで再生ヘッドを移動させ❺、「V2」のキャラクター素材をクリックして右方向へドラッグし、再生ヘッドの地点まで引き伸ばします❻。

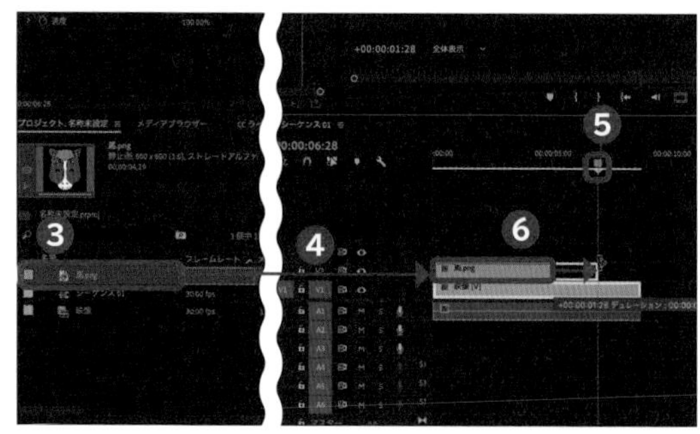

3 再生ヘッドを移動させる

「00:00:00:00」まで再生ヘッドを移動させて❼、「V2」のキャラクター素材をクリックします❽。

4 マスクパスを適用する

「エフェクトコントロール」パネルで「プログラム」パネルのプレビュー画面に映っている顔が隠れるよう「スケール」と「位置」を調整（ここでは「160.0」と「2521.0」「588.0」）し❾、「位置」の をクリックしてアニメーションをオンにします❿。

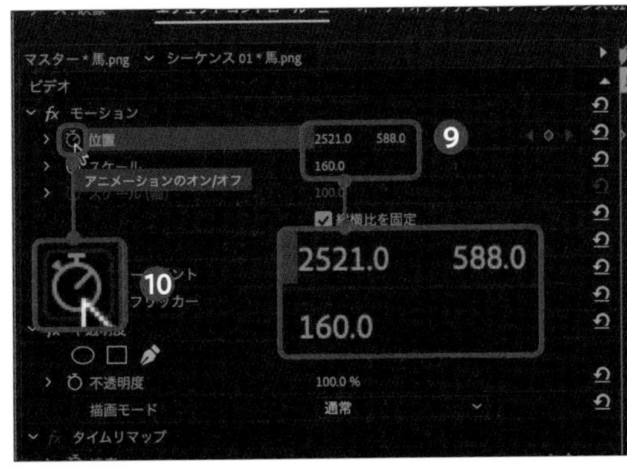

5 顔とマスクのズレを調整する

再生して、顔が動きキャラクター素材とずれた地点で一時停止します。そこから1フレーム戻って（ここでは「00:00:00:13」の地点）⓫、「エフェクトコントロール」パネルで「位置」の をクリックして再度、顔が隠れるようにキーフレームを追加します⓬。

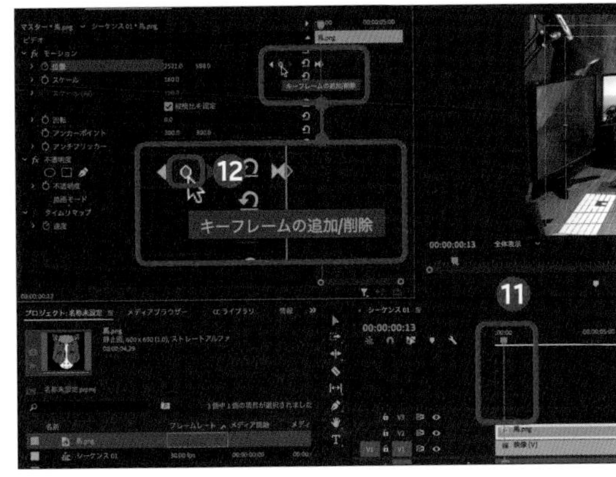

6 キーフレームを追加していく

「00:00:00:18」まで再生ヘッドを移動させ⓭、「エフェクトコントロール」パネルで「位置」に「2282.0」「619.0」と入力して⓮、 をクリックしてキーフレームを追加します⓯。以降は同様に5フレームずつ再生ヘッドを移動させて顔の動きに合わせ、「エフェクトコントロール」パネルで「位置」の数値を調整してキーフレームを打っていきます。

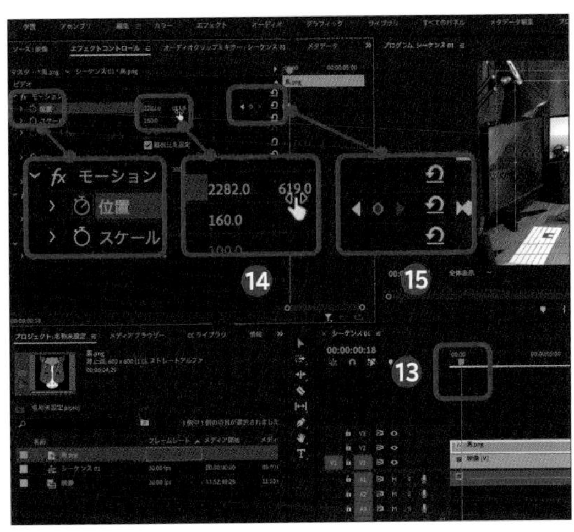

ハレーション風に演出する

ブラーエフェクトを使って、強い光で画面全体が白くぼやけていくような演出ができます。白っぽい光だけでなく、さまざまな色を適用可能です。

1 ブラーを適用する

マスクで円形を選択したあとで、ブラーエフェクトのぼかしを利用することによって、ハレーションのような強い光を映像に入れていきます。その後、画面全体を明るくしつつ色のメリハリを抑える「覆い焼きカラー」を適用して完成です。

1 映像素材を配置する

「プロジェクト」パネルの映像素材をクリックし❶、「タイムライン」パネルの「V1」へドラッグします❷。

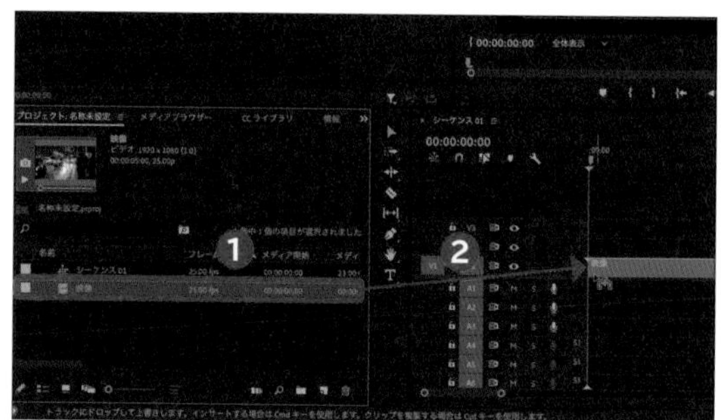

2 調整レイヤーを追加する

「エッセンシャルグラフィックス」パネルで をクリックし❸、[楕円] をクリックします❹。

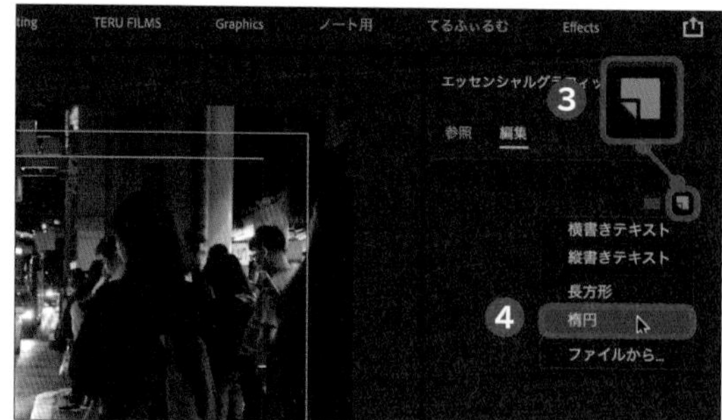

3 光の位置をマスクで調整する

「プログラム」パネルのプレビュー画面に表示されたマスクをクリックして大きさや色（ここでは白）を調整し、Ctrl+Cキーでコピーして Ctrl+Vキーでペーストします❺。

4 ブラーを適用する

P.016手順1を参考に「エフェクト」タブの検索窓に「ブラー」と入力して［ブラー（ガウス）］をクリックし❻、「タイムライン」パネルの「V2」へドラッグして❼、クリックします❽。

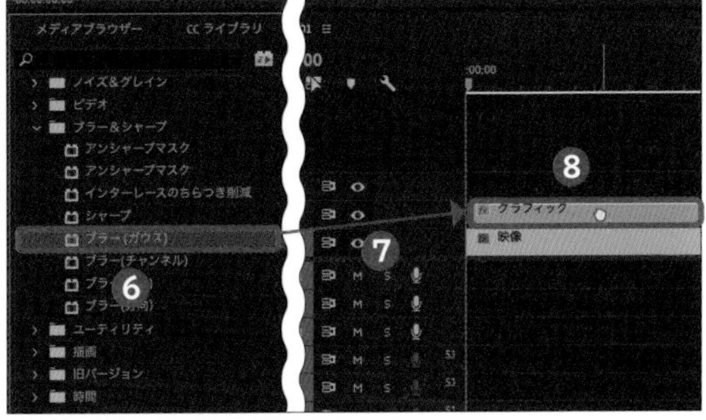

5 映像の色調を調整する

「エフェクトコントロール」パネルで「ブラー」に「800.0」と入力し❾、「不透明度」の「描画モード」で［覆い焼きカラー］をクリックします❿。

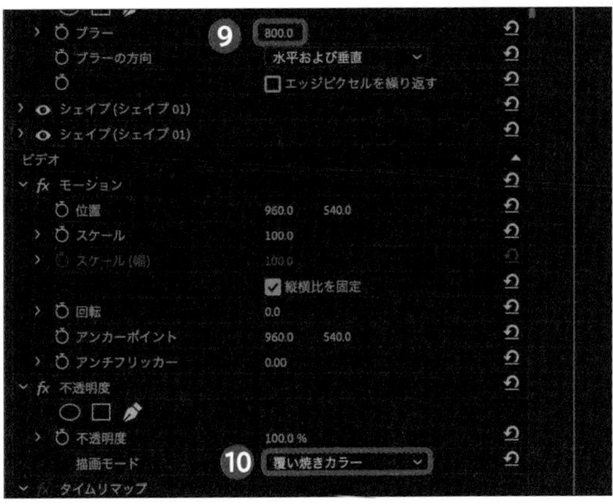

Another

ハレーションの色を変える

手順3では白いマスクを作成したため白っぽいハレーションに仕上がりましたが、ここで色を変えると仕上がりの印象もぐっと変化します。いろいろな色を試してみて、もっとも映像の雰囲気に合うものを探してみましょう。

作例 > Chapter3 – Technique60　素材 > Chapter3 – sozai60

60 ターゲットマークで緊張感を煽る

ターゲットマークを表示して、あたかも銃で狙われているかのような効果を出すことのできるスリリングな演出です。

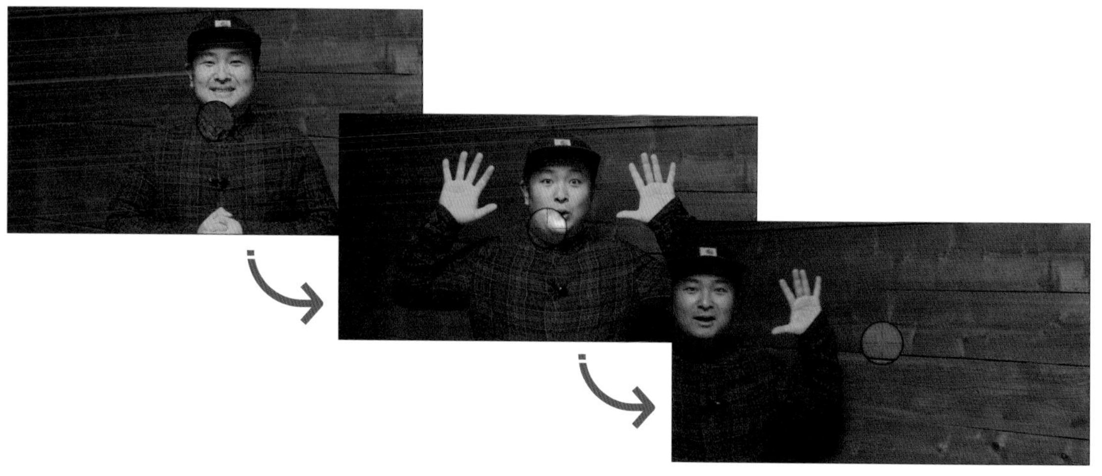

1 ターゲットマークを適用する

前準備として、作例の「sozai60」フォルダからダウンロードしたターゲットマークと映像素材を「プロジェクト」パネルにドラッグしてください。次に、「タイムライン」パネルの「V1」へ映像素材をドラッグし、ターゲットマークを入れたい地点（ここでは「00:00:01:00」）まで再生ヘッドを移動させてください。

1 調整レイヤーの長さを合わせる

P.146手順1を参考に「調整レイヤー」を「V2」へドラッグし、「V1」の映像素材と長さを合わせます❶。

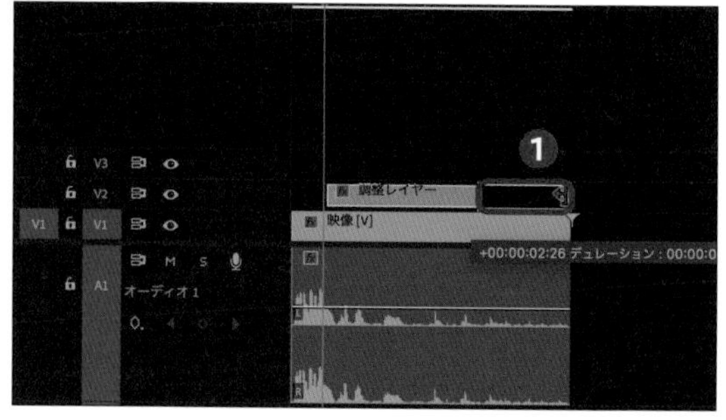

2 ズームを適用する

P.016手順2を参考に「エフェクト」タブの検索窓で「ズーム」と入力して［ズーム］をクリックし❷、「タイムライン」パネルの「V2」へドラッグして❸、クリックします❹。「エフェクトコントロール」パネルで「ズーム」の「サイズ」に「200.0」と入力して❺、「V3」にターゲット画像をドラッグして、「V2」の映像素材と長さを合わせます❻。

3 マークの大きさを調整する

「V3」のターゲット素材をクリックして❼、「プログラム」パネルのモニター表示で［75%］をクリックし❽、「エフェクトコントロール」パネルで「スケール」に任意の値（ここでは「42.0」）を入力します❾。

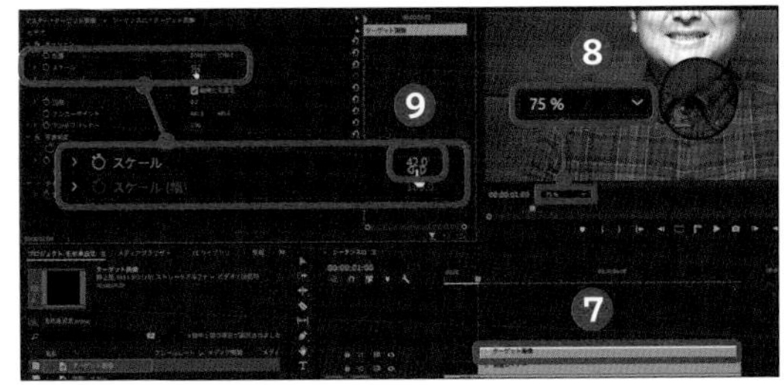

4 楕円形のマスクを適用する

P.137手順6を参考に黒いカラーマットを作成して「V4」へドラッグし、「V3」と長さを合わせてクリックします❿。「エフェクトコントロール」パネルで「不透明度」の⬭をクリックして⓫、「プログラム」パネルのモニター表示で［50%］をクリックします⓬。プレビュー画面に表示されている楕円形のマスクをクリックしてターゲット画像を囲み⓭、「エフェクトコントロール」パネルで「不透明度」の［反転］をクリックしてチェックを付け⓮、「不透明度」に「60.0」と入力します⓯。

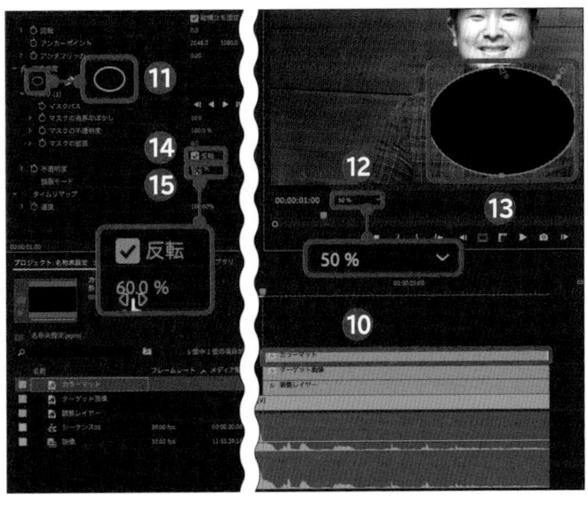

5 ターゲットマークを動かす

「V1」の映像素材をクリックして⓰、「エフェクトコントロール」パネルで「位置」に「2115.0」「1142.0」と入力します⓱。「スケール」に「120.0」と入力して⓲、「位置」の⏱をクリックしてアニメーションをオンにします⓳。

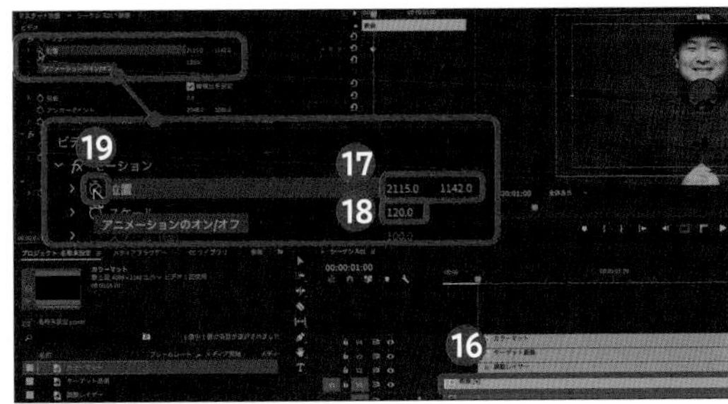

6 人物の動きに合わせてターゲットマークを動かす

「00:00:01:20」まで再生ヘッドを移動させ⓴、「タイムライン」パネルで「位置」に「2424.0」「1142.0」と入力して㉑、◆をクリックします㉒。人物の動きに合わせて動かしていきます。数値は下記を参考にしてください。

Check! フレームの移動と調整

この作例の場合、まず 20 フレーム進んで（ここでは「00:00:02:10」）、「エフェクトコントロール」パネルの「位置」で「2424.0」「1274.0」と入力します。次に、30 フレーム進んで（ここでは「00:00:03:10」）、「エフェクトコントロール」パネルの「位置」で「2424.0」「1044.0」と入力します。さらに 30 フレーム進んで（ここでは「00:00:04:10」）、「エフェクトコントロール」パネルの「位置」で「 2058.0 」「 1137.0 」と入力します。最後に、P.147 手順7を参考にレンダリングしてください。

Technique 61 同じ画面で人物を分身させる

マスクを使うことで、1人の人物を同じ画面に出現させるテクニックです。まるで分身したように見えるので、観ている人をはっとさせることができます。

1 マスクを適用する

分身のための映像を撮影する際は、照明の明るさや周囲に置かれている物などに違いが出ないよう気を付けましょう。そのうえで、2つの映像素材をマスクで合成していきます。

1 映像素材を配置する

「プロジェクト」パネルの2つの映像素材をクリックし❶、「タイムライン」パネルの「V1」と「V2」へそれぞれドラッグして❷、「V2」の映像素材をクリックします❸。

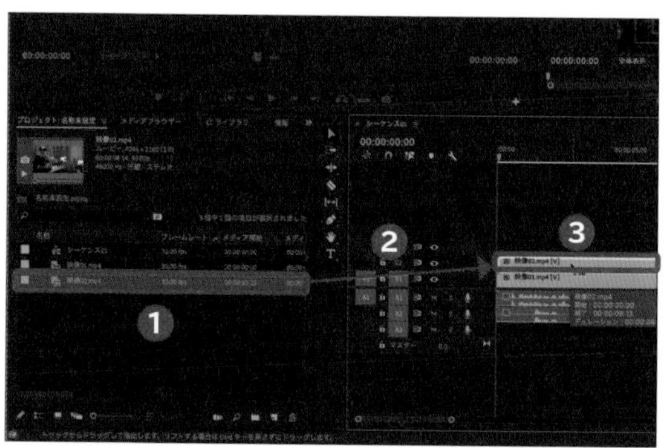

2 マスクを作成する

「エフェクトコントロール」パネルで「透明度」の□をクリックします❹。

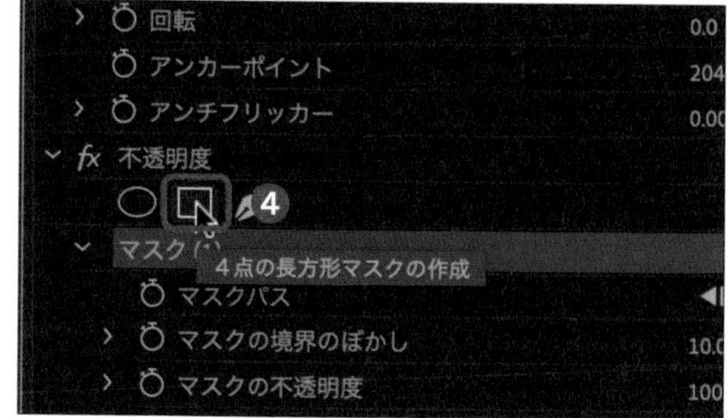

3 マスクの位置を調整する

「プログラム」パネルのモニター表示で［25%］をクリックして❺、プレビュー画面に表示されている長方形のマスクをクリックして左上にドラッグして移動させます❻。

4 マスクを調整する

長方形のマスクの4辺をクリックして、映像の継ぎ目などに違和感がないよう調整します❼。

Check! 映像の境目を確認する

つい分身している人物の大きさなどに注意が向きがちですが、映像と映像の境目（ここではテーブルが映っている部分）などがずれてしまいがちなので、細かくマスクをかけるようにしましょう。

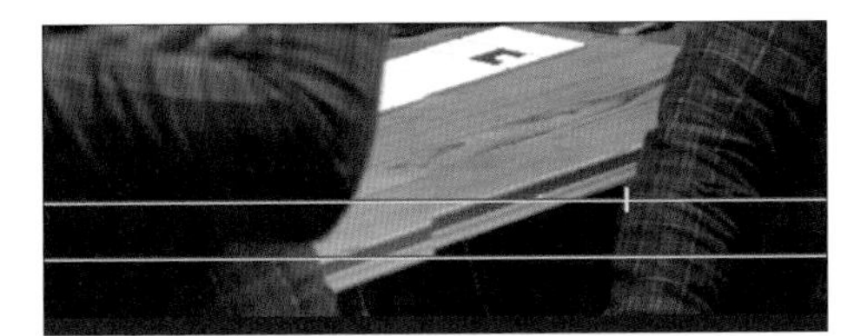

5 マスクを細かく調整する

「プログラム」パネルのモニター表示で［50%］をクリックして❽、ずれている部分に沿ってクリックし、マスクを細かく調整します❾。

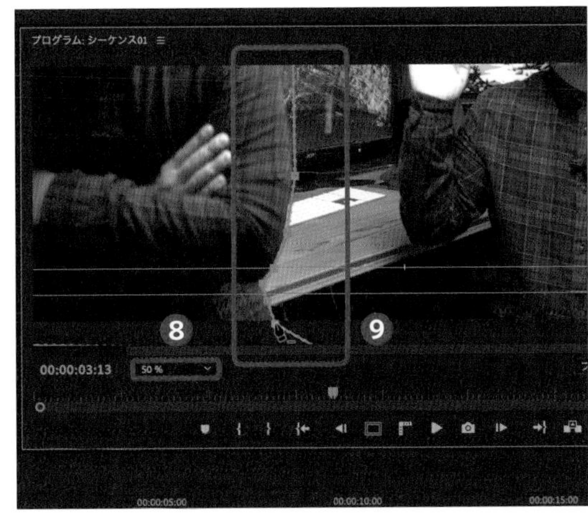

オープニング
登場シーン
メリハリ
エンディング
字幕
音
時短テク

Technique 62 目に吸い込まれる

目に吸い込まれていくテクニックです。映像の切り替え時にはもちろん、観ている人の注意を引きたい場面で使用すると効果的です。

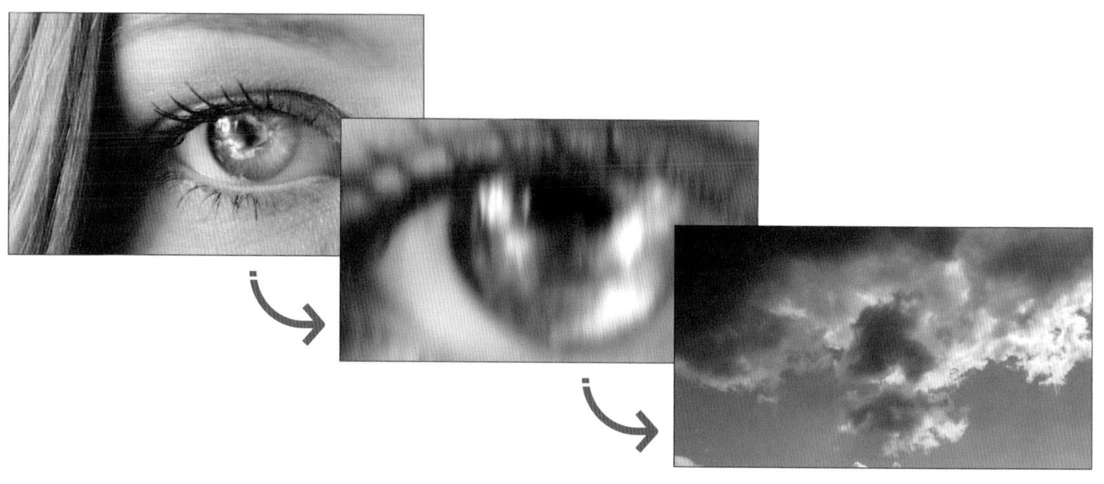

1 下地を作成する

まずは下地となる目の画像素材と吸い込まれたあとの画像素材を用意し、カットして繋ぎます。その後、それぞれの素材をスクリーンに変更していくという流れです。

1 素材を用意する

目の画像素材と吸い込まれたあとの素材をクリックし❶、「タイムライン」パネルにドラッグして❷、目の中に映し出す初めの位置（ここでは「00:00:01:12」）まで再生ヘッドを移動させます❸。

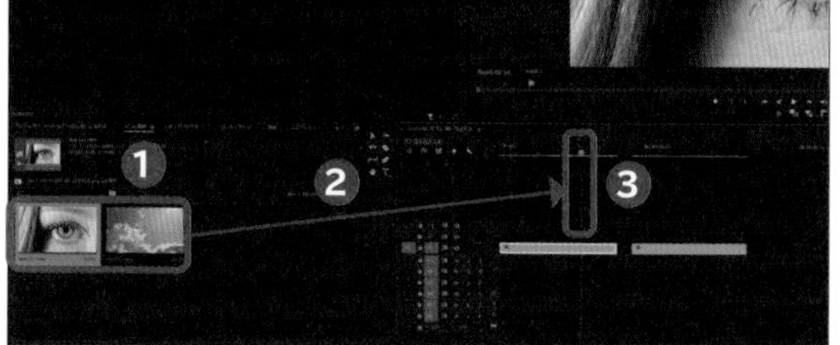

2 素材をカットしてつなげる

Ⓒキーを押してレーザーツールを選択し、「V1」の映像素材を再生ヘッドの位置でカットします❹。カットした映像素材の先頭に合わせて、もう1つの映像素材を「V2」にドラッグして長さを合わせます❺。「V2」の映像素材を「V1」の映像素材に合わせてカットします❻。

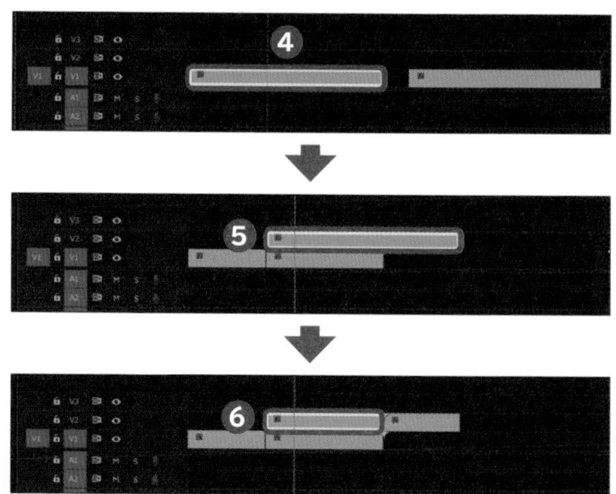

3 素材をスクリーンに変更する

「V2」の映像素材をクリックし❼、「エフェクトコントロール」パネルで「描画モード」の［スクリーン］をクリックします❽。「スケール」の値を下げ（ここでは「54.0」）❾、「モーション」をクリックして❿、「プログラム」パネルのプレビュー画面で、目に吸い込まれた後の素材が目の中心に重なるようにドラッグして移動させます⓫。

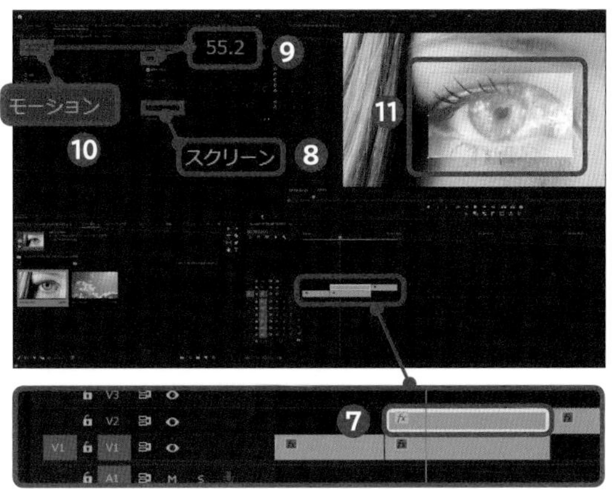

2 マスクを作成する

次にマスクを作成し、2つの映像を自然に重ねていきます。1フレームずつマスクパスのアニメーションをオンにしていき、不透明度を調整するという流れです。

1 マスクを適用する

「V2」の先頭まで再生ヘッドを移動させ❶、「V2」の映像素材をクリックして❷、「エフェクトコントロール」パネルで「不透明度」の◯をクリックして❸、「プログラム」パネルのモニター表示で［150%］をクリックし❹、プレビュー画面で瞳に合わせてマスクをクリックします❺。

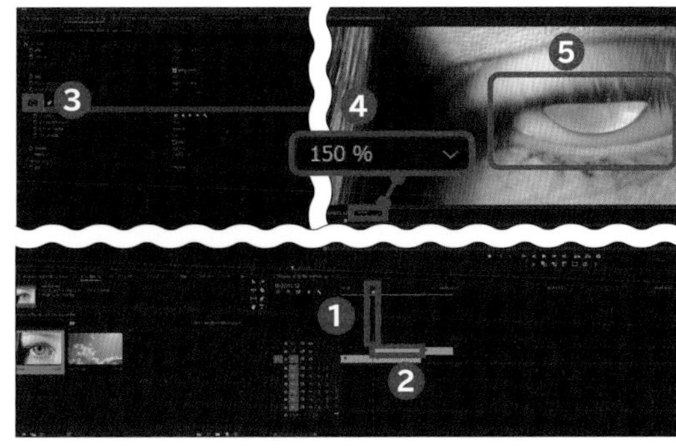

2 マスクパスのアニメーションをオンにする

「エフェクトコントロール」パネルで「不透明度」の「マスクパス」の⏱をクリックして、アニメーションをオンにします❻。

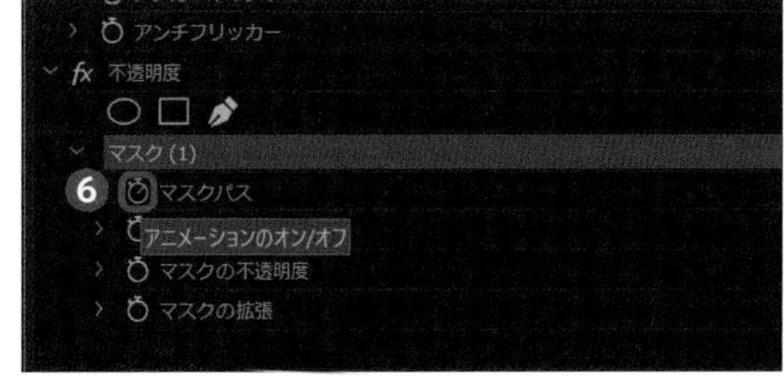

3 フレームごとに適用する

▶をクリックして1フレーム進み❼、プレビュー画面でマスクをクリックして瞳に合わせて調整します❽。以降は、クリップの最後まで手順2をくり返します。

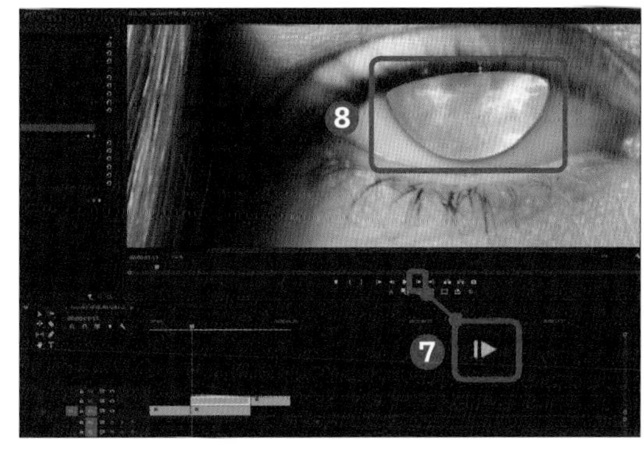

4 描画モードを変更する

「エフェクトコントロール」パネルで「マスク」の「マスクの境界のぼかし」に「50」と入力し❾、「描画モード」から映像の雰囲気に合うもの（ここでは[リニアライト]）をクリックして❿、「不透明度」に「70」と入力します⓫。

5 マスクを適用する

「V1」と「V2」の映像素材を右クリックして⓬、[ネスト]をクリックします⓭。

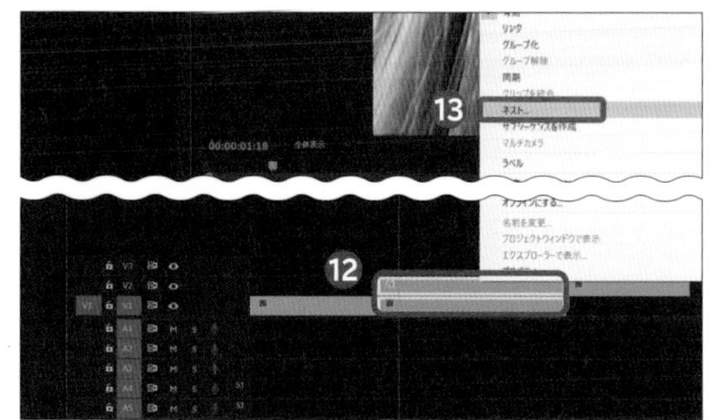

6 イーズインとイーズアウトを適用する

手順5でネストした映像素材の切り替え部分に再生ヘッドを移動させ、←キーを5回押して5コマ左へ再生ヘッドを移動させて⓮、Cキーを押してレーザーツールを選択してカットします⓯。「エフェクトコントロール」パネルで「位置」と「スケール」の⏱をクリックしてアニメーションをオンにします⓰。以降は、ネストした素材の最後尾に再生ヘッドを移動して「位置」と「スケール」の数値を調整して目にズームします。次に、可視化したキーフレームの後半2つを複数選択し右クリックして[時間補間法]→[イーズイン]の順にクリックし、可視化したキーフレームの前半2つを複数選択して右クリックし、[時間補間法]→[イーズアウト]の順にクリックします。

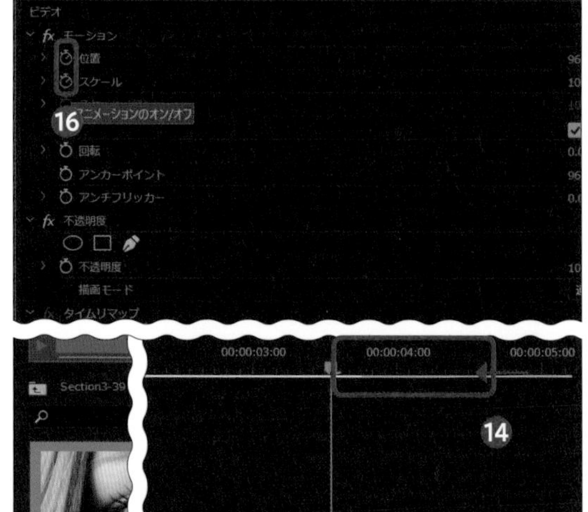

7 ブラーを適用する

P.016手順1を参考に「エフェクト」タブの検索窓で「ブラー」と入力して[ブラー（ガウス）]をクリックし⓱、「タイムライン」パネルのズームを適用した映像素材へドラッグします⓲。「エフェクトコントロール」パネルで「ブラー」に「100.0」と入力して⓳、「ブラーの方向」の[水平]をクリックし⓴、[エッジピクセルを繰り返す]をクリックしてチェックを付けます㉑。

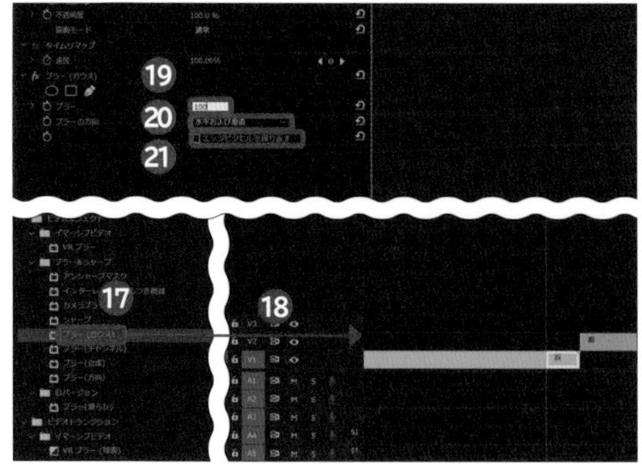

Chapter

4

エンディングで使えるテクニック

ある程度ストーリー性のある動画の場合は、「どう終わらせるか」も重要になります。そこでこのチャプターでは、オーソドックスなエンドロールの作り方はもちろん、「THE END」の文字に動きを付けるテクニックなども紹介していきます。

[作例・文]
井坂光博：Technique 63 ~ 70、Column

Technique 63

エンドロールのパターン①

映画の最後に使われるような、テキストが下から上に流れていく演出（エンドロール）を、シンプルに作成するテクニックを解説します。

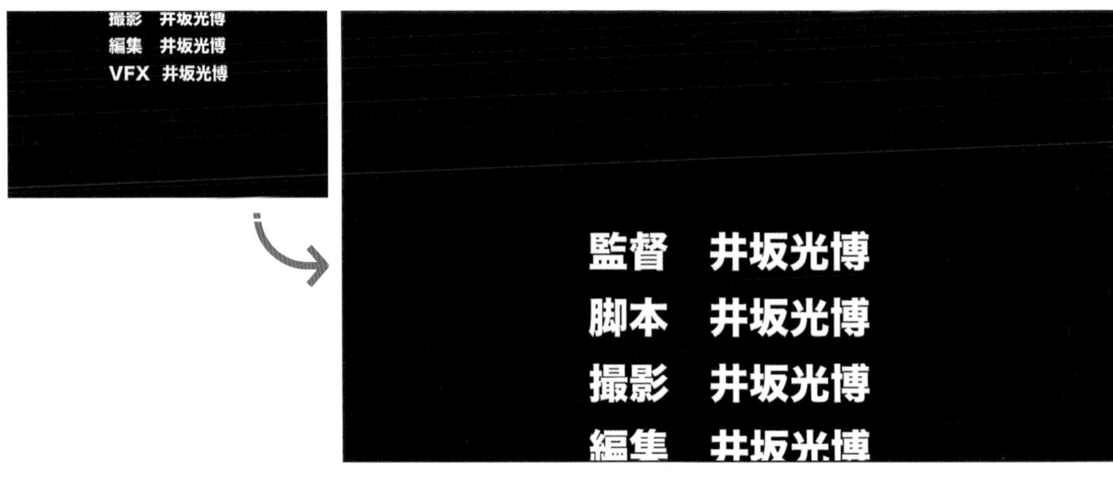

1 テキスト素材をPremiere Proにペーストする

前準備として、エンドロール用のテキストを用意しましょう。使用するテキストエディタはWindowsなら「メモ帳」、Macなら「テキストエディット」で十分です。基となるテキストが完成したら、Premiere Proの「エッセンシャルグラフィックス」パネルのテキスト機能にペーストしましょう。

1 テキストを打ち込む

メモ帳（Macの場合は「テキストエディタ」）を起動して、エンドロールに流したいテキストを入力してコピーします❶。

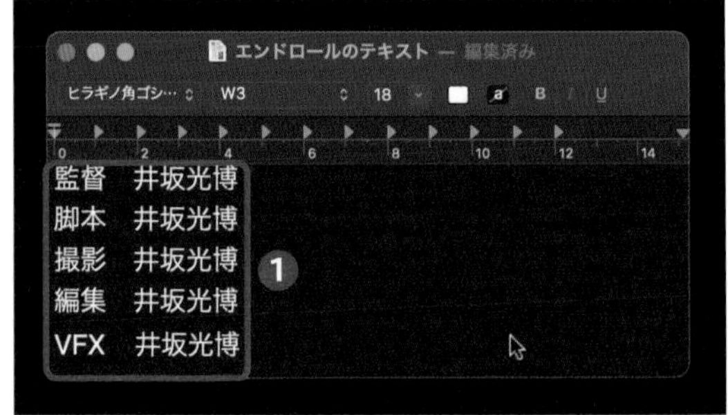

2 作成したテキストをペーストする

P.037手順1を参考に横書きテキストを表示して、「プログラム」モニターをダブルクリックし、手順1で入力したテキストをペーストします❷。

2 ワンクリックでエンドロールを作成する

テキストがPremiere Proに表示されたら、テキストを整えて、ロール機能でエンドロールを作成しましょう。ロール機能にはテキストの入るタイミングやスピードを変える機能が付いており、その機能についても解説していきます。

1 テキストのサイズと位置を調整する

「エッセンシャルグラフィックス」パネルで「整列と変形」のをクリックして❶、をクリックします❷。

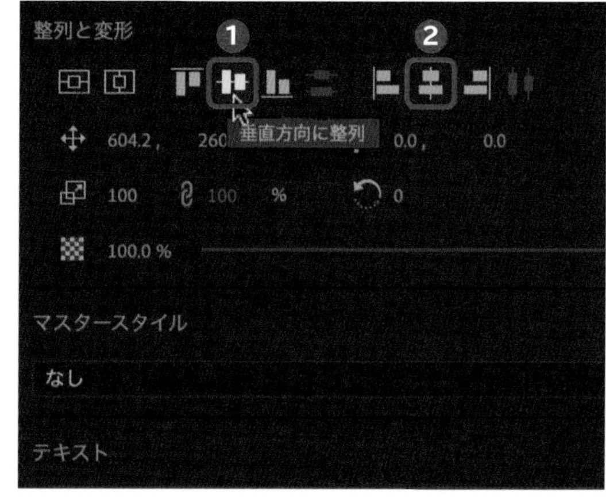

2 ロール機能を適用する

「タイムライン」パネルで何もない部分をクリックして選択を解除し❸、もう一度テキスト素材をクリックします❹。「エッセンシャルグラフィックス」パネルで［ロール］をクリックしてチェックを付けます❺。［オフスクリーン開始］と［オフスクリーン終了］をクリックしてチェックを付けます❻。

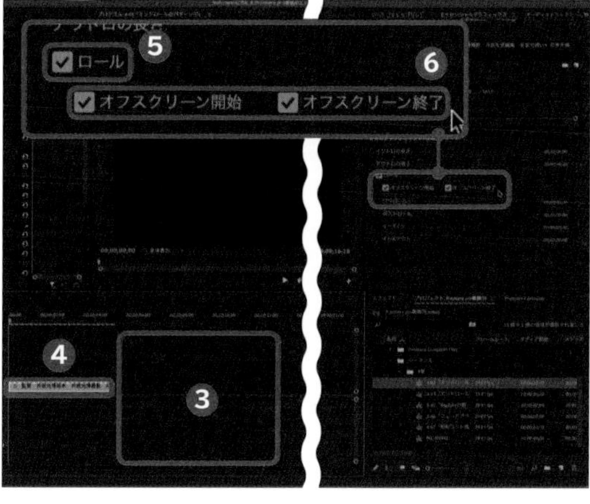

3 テキストの移動速度を調整する

「エッセンシャルグラフィックス」パネルで「イーズアウト」の値を上げます（ここでは「00:00:05:00」）❼。

POINT

プリロール、ポストロール、イーズイン、イーズアウトの秒数は、必ずテキストのクリップよりも短くしましょう。なお、プリロールは設定した時間ぶん、スタートが遅くなります。
そのほか、ポストロールは設定した時間ぶん、エンドが早くなります。イーズインは設定した時間ぶん、スタートの動きが徐々に速くなっていきます。イーズアウトは設定した時間ぶん、エンドの動きが徐々に遅くなっていきます。

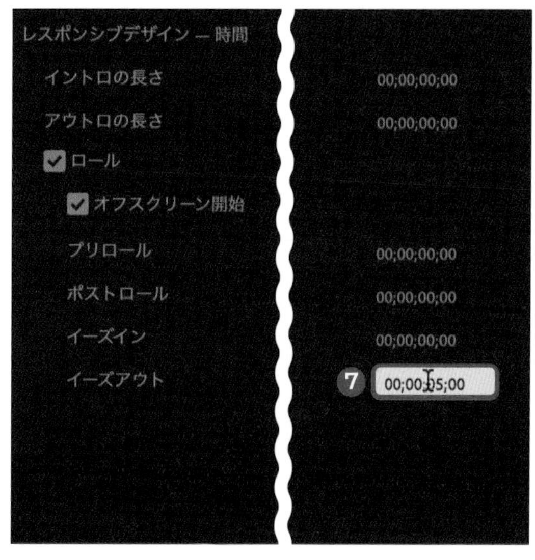

Technique 64 エンドロールのパターン②

Technique 63で紹介したエンドロールの応用編を解説します。背景素材を用意し、テキストが見やすいように加工した後、エンドロールを挿入していきます。

1 背景素材の左側だけ表示する

前準備として、自然の映像、のどかな村の映像、「fin.」というテキスト素材を「タイムライン」パネルの同じレイヤーに配置します。次に、P.016手順1を参考に「エフェクト」タブの検索窓に「クロスディゾルブ」と入力し、[クロスディゾルブ]をクリックして3つの映像素材へドラッグしてください。

1 映像素材をネスト化する

クロスディゾルブをかけた3つの映像素材をドラッグして選択し、右クリックします❶。[ネスト…]をクリックして、任意の名前(ここでは「BG_エンドロール」)を付けて保存します❷。

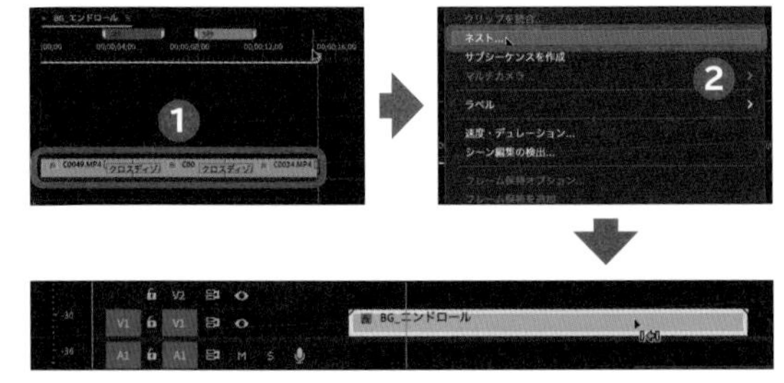

2 クロップエフェクトを適用し、左サイドをぼかす

「エフェクト」タブの検索窓で「クロップ」と入力し、[クロップ]をクリックして「タイムライン」パネルのネスト素材へドラッグします。「エフェクトコントロール」パネルで「クロップ」の「左」に「70」と入力し❸、「エッジをぼかす」を画面の左1/3程度が見えるように値を上げていきます(ここでは「900」)❹。

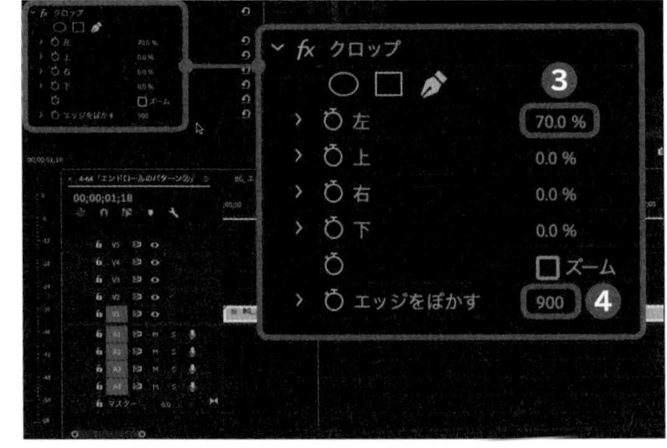

2 エンドロールを左側に配置する

P.162～163を参考にエンドロールを作成して、「プログラム」パネルのプレビュー画面左側に配置しましょう。事前にネスト化した背景があるので、テキストが読みやすくなっているはずです。

1 エンドロールを作成して、全体を左にずらす

「エフェクトコントロール」パネルで「ベクトルモーション」「位置」の左側の値を小さくします（ここでは「400.0」）❶。

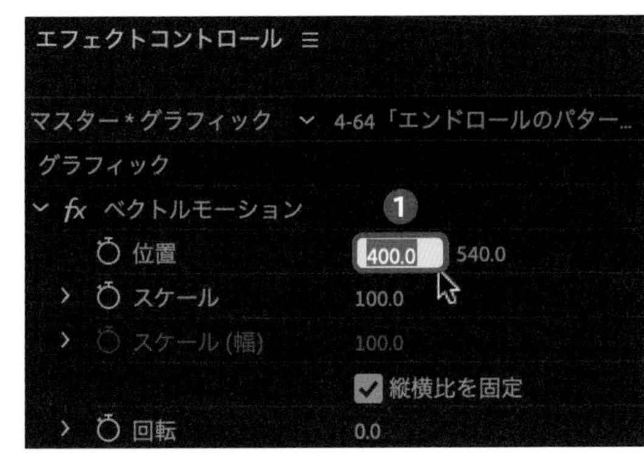

POINT

背景が黒の場合、白いテキストに白いシャドウを薄くかけると、淡い雰囲気が出ます。

3 「fin.」を表示する

エンドロールの終了後、ちょっとおしゃれに「fin.」のテキストを表示してみましょう。また、それに応じて「エンドロールが映像よりも早く消える」「エンドロールのラストの動きをゆっくりにする」という演出を加えていきます。

1 ブラックビデオを適用する

P.132手順2の画面で［新規項目］→［ブラックビデオ］の順にクリックし、「プログラム」パネルで「fin.」と入力します❶。「タイムライン」パネルで、ブラックビデオが1秒、テキスト素材が5秒になるようドラッグして調整します❷。P.16手順1を参考に「クロスディゾルブ」をクリックし、「タイムライン」パネルの各素材の変わり目にドラッグして適用します。

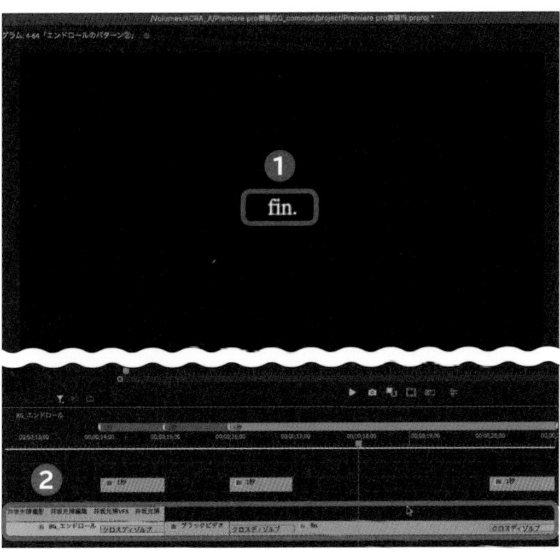

POINT

クロスディゾルブの適用時間は、すべて1秒に設定してください。

2 ロールを動画より先にアウトさせる

「エッセンシャルグラフィックス」パネルで「ポストロール」に「00:00:01:00」と❸、「イーズアウト」に「00:00:05:00」と入力します❹。

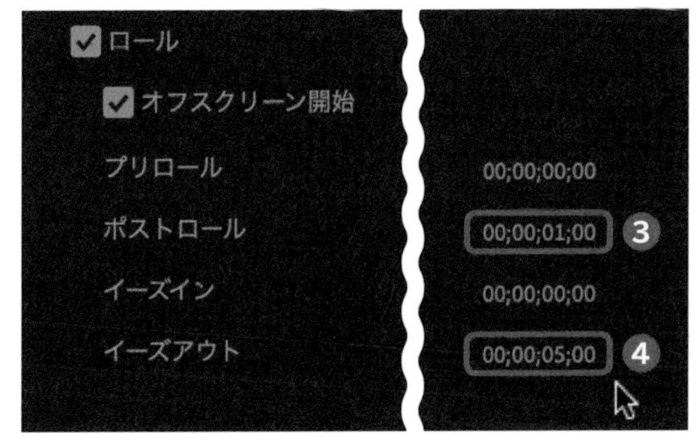

Technique 65 YouTubeの終了画面用の素材をつくる

YouTubeでは、最後にチャンネル登録やその他の動画をオファーすることができます。このセクションでは、終了画面の作り方と、素材動画の書き出しについて解説します。

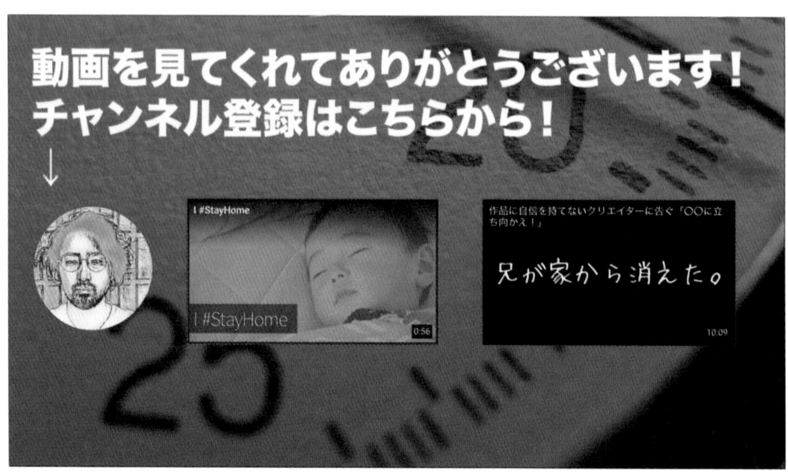

1 アウトポイントを設定する

動画を作り始める前に、完成した動画がちょうど20秒になるように設定しましょう。「タイムライン」パネルの再生ヘッドを20秒の箇所に置き、O キーを押すと、書き出しの範囲をちょうど20秒にすることができます。

1 映像のアウトポイントを設定する

「タイムライン」パネルで再生ヘッドを「00:00:20:00」の地点まで移動させます❶。

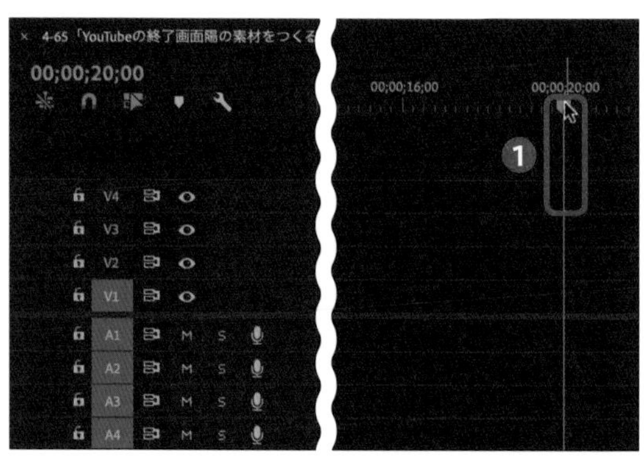

2 映像のアウト（終了地点）を設定する

O キーを押し、動画のアウトポイントを設定します❷。

POINT

誤ったタイミングで設定してしまった場合、再生ヘッド上で右クリックして［アウトを消去］をクリックし、アウトを消去して、20秒で合わせ直しましょう。

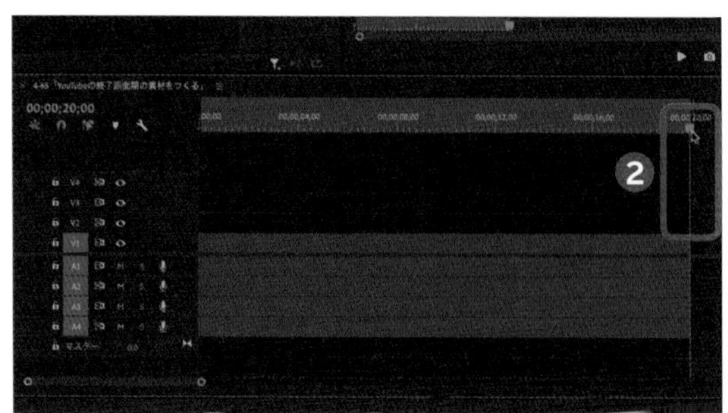

2 終了画面に合わせて素材を配置していく

YouTubeの終了画面に合わせて、「チャンネル登録オファー」「おすすめ動画のオファー」「最新の動画のオファー」の3つを配置できるように、画面を組み立てて行きましょう。背景素材の配置、テキストの配置、書き出し設定の順番で解説していきます。

1 背景の映像素材を配置する

「プロジェクト」パネルで背景となる映像素材をクリックして「タイムライン」パネルの「V1」へドラッグしてクリックします❶。「エフェクトコントロール」パネルで「不透明度」に「50.0」と入力します❷。

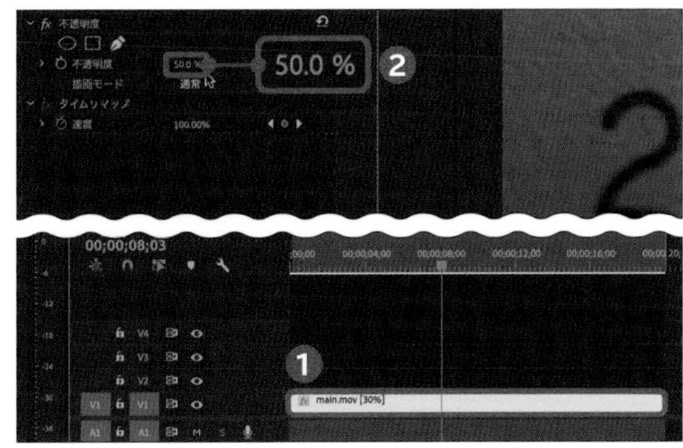

2 テキストクリップを配置する

[グラフィック] → [新規レイヤー] → [横書きテキスト] の順にクリックし❸、「プログラム」パネルをクリックしてテキストクリップを配置します。

POINT

プログラムモニタに表示されたテキストをダブルクリックすると、テキストを編集できます。動画を見てくれた方への感謝と、チャンネル登録オファーの文章を書き込みましょう。

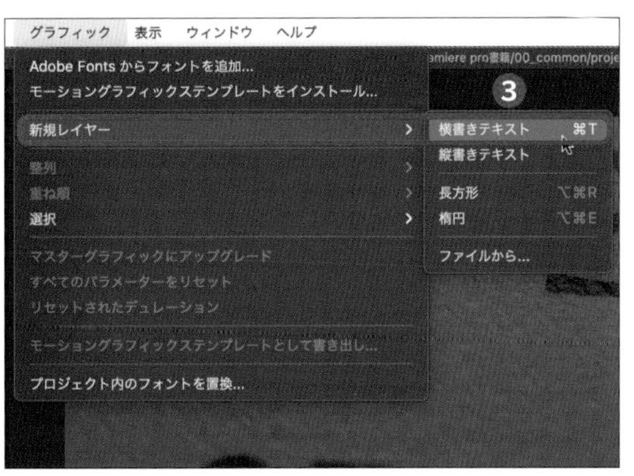

3 テキストを調整する

「エッセンシャルグラフィックス」パネルでテキストクリップをクリックし、テキストのパラメータを調整します❹。

POINT

画面の上側の約 1/3 がテキストになるように調整しましょう。

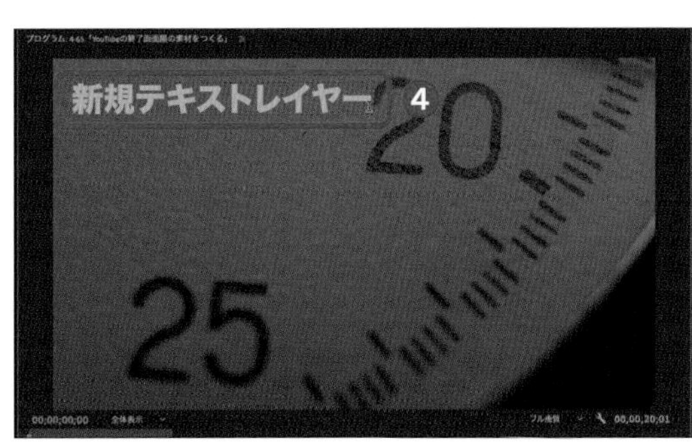

4 作成した映像素材を書き出す

[新規] → [書き出し] → [メディア] の順にクリックし❺、「書き出し設定」で [H.264] をクリックします❻。「プリセット」で [ソースの一致・高速ビットレート] をクリックして❼、[最高レンダリング品質を使用] をクリックして❽、[書き出し] をクリックします❾。

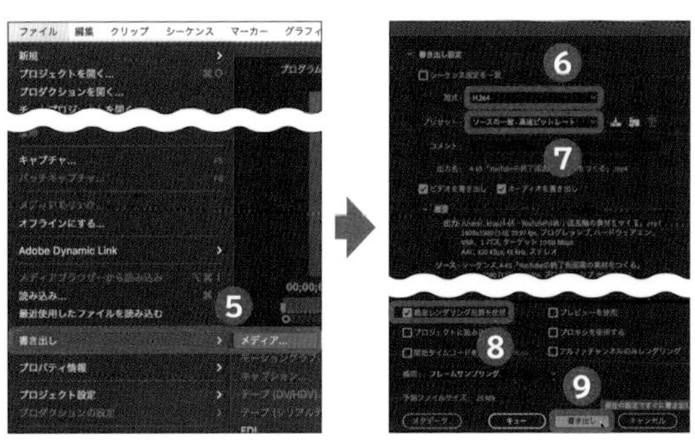

Technique 66 昭和コント風の演出

昔のお笑い番組などで、ネタが終わった後、人の顔の周りが黒く囲われて、最後は真っ暗になる、という演出を見たことがあるかと思います。今回は、そんな終わり方の演出を解説していきます。

1 クリアビデオを配置して「円」のエフェクトを適用する

動画を静止画として切り抜く方法はいくつかありますが、今回は「フレーム保持」という機能を使用して、動画を静止画のように扱っていきます。企画・撮影の段階で当作例の演出を使用する場合、最後にカメラ目線で静止すれば問題ありませんが、今回は便宜上「フレーム保持」を活用して、動画を静止させていきます。

1 フレーム保持を適用する

終了のタイミングにしたい箇所（ここでは「00:00:05:03」）まで再生ヘッドを移動させ❶、右クリックして［フレーム保持を追加］をクリックします❷。

2 クリアビデオを、フレーム保持中のクリップの上に配置する

P.132手順2の画面で［クリアビデオ］をクリックします❸。

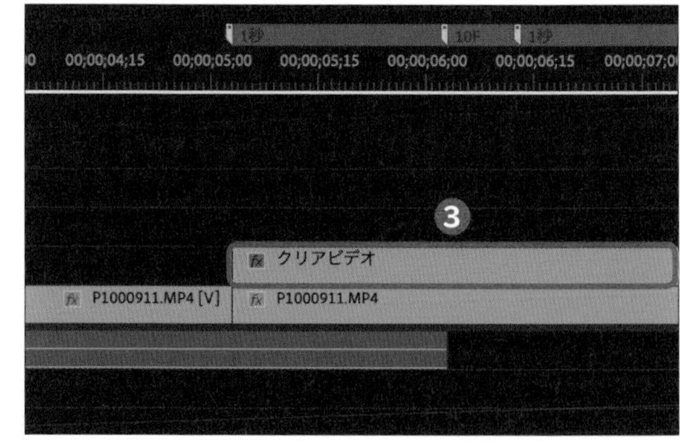

3 クリアビデオに「円」のエフェクトを適用する

P.016手順1を参考に、「エフェクト」タブの検索窓に「円」と入力してクリックし❹、「タイムライン」パネルの「クリアビデオ」へドラッグします❺。

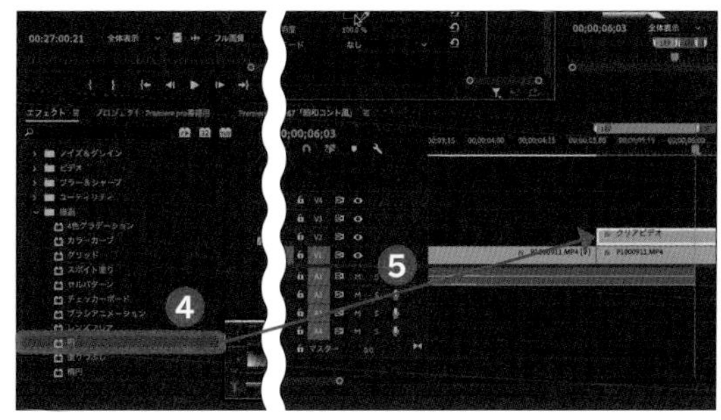

2 円の色と位置を決めて動かす

円のエフェクトをかけたので、円の色と位置を決めて、円の「範囲」をアニメーションで動かしていきましょう。アニメーションには「キーフレーム」を使用します。

1 色、位置、範囲を調整する

「タイムライン」パネルでクリアビデオをクリックして、「エフェクトコントロール」パネルで「円」のカラーパネルをクリックします❶。「カラーピッカー」で色を黒に変更し❷、[円を反転] をクリックしてチェックを付けます❸。「中心」のパラメータを顔の真ん中に来るようにして、「半径」で顔の周りに円ができているかどうかを確認しましょう。

2 キーフレームアニメーションを設定する

「エフェクトコントロール」パネルで、「クリアビデオ」の「半径」の値を上げて（ここでは「353.0」）、動画のサイズよりも大きくします❹。再生ヘッドを先頭から１秒後まで移動させ❺、「半径」の⏱をクリックしてアニメーションをオンにします❻。

POINT

以上の説明は、シーケンス設定が 29.97（30）フレームの場合のものです。59.54（60）の場合は、10 フレームを 20 フレームに変更してください。

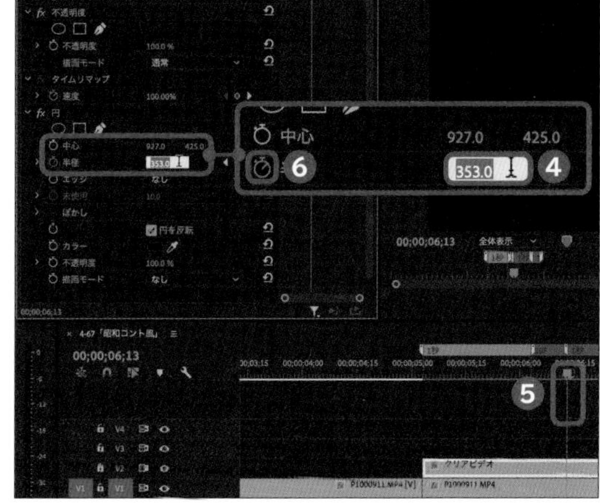

3 円の半径を小さくする

10フレーム先に移動し、円が顔の周りに来るように「エフェクトコントロール」パネルの「半径」の値を小さくします。さらに１秒後まで再生ヘッドを移動させ、「半径」の◆をクリックします❼。さらに10フレーム先に移動し、「半径」に「0.0」と入力します❽。

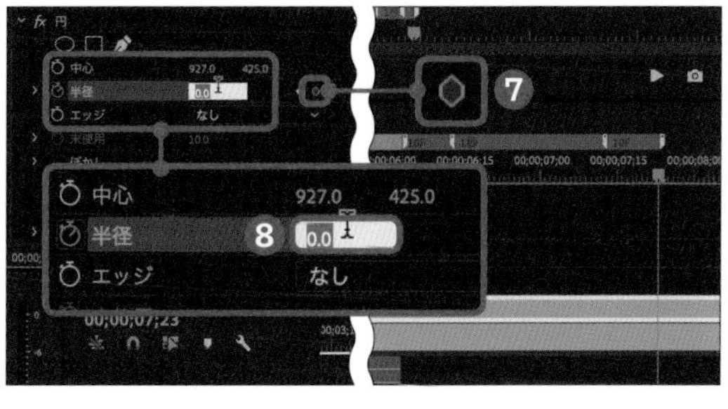

画面全体をキラキラさせる

東京の街を撮影した素材を使用して海をオーバレイさせ、画面全体をキラキラさせるテクニックです。幻想的なエンディングに仕上げたいときに利用してみましょう。

1 街の素材に海の素材を重ねる

晴天の海に反射する光は、ぼかして使うと幻想的な雰囲気を生み出します。前準備として、海の映像素材を「タイムライン」パネルの「V2」へドラッグして、「V1」に街の映像素材をドラッグします。次に、「エフェクトコントロール」パネルの「描画モード」で[オーバーレイ]をクリックしてください。

1 不透明度を下げる

「V2」の海の映像素材をクリックして、「エフェクトコントロール」パネルで「不透明度」に「20.0」と入力します❶。

2 ブラー(ガウス)をかける

再生ヘッドを「00:00:20:00」まで移動させ❷、O キーを押して動画のアウトポイントを設定します❸。

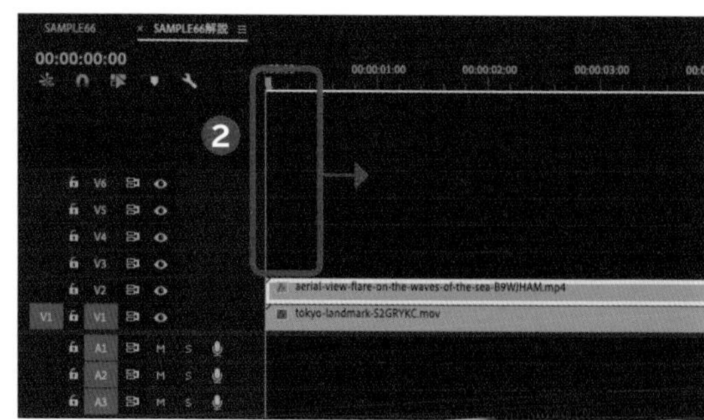

2 街と海を重ねた素材に、光の素材を重ねる

続いて、街と海を重ねた素材に光の素材を重ね、調整していきます。ここでも不透明度を調整することで、光を自然にを合成していきます。

1 光の素材を一番上のトラックに配置する

光の素材（ここでは海に日光が反射している映像素材）を「タイムライン」パネルにドラッグします❶。「エフェクトコントロール」パネルで「描画モード」の［スクリーン］をクリックし❷、「不透明度」に「15.0」と入力します❸。

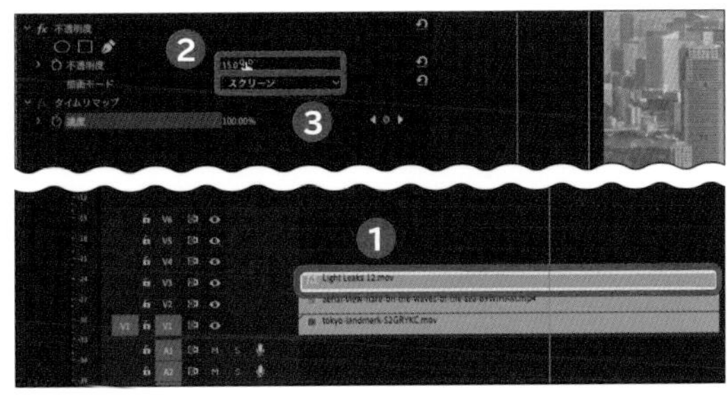

3 全体の色を整える

動画を作り始める前に、完成した動画がちょうど20秒になるように設定しましょう。シーケンス上の再生ヘッドを20秒の箇所に置き、O キーを押すと、書き出しの範囲をちょうど20秒にすることができます。

1 調整レイヤーを一番上のトラックに配置する

P.028手順1～2を参考に、調整レイヤーを「タイムライン」パネルのいちばん上側のレイヤーにドラッグします❶。

2 色温度を青寄りに、コントラストと彩度を底上げする

「エフェクトコントロール」パネルで「Lumetri カラー」の各パラメータを調整して、好みの色合いに調節します。

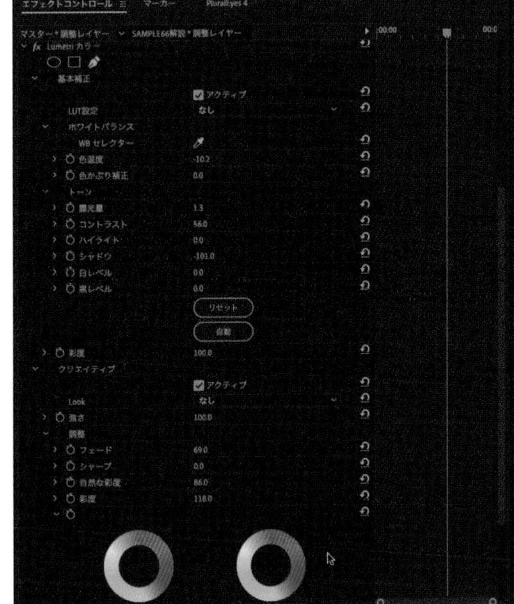

POINT

ここですべてのパラメーターを解説することはできませんが、色温度やハイライトなどはP.021のPOINTで解説しているので、一部を参考にしてみてください。

「THE END」の文字動かす

このテクニックでは、THE ENDの文字が上から落ちてきて、バウンドしたあとで中央に固定されるモーションを制作していきます。

1 素材を配置する

まずは背景用のカラーマットを好きな色で作成します。その後、「The END」のテキストを配置し、動きを付けていく流れです。テキストの入力までは簡単ですが、うまく動かすにはちょっとしたコツが必要です。

1 背景用のカラーマットを配置する

P.136手順6～7を参考にカラーマットを作成し、「タイムライン」パネルに配置します❶。

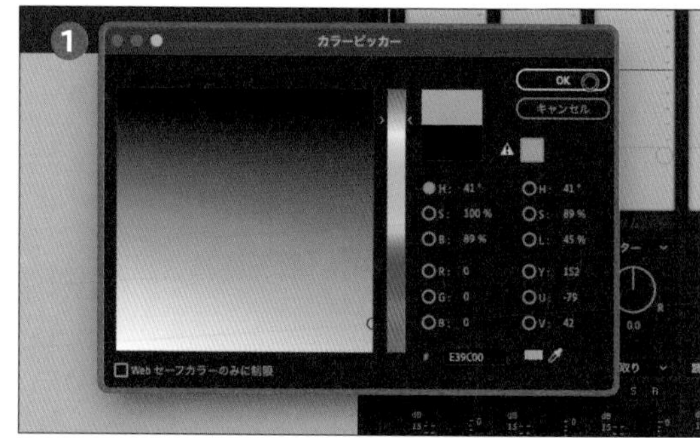

2 テキストを配置する

テキスト素材を作成し、「タイムライン」パネルに配置します❷。

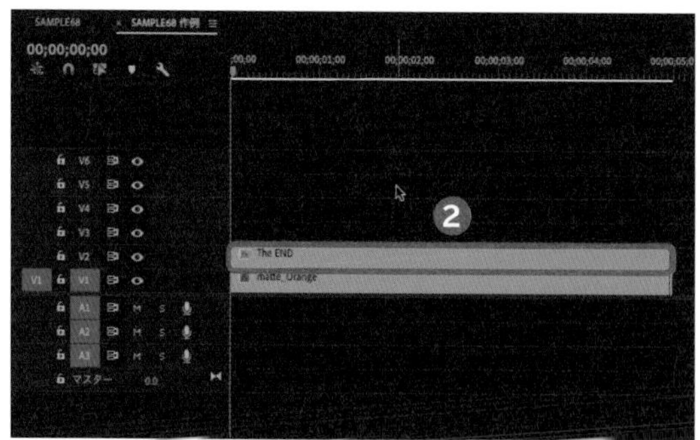

2 テキストにモーションを付ける

素材を置いたら、テキストの素材を動かしていきましょう。細かい作業になるので、ゆっくり丁寧にやりましょう。

1 終点を決める

テキストを動かし始めたい地点（ここでは「00:00:01:00」）まで再生ヘッドを移動させ❶、「エフェクトコントロール」パネルで「位置」の⏱をクリックします❷。

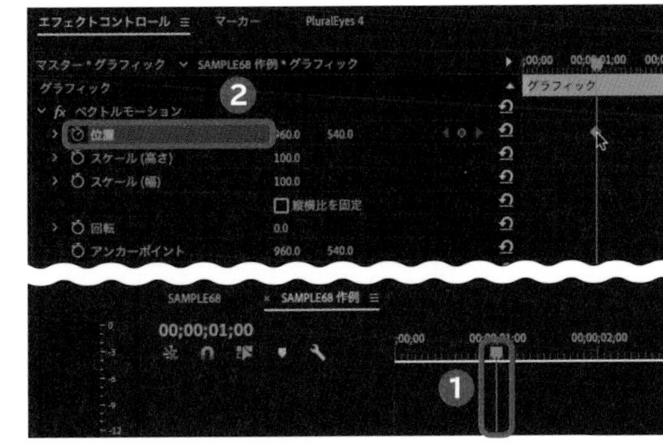

2 始点を決める

始点となる0秒で、「位置」の「Y座標（右側）」のパラメータを調整して❸、画面上部へと持っていきます❹。

POINT

この段階で、上から下にテキストが降りてきて、「960,540」でストップします。現状では等速直線運動のままです。

3「重力感」を付ける

「位置」の▶をクリックして、キーフレーム速度の編集画面を表示します❺。キーフレームの編集画面で「下」→「上」→「左」の順にドラッグして、速度変化の直線を作ります❻。

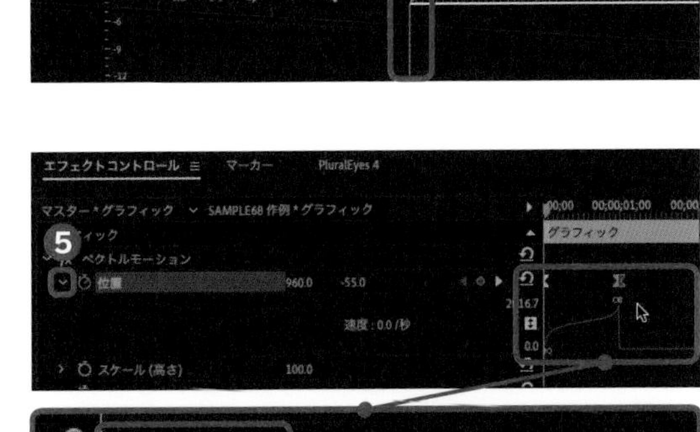

4 バウンドさせる

テキストが着地したタイミングから5フレームずつ間を開けて、2つキーフレームを打ちます。「Y座標」にそれぞれ「543」［540］と入力し、テキストをバウンドさせ、重力感を演出します❼❽。

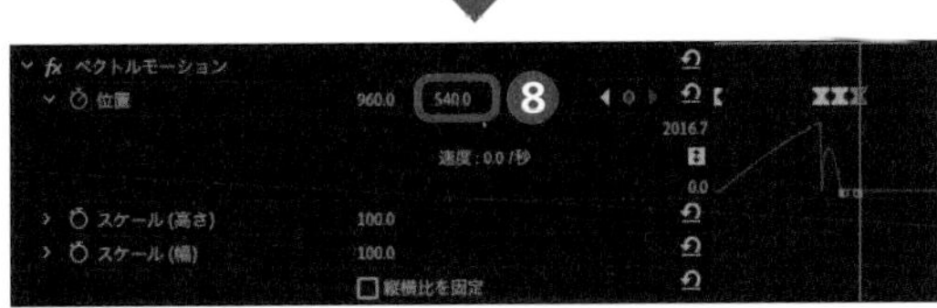

Technique 69 花吹雪で美しく仕上げる

映像に花吹雪を舞わせて華やかなエンディングを演出してみましょう。合成にそこまで神経質になる必要はありませんが、最低限押さえておくべきポイントを紹介します。

1 素材を配置する

桜の木が並んでいる背景素材の上に、桜の花びらが舞う素材を重ねましょう。今回使用する桜の花びらは、最初から背景が「アルファ=透明」のものを使用します。

1 背景素材と花びらの素材を配置する

「タイムライン」パネルの「V1」に背景となる映像素材を、「V2」に花びらの素材をドラッグします❶。

2 調整レイヤーを配置する

調整レイヤーを「V3」にドラッグし❷、「V2」の花びらの素材をクリックします❸。

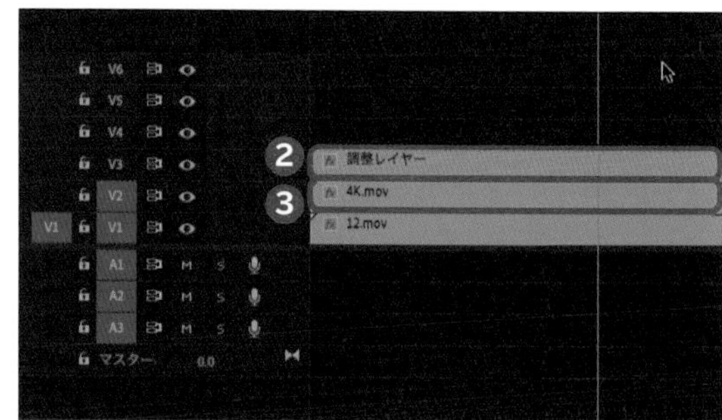

2 きれいに合成する

各種エフェクトを使用して、背景と花びらの素材をなじませていきます。

1 花びらの色を背景に合わせる

「エフェクトコントロール」パネルで「カラー補正」の「カラーバランス(HLS)」をクリックし❶、「色相」「明度」「彩度」を調整(ここではそれぞれ「0.0」「-7.0」「100.0」)します❷。

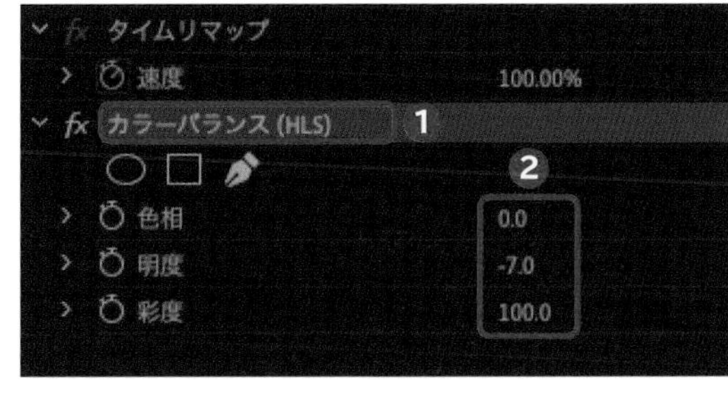

2 明るい箇所で、花びらが透けるようにする

「不透明度」の「描画モード」で[カラー比較(明)]をクリックします❸。当作例では、逆光が差し込んでいるので、描画モードを変更することで、花びらを透ける効果を得ることができます。

POINT

合成やモーションの調整基準は「現実世界の物理法則」に合わせると、よい結果が得られることが多いものです。

3 調整レイヤーで色を整える

「色かぶり補正」で、全体がピンク(マゼンタ)に近づくように調整(ここでは「20.0」)します❹。逆光を少し弱めるためにハイライトを下げます(ここでは「-50.0」)❺。「フェード」を上げて(ここでは「30.0」)、素材同士をなじませます❻。「自然な彩度」を少し下げます(ここでは「-20.0」)❼。

4 全体にうっすらノイズをのせる

「エフェクトコントロール」パネルで[ノイズHLSオート]をクリックし❽、明度に「8.0」と入力します❾。

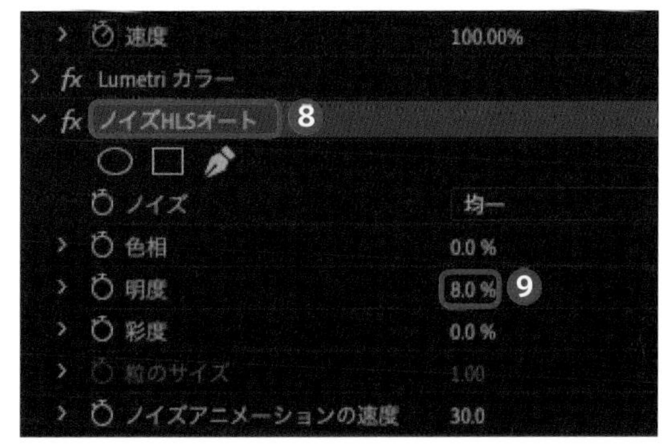

POINT

ノイズのかかり具合は、プログラムモニタを拡大して判断、調整しましょう。

背景の街を横スクロールさせる

歩いている人物の映像と横にスクロールしていく街の背景を合成させる演出です。アニメ作品のエンディングなどでよく用いられています。

1 素材を配置する

背景と人のシルエット素材を配置しましょう。ここでは、街のイラスト素材のスクロールに焦点を絞るため、シルエット素材は既存のものを使用します。

1 背景（カラーマット）を配置する

をクリックして❶、［カラーマット］をクリックし❷、ここではオレンジ色に設定して［OK］をクリックします。作成したカラーマットを「タイムライン」パネルの「V1」へドラッグします。

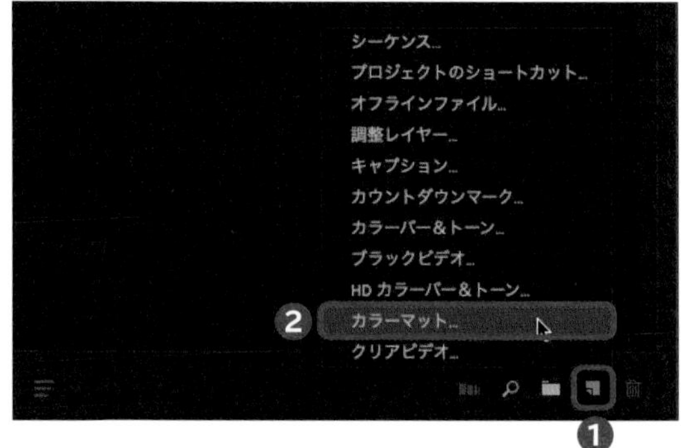

2 背景（街）を配置する

街のイラスト素材を「V2」へドラッグして❸、「エフェクトコントロール」パネルで「不透明度」の「描画モード」の［ソフトライト］をクリックします❹。

3 背景（紙のテクスチャー）を配置する

紙のイラスト素材を「V2」へドラッグして❺、「エフェクトコントロール」パネルで「不透明度」の「描画モード」の［焼き込み（リニア）］をクリックします❻。

4 人が歩いている素材を配置・調整する

人が歩いている映像素材を「V4」へドラッグします❼。４つの素材が揃ったら、背景素材の地面と人物の足が合うように「エフェクトコントロール」パネルで「位置」と「スケール」を調整し、「V4」を右クリックして❽、［定規を表示］をクリックします❾。

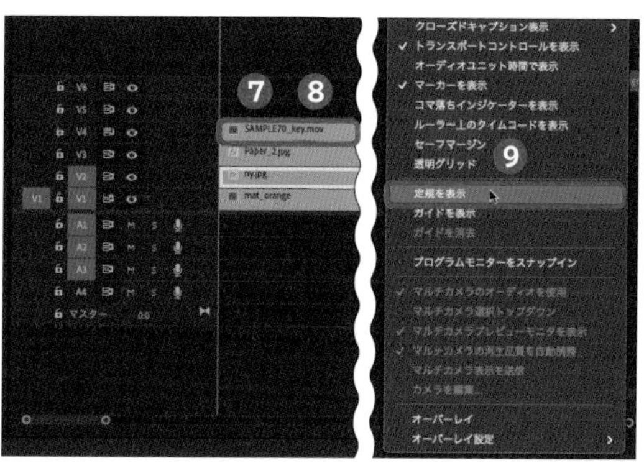

2 シルエットの動きを分析する

背景をスクロールさせる前に、シルエット１歩あたりの「時間」と「距離」を測りましょう。プロジェクトモニタとシーケンスから、ざっくりと導き出します。

1 定規を表示する

「プログラム」パネルの左部と上部に定規が表示されます❶。

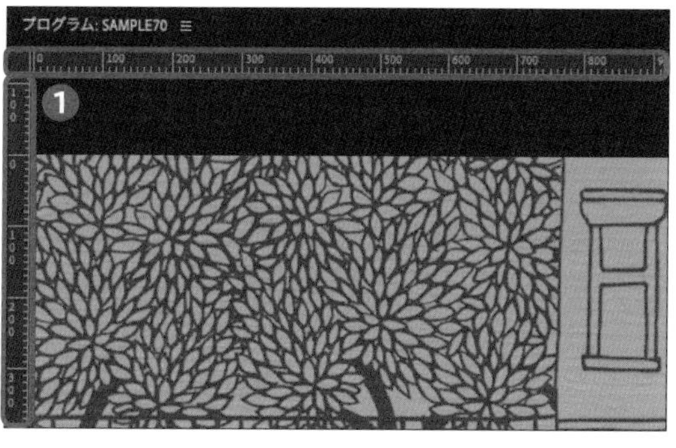

POINT

左から右にかけてＸ軸の値が、上から下にかけてＹ軸の値が大きくなっていきます。フル HD のサイズなら、左上の頂点が「0,0」、右下の頂点が「1920,1080」と表示されます。

2 シルエット１歩あたりの距離を測る

左側の定規をプレビュー画面にドラッグして、縦のラインを引きます❷。ここでは、シルエットの「前足のつま先」から「後ろ足のつま先」までの距離（1歩あたりの距離）が「1040-900」で「140px」ということがわかりました❸。

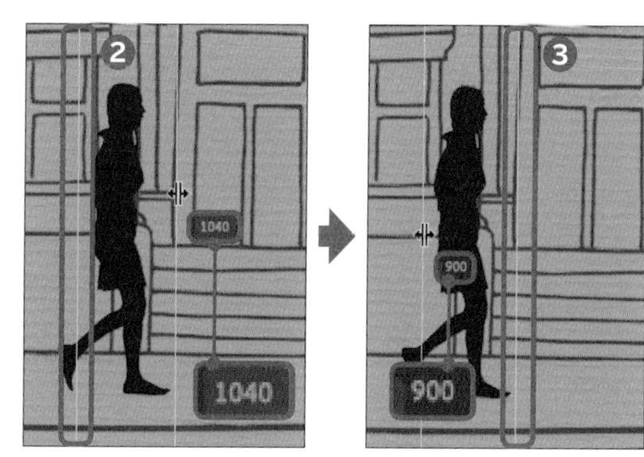

3 シルエット1歩あたりの時間を測る

「タイムライン」パネルの再生ヘッドを先頭に移動させて、→キーを押して1フレームずつ動画を再生し、ちょうど1歩のところまで再生します❹。ここでは、「17フレーム」となりました。

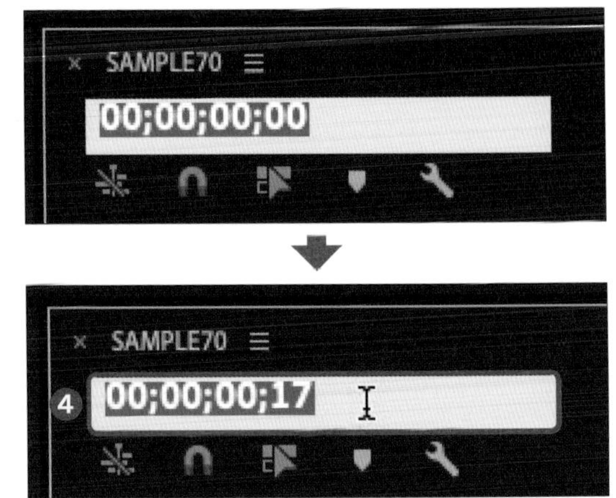

3 スクロール距離を計算する

シルエットの動きがわかったら、次は背景をどれだけ動かせばいいかを計算してみましょう。ここでは、スプレッドシートで計算しています。

1 シーケンスのフレームレートを確認する

画面上部の［シーケンス］→［シーケンス情報］の順にクリックして、「シーケンス設定」で「タイムベース」の数値を確認します❶。

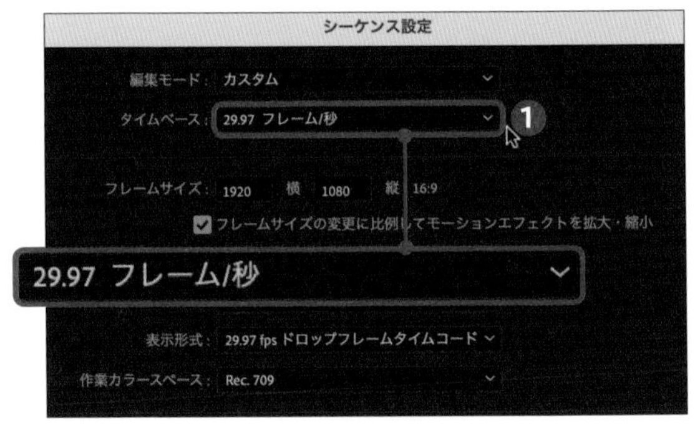

POINT

ここでのフレームレートは「29.97」でした。この場合、ざっくり「30」であると考えましょう。

Check! 移動距離を計算する

「シルエット1歩あたりの移動距離」を「1秒あたりの移動距離」に変換しましょう。「1秒あたりのシルエットの移動距離」と「1秒あたりの背景の移動距離」は同じ値をとります。

また、「シーケンスのフレームレート / シルエット1歩あたりの時間×シルエット1歩あたりの移動距離」が1歩あたりの移動距離となります。当作例では「247px」となりました。1秒あたりの尺がわかれば、あとは実際に使う尺の秒数をかけ算すれば、スクロールさせる数値がわかります。

今回は尺を5秒に設定しているので、「1歩あたりの移動距離×5秒」で「1235px」が背景をスクロールさせる値ということです。

計算せずに感覚で合わせてしまうことも不可能ではありませんが、結果的には計算したほうが早いケースが多いので、ここで紹介している方法をおすすめします。

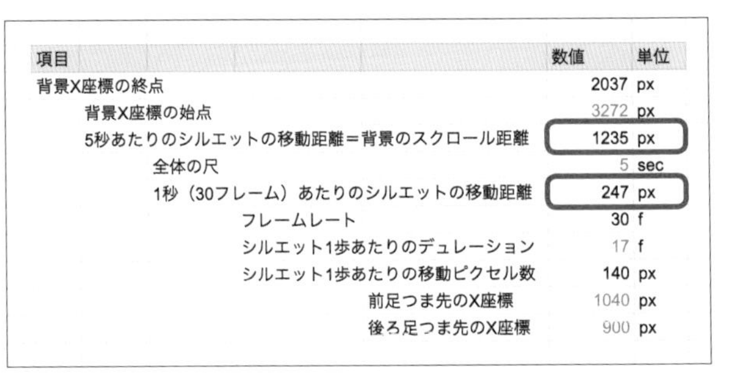

項目	数値	単位
背景X座標の終点	2037	px
背景X座標の始点	3272	px
5秒あたりのシルエットの移動距離＝背景のスクロール距離	1235	px
全体の尺	5	sec
1秒（30フレーム）あたりのシルエットの移動距離	247	px
フレームレート	30	f
シルエット1歩あたりのデュレーション	17	f
シルエット1歩あたりの移動ピクセル数	140	px
前足つま先のX座標	1040	px
後ろ足つま先のX座標	900	px

4 背景をスクロールさせる

キーフレームアニメーションを使用して、実際に背景をスクロールさせてみましょう。

1 スクロール「始点」の「X座標の値」を確認する

背景の画像素材をクリックして、「エフェクトコントロール」パネルで「モーション」「位置」のX座標の値を確認します（ここでは「3272.0」）。

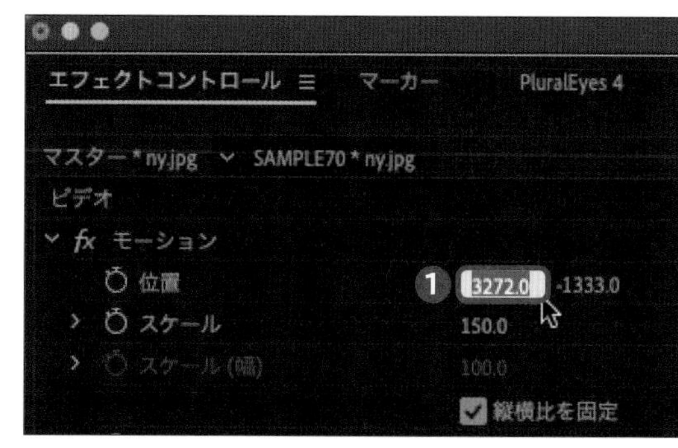

POINT

「左＝X軸」「右＝Y軸」の値です。

2 スクロール「終点」の「X座標の値」を計算する

手順1で確認したスクロール始点の値（「3272」）から、P.178の「Check！」で計算した5秒間の移動距離（「1235」）を引いて、スクロール終点の値を求めます❷。

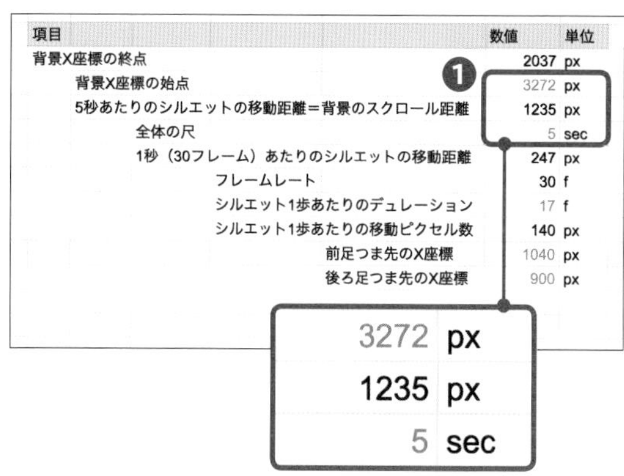

項目	数値	単位
背景X座標の終点	2037	px
背景X座標の始点	3272	px
5秒あたりのシルエットの移動距離＝背景のスクロール距離	1235	px
全体の尺	5	sec
1秒（30フレーム）あたりのシルエットの移動距離	247	px
フレームレート	30	f
シルエット1歩あたりのデュレーション	17	f
シルエット1歩あたりの移動ピクセル数	140	px
前足つま先のX座標	1040	px
後ろ足つま先のX座標	900	px

POINT

当作例では「3272-1235」から、「2037px」がスクロール終点のX座標の値になります。

3 始点にキーフレームを打つ

「タイムライン」パネルの再生ヘッドを先頭に移動させ❸、「エフェクトコントロール」パネルで「モーション」の「位置」の⏱をクリックしてアニメーションをオンにします❹。

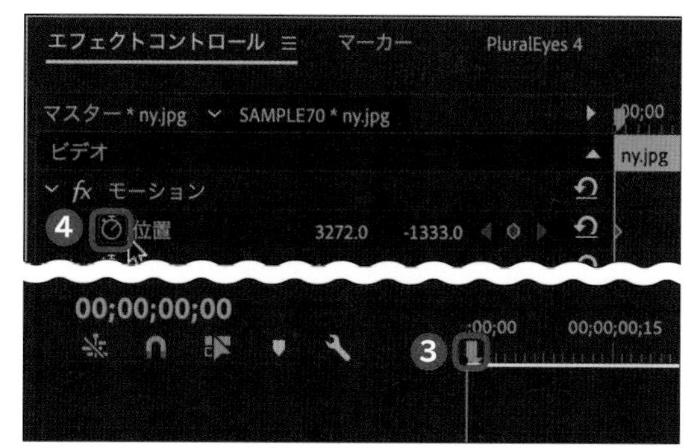

4 終点にキーフレームを打つ

「タイムライン」パネルの再生ヘッドを最後尾に移動させ「エフェクトコントロール」パネルで「モーション」の「位置」に「2037.0」「-1333.0」と入力して❺、⏱をクリックしてアニメーションをオンにします❻。

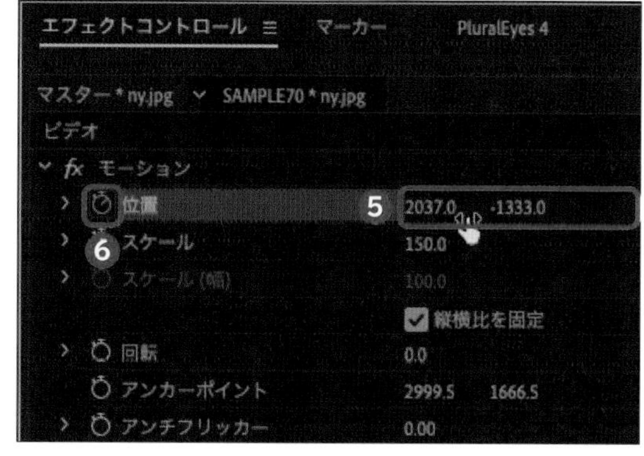

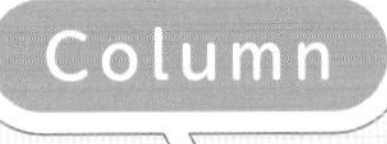

より本格的に動きを付けるなら After Effectsも検討しよう

エンディングに限らず、文字や画像、エフェクトに動きを付けることで映像をより本格的に作りこむことができます。このチャプターでたとえるならば、Technique 68「The END」の文字を動かす」など、その最たるものです。解説の通り、上から落ちてきてバウンドさせる程度であればPremiere Proで十分事足りますが、もっと自由に動かしたいという人は、After Effectsとの連携をぜひ検討してみるとよいでしょう。キーフレームを打ち込んだり、あるいはコーディングを行なったりすることで、Premiere Proよりもはるかに柔軟に、素早くモーショングラフィックスを制作することができます。実際、Premiere Proを使える人は、After Effectsも使いこなすことで動画制作を効率化しているケースがほとんどです。

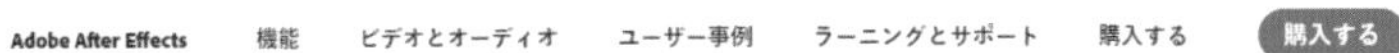

文字と画像に動きをつける

業界標準のモーショングラフィックスソフトウェアAfter Effectsを使用して、Macやパソコンでタイトル、ロゴ、背景をアニメーション化します。
高品質なモーションデザインテンプレートをカスタマイズしたり、プロジェクトでテンプレートを作成すれば、何度でも繰り返し使用できます。

コンポジションを使用したロゴのアニメーション化

Adobe Illustrator、Adobe Photoshop、Adobe Premiere Proなどアドビのアプリからファイルをインポートして、コンポジションを作成します。レイヤーを配置、拡大縮小、回転して、複数のキーフレームを記録し、アニメーションを作成できます。

オブジェクトと背景を動かす

キーフレームを記録して、シーン内でオブジェクトを移動します。次に、アンカーポイントを配置、調整して、アニメーションパスを微調整します。グラフィックのシェイプをループさせたり、オーガニックパターンに流れをつけたり、お好みの背景エフェクトを何でも作成できます。

字幕を魅せるテクニック

字幕やテロップも、動画の情報を伝えるうえで重要な要素です。しかし、ただテキストを入力して表示するだけでは、しっかりと読んでもらえません。そこでこのチャプターでは、字幕で「魅せる」ためのさまざまなテクニックやあしらいを紹介していきます。

［作例・文］
Rec Plus ごろを：Technique 71 ～ 76
井坂光博：Technique 77 ～ 81、Column

Technique 71

文字に残像を付ける

回転している文字に残像を付けるテクニックです。ブレの強さは自由に調整できるので、テキストの長さや内容によって調整してみるとよいでしょう。

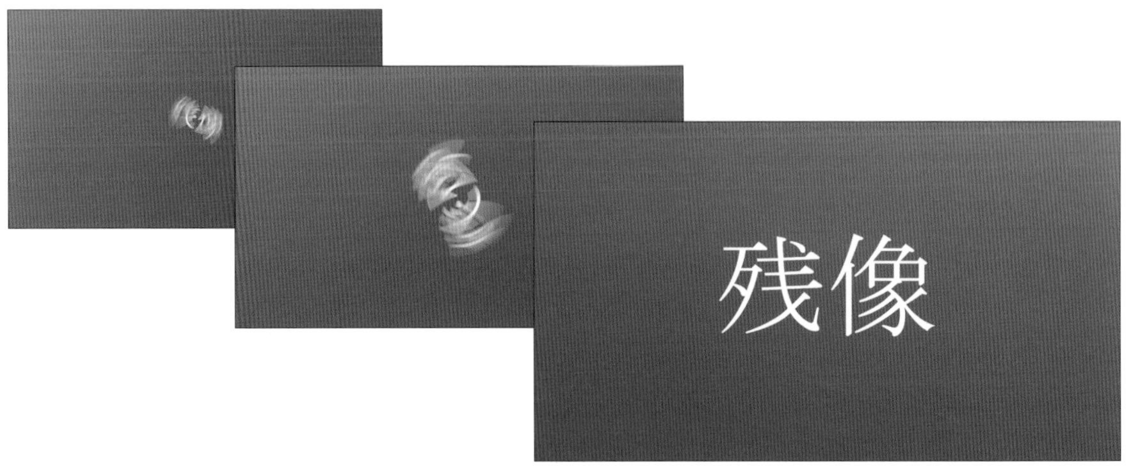

1 トランスフォームを適用する

前準備として、P.037手順1～4を参考に、「プログラム」パネルのプレビュー画面で、残像を付けるテキスト（ここでは「残像」という文字）を入力します。入力したら「エフェクトコントロール」パネルで、フォントや大きさなどを調整してください。

1 トランスフォームを選択する

P.016手順1を参考に「エフェクト」タブで「トランスフォーム」と入力し、[トランスフォーム]をクリックして❶、「タイムライン」パネルのテキスト素材へドラッグします❷。

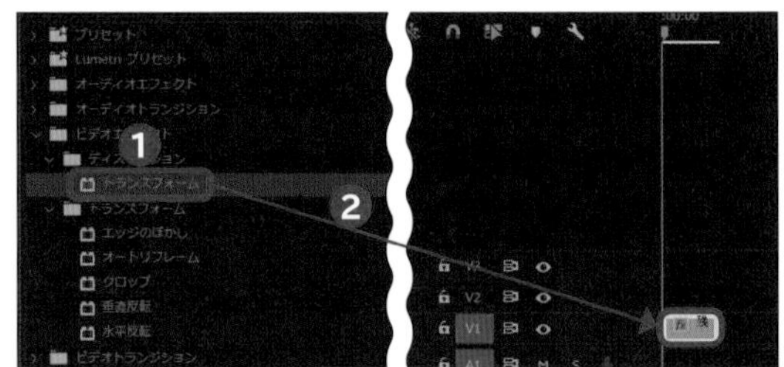

2 タイムラインに追加する

再生ヘッドを文字レイヤーの先頭まで移動させ❸、「エフェクトコントロール」パネルで「トランスフォーム」の「スケール」と「回転」の⏱をクリックしてアニメーションをオンにします❹❺。

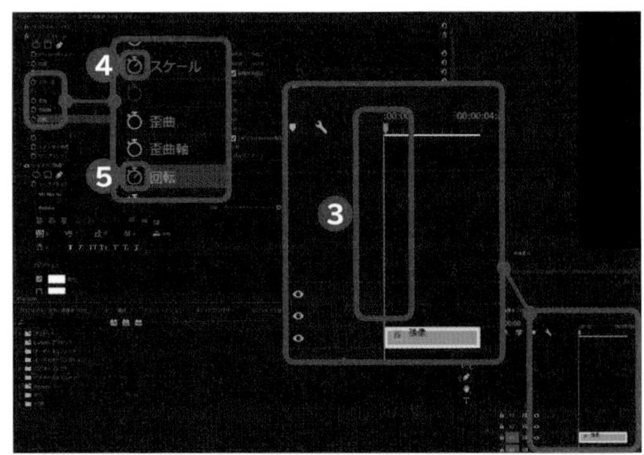

2 トランスフォームを適用する

トランスフォームをテキスト素材に適用したら、「エフェクトコントロール」パネルの数値にキーフレームを打ち、文字に動きを付けていきます。

1 再生ヘッドを移動する

「エフェクトコントロール」パネルで「スケール」に「0.0」と入力して❶、Shift+→キーを動かしたいフレーム数だけ（ここでは10回）押し、再生ヘッドを移動させます❷。

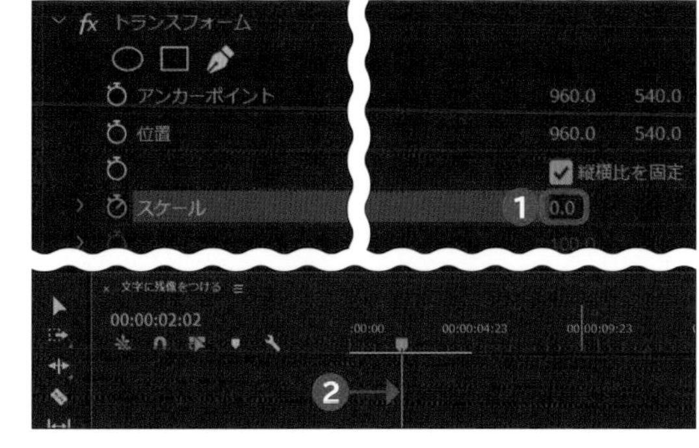

2 回転のアニメーションを適用する

「エフェクトコントロール」パネルで「スケール」に「100.0」と入力し❸、「回転」に「10x」と入力します❹。

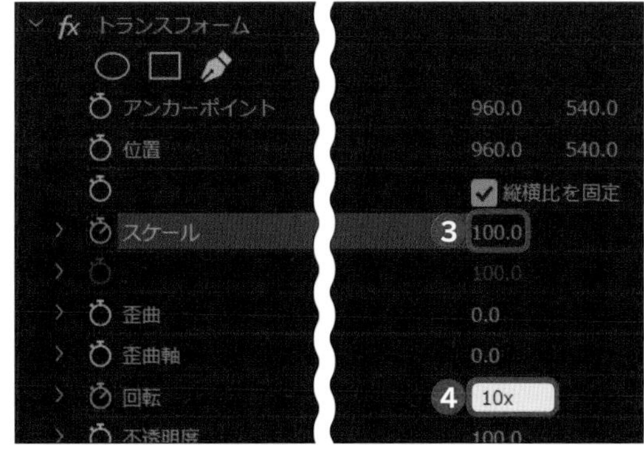

3 残像を追加する

以上で、入力したテキストを10回転させることができます。ここから、「エフェクトコントロール」パネルのシャッター角度を変更して残像を追加していきます。

1 残像を調整する

「エフェクトコントロール」パネルで「シャッター角度」に「200」と入力します❶。

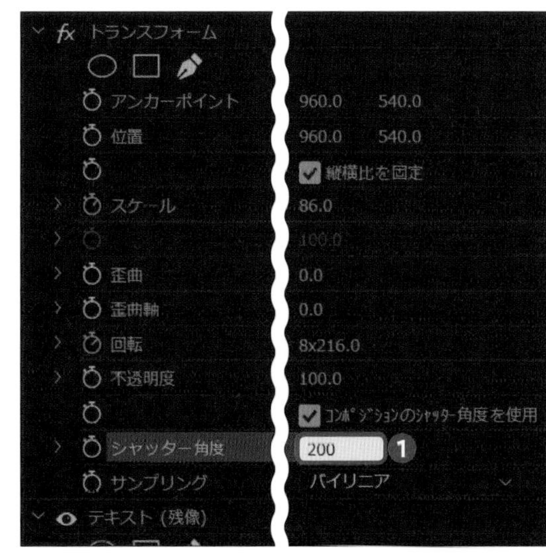

POINT

この残像はスケールや回転だけでなくさまざまなアニメーションに適応可能です。また、残像の強さ（ブレ具合）は「シャッター角度」の数値によって調整可能です。

Technique 72

移動する人物に合わせて見出しを移動させる

移動するモノや人物に合わせて見出しを移動させるテクニックは、さまざまな場面で活用可能です。見出しの下に線を入れることで、ぐっとわかりやすくなります。

1 素材を用意する

前準備として、背景となる映像素材と見出しとなるテキスト素材を用意し、「タイムライン」パネルへドラッグしてください。その後、以下の手順で見出しの下に線を付けて動かしていきます。

1 マスクを作成する

「ツール」パネルで をクリックして❶、プレビュー画面に表示されているテキストの下側から Shift キーを押しながら3回クリックし、3点を打ってマスクを作成します❷。

2 見出しの線の太さを調整する

「エフェクトコントロール」パネルで「シェイプ」の[ストローク]のみクリックしてチェックを付け❸、任意の太さ（ここでは「4.0」）に設定します❹。

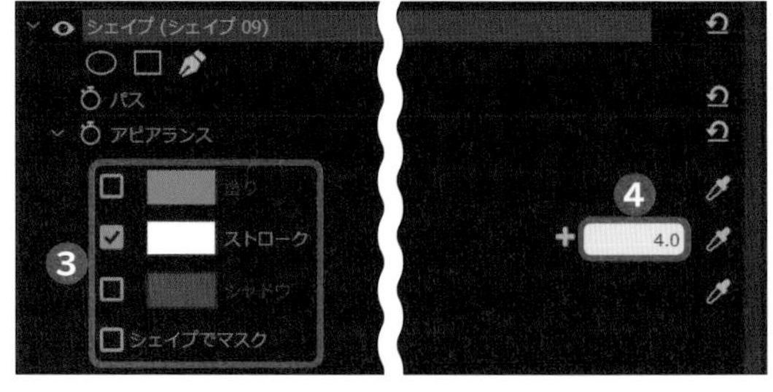

3 再生ヘッドを先頭に移動する

「タイムライン」パネルで再生ヘッドを先頭に移動させます❺。

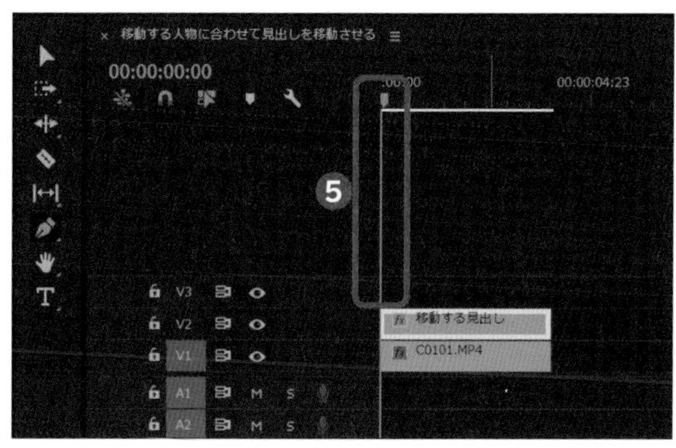

4 パスのアニメーションをオンにする

「エフェクトコントロール」パネルで「シェイプ」の「パス」の をクリックしてアニメーションをオンにします❻。

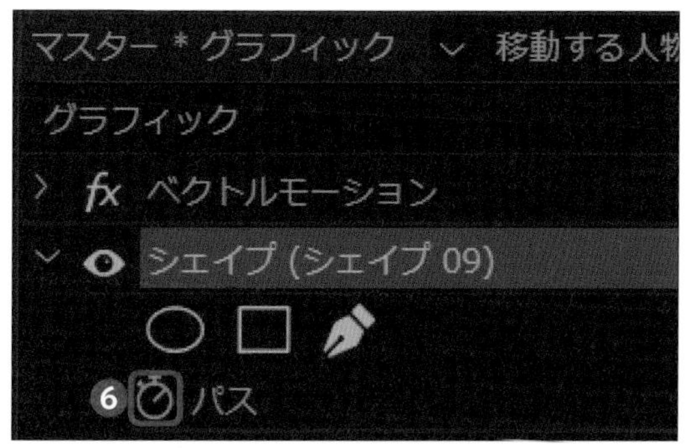

5 フレームを進める

「ツール」パネルで をクリックして❼、 をクリックして1フレーム進めます❽。

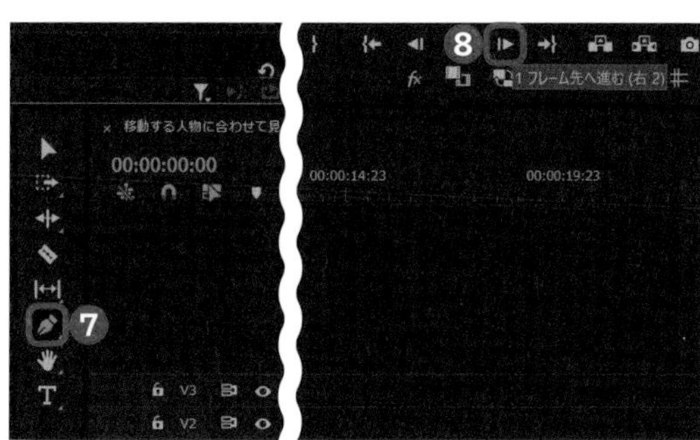

6 見出しの位置を修正する

プレビュー画面で、ずれた見出しをドラッグして修正します❾。

7 フレームを進め見出しの位置を修正する

以降は、手順5～6をくり返します。

Technique 73 ネット番組風のテロップ

いくつかの素材を組み合わせることで、ネット番組風のテロップを作るテクニックです。フォントを選ぶ際にオーソドックスなゴシック体などを選ぶと、それらしく見せることができます。

1 素材を用意する

前準備として、映像素材を「タイムライン」パネルへドラッグします。ここから、「ザブトン」と呼ばれるテロップのベースを作成していきます。

1 ザブトンを表示する

をクリックして❶、[長方形] をクリックし❷、「プログラム」パネルのプレビュー画面に表示された長方形をドラッグして大きさを調整します❸。「エッセンシャルグラフィックス」パネルの [塗り] をクリックして色(ここではカラーコード「494949」の黒)を変更します❹。

2 ザブトンを複製する

「エッセンシャルグラフィックス」パネルで「シェイプ01」を右クリックして❺、[複製] をクリックし❻、それぞれをクリックして名前(ここでは「ザブトン上」「ザブトン下」)を入力します❼。

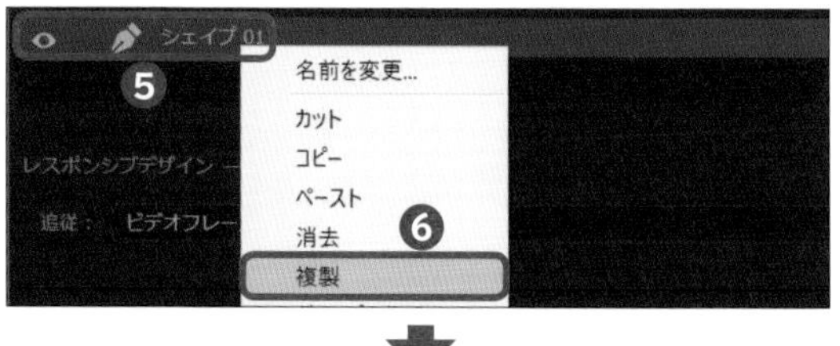

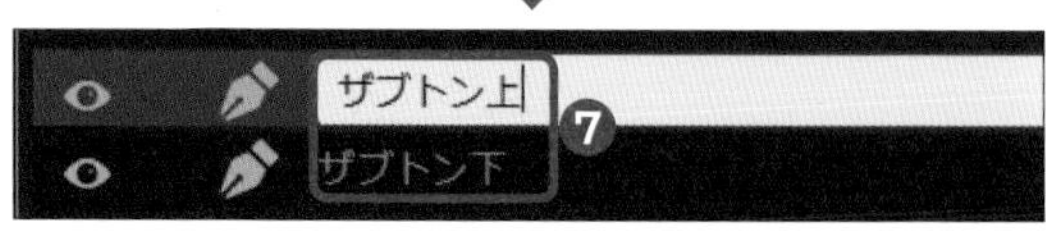

❸ テロップを入力する

プレビュー画面に表示された2つ目の長方形（ザブトン下）をドラッグして1つ目の長方形（ザブトン上）の一部に重なるよう配置します❽。「エッセンシャルグラフィックス」パネルの［塗り］をクリックして色（ここではカラーコード「FF0000」の赤）を変更し❾、手順❶左側の画面で［横書きテキスト］をクリックして、プレビュー画面の長方形をクリックしてテロップを入力します❿。

❹ テロップのアニメーションをオンにする

「タイムライン」パネルで再生ヘッドを先頭に移動させ→キーを20回押して20フレーム右に移動させます⓫。「エフェクトコントロール」パネルで「シェイプ（ザブトン下）」と「シェイプ（ザブトン上）」の「位置」の⏱をクリックしてそれぞれアニメーションをオンにし⓬⓭、再生ヘッドを先頭に移動させます⓮。

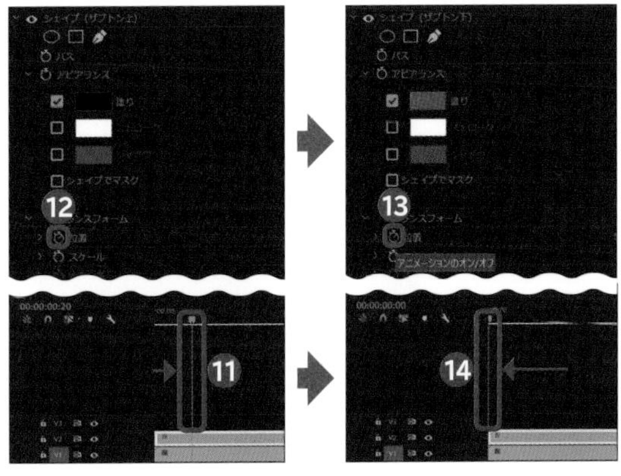

❺ ザブトンを画面外に移動させる

「エフェクトコントロール」パネルで「シェイプ（ザブトン下）」と「シェイプ（ザブトン上）」の「位置」のX軸の値を、ザブトンが画面の外に出るまでそれぞれ調整します（ここでは「-456.8」から「-454.8」）⓯⓰。

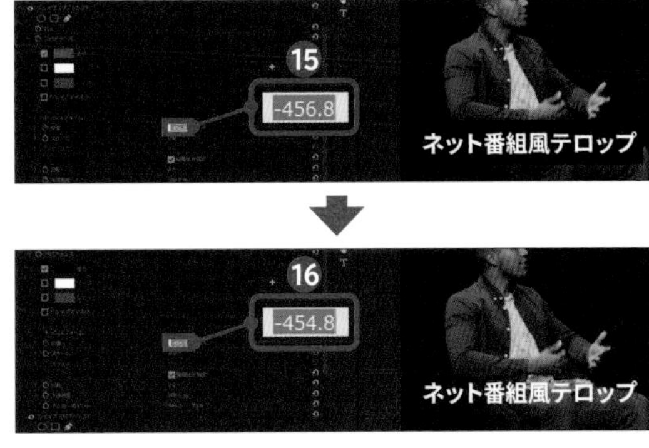

❻ テロップの方向を変更する

再生ヘッドを先頭に移動させ、→キーを25回押して25コマ右に移動させます⓱。「エフェクトコントロール」パネルで「テキスト」の「位置」の⏱をクリックしてアニメーションをオンにします⓲。←キーを10回押して10コマ左に移動させ⓳、「エフェクトコントロール」パネルで「テキスト」のX軸の値をテロップが画面の外に出るまで調整します（ここでは「-836.0」）⓴。

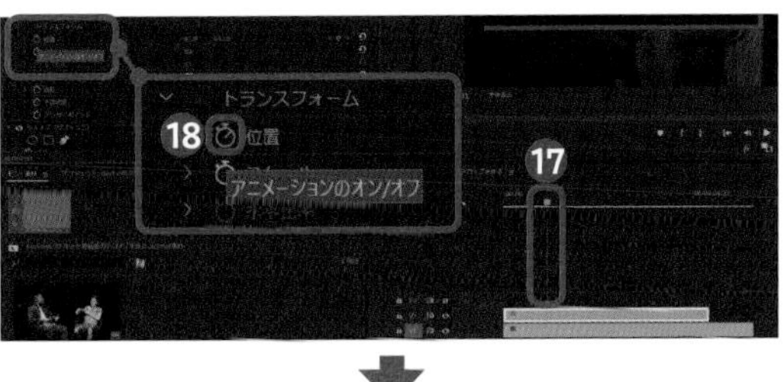

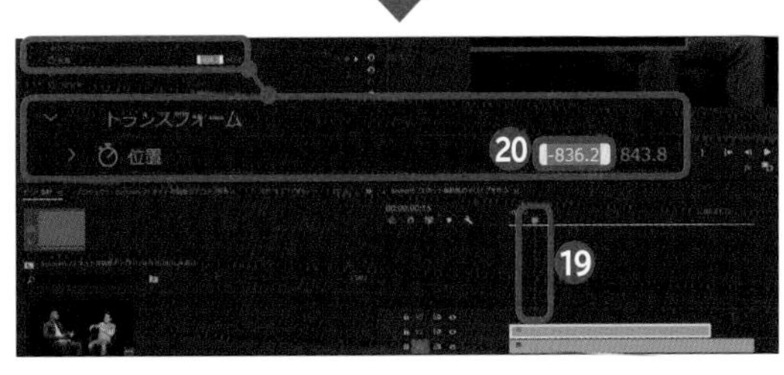

Technique
74 ニュース番組風テロップ

ニュース番組風のテロップを作るテクニックです。ザブトンの色合いや位置、フォントをうまく調整して作成しましょう。

1 テロップとザブトンを作成する

まずは、ニュース番組でよく用いられる「LIVE」というテロップから順に作成していきます。1つ作成してしまえば、あとは同じ方法をくり返すだけです。

1 ザブトンを作成する

P.186手順1～3を参考にザブトンを作成してクリックし、「LIVE」と入力して❶、「エッセンシャルグラフィックス」パネルで［背景］をクリックしてチェックを付けます❷。カラーパネルをクリックして任意の色（ここではカラーコード「FF009E」のピンク）を選択し❸、「不透明度」に「60」、「大きさ」に「18」と入力します❹。プレビュー画面のザブトンをドラッグし任意の位置に移動させます❺。

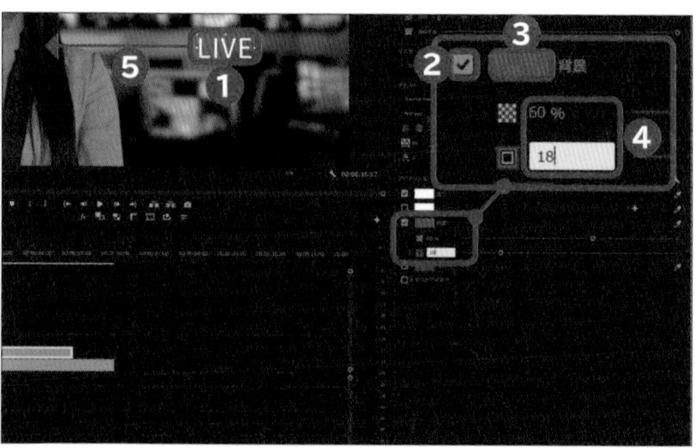

2 2つ目のザブトンを作成する

手順1で作成した「LIVE」素材をAlt/Optionキーを押したまま上側のレイヤーにドラッグして複製し❻、複製した素材をクリックします❼。プレビュー画面でドラッグして移動させ、タイトルを入力し❽、［背景］をクリックして「カラーピッカー」で任意の色を選んで［OK］をクリックします❾。

3 3つ目のザブトンを作成する

P.186手順1～3を参考にザブトンを作成してクリックし、サブタイトルを入力して⑩、「エッセンシャルグラフィックス」パネルで［背景］をクリックしてチェックを付けます⑪。カラーパネルをクリックして任意の色（ここではカラーコード「FF009E」の黒）を選択し⑫、「不透明度」に「100」と入力して⑬、プレビュー画面のザブトンをドラッグして任意の位置に移動させます⑭。サブタイトルの左側にある「速報」というテロップも同様の方法で作成します。

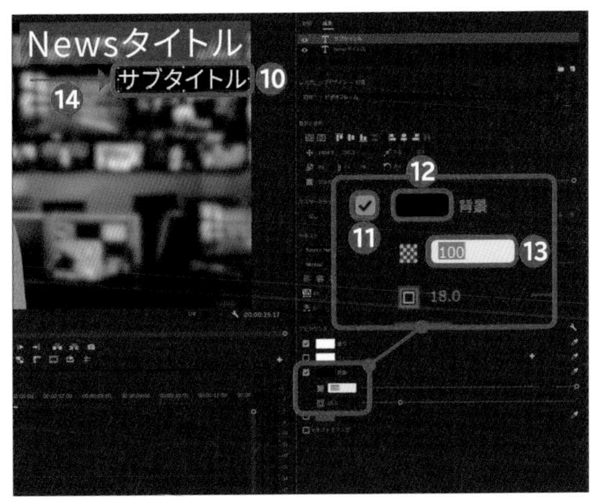

2 テロップとザブトンを動かす

以上でテロップは完成ですが、画面外からニュースのタイトルやサブタイトルが下りてくる動きを付けると、さらに本格的に仕上げることができます。使用するのは「押し出し」というエフェクトです。その名の通り、適用した素材を任意の方向へ押し出して動かすことができます。

1 押し出しを適用する

P.016手順1を参考に「エフェクト」タブで「押し出し」と入力し❶、［押し出し］をクリックして❷、「タイムライン」パネルのテキスト素材とザブトンへドラッグします❸。

2 デュレーションを調整する

「エフェクトコントロール」パネルで「デュレーション」に「00:00:00:20」と入力します❹。

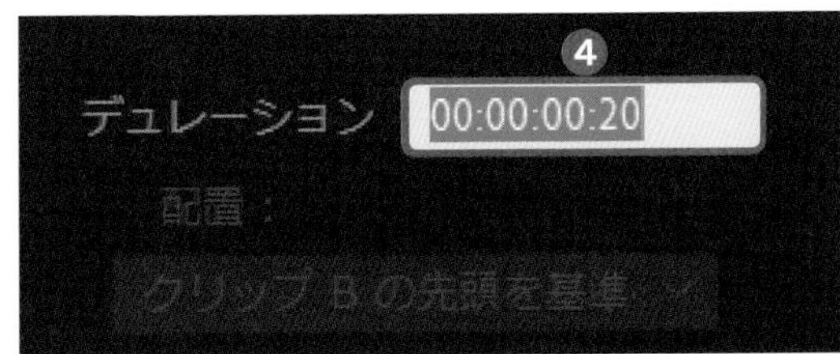

3 押し出しの方向を調整する

デュレーション横の4つの「▼」（ここでは「上から下」）をクリックしてアニメーションの方向を調整します❺。

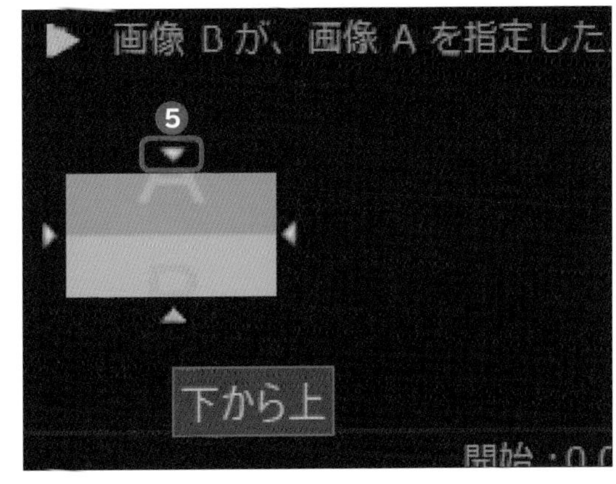

Technique 75

バラエティ番組のような字幕

YouTube向けの動画などでも使える、派手で楽し気な字幕を作るテクニックです。太めに縁を付けた袋文字で目立たせるのがポイントです。

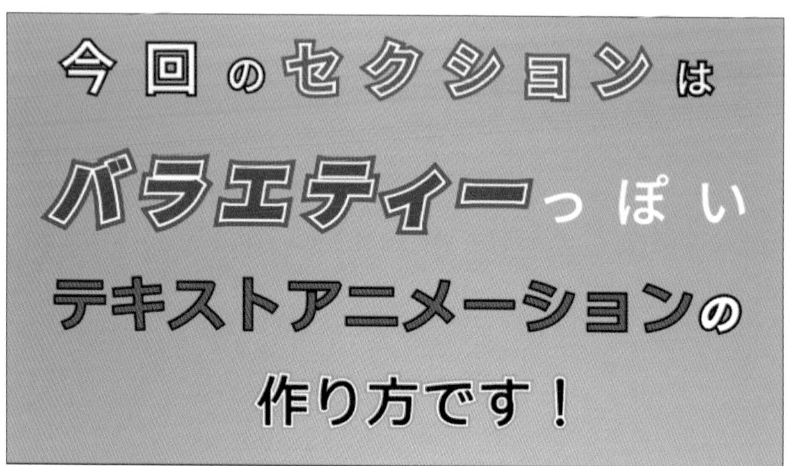

1 テロップを飾り付ける

前準備として、背景となる素材を「タイムライン」へドラッグして、P.187手順3を参考に［横書きテキスト］をクリックします。次に、「プログラム」パネルのプレビュー画面で［新規テキストレイヤー］をダブルクリックし、テロップのテキストを入力します。なお、ここでのテロップは1行のみにとどめておいてください。

1 フォントを調整する

調整したい文字をドラッグして複数選択し❶、「エッセンシャルグラフィックス」パネルで［ストローク］をクリックしてチェックを付けます❷。カラーパネルをクリックして「ストローク」の色（ここでは黒）を設定して❸、「枠の太さ」に「10」と入力し❹、大きさを変えたい文字を選択します❺。「エッセンシャルグラフィックス」パネルで「フォントサイズ」の数値に「70」と入力します❻。残りの文字も同様の手順で、フォントサイズと色、ストロークを設定していきます。

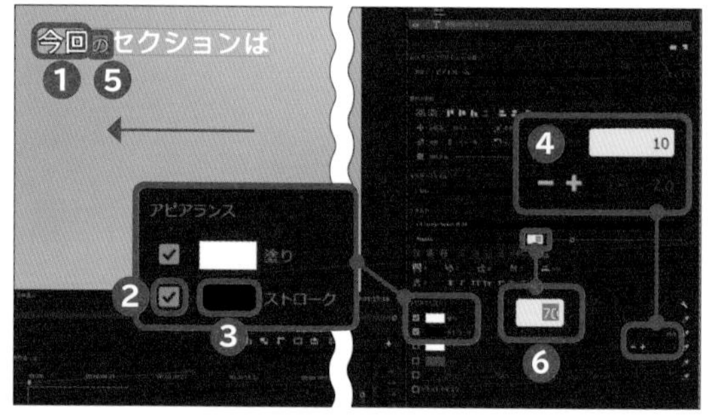

2 文字間隔を調整する

「エッセンシャルグラフィックス」パネルで「カーニング」に「200」と入力します❼。

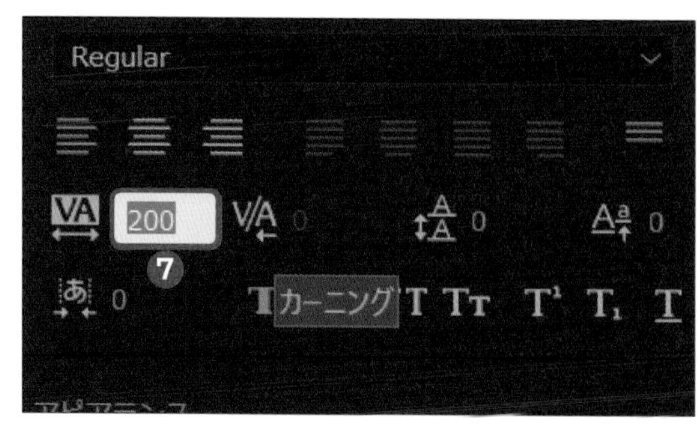

3 2つ目のテロップを作成する

「タイムライン」パネルで、手順1～2で作成した「V2」のテロップ素材をクリックして、Alt/Optionキーを押したまま上側のレイヤーへドラッグして複製します❽。「V2」より右側にずれるようにドラッグして配置して❾、プレビュー画面に表示された2つ目のテロップを右方向へドラッグし、上側のテロップとの位置をずらします❿。以降は、手順1～2と同様に「エッセンシャルグラフィックス」パネルでフォントサイズや色を変更して装飾して、同様に複製していきます。

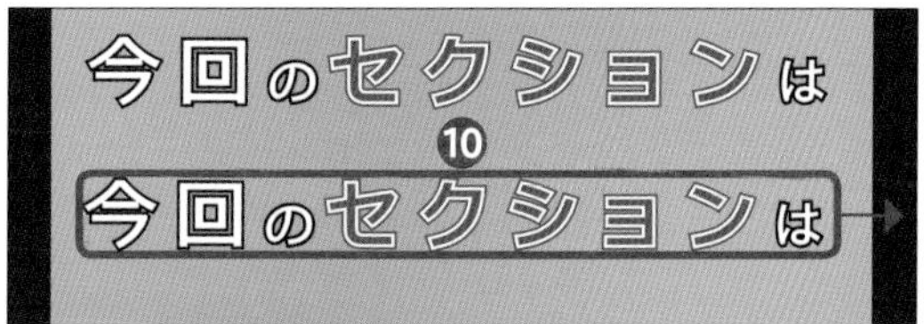

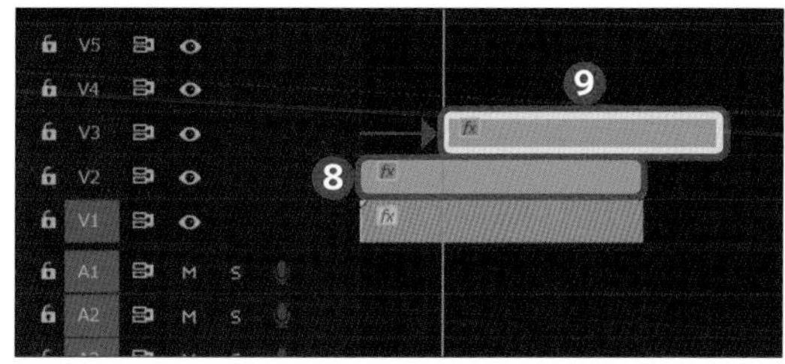

2 テロップを動かす

以上でテロップは完成ですが、このテクニックでも動きを付けてより高品質に仕上げていきましょう。P.189で紹介した「押し出し」を使用する方法もありますが、ここでは「クロップ」という別のエフェクトによる方法を紹介します。クロップの切り抜き範囲を動かすことで、字幕が順番に出現するような効果を作り出すことができます。

1 クロップを適用する

P.016手順1を参考に「エフェクト」タブで「クロップ」と入力し❶、[クロップ]をクリックして❷、「タイムライン」パネルのすべてのテロップ素材(ここでは「V2」～「V5」)へドラッグします❸。

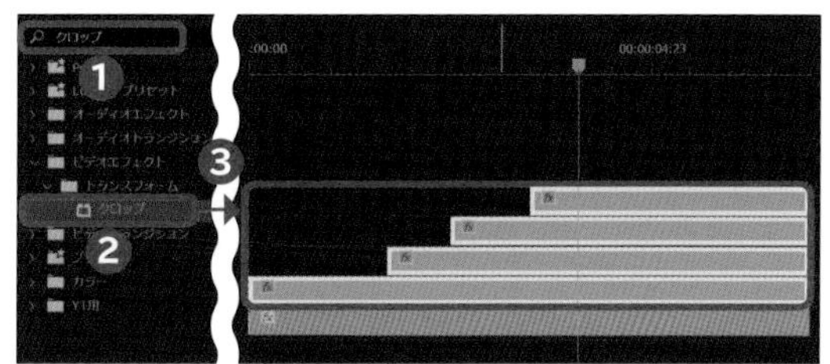

2 クロップを調整する

「タイムライン」パネルで1行目のテロップ素材(ここでは「V2」)をクリックし❹、再生ヘッドを先頭まで移動させ❺、「エフェクトコントロール」パネルで「クロップ」の「右」のをクリックしてアニメーションをオンにし❻、「100」と入力します❼。

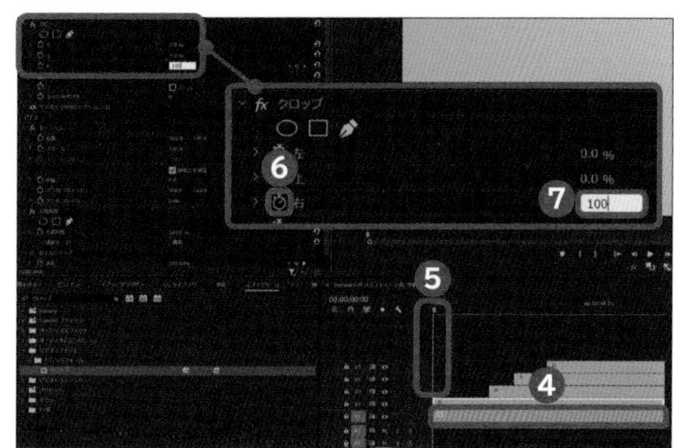

3 押し出しの方向を調整する

次の文字を出したい秒数(ここでは「00:00:00:10」)まで再生ヘッドを移動させ❽、「右」の数値に「65」と入力して❾、さらに再生ヘッドを右(ここでは「00:00:01:00」)に移動させ❿、「右」に「0」と入力します⓫。

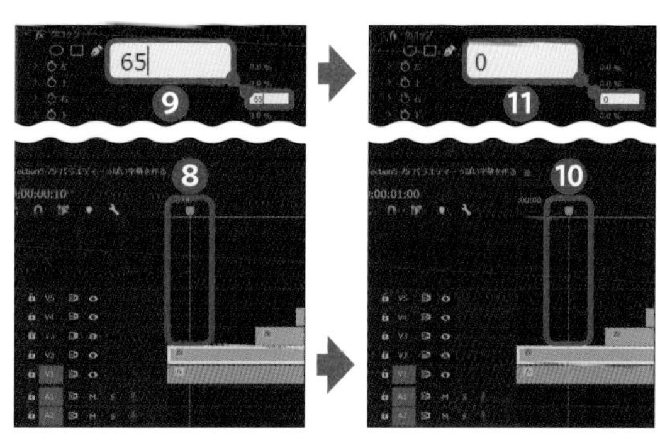

Technique 76 吹き出しに文字を入れる

いわゆる字幕よりも、もう少し親しみやすいイメージで文字情報を伝えたいというときは、吹き出しを使ってみるとよいでしょう。吹き出しの素材は無料でダウンロードできます。

1 吹き出しを適用する

前準備として、背景となる映像素材を「プロジェクト」パネルへドラッグしてください。次に、「https://fukidesign.com/」から、好きな吹き出しの素材を「PNG」形式でダウンロードして、こちらも「プロジェクト」パネルへドラッグしてください。

1 映像素材を配置する

「プロジェクト」パネルの映像素材をクリックして❶、「タイムライン」パネルにドラッグし❷、クリックします❸。

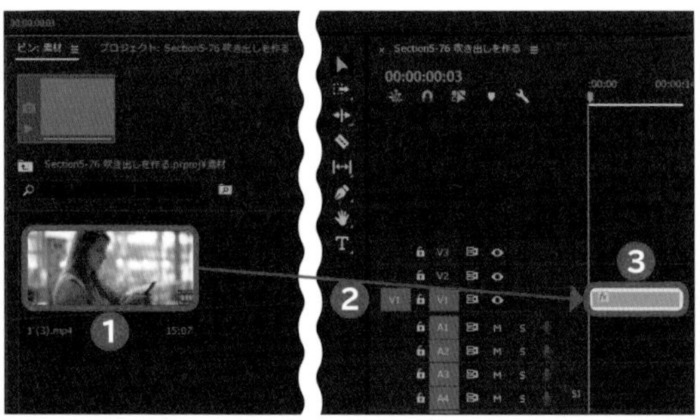

2 エッセンシャルグラフィックスパネルを表示する

[グラフィック] をクリックして❹、[編集] をクリックし❺、■をクリックして❻、[ファイルから…] をクリックします❼。

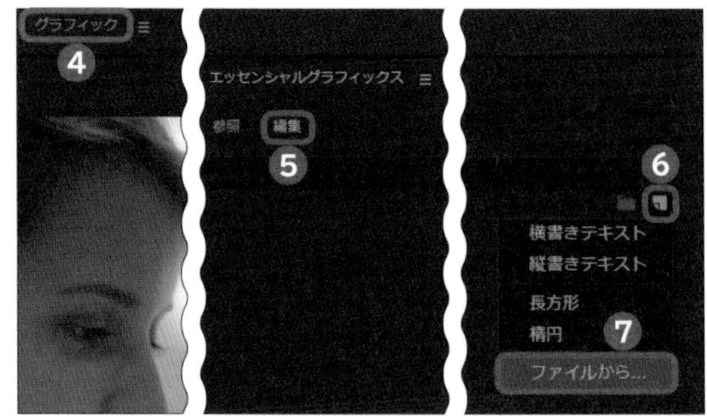

3 吹き出しを調整する

「エッセンシャルグラフィックス」パネルの「編集」タブをクリックし、右端の［新規レイヤー］→［ファイルから…］の順にクリックし、ダウンロードした吹き出し素材をクリックします。「エッセンシャルグラフィックス」パネルを表示し、「プログラム」パネルのプレビュー画面をクリックして吹き出し素材の形や大きさを調整します❽。

4 テキストを入力する

「エッセンシャルグラフィックス」パネルの［編集］タブをクリックし、［新規レイヤー］→［横書きテキスト］の順にクリックして、テキストを入力します❾。好みに応じて「エッセンシャルグラフィックス」パネルでフォントなどを変更します❿。

5 素材の長さを合わせる

「タイムライン」パネルで、吹き出し素材（ここでは「V2」）をドラッグして、映像素材（ここでは「V1」）の長さに合わせます⓫。

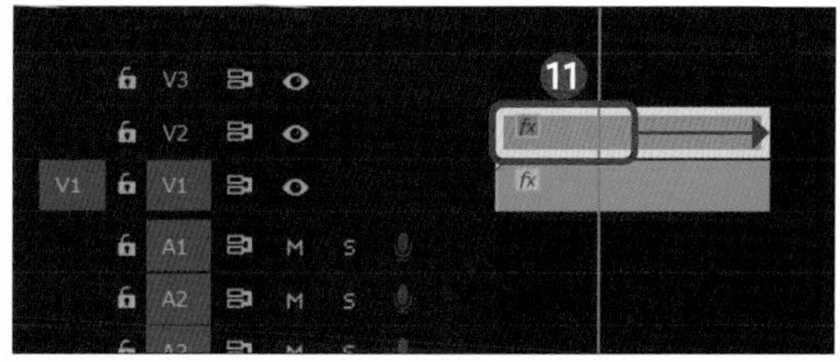

6 吹き出しの位置を調整する

「エフェクトコントロール」パネルで、「ベクトルモーション」に任意の数値（ここでは「回転」に「-15」）を入力して調整します⓬。

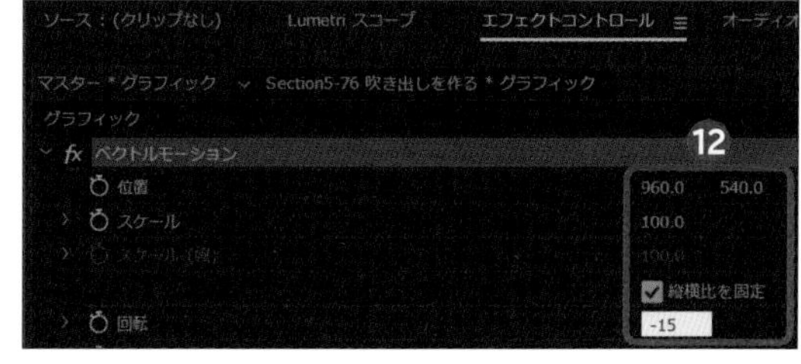

Another

吹き出しを増やす

手順1～6をくり返して、吹き出しを増やしたり角度を付けたりすると、よりにぎやかな印象に仕上げることができます。

Technique 77

エッジが歪んだ、点滅するテロップ

映像の構成を一度崩すタイミングなどで、うまく使える字幕の演出です。モノクロの映像の上に、チカチカと点滅するテロップを置くことで、ショッキングに演出しましょう。

1 背景素材とテキスト素材を配置する

背景としてモノクロの素材を配置し、その上に赤で目立つテキストを配置していきます。テキストには境界線とシャドウでデザインを入れます。

1 背景の素材を配置する

背景となる映像素材を「タイムライン」パネルへドラッグします❶。

POINT

なるべくショッキングな印象を与える映像素材を用意しましょう。

2 テキストを配置して調整する

P.037手順1～4を参考に横書きテキストを配置し❷、「エッセンシャルグラフィックス」パネルで任意の形に調整します❸。

2 テキストにエフェクトを適用する

続いて、作成したテキストにエフェクトを適用していきます。エッジを歪ませて点滅させ、テキストの大きさも変化させていくことで、ガクガクした印象を与えることができます。

1 テキストのエッジを歪ませる

P.016手順1を参考に「エフェクト」タブの検索窓に「ラフエッジ」と入力し、[ラフエッジ]をクリックしてテキスト素材へドラッグします❶。「エフェクトコントロール」パネルで「ラフエッジ」の「エッジの種類」の[ラフ]をクリックして❷、「縁」と「エッジのシャープネス」を好みの形(ここでは「32.10」、「0.49」)に調整します❸。

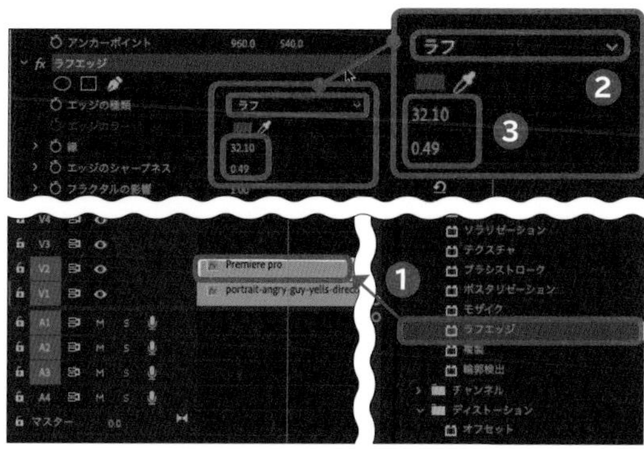

2 テキストを高速で点滅させる

手順1と同様に「エフェクト」タブの検索窓に「ストロボ」と入力し、[ストロボ]をクリックしてテキスト素材へドラッグします。「エフェクトコントロール」パネルで「ストロボ」の「ストロボカラー」のカラーパネルで黒をクリックします❹。「ストロボデュレーション(秒)」と「ストロボ間隔(秒)」を好みの形(ここでは「0.01」、「0.02」)に調整します❺。

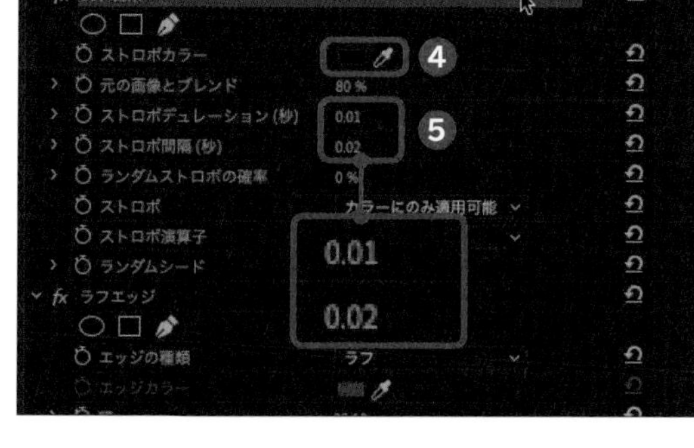

3 テキストを斜めにする

「エフェクトコントロール」パネルで「ベクトルモーション」の「回転」に「-4.0」と入力します❻。

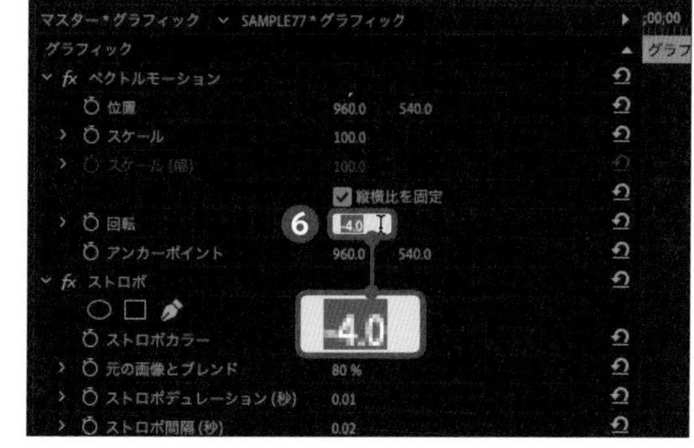

4 テキストを徐々に大きくする

再生ヘッドを先頭に移動させ、「エフェクトコントロール」パネルで「ベクトルモーション」の「スケール」の⏱をクリックしてアニメーションをオンにし❼、任意の地点まで再生ヘッドを移動させて「110」と入力します❽。

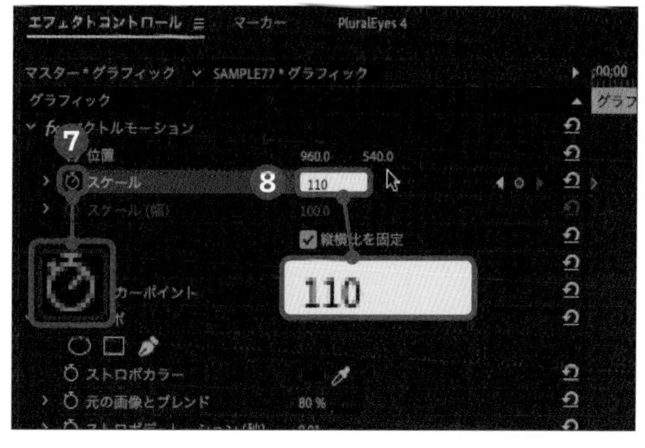

Technique 78 クレヨンで書いたようなテロップ

クレヨンで書いたような書体のテロップを、かわいらしく揺らすテクニックです。タイトルの演出や、解説動画のサブキャッチなどに適しています。

1 素材を配置して、エフェクトを適用する

前準備として、「タイムライン」パネルの「V1」にテキスト素材を、「V2」に背景となる画像素材をドラッグしてください。

1 背景の不透明度を下げる

「V2」の背景素材をクリックして、「エフェクトコントロール」パネルで「不透明度」に「80.0」と入力します❶。

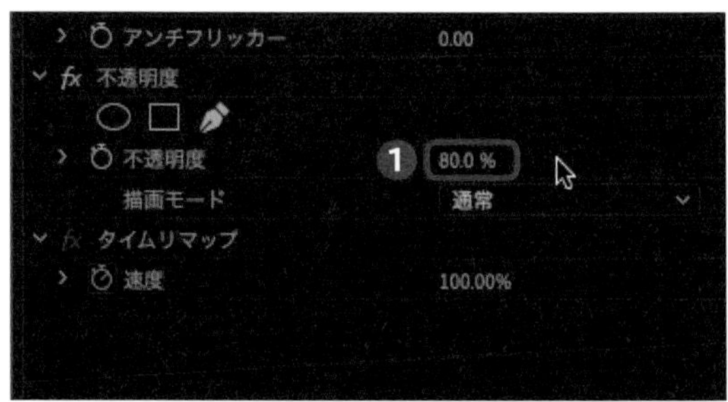

2 テキストの縁がジリジリ動くようにする

P.016手順1を参考に「エフェクト」タブの検索窓で「ブラシストローク」と入力し、[ブラシストローク] をクリックして「タイムライン」パネルの「V1」へドラッグします❷。

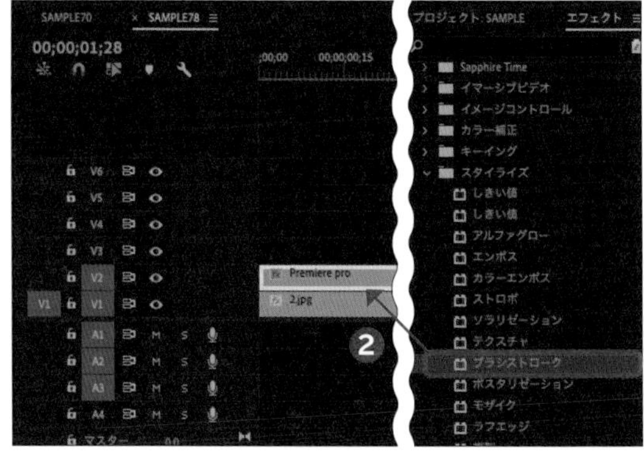

3 テロップだけフレームレートを低くする

手順2と同様に「エフェクト」タブの検索窓で「ポスタリゼーション時間」と入力し、[ポスタリゼーション時間] をクリックして、「タイムライン」パネルの「V1」へドラッグします❸。

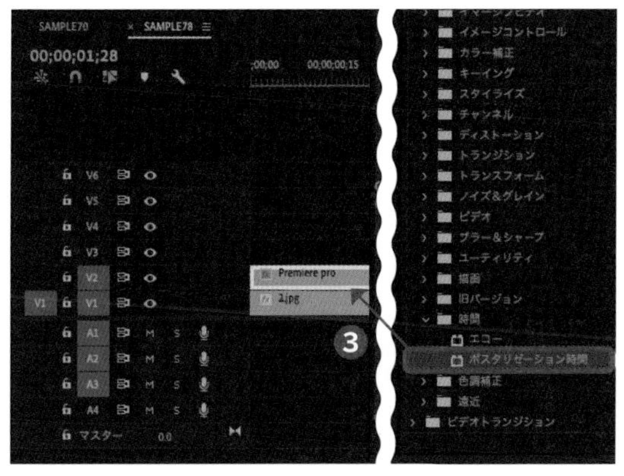

4 フレームレートをさらに下げる

「エフェクトコントロール」パネルで「ポスタリゼーション時間」の「フレームレート」に「3.0」と入力します❹。

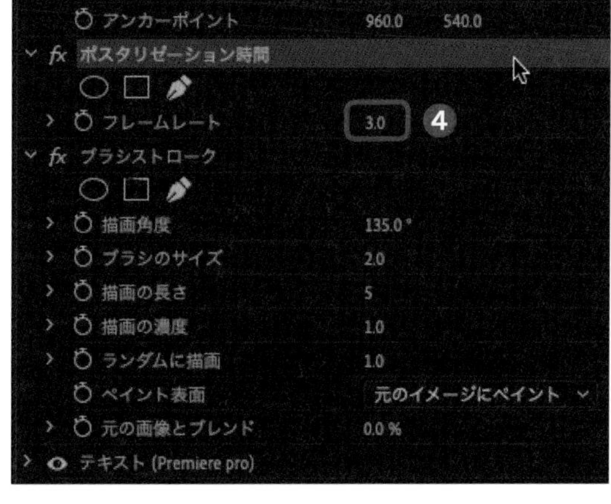

POINT

値を小さくすることで、動きが次第にカクカクとしたものになります。いろいろと試してみて、好みのカクカク感に調整しましょう。

5 テキストの縁の雰囲気を変える

「ブラシストローク」の「描画角度」と「ブラシのサイズ」に任意の数値（ここでは「135.0」、「2.0」）を入力します❺。

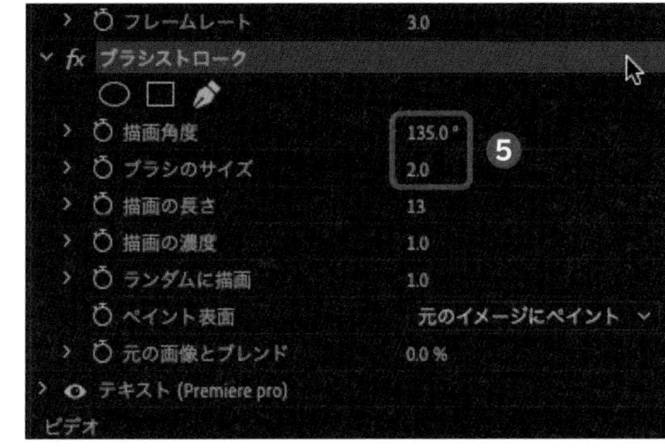

Check! エフェクトのプリセットを作る

複数のエフェクトを使う演出を毎回イチから作るのは、少々面倒です。そこで、2 つのエフェクトを一括でかけられるようになるプリセットを作っておきましょう。⌘ キーを押しながら各エフェクトをクリックすると、複数選択することができます。複数選択したら右クリックし、[プリセットの保存] をクリックして、名前を付けて保存しましょう。保存したプリセットはエフェクトパネルの「プリセット」に格納されています。次回以降同じような演出をする場合は、このプリセットからエフェクトを選択しましょう。

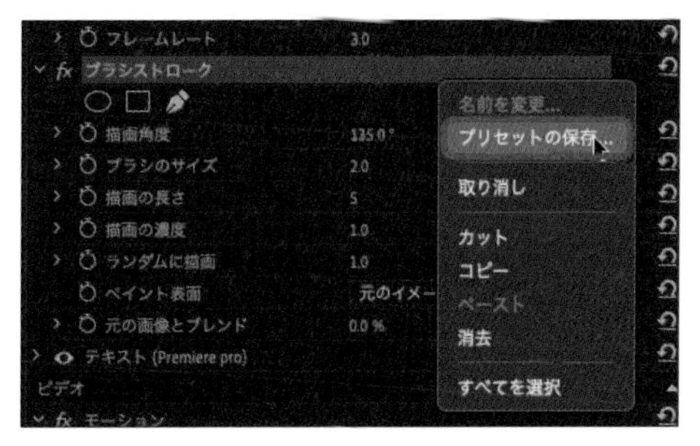

オープニング
登場シーン
メリハリ
エンディング
字幕
音
時短テク

背景とテキストをなじませる

背景の上にそのままテキストを表示するだけでもテロップは成立しますが、背景とテキストを合成（コンポジット）することで、さらにおしゃれな空気感を生み出すことができます。

1 テキストを配置してモーションを適用する

ここでは、テキストに不透明度のエフェクトを適用していきます。このようなマスクエフェクトによるテキストの表示方法は、今後すべての作品に応用できるものなので、ぜひマスターしましょう。

1 テキストクリップをV1トラックに配置する

P.187手順3を参考に横書きテキストをプレビュー画面に入力し❶、「エッセンシャルグラフィックス」パネルで「アピアランス」の［塗り］をクリックします。「カラーピッカー」でテキストの色（ここではカラーコード「B7B7B7」）を変更し❷、［OK］をクリックします❸。

2 テキストをマスクで囲う

「エフェクトコントロール」パネルで「不透明度」のをクリックして❹、プレビュー画面をクリックしてテキストを囲っていきます❺。

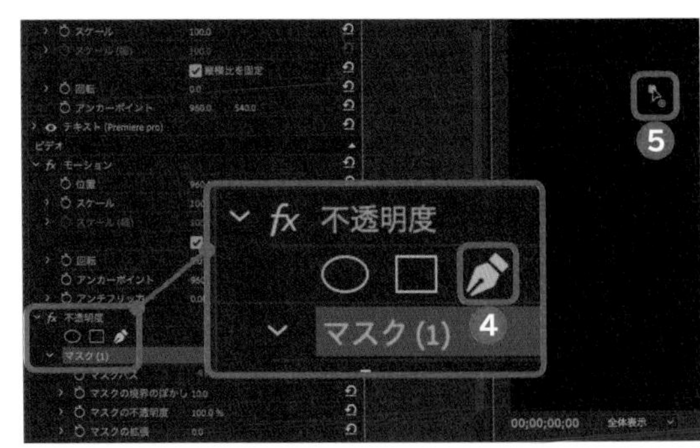

POINT

テキストの周りを囲む際は、ギリギリを囲むのではなく、大きめの枠で囲むようにしましょう。

3 マスクをテキストの左隣に移動する

プレビュー画面で、入力した長方形のマスクを左方向にドラッグして、テキストの左隣に配置します❻。

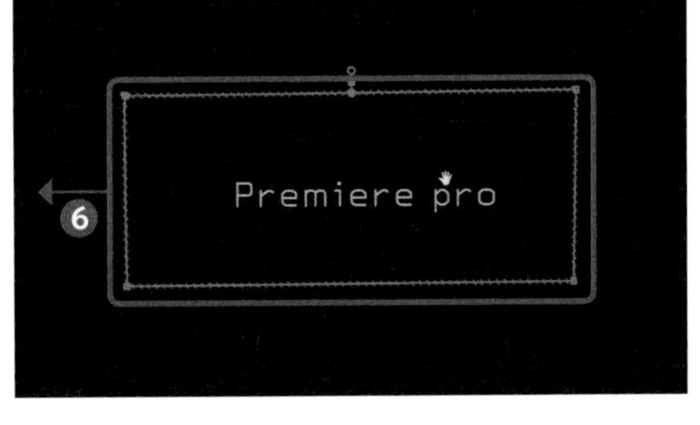

POINT

続く手順で背景の加工を行うため、レイヤー上側のテキストを画面外にどける必要があります。

4 マスクパスにモーションを付ける

「タイムライン」パネルの再生ヘッドを先頭に移動させ❼、「エフェクトコントロール」パネルで「不透明度」の「マスク（1）」の「マスクパス」の⏱をクリックします❽。◆をクリックして❾、再生ヘッドを「00:00:00:10」まで移動させ、マスクを右に移動させます❿。

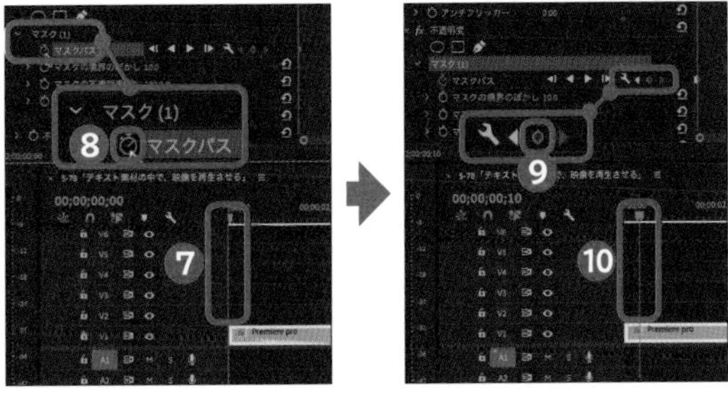

5 「マスクの境界のぼかし」の値を上げる

再生ヘッドを「00:00:00:05」まで移動させ⓫、「エフェクトコントロール」パネルで「不透明度」の「マスク（1）」の「マスクの境界のぼかし」の値を上げます（ここでは「60」）⓬。

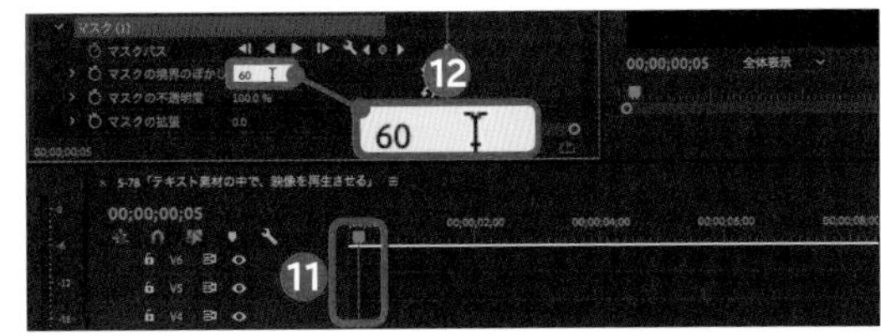

2 背景素材とテキストを合成（コンポジット）する

背景素材とテキストを、「描画モード」を活用して合成していきます。ここでの方法は、合成の中でも基礎的な部分なので、ぜひマスターしましょう。

1 背景素材の描画モードを変更する

「タイムライン」パネル背景素材をクリックして❶、「エフェクトコントロール」パネルで「不透明度」の「描画モード」の［覆い焼き（リニア）］をクリックします❷。

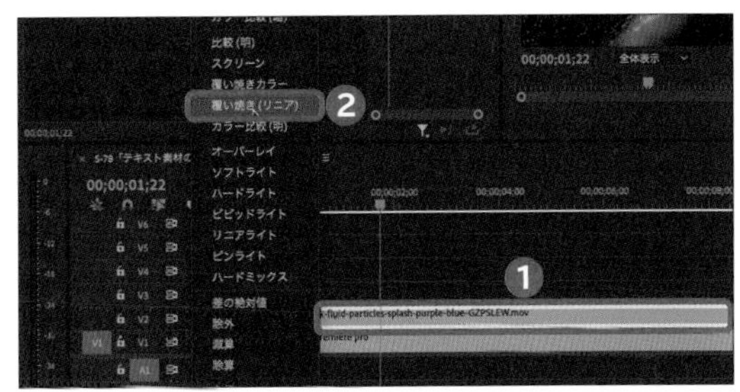

2 背景素材の不透明度を調整する

「エフェクトコントロール」パネルで「不透明度」の値を調整します（ここでは「80.0」）❸。

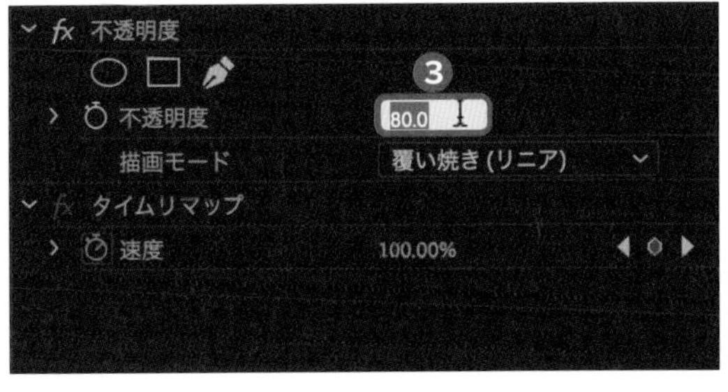

Technique 80

無料の日本語フォントを追加する

フォントはテロップなどテキストのデザインを決める上で基本的かつ重要な要素です。無料のフォントを使用する際の注意点と、実用性の高い無料のフォントをいくつか紹介していきます。

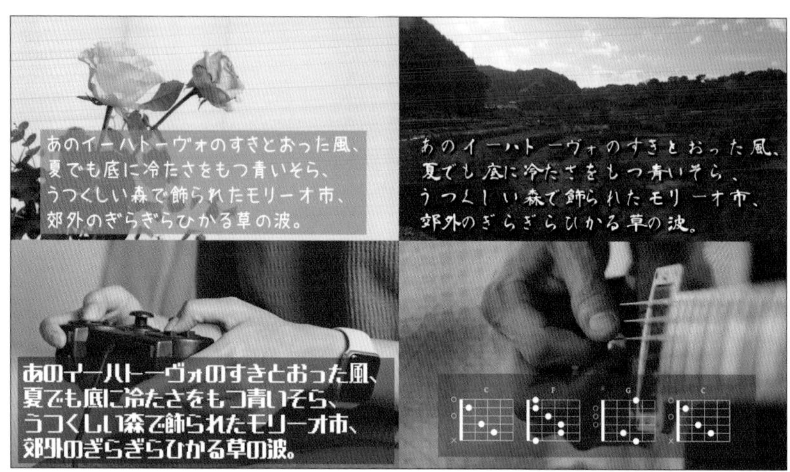

1 無料の日本語フォントを選ぶ際の主な2つの注意点

日本語フォントを選ぶ際に考慮すべきポイントは「収録されている漢字がどれだけあるか」ということと、「ライセンス上、映像に使用してもよいのか」の2点です。どちらも重要なポイントなので、必ずチェックするようにしましょう。

1 JIS水準を満たしているかどうかをチェックする

フォントをダウンロードする前に「JIS水準規格」を必ず確認しましょう。この水準規格は、どれだけの漢字に対応しているのかを示します。JIS規格にはいくつか種類がありますが、知っておくべきものは「JIS第1水準漢字：2,965文字」「JIS第2水準漢字：3,390文字」の2種類です。第2水準まで満たしていれば、おおよその漢字が表示されるので、問題なく使用できます。

概要

書家の青柳疎石先生が字母を書かれ、青柳衡山様がフォント化された毛筆フォントです。
JIS非漢字、JIS第一水準漢字、JIS第二水準漢字が収録されています。
無料でご利用できます。
商用利用可能で制限はありません。
ロゴ等へも自由にご利用いただけます。
無保証です。お客様の責任でご利用ください。
雑誌・書籍への掲載・CD収録も自由です。見本誌をお送りいただけるようでしたら下記 青二書道教室 青柳様へお願いいたします。

ダウンロード

Windows TrueTypeフォントのダウンロード（zip圧縮）
OpenTypeフォントのダウンロード（zip圧縮）

2 商用利用可能かどうかをチェックする

これは特に、YouTubeを通じて広告収入を得ようと考えている人が注意すべき点です。YouTubeで収益化をする場合、その動画で使われるフォントは「商用利用」されている、という扱いになります。

収益化の対象にできるコンテンツの種類

動画を収益化の対象にするには、映像と音声のすべての要素を商用利用するために必要なあらゆる権利を所有している必要があります。

自分が作成したコンテンツのガイドライン:

- YouTube のコミュニティ ガイドラインを遵守すること。
- 動画のすべての要素を自分自身で作成すること。たとえば、日常の vlog（動画ブログ）やホームビデオ、DIY 動画やチュートリアル、オリジナルのミュージック ビデオや短編映画など。
- 自分が作成した映像のすべてを商用利用するために必要なあらゆる権利を所有していること。
- 広告が掲載される可能性が高いのは広告主に適したコンテンツである点に留意すること。

自分が作成していないコンテンツのガイドライン:

- コンテンツを YouTube で商用利用する権利を得ていること。
- 著作権の仕組みについて理解すること。
- YouTube のスパムポリシーについて理解すること。

YouTube パートナー: 著作権の基本

2 実用的なフォント4種類

以下に、実用的な無料フォントを紹介します。基本的なテキストとして使用するフォントはAdobe Fontsでも事足りますが、より個性的なものが欲しい場合は、以下のように別途ダウンロードしたフォントを使用するとよいでしょう。

1 手書き風のフォント（なつめもじ）

無料の「手書き風フォント」の中でも完成度が高いフォントです。JIS第2水準までクリアしているので、普段使用する漢字はほぼ網羅されています。女性風に、可愛く演出したいときにおすすめです。
http://www8.plala.or.jp/p_dolce/site3-5.html

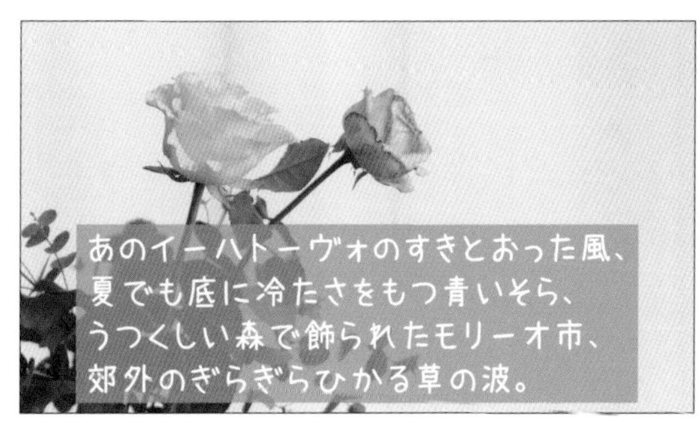

2 筆で書いたようなフォント（青柳・衡山シリーズ）

無料有料問わず、非常に高いレベルでまとめられた「筆書き風フォント」です。トラディショナルな雰囲気を演出したいときにおすすめです。
https://opentype.jp/freemouhitufont.htm

3 昔のゲーム風のフォント（クイズポイント チェックポイント）

無料の「ドット風フォント」の中でも、JIS第2水準までをクリアしている珍しいフォントです。コミカルな演出をしたい方、ゲーム実況をされる方におすすめです。
https://marusexijaxs.web.fc2.com/quizfont.html#quizfont6

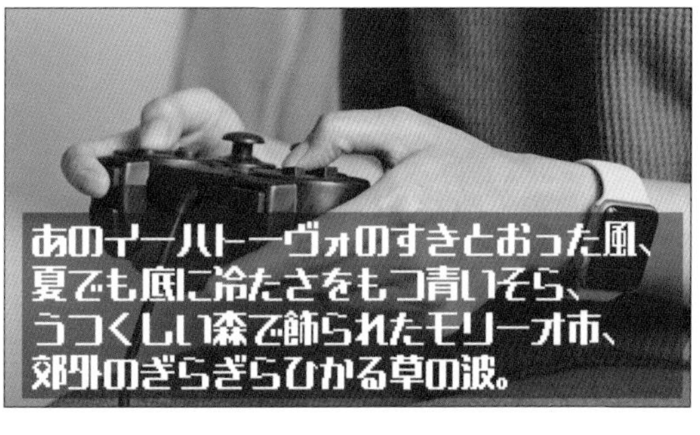

4 ギターコードを表示できるフォント（GIGI Guitar Score Chord Font）

コード名を打ち込むと、ギターの指板を表示してくれる、少し変わったフォントです。ギター関連の発信をされる方にオススメのフォントです（無料バージョンでは、メジャーとマイナーコードのみ）。
https://gggfont.com/

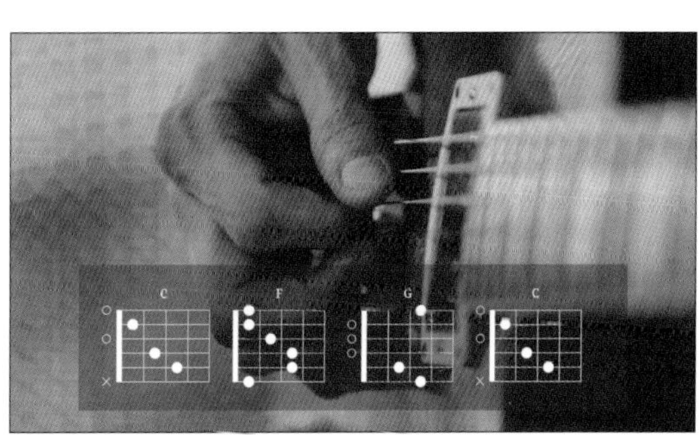

Technique 81

Adobe Fontsを追加する

Adobe Creative Cloudを契約していれば、Adobe Fontsからフォントをダウンロードすることができます。2021年1月現在、日本語フォントだけで107種類が用意されています。

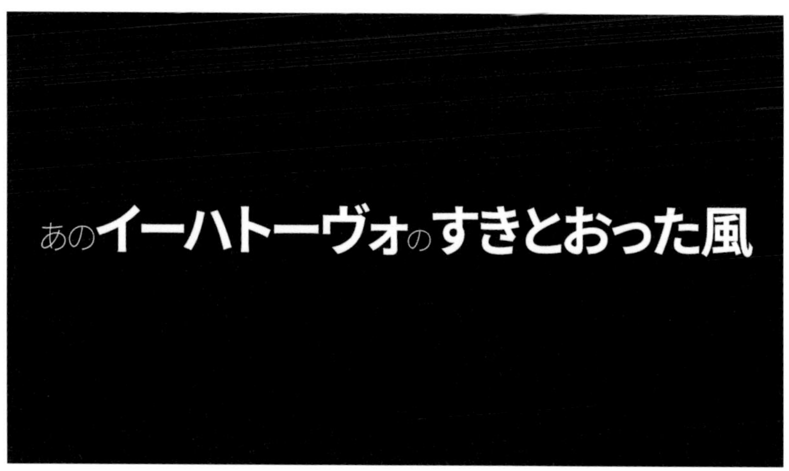

1 Adobe Fontsの公式サイトから、フォントをアクティベーションする

Adobe FontsはAdobeの公式サイトからアクティベーションすることができます。Adobeアカウントにログインする必要があるので、Adobe Creative Cloud登録時のメールアドレスとパスワードを用意しておきましょう。

1 画面右上のMy Adobe Fontsをクリックする

「https://fonts.adobe.com/」にアクセスして、トップページを表示し、[My Adobe Fonts] をクリックします❶。

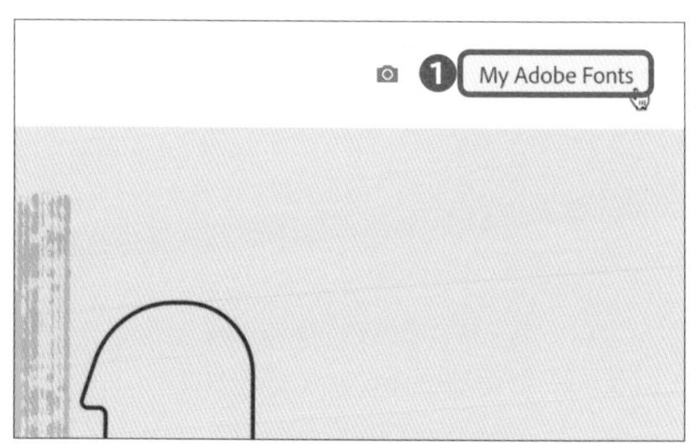

2 左上の「フォント一覧」をクリックする

[フォント一覧] をクリックします❷。

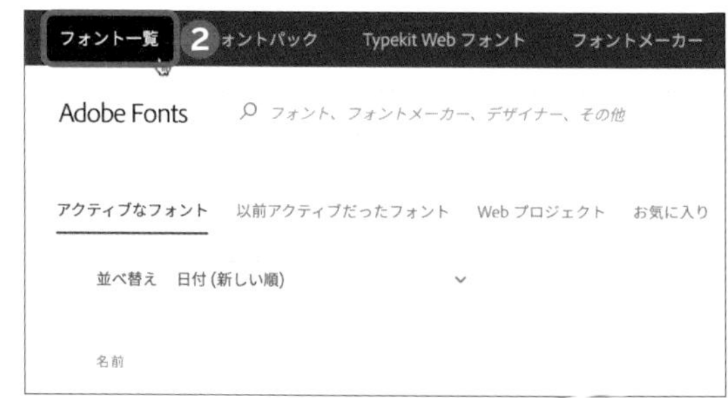

3 使用したいフォントを選択する

使用したいフォントを選択してクリックします❸。

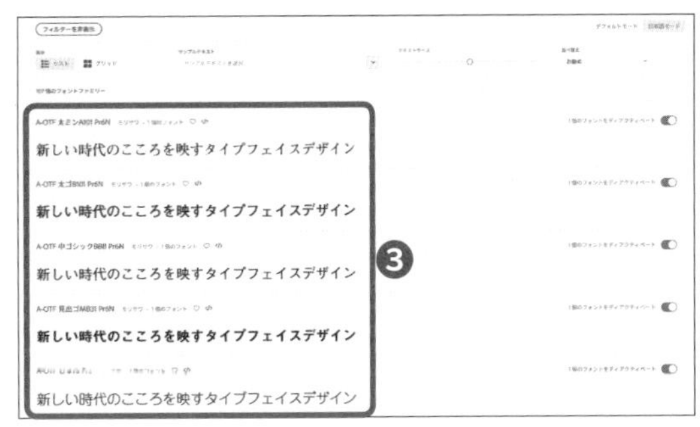

4 アクティベーションする

使用したいフォントのページに進み、「1個のフォントをアクティベート」の○をクリックします❹。

2 Premiere ProでAdobe Fontsを使用する

アクティベーションしたフォントをPremiere Pro内で使用してみましょう。アクティベーション中にPremiere Proを起動していた場合は、フォントを読み込むために一度Premiere Proを再起動しましょう。

1 シーケンスにテキストクリップを配置する

P.037手順1～4を参考に、「プログラム」パネルのプレビュー画面をクリックして、任意のテキストを入力します❶、「エッセンシャルグラフィックス」パネルで入力したテキストをクリックします❷。

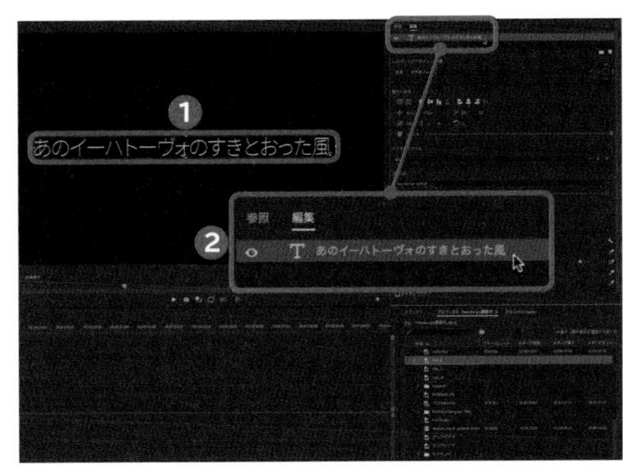

2 編集したいテキストを選択する

「エッセンシャルグラフィックス」パネルで編集したいテキストをクリックして選択します❸。

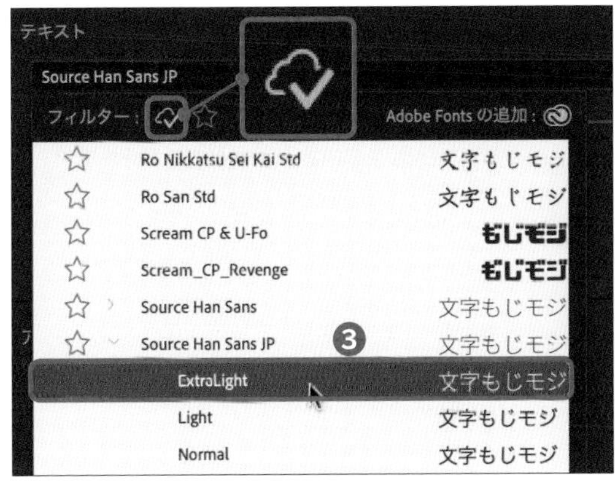

POINT

をクリックすると、Adobe Fontsでアクティベーションしたテキストのみが表示され、より探しやすくなります。

3 Adobeのフォントパックを利用する

Adobeフォントには「フォントパック」が用意されています。フォントパックでは、テーマに合致したフォントを選択したり、テンプレートにアレンジを加えたりすることで、幅広い用途に使うことができます。ここでは、3つのフォントパックについて解説していきます。

1 アドビ日本語フォント基本パック

汎用性の高い日本語フォントをまとめたパックです。動画制作時のフォントで迷ったら、こちらを選ぶとよいでしょう。

2 年賀状パック

筆文字など年賀状で使いやすいフォントをセレクトしたフォントパックです。年賀状をより本格的で洗練されたデザインに仕上げることができます。新年にアップロードする動画に用いてみても、雰囲気が出るでしょう。

3 夏祭り用パック

夏祭りの告知などにピッタリな、楽しげな雰囲気のフォントパックです。赤や黄色といったカラーと組み合わせて、インパクトのある映像に貢献することができます。

4 カフェメニューパック

手書き風欧文フォントと日本語フォントの組み合わせを試したいときは、カフェメニューパックを利用しましょう。手書き風の文字も多数用意されており、オシャレなカフェやレストランの販促動画などを作りたい場合に最適です。

5 動画用パック

その名の通り、動画テロップに適したフォントが多数用意されています。個性的でインパクト重視のものが多いので、日本語フォント基本パックに物足りなさを感じたらこちらを選んでみるとよいでしょう。

6 最強ビジネスパック

日本で No.1 のシェアであるフォントベンダー、モリサワが厳選したパックです。とにかく読みやすさと伝えやすさを最優先したいときはこちらを選びましょう。

7 ウェディング用パック

結婚式用の映像にぴったりな、やわらかでおしゃれな印象の欧文フォントです。Chapter 1で紹介した披露宴の演出テクニックとの相性も抜群です。

8 ロゴパック

アイキャッチなどに最適なのが、ロゴパックです。かなり個性的なデザインのフォントばかりなので、長文には向きませんが、短い言葉や社名を印象付けるのに向いています。

テキストが見づらいと感じたときは?

エッセンシャルグラフィックスを使用したテキスト機能で「見やすいテロップ」を作成するコツを紹介します。見やすく読みやすいテロップを作るコツは、「コントラスト」を作り出すことにあります。「明るさのコントラスト」「色のコントラスト」の2つの側面から考えてみましょう。

映像の世界でコントラストという言葉を聞くと「白と黒」をイメージする方が多いかもしれませんが、実はコントラストが高い状態というのは、「鮮やかさ(彩度)が高い」状態でもあるのです。彩度が高ければコントラストが高い、コントラストが高ければ彩度が高いという関係を持っています。つまり、彩度の高い、いわゆる「原色」は、コントラストが強く、視認性がよい色となるわけです。

先に挙げた「白と黒」もコントラストが強い色です。もっとも暗い色ともっとも明るい色の組み合わせは、明らかなコントラストを生み出すので、テロップが小さい場合でも視認性を保つことができます。

白と黒が使用されていれば、大体の場合コントラストを保てているので、そのほかの色は映像で使用されている色と親和性のある色を選ぶことで、「見やすくて、かつ映像と合っている色」を選択することができます。

音を聞かせるテクニック

「音」をきちんと聞かせることも、魅力的な動画を作る上で欠かせないポイントです。ここでは、Premiere Proと連携できるAdobeの音声編集ソフト「Audition」を用いて、音をしっかり聞かせるためのさまざまなテクニックを紹介していきます。

［作例・文］
井坂光博：Technique 82 ～ 89、Column

Technique

82 Adobe Auditionでできることを把握する

Premiere Proが映像編集の万能選手なら、Adobe Auditionは「音」の加工・編集に特化した選手です。まずはその概要と、何ができるかを知りましょう。

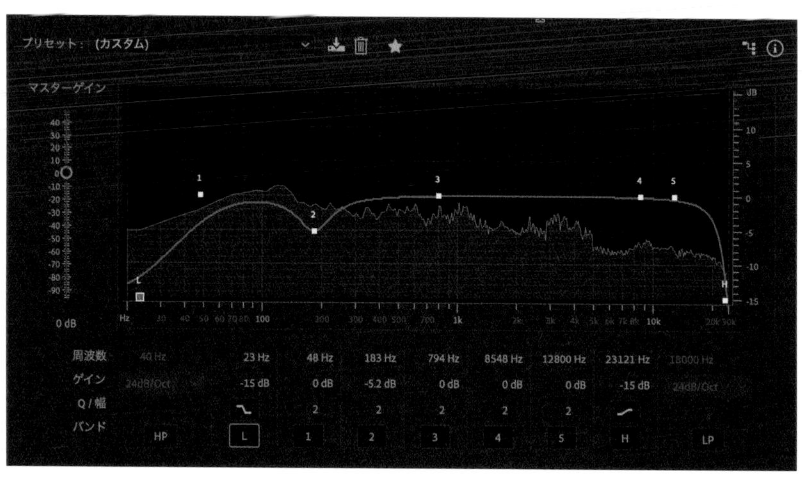

1 ノイズを取り除く

音声ノイズには様々な種類があります。「どんなノイズがなぜ生まれるのか」はさておき、「とりあえずこうやって対応しましょう」という現場レベルでの解説をここでは行ないます。それぞれの機能の詳細は、のちの解説で順次説明していきます。

1 全体のノイズを取り除く

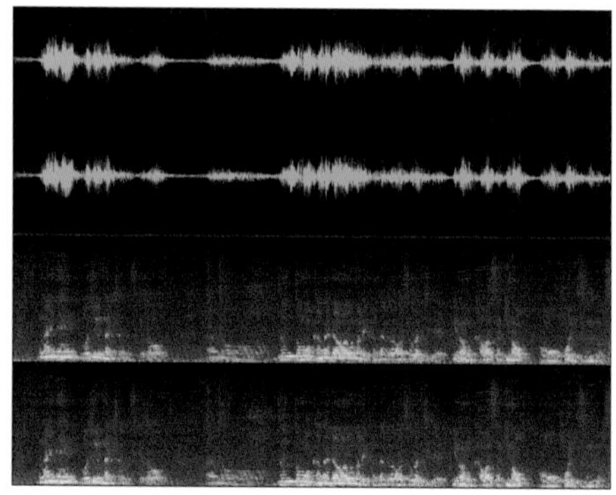

撮影した映像の音を確認するとき、まず気になるのが「ノイズ」全般です。その発生条件は撮影環境に大きく影響されますが、結局のところはどう頑張ってもノイズは乗ってしまうものです。しかし、Auditionを正しく使うことで、元の素材をできる限り壊すことなくノイズを除去することができます。ノイズ除去については多くのプラグインがありますが、Audition単体でもかなりきれいにノイズを取り除くことができるので、有効に活用していきましょう。

2 特定のノイズを取り除く

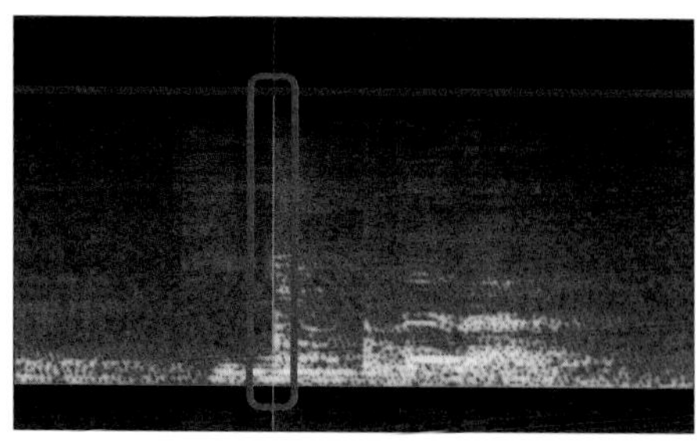

救急車の音や何かをぶつけた音、偶発的なマイクの接触ノイズなど、特定のタイミングのノイズを処理したいとき、Auditionは大きな力を発揮します。音を「スペクトル」として視覚的に表示して、耳だけではなく目も使って音を加工できるためです。この点は、多くのアプリケーションの中でも大きなアドバンテージといえるでしょう。

2 音のレベルを均一にする

映像の音を聴いているとき、「全体的に音が小さいな……」「ここの声、小さくて聞き取りづらいな……」ということがよくあるのではないでしょうか。Auditionを使えば、全体の音の大きさを聞きやすい一定のレベルに揃えることができます。

1 音の大きさを調整する（振幅）

音は、空気の振動＝波で構成されています。Auditionでは、その「波」の大きさを、音声全体または特定範囲で調節することができます。Auditionで調整することを前提として、撮影時はマイクのレベルをすこし抑えめに設定しておくなどの工夫をすると、とても編集がしやすくなります。撮影の段階から意識しておきましょう。

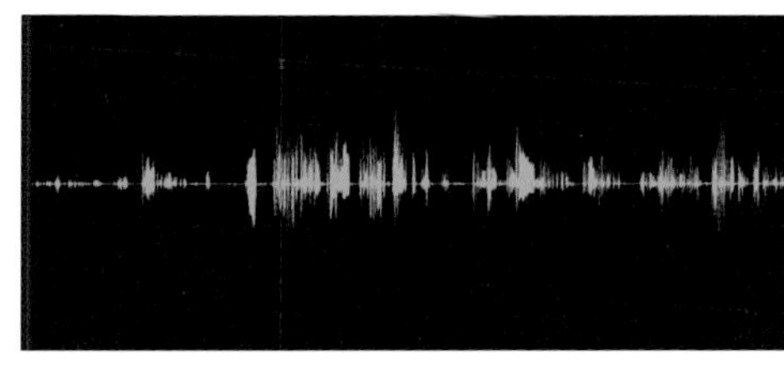

2 音を均一にする（コンプレッサー）

プロの役者やボーカリストでない限り、常に同じ音のレベルで発声することはなかなか難しいことです。しかし、「コンプレッサー」を正しく使用すれば、小さな声と大きな声の音量を均一に揃えられます。コンプレッサーも様々なプラグインが販売されていますが、Adobe標準のコンプレッサーを使用すれば、業務レベルの加工が可能です。

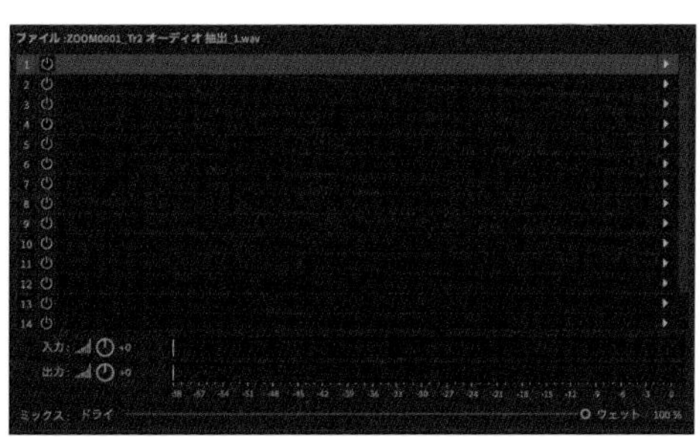

3 音を加工する（EQ、リバーブなど）

Auditionでは、音を反響させるエフェクト（リバーブ）を利用できたり、電話で話しているような声を再現できたりと、「音を加工」することが可能です。エフェクトには多くの種類があり、それぞれテンプレートが揃っています。まずはいくつかのテンプレートを試して、どのようなエフェクトがどのような効果を生むのかを自身で確認してみましょう。

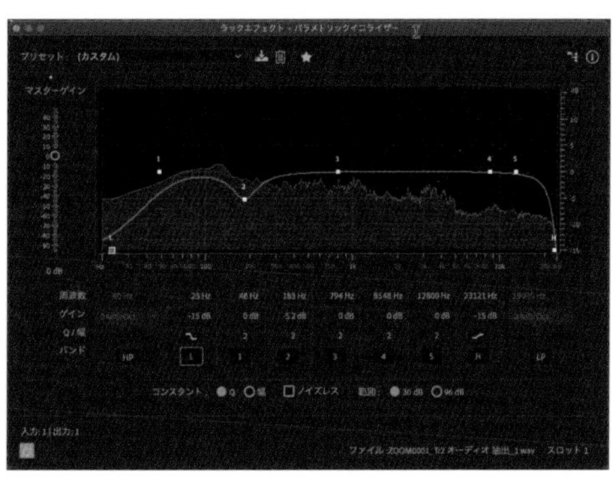

Check! モニター用のヘッドフォンとスピーカー

音を正確にミックス・マスタリングを目指すなら、モニター用のヘッドフォンかスピーカーを用意しておきましょう。モニター用でない、一般的なヘッドフォンやスピーカーは「会話が聞き取りやすい」「低音が強く出やすい」などの効果（EQ）が事前に設定されているケースが多く、正確な編集には不向きです。

Technique 83

Premiere Proと連携してAuditionを操作する

Adobe AuditionはPremiere Proと連携して利用可能です。ここでは、Premiere ProからAuditionを起動して連携する方法と、Auditionの基本的な操作について解説します。

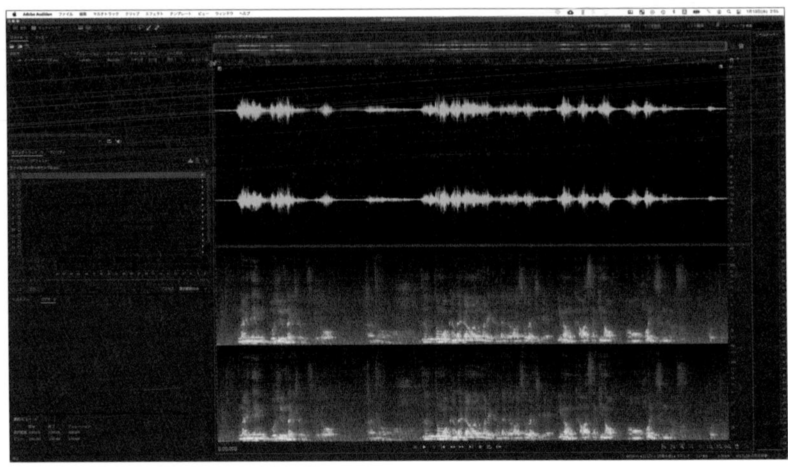

1 Premiere Proの音声クリップをAuditionで開く

Audition単体でも、[ファイル]→[開く]の順にクリックして音声ファイルを開き、そのまま編集を行なうことができます。しかし、Premiere Proの音声ファイルを編集する際は、Premiere ProからAuditionを開いたほうが便利です。

1 音声素材を右クリックする

「タイムライン」パネルの音声素材を右クリックして❶、[Adobe Auditionでクリップを編集]をクリックします❷。

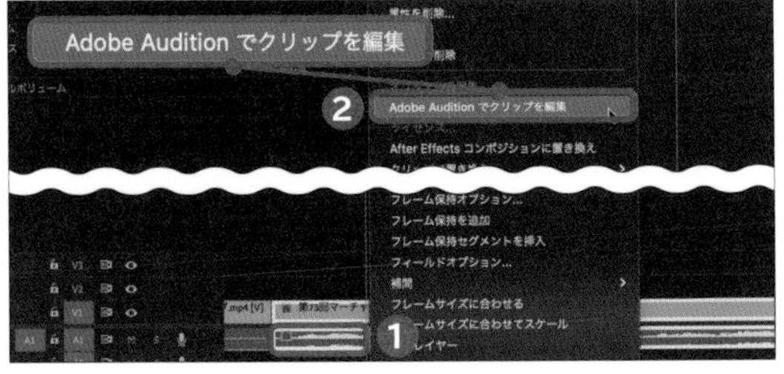

2 簡易編集に切り替える

Auditionで[ウィンドウ]→[ワークスペース]→[簡易編集]の順にクリックします❸。簡易編集の画面の見方は、次のページを参考にしてください。

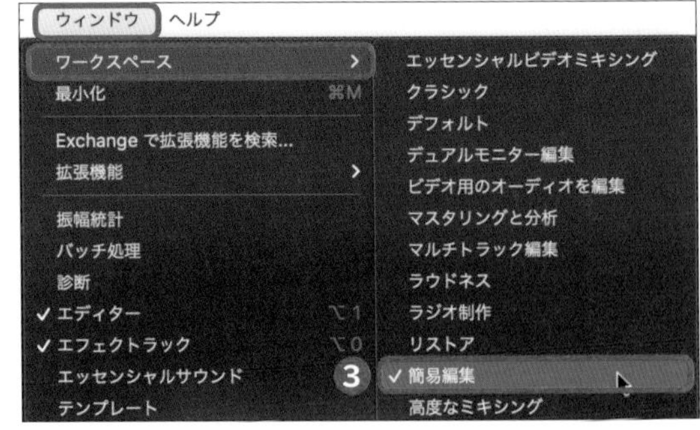

Check! 各パネルを把握する

Audition は Premiere Pro と同様に、各機能がパネルとして表示されています。「簡易表示」ワークスペースの各パネルの解説は以下の通りです。

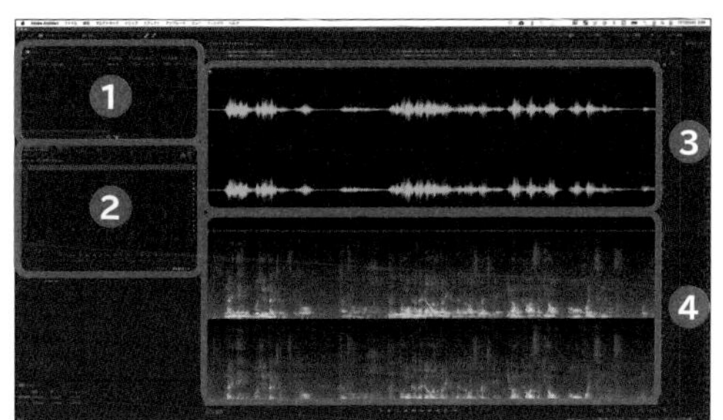

❶「プロジェクト」パネルです。読み込んでいるファイルが表示されます。
❷「エフェクトラック」パネルです。現在使用しているエフェクトが表示されます。
❸「波形」パネルです。音の大きさが波形として表示されます。
❹「スペクトル」パネルです。音のスペクトル（周波数の分布を色で表現したもの）が表示されます。

なお、Audition は、複数の音声を組み合わせる「ミックス」や、最終的な音の鳴り方全体を完成させる「マスタリング」といった機能も備えています。ただし、Premiere Pro と連携する場合は、どちらも Premiere Pro で行なったほうが効率的です。そういった意味でも、「簡易編集」のワークスペースで表示されている機能さえ把握しておけば十分といえるでしょう。

2 Premiere Proの音声クリップをAuditionで再生・保存する

Auditionと連携したPremiere Proの音声クリップを再生・保存する方法もここで押さえておきましょう。特定の範囲のくり返し再生などがスムーズに行なえる点が優れています。

1 音声ファイルを再生する

波形エディタ上部の再生ヘッドを再生したい場所まで移動させ❶、Space キーを押すと、音声ファイルを再生することができます。

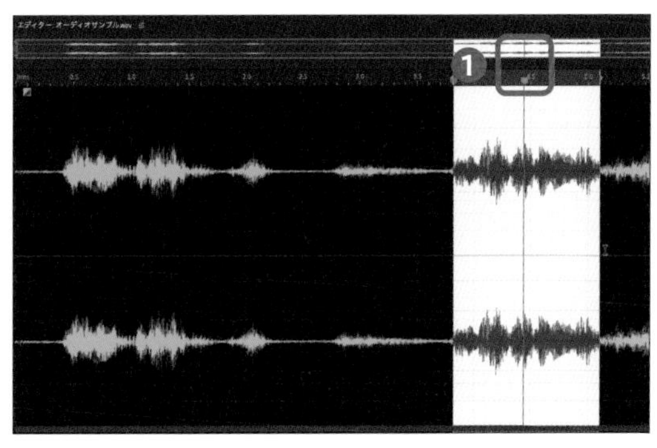

POINT

波形エディタ上の任意の範囲でドラッグすると、その範囲をくり返し再生することができます。

2 音声ファイルを保存する

[ファイル] をクリックして❷、[保存] をクリックします❸。

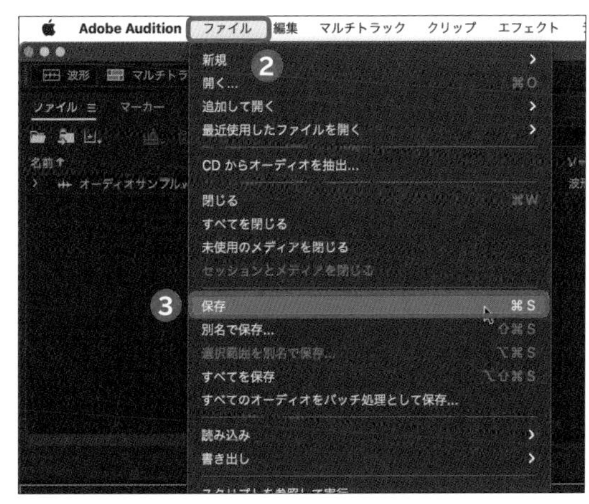

POINT

音声ファイルを読み込んだ状態で編集・保存すると、その編集内容が自動的に Premiere Pro にも反映されます。反映された音声ファイルは複製され、反映前の素材ファイルの隣に生成されます。

Technique

84 ノイズを取り除いて聞きやすくする

ノイズにはさまざまな種類がありますが、そのなかでも特に発生しやすい2つのノイズと、その除去テクニックを紹介します。

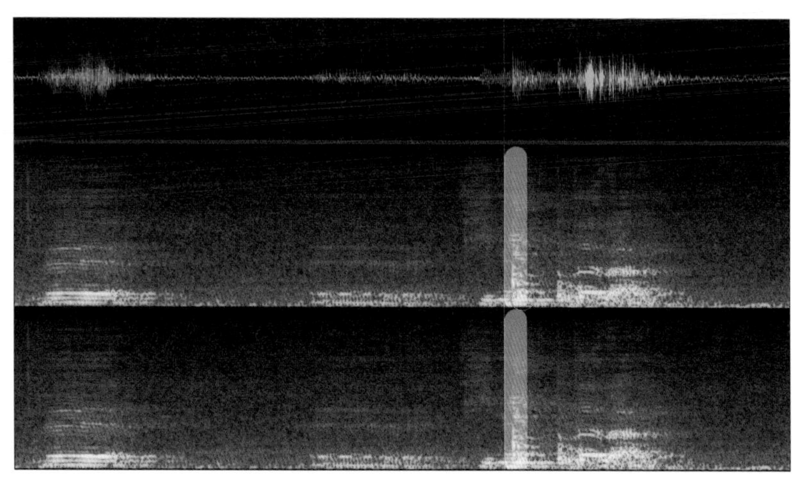

1 全体にかかっているノイズ（ホワイトノイズ）を取り除く

撮影した映像を再生すると、「サー」という雑音が聞こえることがあります。これを一般にホワイトノイズと呼びます。ホワイトノイズの原因そのものは、マイクとマイクを接続するインターフェースにありますが、録音してしまったあとでも多少は緩和できます。

1 クロマノイズ除去エフェクトを適用する

「エフェクトラック」パネルの空きスペースをクリックし❶、[ノイズリダクション/リストア] → [クロマノイズ除去] の順にクリックします❷。

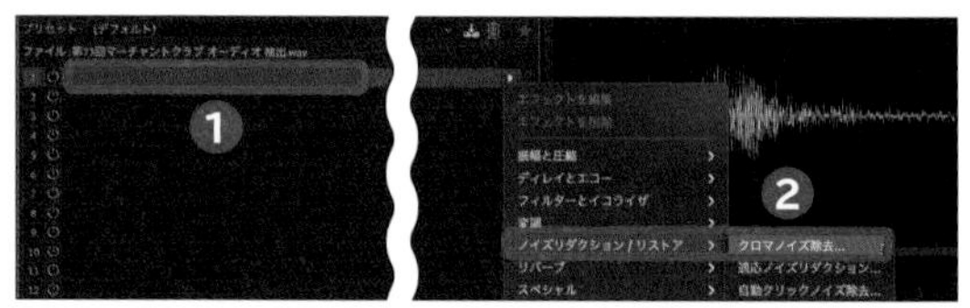

2 除去するノイズの範囲と量を指定する

「エフェクトラック」パネルに表示されたエフェクト（ここでは [クロマノイズ除去]）をダブルクリックして❸、「エフェクト」パネルで「フォーカスの処理」の [低周波数と高周波数にフォーカス] をクリックし❹、「量」のスライダーをクリックして動かし、ノイズを除去します❺。

POINT

ノイズを必要以上に除去すると、声と同じ部分の周波数も除去されて、くぐもった声になってしまいます。「量」の値は10~30%ほどに設定しましょう。

3 エフェクトを適用する

「エフェクトラック」パネル左下の［適用］をクリックすると波形が処理されて、エフェクトがかかった状態に更新されます❻。

POINT

視覚的な操作は作業効率をアップさせますが、重要なのは「実際のところどう聞こえるか」です。ノイズ除去に限らず、最終的には自身の「耳」で音を判断するようにしましょう。

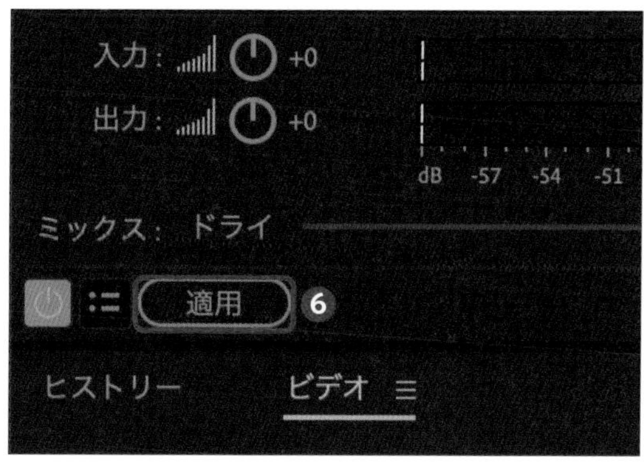

2 特定の箇所のノイズを取り除く

撮影中に意図せず入ってしまった衝突音や救急車の音なども、発生しがちなノイズです。これらを完全に除去することは難しいものの、「不快感を減らす」ことは可能です。特定のノイズを除去する場合は、波形エディタではなく「スペクトル」を使用します。今回の例では、人が喋っている最中に物が落ちた音がノイズとして乗っています。そのスペクトルをよく見てみましょう。

1 ノイズの周波数を特定する

「スペクトル」パネルを確認して、物が落ちた際の破裂音（縦の線が入っている箇所）を特定します❶。

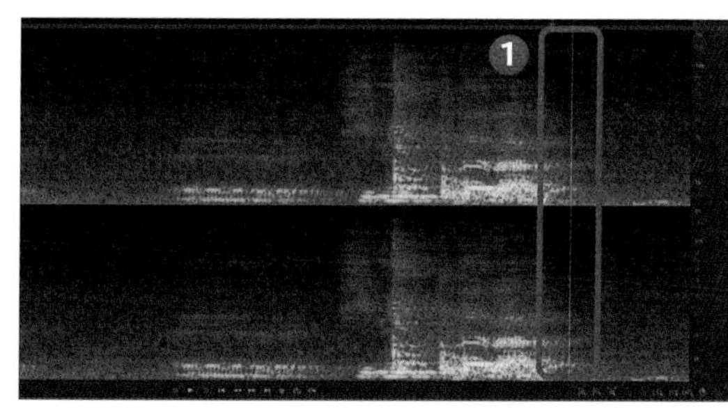

2 スポット修正ブラシツールを選択する

をクリックしてスポット修正ブラシを選択し❷、「サイズ」に任意の値（ここでは「99」）を入力します❸。

3 ノイズを除去する

「スペクトル」パネルで、手順1で確認したノイズ箇所をクリックし、上から下にドラッグしてノイズを除去します❹。

POINT

スポット修正ブラシツールは「明らかに違う周波数」を見つけると、自動でその周波数だけを取り除いてくれます。神経質になりすぎず、何度か作業を重ねて、最適な修正を心がけましょう。

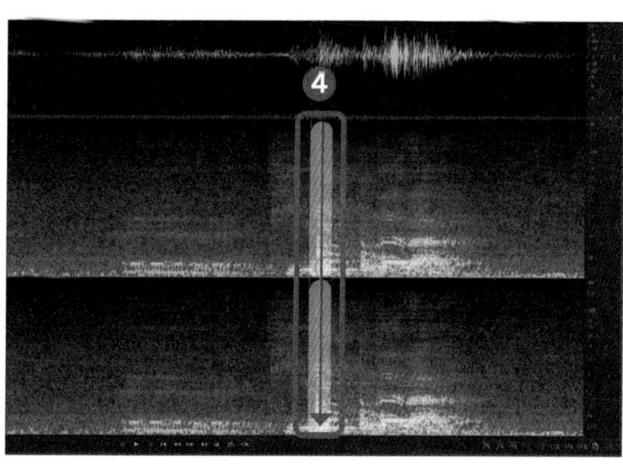

Technique

85 音量を上げる・音割れを防ぐ

「自己流で音を大きくしてみたら、音が割れてしまった……」というよくある悩みは、このテクニックで解消することができます。使用するのは「振幅」と「ダイナミック」の2つのエフェクトだけです。

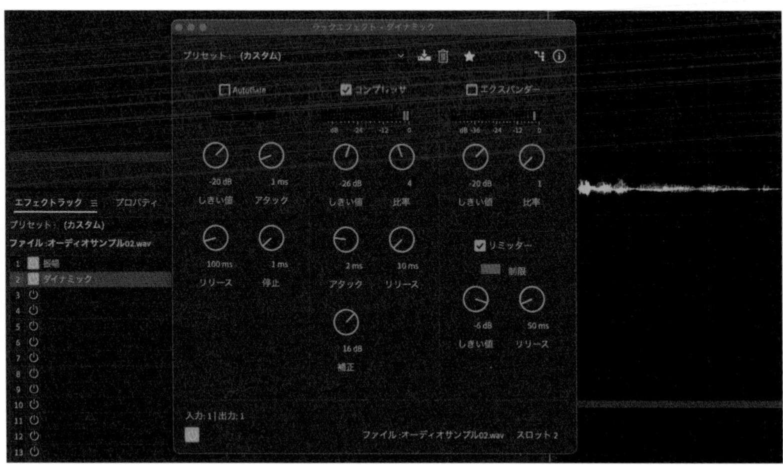

1 全体の音量を上げる

「収録時の音量が小さく、声の大きさが安定していない」素材を、「聞き取りやすい、一定の音量」に加工する方法です。まずは、全体の音量を上げていきましょう。

1「振幅」エフェクトを追加する

「エフェクトラック」パネルの空きスペースをクリックし❶、[振幅と圧縮] → [振幅] の順にクリックします❷。

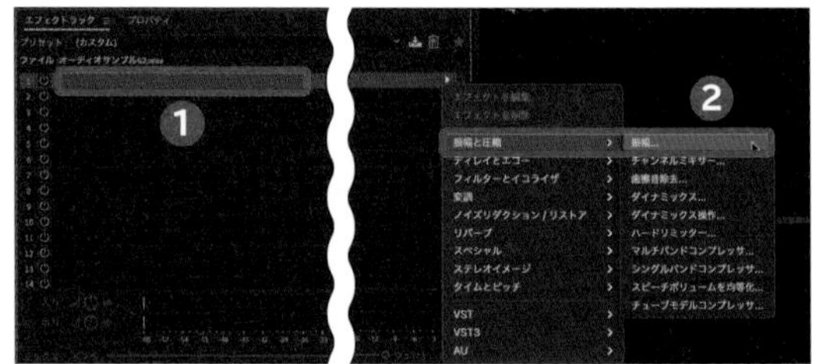

2 ゲインを上げていく

「出力」が「-12db」前後になるように、「ラックエフェクト」で、「ゲイン」のスライダーを右方向にドラッグして❸、[スライダーをリンク] をクリックしてチェックを付けます❹。

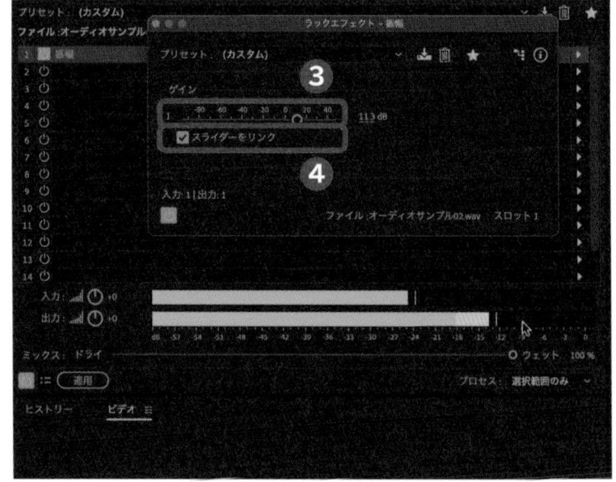

2 コンプレッサーとリミッターを設定する

音の大きさを増幅できたら、次は音の大きさを揃えて最大化し、一定のレベルでリミッターをかけます。このように、音の大きさを揃えることを「コンプレッサーをかける」と呼びます。

1 ダイナミックスを追加する

P.212手順1の画面で［ダイナミックス］をクリックします❶。

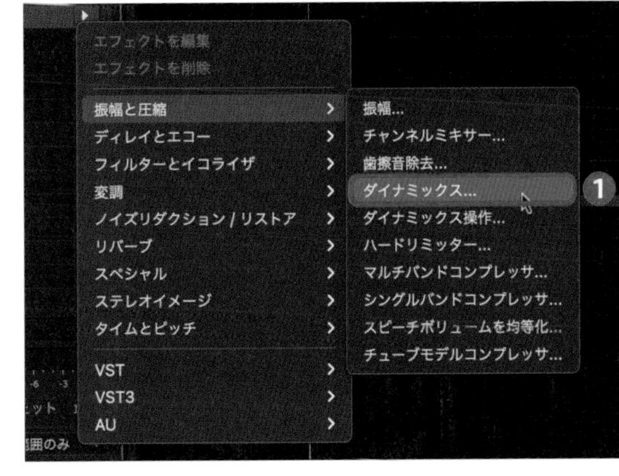

2 コンプレッサーを設定する

「ラックエフェクト」で［コンプレッサ］をクリックしてチェックを付けます❷。「比率」に「4」と入力し❸、「しきい値」を、上の「赤いメーター」が「-6dB」に触れるくらい（ここでは「-26dB」）まで下げます❹。「アタック」に「2ms」と入力し❺、「リリース」に「10ms」と入力します❻。「補正」の値を「出力」のメーターが「-6dB」に触れるくらい（ここでは「16dB」）になるまで上げます❼。

3 リミッターをかける

「ラックエフェクト」で［リミッター］をクリックしてチェックを付け、エフェクトを適用させます❽。

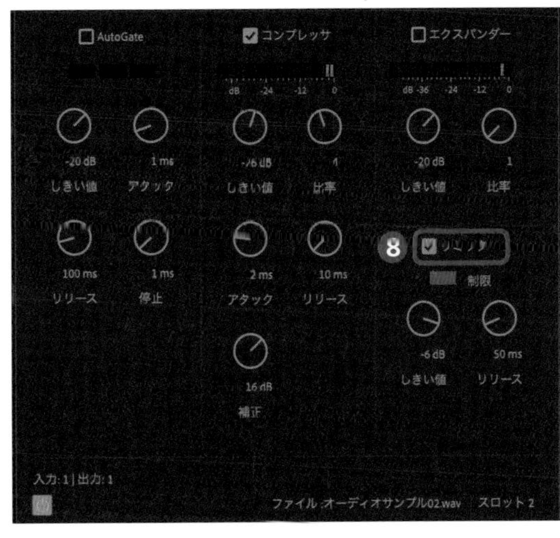

POINT

しきい値を「-6」にすれば、出力レベルがこれ以上は上がらなくなるので、突発的な音割れの心配もありません。ここまでの一連の流れで、コンプレッサーとリミッターは完了です。なお、コンプレッサーは奥が深く、ここまでの手順だけではフォローしきれない部分もあります。よりしっかり理解したいという人は、P.226 のコラムを参考にしてください。

Technique 86

リバーブ（反響）エフェクトを加える

動画内で使用するリバーブは、音全体にかけるよりも、ピンポイントで使用したいという場面の方が多いはずです。その上で、効果的なリバーブのかけ方について解説していきます。

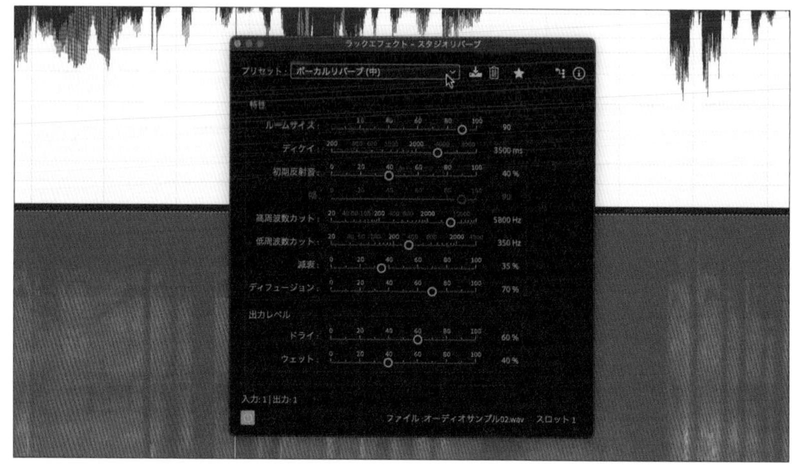

1 Auditionでリバーブエフェクトを使う

まずはAuditionでリバーブエフェクトを使う方法を紹介します。音のエフェクトの各パラメーターを解説してもイメージしづらいかと思いますので、ここでは「とりあえず、これを覚えておけば大体のエフェクトで使える、応用できる」知識とフローを紹介します。

1 スタジオリバーブを追加する

「エフェクトラック」パネルの空きスペースをクリックし❶、[リバーブ] をクリックします❷。

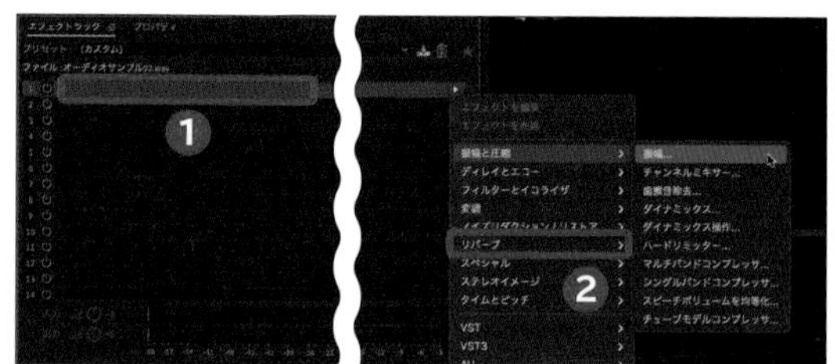

2 テンプレートを選択する

「ラックエフェクト」で [プリセット] → [ボーカルリバーブ] の順にクリックします❸。

POINT

リバーブエフェクトは、パラメータの数が非常に多彩です。そのようなエフェクトは、まずテンプレートから自分のイメージに近いものを選んで、その上で自分の理想の状態にカスタマイズする、というフローがもっとも効率的です。当作例では、テンプレートから「ボーカルリバーブ（中）」を選択しています。

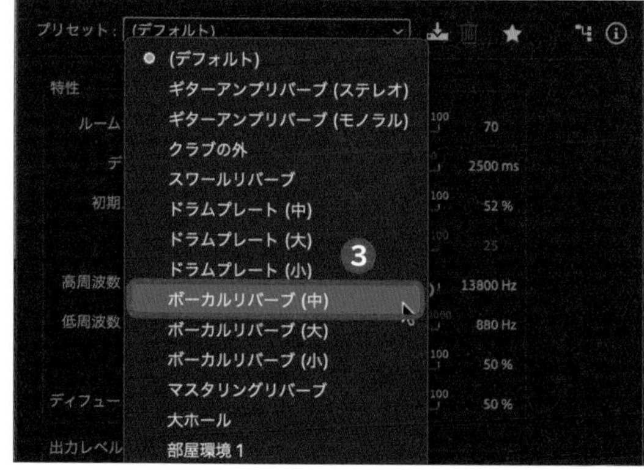

3 ウェットとドライの値を調整する

「出力レベル」で「ドライ」と「ウェット」を適切なバランス（ここでは「60」と「40」）に調整します❹。

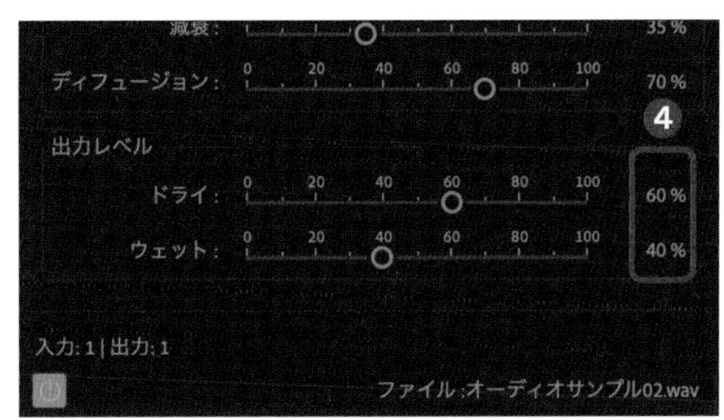

POINT

ドライは「元の音声素材の出力レベル」を指し、ウェットは「エフェクトのかかった素材の出力レベル」を指します。

2 Premiere Proでリバーブをかける

Premiere Proでリバーブエフェクトをかけるときに思い浮かぶのは、オーディオクリップ一つ一つにエフェクトを適用していくイメージかもしれません。しかし、エフェクトをかけるクリップが増えてくると、そのような作業はかなり面倒です。以下の手順を参考に、効率的にエフェクトをかけるテクニックを覚えておきましょう。

1 クリップをまとめる

「タイムライン」パネルの「A1」の音声素材で、リバーブをかけたい箇所をカットして❶、「A2」トラックへドラッグします❷。

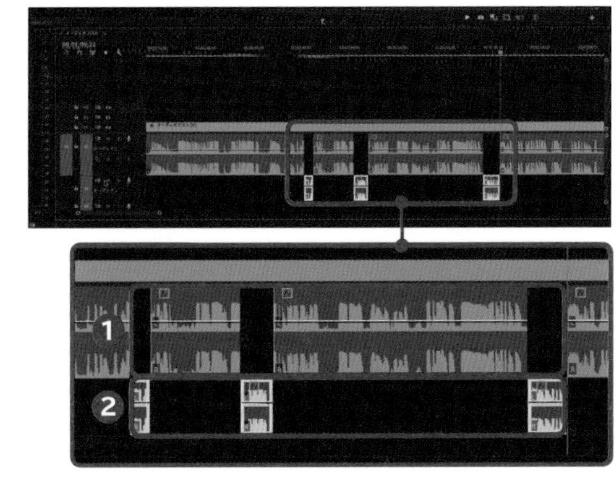

2 エフェクトとセンドを表示する

［オーディオトラックミキサー］をクリックし❸、 › をクリックします❹。

3 スタジオリバーブを適用する

［リバーブ］→［スタジオリバーブ］の順にクリックします❺。以降はAuditionと同様にパラメータを調整します。

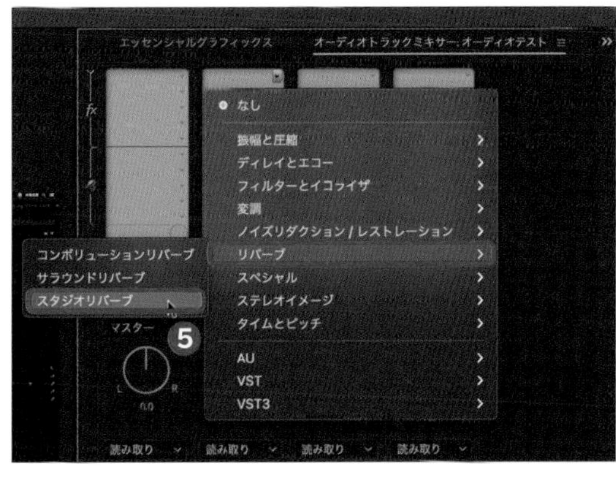

POINT

エフェクトをかけるトラックを間違えないように注意しましょう。今回は「A2」のトラックです。

Technique 87

BGMと効果音を声の素材とミックスする

「BGM」「効果音」「声」をバランスよく配置して音を調整することを「ミックス」と呼びます。理想的なミックスの手順について押さえましょう。

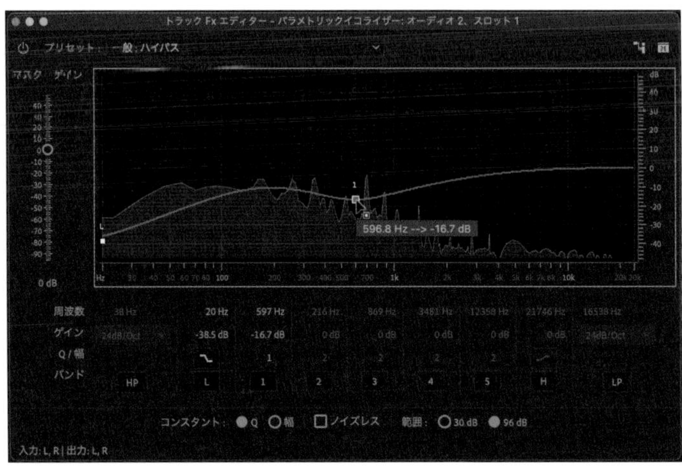

1 声の素材の音を分析する

ここでの目標は、できる限り少ない工程で、プロ品質に仕上げることです。まずは声の素材がどんな音になっているか分析してみましょう。

1 音声クリップをAuditionで読み込む

「タイムライン」パネルで分析したい音声素材を右クリックして❶、[Adobe Auditionでクリップを編集]をクリックします❷。

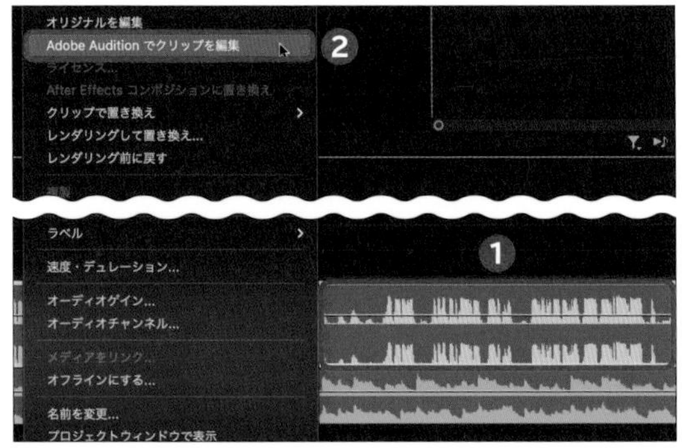

2 声の周波数を分析する

「スペクトル」パネルで周波数0～1K(1000)Hzの周波数（黄色の部分）を確認します❸。

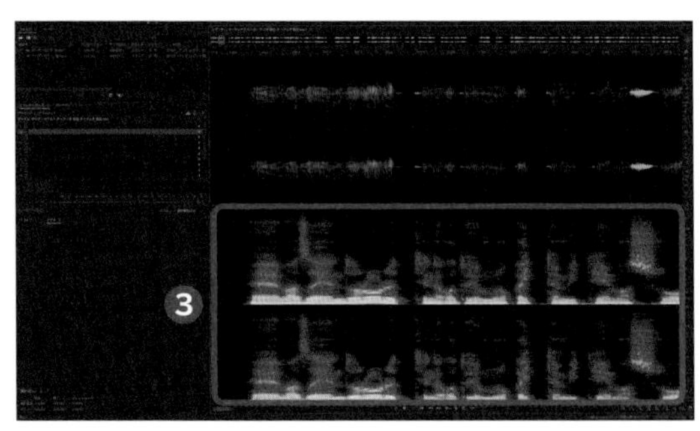

POINT

スペクトルは音が大きいほど「黄色」で、音が小さいほど「オレンジ～黒」で表示されます。

2 BGMの音量を調節する

Auditionで分析した声の周波数を元に、BGMの音を調節していきます。BGMの音量全体を下げるだけでも調節は可能ですが、イコライザ（周波数別に音量を調節できる機能）を使用することで、よりクオリティの高いミックスが実現できます。

1 パラメトリックイコライザを適用する

P.215手順3の画面で、▶をクリックして、[フィルターとイコライザ] → [パラメトリックイコライザー] の順にクリックします❶。

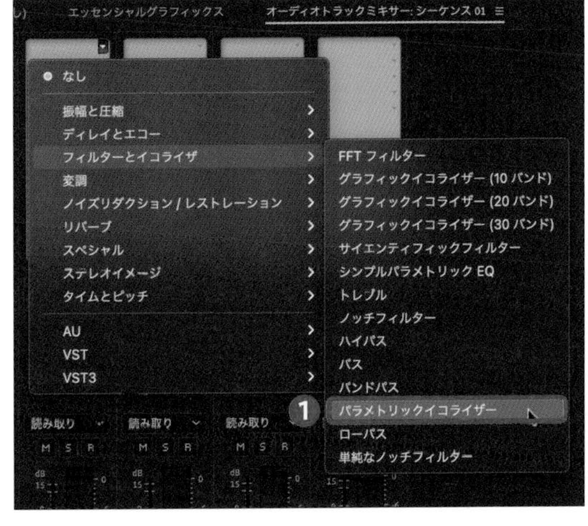

2 テンプレートを選択する

「パラメトリックイコライザー」パネルで、[プリセット] をクリックし、[一般：ハイパス] をクリックします❷。

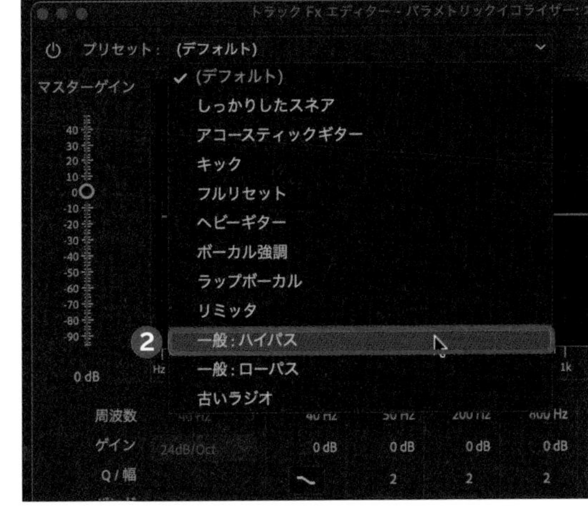

3 声と同じ周波数だけ音を小さくする

低域と中間域に表示された点をそれぞれドラッグして、4kHzに近づけます❸。

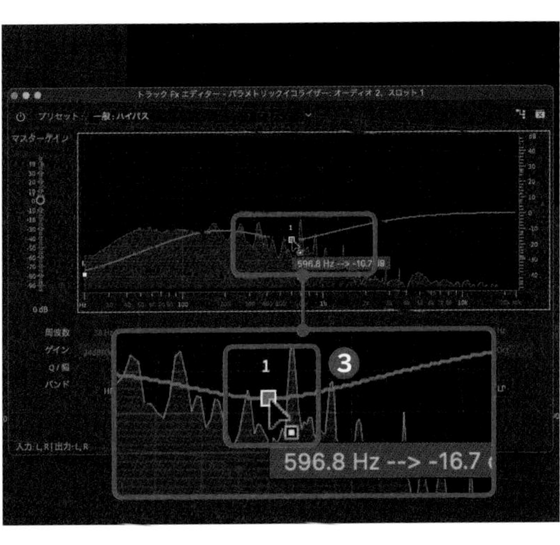

POINT

イコライザを使うときのコツは、常に「音を削る」用途で使うことです。今回は声とBGMがぶつかり合う0~4kHzの帯域にフォーカスしてBGMの音量を削ることで、声を「浮き上がらせる」ように処理しています。

Technique

88 音声全体を調和・増幅させる

声、BGM、効果音を全て配置してミックスが完了したら、マスタリングの作業に入りましょう。その役割は「調和を生み出す」ことと「音圧を増幅させる」ことです。

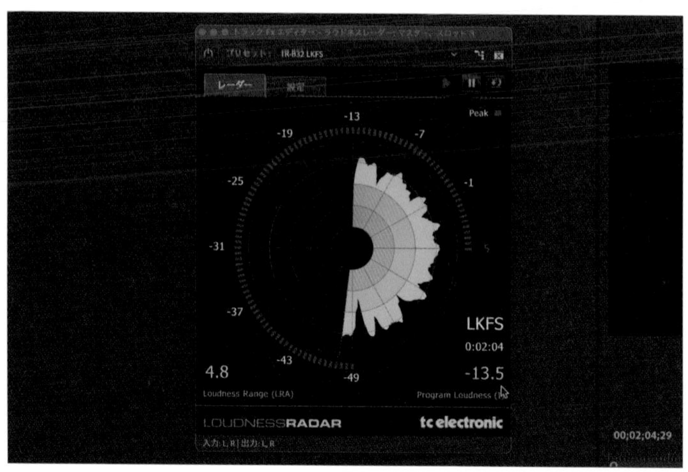

1 音を調和させる

シーケンスに複数配置された音声クリップの波形は入り乱れて、複雑な周波数を形成しています。マスタリングの第一段階として、その周波数を分析し、イコライザ（EQ）で調和させるところから始めましょう。

1 マスタートラックに、「パラメトリックイコライザー」を適用する

P.215手順3上部の画面で、>をクリックして、[フィルターとイコライザ] → [パラメトリックイコライザー] の順にクリックします❶。

POINT

マスタートラックに適用するエフェクトは、全ての音声素材に適用されます。

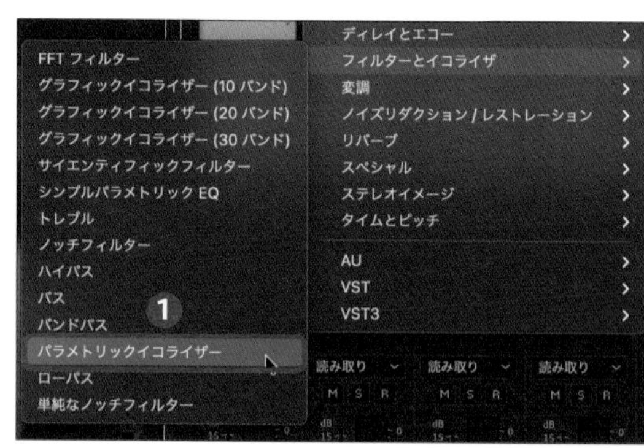

2 大きすぎる周波数を均一にする

「タイムライン」パネルの音声素材をクリックして「パラメトリックイコライザー」で、映像を再生しながら確認します❷。

POINT

マスタリングの段階では、おおよそ「+-3dB」以内を目安にしてください。

2 配信先のラウドネス規格に合わせて、音圧を増幅させる

声のトラックの音量が-6dB付近で適正レベルになっており、その声に合わせて各トラックの音がミックスされている場合、マスタートラックで音圧を上げるだけで重厚感が出るようになります。

1 ハードリミッターで音圧を上げる

P.212手順1の画面で［振幅と圧縮］→［ハードリミッター］の順にクリックします❶。

2 ラウドネスレーダーを適用する

手順1の画面で［スペシャル］→［ラウドネスレーダー］の順にクリックします❷。以降は、このラウドネスレーダーの値をベースに、ハードリミッターのパラメーターを調整していきます。

POINT

エフェクトを適用する際は、パラメトリックイコライザー→ハードリミッター→ラウドネスレーダーの順番を守りましょう。

3 ラウドネスレーダーを設定する

「トラック Fx エディター」で「プリセット」の［TR-B32 LKFS］をクリックします❸。設定から「ターゲットラウドネス」を「-13LKFS」に変更します。

POINT

国内での放送に使用されるラウドネスは「-24LKFS」が一般的ですが、ここではYouTubeの基準である「-13LKFS」に合わせて設定しています。

4 ハードリミッターのパラメーターを設定する

「トラック Fx エディター」で「最大振幅」に「-4.0」と入力します❹。入力ブーストをマスタートラックの音量が「-6dB」に触れるくらいまで上げていけば、大体ラウドネスの平均が「-13LKFS」前後になります。

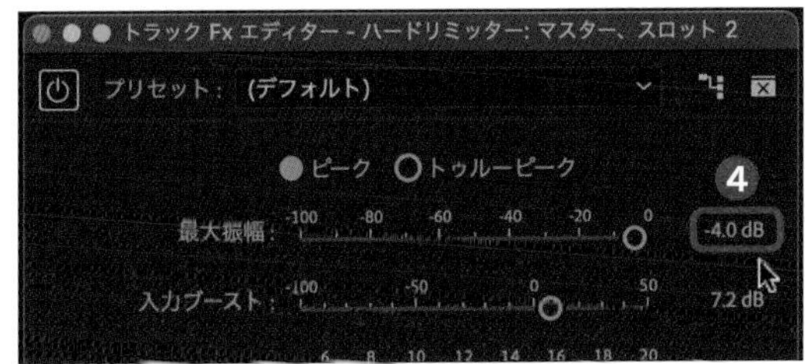

5 ラウドネスを確認する

「ラウドネスレーダー」で、■をクリックして、映像を最初から再生します❺。右下に表示されている数値がだいたい「-13LKFS」前後になっていれば、配信用として最適な音量です❻。

Technique 89

動画に適切なBGMを探す

ここでは、動画に適切なBGMをネットから探すためのコツをお伝えします。ネット上でBGMを探すときのコツは、「どこで」「どのようなキーワードで」探すのかが重要になってきます。

1 BGMを探すのにオススメのサイト

まずはBGMをダウンロードできる様々なサイトを紹介します。有償と無償とを問わず、必ず利用する前に規約を確認しましょう。

1 YouTube Studioの「オーディオライブラリ」

YouTubeの管理ページである「YouTube Studio」の中から、オーディオライブラリを選択すると、BGMとして使用可能な音源の一覧が表示されます。「ライブラリの検索またはフィルタ」から、テーマ別にソートすることで、目標とする音源を見つけやすくすることができます。YouTubeのアカウントを保有していれば誰でも使用することができますので、ぜひ活用してきましょう。

2 EnvatoのMarketまたはElements

Envatoという素材販売サイトには、高クオリティの音源が多数揃っています。Marketでは、音源を単品購入でき、Elementsでは、月額で登録されている音源がダウンロードし放題になります。

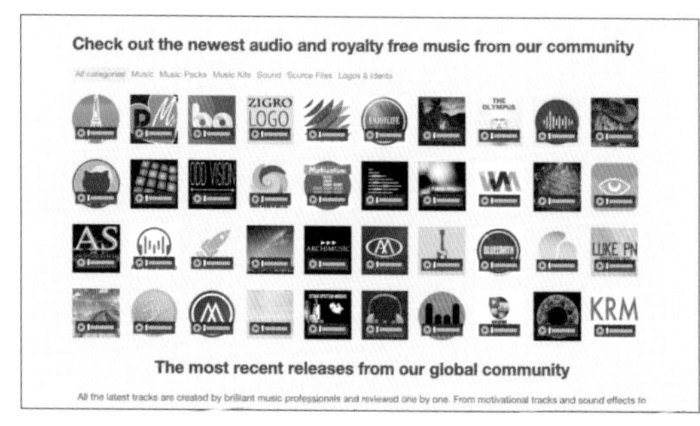

3 甘茶の音楽工房

クリエイターの「甘茶」氏が趣味で制作した音楽をフリー素材として配布しています。無料で動画にも利用できます。

4 Music Material

ピアノ曲を中心にダウンロードできるサイトです。基本的にはダウンロードしてそのまま使用できますが、映像コンテストなどへの出品などで著作権の譲渡を相談したい場合、管理人に連絡する必要があります。

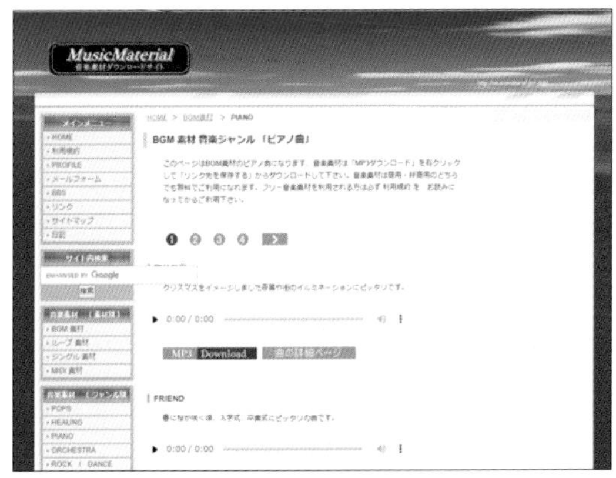

5 PANICPUMPKIN

「はげしいBGM」「たのしいBGM」など、ジャンルではなく曲調によってBGMを探すことのできるサイトです。

6 Music Note

インストゥルメンタル（楽器のみ）のBGMだけでなく、ボーカル素材や効果音など幅広く取り揃えているサイトです。

7 MusMus

昔のゲーム音楽のような「チップチューン」など、珍しいBGMをダウンロードすることができます。また、おまけとしてMIDI音源もダウンロードできるようになっています。

8 近未来的音楽素材屋3104式

SFっぽい映像にBGMを付けたいときにおすすめのサイトです。その名の通り、近未来をイメージさせるBGMが多数用意されています。

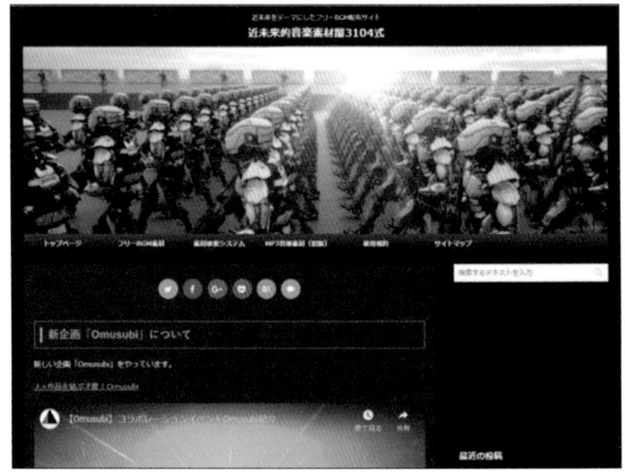

9 MusicPalette

20年以上の歴史があるBGMダウンロードサイトです。楽曲も400を超えており、幅広い種類から選ぶことができます。利用は無料ですが、クレジット表記が必要です。

10 Senses Circuit

BGMだけでなく、「チャンネル登録もお願いします」「今回のテーマは、こちらです」といったボイスのダウンロードも可能なサイトです。簡単なナレーションを入れたいと考えている場合は、参考にしてみるとよいでしょう。

2 BGMをみつけるときのキーワードについて

音源は英語表記になっていることが多いので、キーワードで音源を探す際も英語を用いると便利なことが多くあります。ここまで紹介したサイト以外にも音源を販売しているサイトは多数ありますが、キーワードがわかっていれば、大体のサイトで応用が効きますので、ぜひ活用してみてください。

1 企業PRなどのクリーンなイメージ「Corporate」

中庸なテンポで、クリーンなイメージのBGMを見つけることができます。2～3分の企業紹介などに最適です。

corporate

You found **383,025** *corporate* royalty free music & sound effects from $1. All from our gl

2 解説映像などの落ち着いたイメージ「Ambient」

管弦楽器やシンセサイザーのパッドなどの落ち着いたイメージのBGMを見つけることができます。オールマイティに使えるので、お気に入りをいくつか持っておくのがおすすめです。

ambient

You found **188,667** *ambient* royalty free music & sound effects from $1. All from our glob

3 無邪気でポップなイメージ「Kids」

ウクレレやベルが使われた、ポップなイメージを見つけることができます。面白さを重視した企画の説明の場面などに最適です。

kids

You found **57,099** *kids* royalty free music & sound effects from $1. All from our global co

4 映画のトレーラーのような雄大なイメージ「Epic」

オーケストラ編成の、重厚なBGMを見つけることができます。勢いのあるオープニングの制作に最適です。「Cinematic」も同様のイメージです。

epic

You found **179,459** *epic* royalty free music & sound effects from $1. All from our global c

5 ホラー映画のような怖いイメージ「Dark」

ノイズがかかったり、強くひずんだりしているBGMを見つけることができます。

dark

You found **94,550** *dark* royalty free music & sound effects from $1. All from our global co

6 「Piano」「Cello」など特定の楽器名

楽器名単体で調べるだけでなく、ここまでにリストアップしたものと合わせて「Epic Cello」のように、複合キーワードで検索すると、さらにイメージと近いBGMを検索することができます。

piano

You found **385,673** *piano* royalty free music & sound effects from $1. All from our global

POINT

使用している音源にYouTubeのコンテンツIDが登録されている場合、「著作権の侵害」という表示が出ることがあります。こうなると、BGMのライセンス所有者が、①動画の視聴統計の追跡、②動画に対して広告を掲載して収益化、③オーディオをミュート（無効化）、④ビデオ全体の表示をブロック、といった措置が可能になります。事実、過去に何例か、コンテンツIDが原因でせっかく制作した映像が公開できなくなったり、広告収入がコンテンツIDホルダーのものにされたりしたケースがクリエイターによって報告されました。コンテンツID登録のあるBGMを使用する際は、ご注意ください。

コンプレッサーについて理解する

Technique 85で解説したコンプレッサーは、音を聞かせる上で非常に大切な要素です。解説ページでは簡素な説明で終わってしまいましたが、ここではもう少し深くその原理を解説していきます。まず、「しきい値」は、音を最大限まで圧縮したときの出力レベルを意味しています。また、「比率」は現在の音の大きさのレベルから「しきい値」まで、1/○まで圧縮する比率のことです。Technique 85の作例に合わせて図を用意したので、理解の助けとなれば幸いです。

コンプレッサーでの「比率」と「しきい値」設定後の波形イメージ

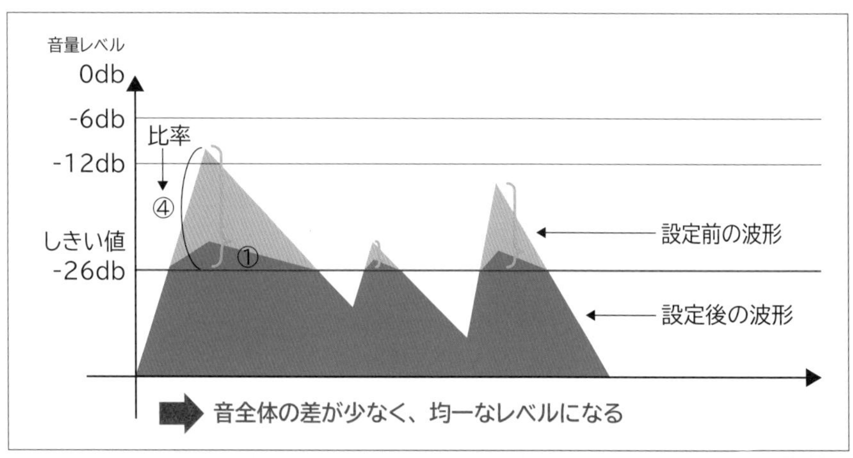

コンプレッサーでの補正とリミッター適用後の波形イメージ

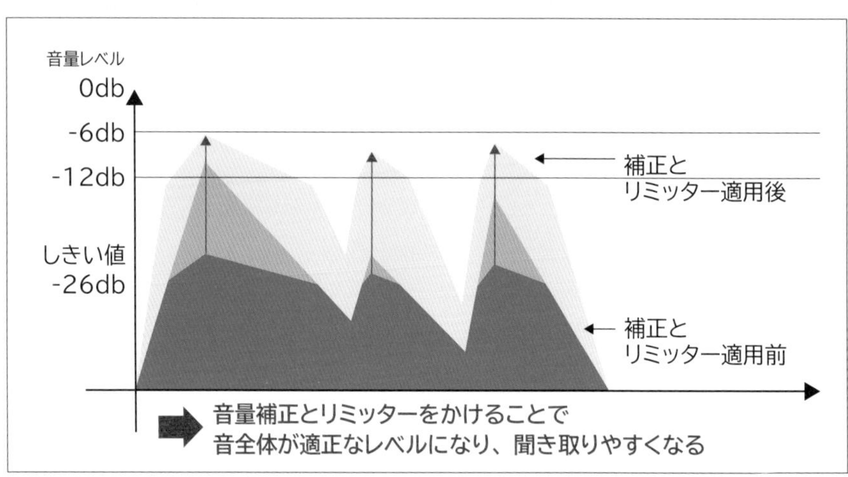

編集がサクサク進む！時短テクニック

さまざまな場面で活用できる時短テクニックを紹介します。編集作業がはかどるちょっとしたものから、動画ファイルの消失を防ぐような重要なものまで、一通り覚えておくことで余計な時間ロスを防ぎましょう。

［作例・文］
井坂光博：Technique 90 ～ 100

Technique 90

効率的なフォルダ構造を作る

フォルダの階層構造をきちんと作っていないと、プロジェクトごと消えてしまうことがあります。そんなトラブルを解消するための、効率的なフォルダ構造の作り方について解説していきます。

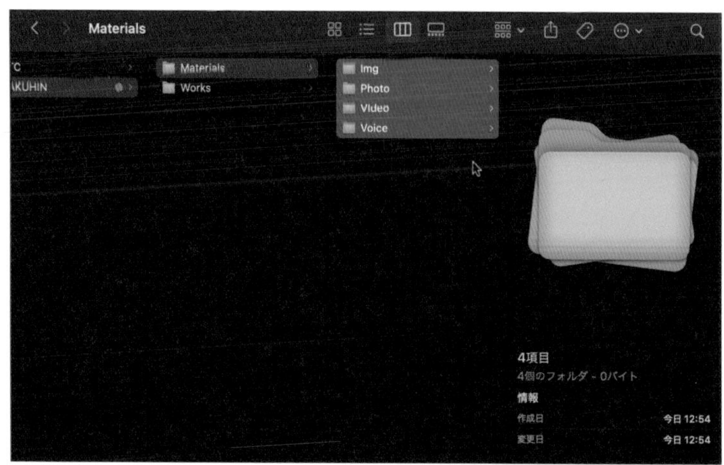

1 作品用のフォルダを用意する

フォルダ構造の基本は、「大きなもの」の中に「小さなもの」を「属性別に」入れることです。もっとも大きなものは「作品」で、次に大きいものは「素材」と「制作物」と考えてください。

1 作品用のフォルダを作成する

デスクトップに「作品」用の新規フォルダ（ここでは「デスクトップ」に「SAKUHIN」というフォルダ）を作成します❶。

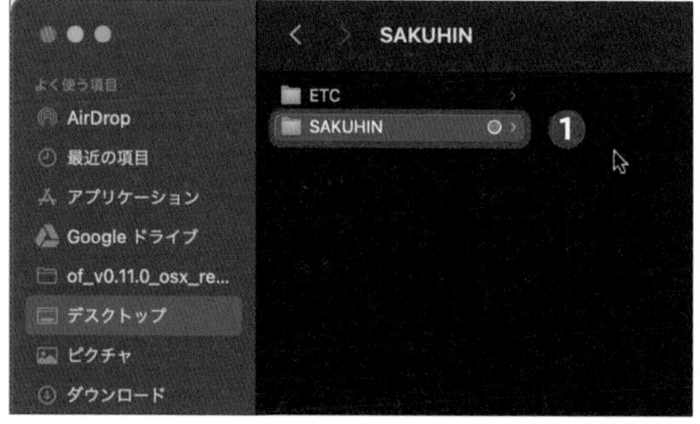

2「Materials」と「Works」のフォルダを作成する

手順1で作成した「SAKUHIN」フォルダをダブルクリックして❷、2つの新規フォルダ（ここでは「Materials」と「Works」）を作成します❸。

POINT

「Materials」には「素材」を、「Works」にはプロジェクトデータを含めた「制作物」を格納していきます。

3「Materials」の内容を属性別に分ける

手順2で作成した「Materials」フォルダをダブルクリックして❹、映像、音声、写真などの種類別(ここでは「Photo」「Video」「Voice」「Img」)に新規フォルダを作成します❺。

4「Works」の内容を属性別に分ける

手順2で作成した「Works」フォルダをダブルクリックして❻、「Project」という新規フォルダを作成します❼。

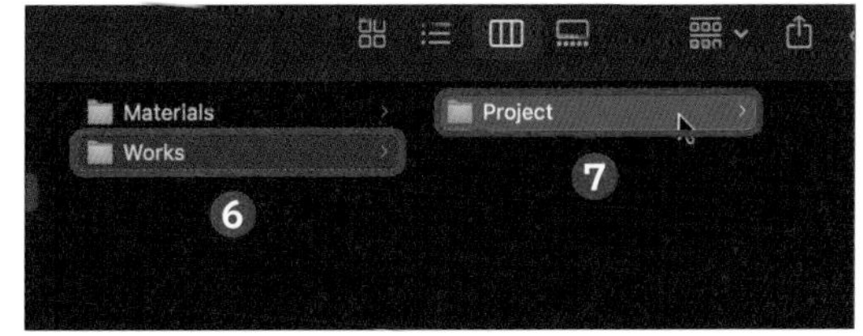

5「Render」フォルダをつくる

手順4の画面で「Render」という新規フォルダを作成します❽。

2 複数のプロジェクト用のフォルダを用意する

BGMや、コンポジットに使用する素材(レンズフレアなど)を作品ごとに毎回素材フォルダに読み込むのは、少し面倒な作業です。BGMやコンポジット素材は、独立した別のフォルダにまとめて置くことをおすすめします。

1「Library」フォルダをつくる

パソコン、またはSSDやHDDに「Library」というフォルダを作成します❶。

POINT

フォルダの頭に「0」をつけておくと、カラム表示で先頭に表示されるので便利です。

Check! フォルダは「外部SSD」に格納しよう

素材を入れていくにしたがって、「Library」フォルダのデータ量はどんどん大きくなっていき、パソコンのストレージを圧迫します。そのようなケースをあらかじめ避けるために、「Library」のフォルダは「外部SSD」に格納することをおすすめします。特に、「作品」専用の外部SSDと「Library」専用の外部SSDを常備するとよいでしょう。映像データはこれからも大きくなっていくことが想定されます。外部SSDは予算の許す限り、容量が多く、データ伝送速度の速いものを選択しましょう。

Technique 91

マーカー機能を使いこなす

編集中、特定のタイミングにメモを付けておきたかったり、シーンの節目をわかりやすく表記したかったりするときは、Premiere Proに標準装備されている「マーカー機能」を使いましょう。

1 あとから修正を加えたい秒数の地点にマーカーを置く

「特定のクリップを修正したいけれど、とりあえず全体を整えてからにしたい」というときは、該当する秒数の地点に「コメントマーカー」を置きましょう。

1 マーカーを置く

「タイムライン」パネルで再生ヘッドを右クリックして❶、[マーカーを追加] をクリックします❷。

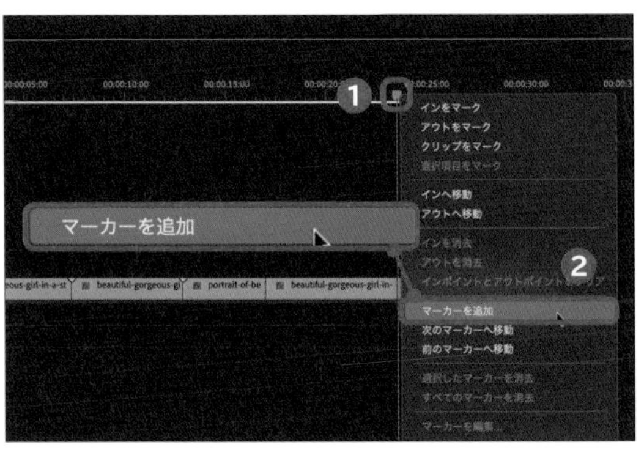

POINT

マーカーは「タイムライン」パネル上で M キーを押しても配置できます。削除する際は option / Alt + M キーを押すことで、選択したマーカーを削除できます。

2 マーカーにコメントを書く

表示されたマーカーをダブルクリックして、マーカーのパラメーターを開き、「名前」と「コメント」に任意のテキストを入力して❸❹、[OK] をクリックします❺。

2 シーンの節目にマーカーを置く

長い尺の映像を制作する場合は、いくつもの異なった映像素材を扱うことになります。「タイムライン」パネルを一目見ただけでそれぞれのシーンの節目がわかるように、マーカーを活用しましょう。

1 チャプターマーカーを選択する

P.226手順2の画面で、[チャプターマーカー]をクリックします❶。

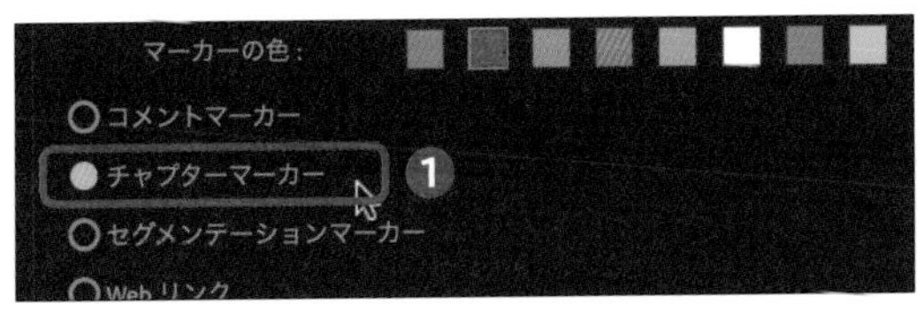

2 名前とコメントを書き込む

「名前」で任意の名前（ここではシーン番号と概要）を入力し❷、[OK]をクリックします❸。

3 音楽のリズムに合わせてマーカーを置く

BGMに合わせてカットを編集したいとき、マーカーを利用するとスピーディに編集することができます。

1 マーカー用のクリップを作成する

P.048手順1の画面で、「プロジェクト」パネルの[クリアビデオ]をクリックして、「タイムライン」パネルへドラッグします❶。

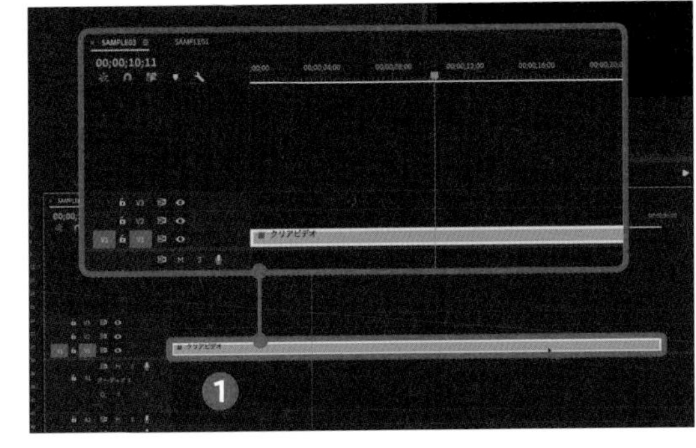

2 BGMリズムに合わせてMキーを押す

マーカー用のクリップを選択した状態で再生して、BGMのリズムに合わせてMキーを押します❷。

POINT

マーカーを打った状態でリップル削除などを行なうと、クリップも同時に動いてしまいますが、作例のようにクリップにマーカーを置き、トラックをロックしておけば、マーカーがずれる心配はありません。また、クリップに置いたマーカーは、クリップの「ソース」から編集可能です。

Technique

92 調整レイヤーを使いこなす

同じエフェクトを複数のクリップに一つ一つ適用していると、修正が必要になった際、非常に手間です。そんなときは調整レイヤーを使って、一括で適用していきましょう。

1 複数の動画クリップの色を一括で調整する

まずは調整レイヤーの基本的な使い方を解説していきます。手順としては、調整レイヤーを「タイムライン」パネルに配置して長さを揃えるだけです。

1 調整レイヤーを作成する

P.028手順1を参考に、「タイムライン」パネルに調整レイヤーを配置します❶。

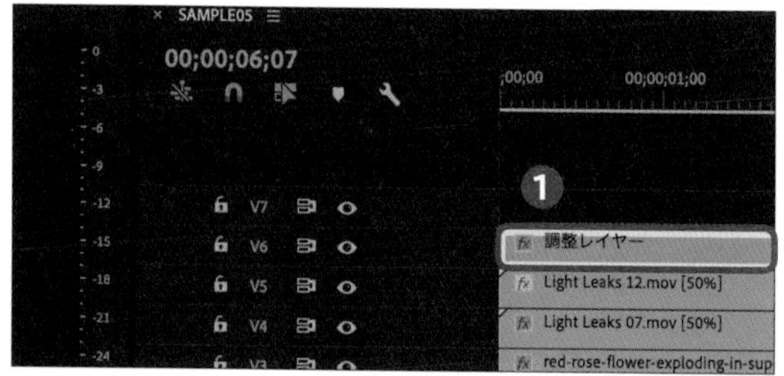

2 調整レイヤーを配置する

調整レイヤーをクリックしてドラッグし、エフェクトを適用したい素材と長さを揃えます❷。

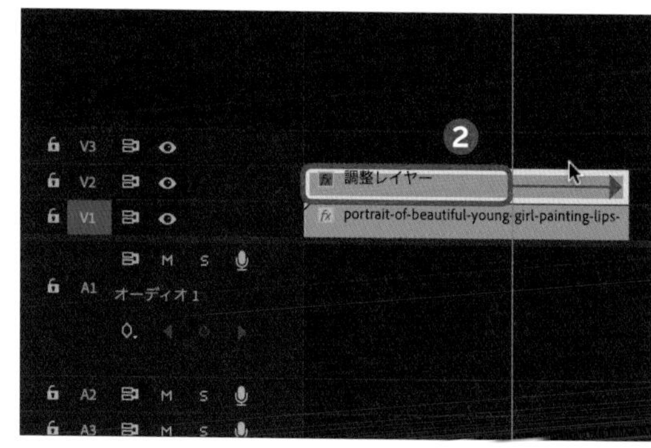

POINT

調整レイヤーは必ず、エフェクトを適用したい素材の上側のレイヤーに適用してください。

3 調整レイヤーにエフェクトを適用する

「エフェクトコントロール」パネルで「ビデオエフェクト」の「カラー補正」の［Lumetriカラー］をクリックします❸。

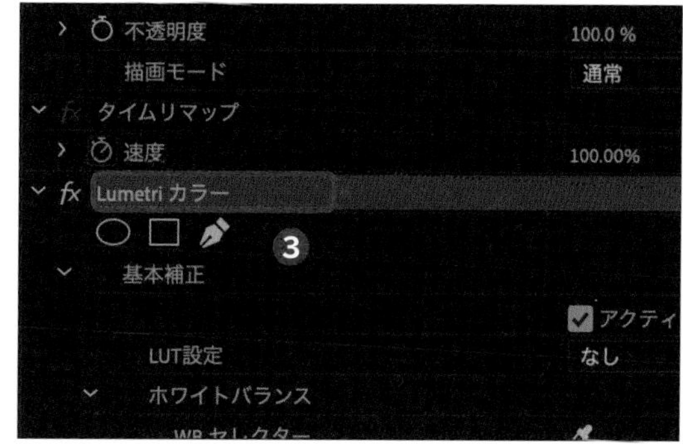

POINT

「エフェクトコントロール」パネルからパラメーターを調整すれば、各素材にエフェクトを適用したときと同様に、色を補正することができます。

Check! 調整レイヤーに適用できないエフェクトを把握する

調整レイヤーは便利ですが、使用することができないエフェクトがいくつかあるため、事前に把握しておきましょう。たとえば「ワープスタビライザー」は高性能な手ブレ補正機能ですが、調整レイヤーに適用することはできません。また、［ビデオエフェクト］→［描画］に含まれるエフェクト全般も、調整レイヤーで表示することができません。「描画」のエフェクトを使用する際は、調整レイヤーではなく「クリアビデオ」を使用しましょう。

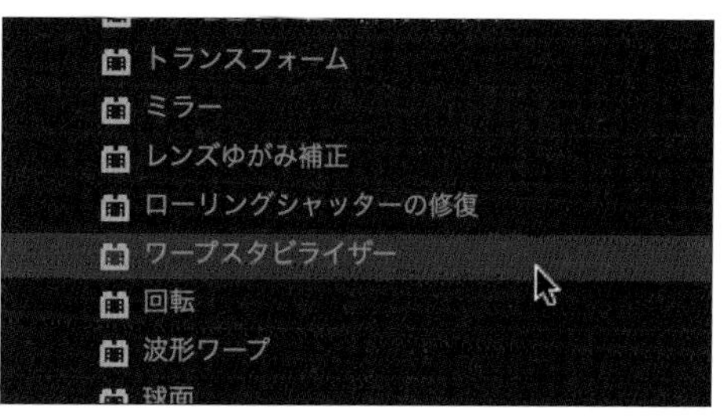

3 調整レイヤーを含むトランジションを作成する

調整レイヤーの内容が異なり、かつ調整レイヤーの下のトラックにトランジション系のエフェクトを適用する際は、調整レイヤーにもトランジションをかける必要があります。

1 動画素材にクロスディゾルブを適用する

P.016手順1を参考に、「エフェクト」タブの検索窓に「クロスディゾルブ」と入力して［クロスディゾルブ］をクリックし、「タイムライン」パネルの映像素材にドラッグします❶。

2 調整レイヤーにクロスディゾルブを適用する

手順1と同じタイミングで、「タイムライン」パネルの調整レイヤーにクロスディゾルブをドラッグします❷。

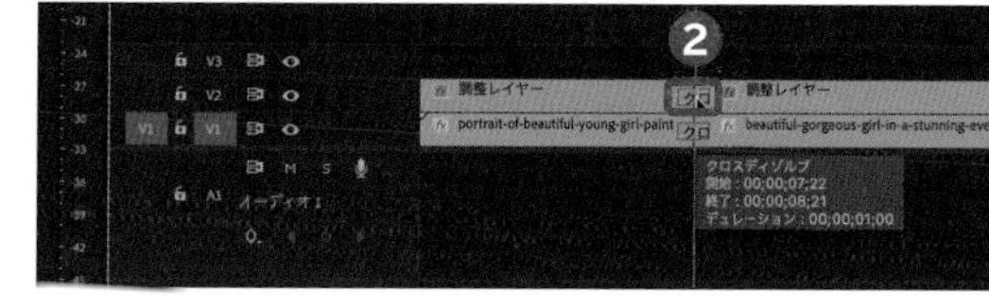

Check! 合成（コンポジット）したときこそ、調整レイヤー

モーショングラフィックスや、ピカピカ光る類の映像素材を複数重ねる表現を、「合成」または「コンポジット」と呼びます。合成した状態の映像も、調整レイヤーを使うことで、まとめて調整することができます。ちなみに、合成したトラックをすべてネスト化してしまえばクリップ単位で調整することも可能ですが、前述の方法のほうが修正が容易であるというメリットがあります。

Technique 93

Premiere Proの動作が重くなったときの対処法

長時間Premiere Proで編集作業をしていると、少しずつ動作が重くなって作業に支障が出ることがあります。動作が軽い状態を保つためのテクニックを押さえておきましょう。

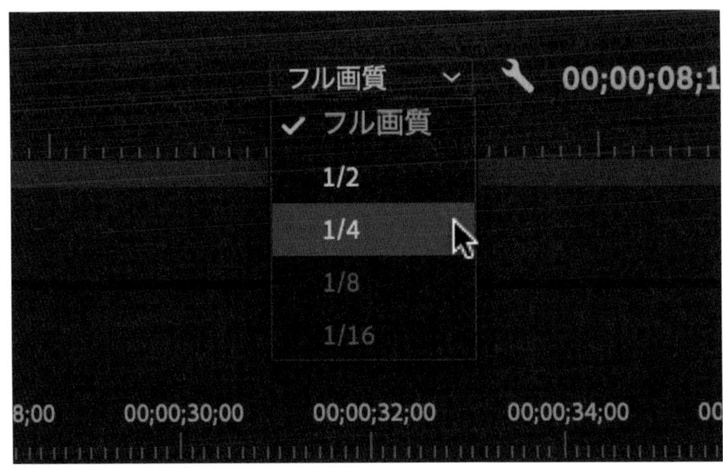

1 メモリを最適化する

OSでアプリケーションを稼働させる上で、メモリは重要な要素です。そこで、できる限りメモリを有効に使うための方法を紹介します。

1 環境設定から「メモリ」を開く

[Premiere Pro] → [環境設定] → [メモリ] の順にクリックします❶。

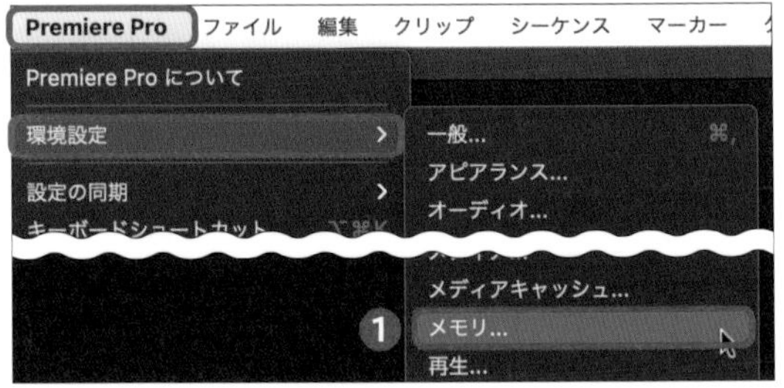

2 RAMを下げてレンダリングを最適化する

「環境設定」で、「他のアプリケーション用に確保するRAM」の値を下げ（ここでは「3」）❷、「レンダリングの最適化」で [メモリ] をクリックして❸、[OK] をクリックします❹。

POINT

「レンダリングの最適化」を「メモリ」にすると、一部の描画機能が失われます。メモリに余裕がある場合は「パフォーマンス」に設定しておきましょう。

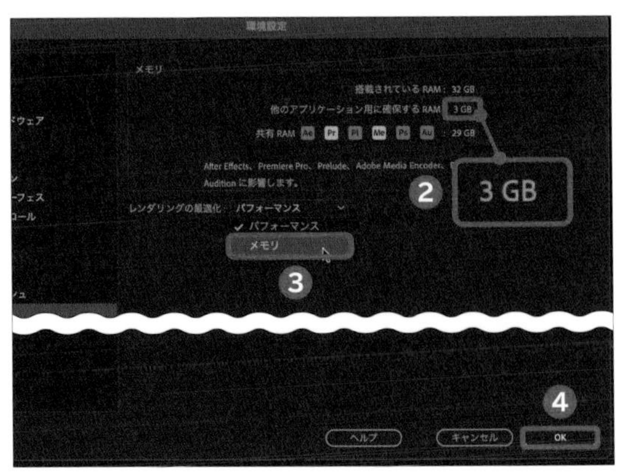

2 メディアキャッシュファイルを削除する

Premiere Proはデータを読み込む際に「メディアキャッシュ」というデータを生成します。このデータが乱立していると、アプリケーションが重くなる原因となります。定期的に削除しましょう。

1 メディアキャッシュファイルを削除する

P.230手順1の画面で［メディアキャッシュ］をクリックして、「環境設定」で「メディアキャッシュファイルを削除」の［削除］をクリックして❶、［OK］をクリックします❷。

POINT

メディアキャッシュファイルの削除は、必ず作品の制作に入る前に行なってください。制作中に行なうと、使用中のメディアキャッシュも削除され、バグが発生する可能性があります。

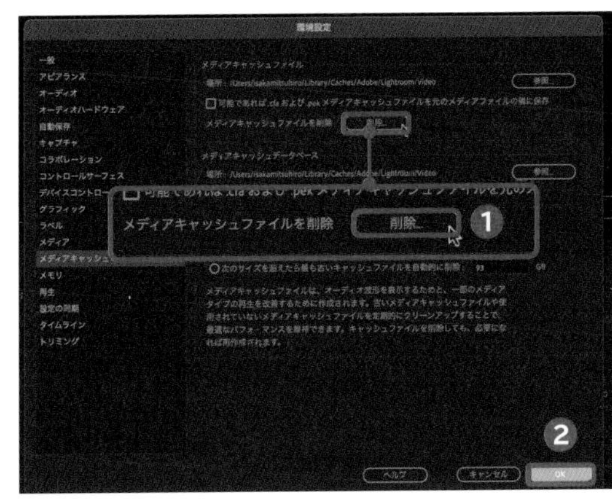

3 自動保存を無効化する

自動保存はPremiere Proの動作を重くする原因となることがあります。環境設定から無効化しておきましょう。

1「プロジェクトを自動保存」からチェックを外す

P.230手順1の画面で［メディアキャッシュ］をクリックして、「環境設定」で［プロジェクトを自動保存］をクリックしてチェックを外し❶、［OK］をクリックします❷。

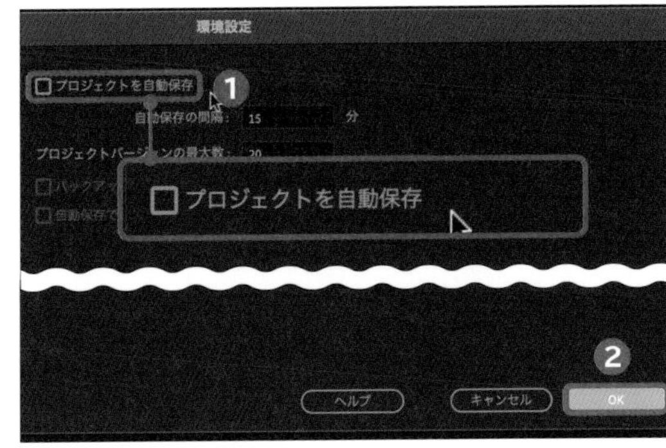

4 再生時の解像度を下げる

再生時の解像度を下げると、再生時の負荷を下げることができます。なお、再生時の解像度を下げても、書き出した動画の解像度には影響ありません。

1「プログラム」パネルから再生時の解像度を下げる

「プログラム」パネルで、ここでは［1/4］をクリックします❶。

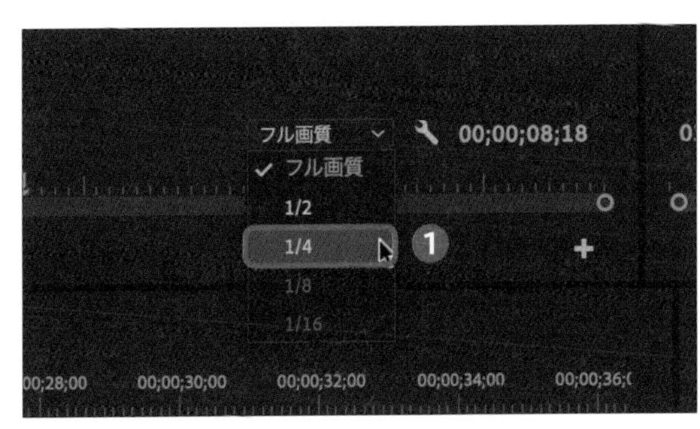

Technique

94 プロキシでPCへの負荷を減らす

プロキシは、解像度のみ小さくしたデータを指します。プロキシを使用することで、マシンパワーが足りない場合でも、比較的スムーズに編集を進めることができるようになります。

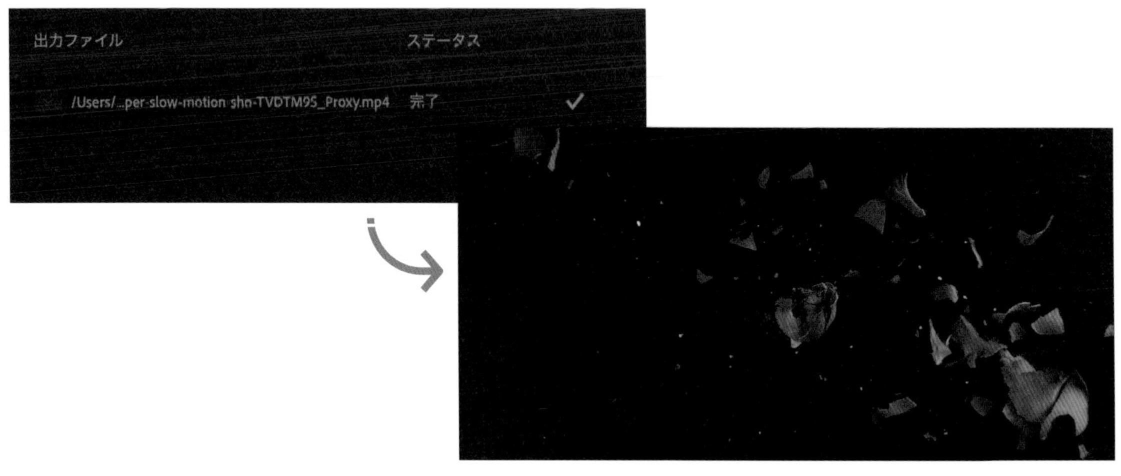

1 プロキシデータを最初から作成する場合

まずはプロキシデータを作成しましょう。データ作成方法はいくつかありますが、ここでは1番シンプルな方法を紹介します。

1「プロキシを作成」を選択する

「プロジェクト」パネルでプロキシを作成したいデータを右クリックし❶、[プロキシ] → [プロキシを作成] の順にクリックします❷。

POINT

複数のデータのプロキシを作りたい場合は、Shift キーでデータを複数選択してから同様の操作を行なってください。

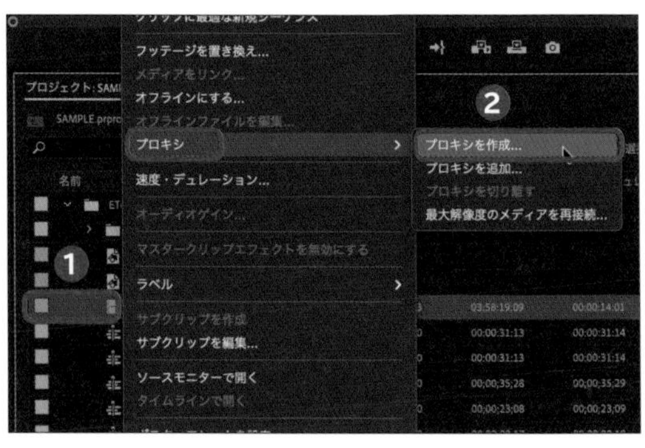

2 各種設定を行う

「プロキシを作成」で、「形式」の [H.264] をクリックして❸、[OK] をクリックします❹。

POINT

プリセットは「H.264 Low Resolution Proxy」のままで問題ありません。保存先はオリジナルメディアと同じ階層のプロキシフォルダ内を選択しましょう。

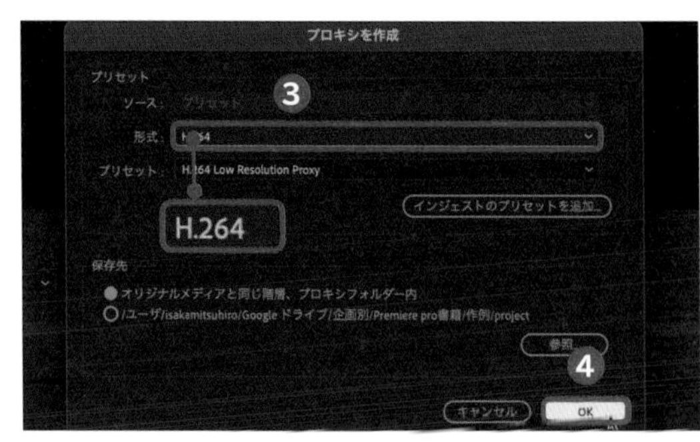

3 Adobe Media Encoderで書き出す

自動的にAdobe Media Encoderが起動して、プロキシデータが書き出されます。書き出しが完了すると、自動的に元データとプロキシデータがひも付きます❸。Premiere Proで映像を再生したときに解像度の低いデータが再生されれば成功です。

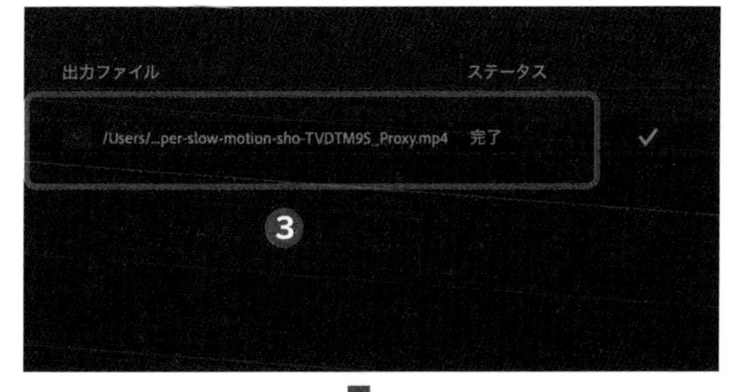

POINT

ここでの映像の再生には、「Adobe Media Encoder」が必要です。あらかじめ「https://www.adobe.com/jp/products/media-encoder.html」からインストールしておきましょう。

2 カメラ側で作成したプロキシを適用する場合

カメラの種類によっては、撮影時にプロキシを作成する機能があります。カメラで生成されたプロキシを使用する場合は、こちらの方法でプロキシを適用してください。

1 フォルダを表示する

「プロジェクト」パネルで、プロキシを適用したいデータの格納されたフォルダを右クリックします❶。

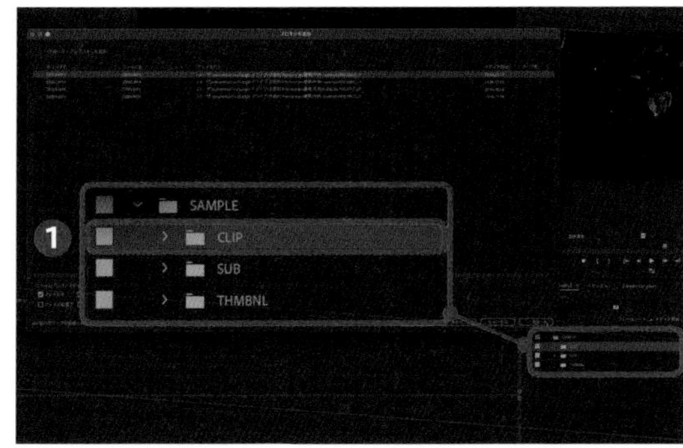

2 プロキシを追加する

該当するデータを選択した状態で、右下の「追加」をクリックします。ディレクトリから、対応するプロキシのデータを選択して、[OK]をクリックします❷。データが複数ある場合は、同じ作業をくり返します。

POINT

「プロキシを適用するデータ」と「プロキシ」のデータ名を同じにしておくと、一度の作業で選択した全てのデータにプロキシを適用できます。ただしその際は、フォルダの選択ミスに気をつけましょう。

Technique 95

ネスト機能を使いこなす

ネスト機能は、「複数のクリップを1つのクリップにまとめる」機能です。作例を通じて、ネストの代表的な使い方を一通り紹介します。

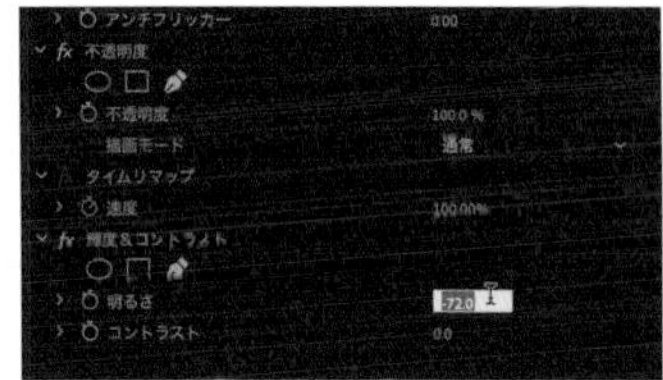

1 ネスト機能を使ってみる

まずはネストを表示させるための手順を確認しておきましょう。前準備として、「タイムライン」パネルにネストとしてまとめたい複数の映像素材をドラッグしてください。

1 1つにまとめたいクリップを複数選択する

「タイムライン」パネルでひとまとめにしたい素材をドラッグして選択し、右クリックして❶、[ネスト]をクリックします❷。

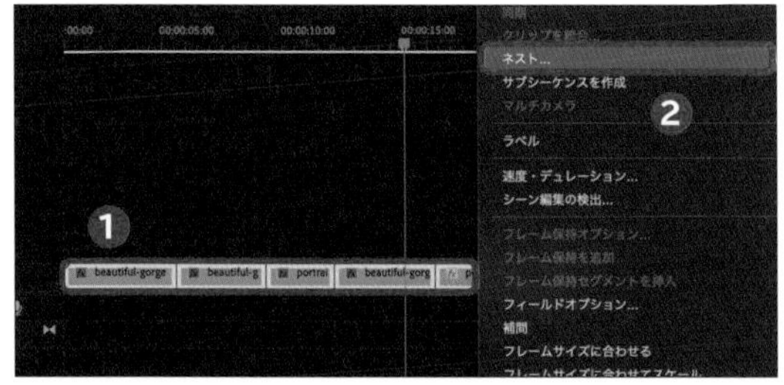

2 名前を決めて、保存する

「ネストされたシーケンス名」で「名前」に任意の名前を入力して❸、[OK]をクリックします❹。

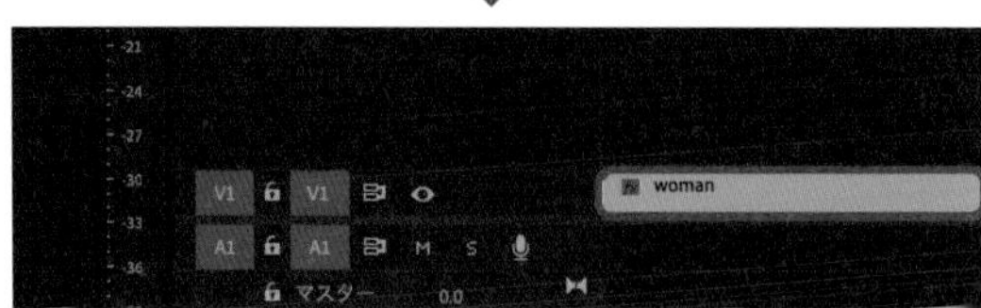

POINT

ネストされたクリップはシーケンスとして扱われます。「プロジェクト」パネルを確認すると、シーケンスが作成されていることが確認できます。

2 ネストしたクリップを背景として使用する

ネストしたクリップにエフェクトを適用して、背景として使用してみましょう。ここでは、ネストクリップ全体の明るさを下げて、背景として使用しやすくするための手順を紹介します。

1 輝度&コントラストを適用する

「エフェクト」タブの検索窓で「輝度」と入力し、[輝度&コントラスト]をクリックして「タイムライン」パネルのネストした素材へドラッグします。「エフェクトコントロール」パネルで「輝度&コントラスト」の「明るさ」を下げます(ここでは「-72.0」)❶。

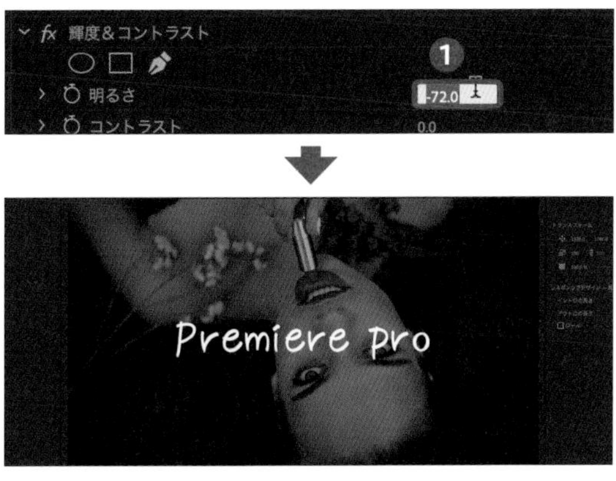

3 ネストシーケンス内を編集する

ネストされたクリップは「シーケンス」として扱われるので、ネスト後も修正することが可能です。

1 ネストクリップをダブルクリックする

「タイムライン」パネルでネストした素材をダブルクリックします❶。

POINT

「プロジェクト」パネルから該当のシーケンスを開いても問題ありません。

2 シーケンス内を編集する

各素材の間をクリックして、command/Ctrl+Dキーを押して、各素材の間に「クロスディゾルブ」を適用します❷。

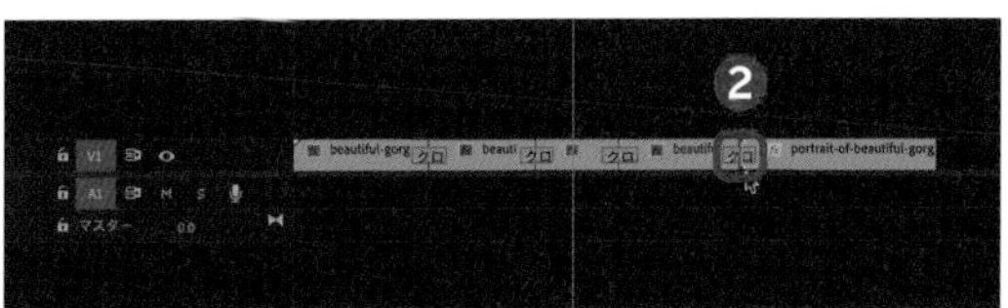

3 結果を確認する

先頭から再生して、クロスディゾルブが適用されているか確認します❸。

オープニング
登場シーン
メリハリ
エンディング
字幕
音
時短テク

Technique

96 マルチカメラ機能を使いこなす

テレビのバラエティ番組などは、複数台で同時撮影した素材を同期して1つの画面にさまざまな角度からの映像を配置しています。その効率的な作業手順を解説していきます。

1 複数の撮影素材を同期する

まずは複数の映像素材を同期する方法を解説していきます。なお、撮影の段階で音が録れていないと、同期が困難になるので気を付けましょう。

1 撮影した素材をトラックに段積みする

同時撮影した映像素材を「タイムライン」パネルの「V1」～「V3」に❶、音声素材を「A1」～「A3」にドラッグします❷。

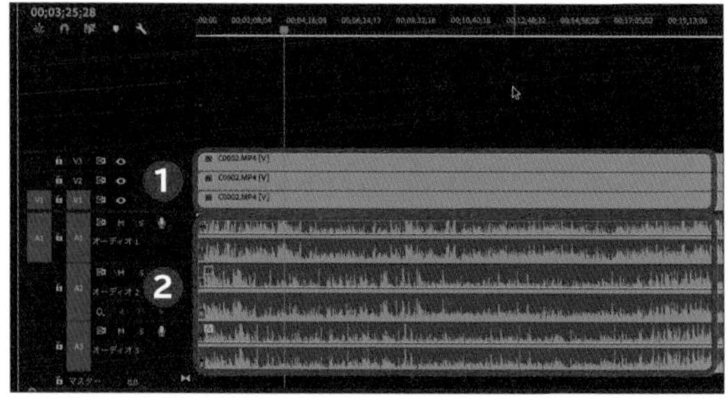

2 オーディオ波形を見ながら、各トラックを同期する

各トラックのオーディオ波形を見ると、似たような形をした波形があります。各素材の波形が揃うように、各トラックをドラッグして同期させていきます❸。

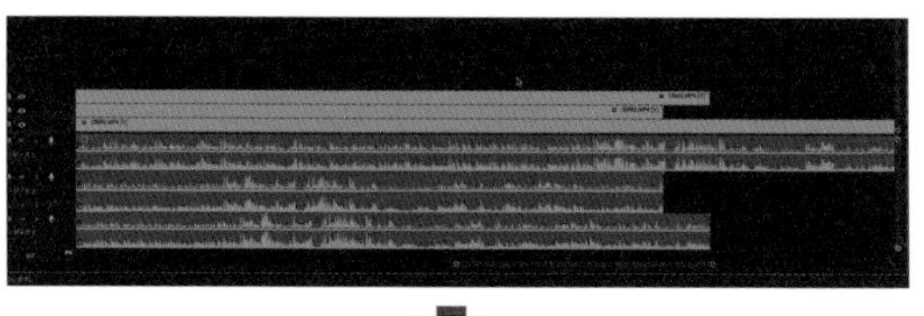

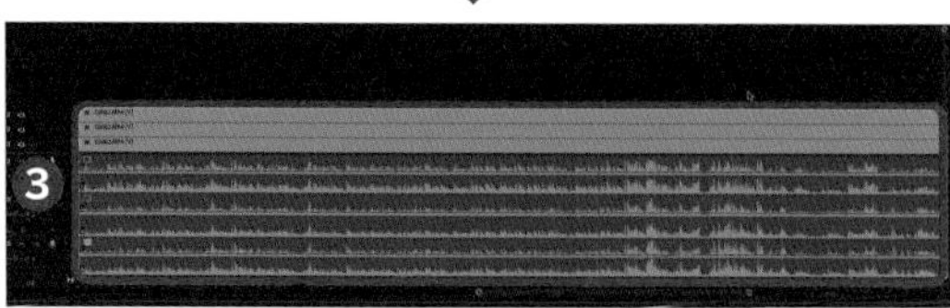

POINT

波形の左右がずれていると、再生時にエコーがかかったように聞こえてしまうため、何度か再生をくり返しながら波形を合わせていきましょう。

2 マルチカメラ編集ができるように設定する

続いて、マルチカメラとして編集するための設定を行ないます。ネスト機能を利用して、一括で作業するようにしましょう。

1 クリップをネストする

マルチカメラ編集したいクリップをドラッグして選択し❶、右クリックして［ネスト］をクリックします❷。名前を入力する画面が表示されたら任意の名前を入力して［OK］をクリックします。

2 マルチカメラを有効にする

ネストしたクリップを右クリックして❸、［マルチカメラ］→［有効］の順にクリックします❹。

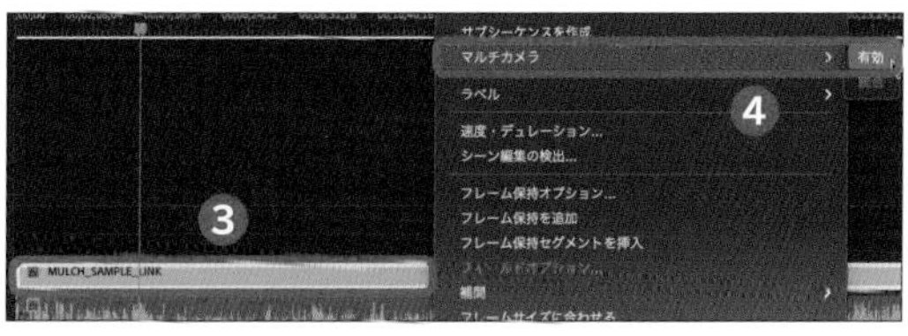

3 マルチカメラでカット編集する

マルチカメラを設定したら、適宜カット編集を行なっていきます。

1 プログラムモニタをマルチカメラ表示にする

「プログラム」パネルを右クリックして❶、［表示モード］→［マルチカメラ］の順にクリックします❷。

POINT

使用する音声トラック以外はミュートするか、削除しておきましょう。

2 再生しながら、採用したい画面をクリックしていく

再生しながらプログラムモニタの左側をクリックすると❸、自動的にカット割が入り、選択した映像が採用されます。

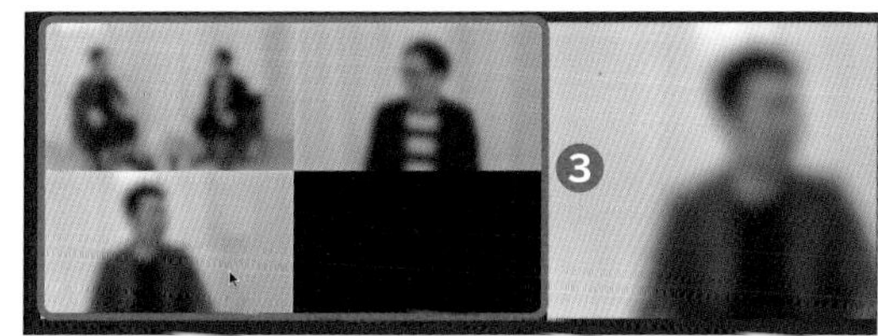

Check! 任意のタイミングでカットしたカメラを切り替える

再生しながらカットを割っていると、タイミングがずれることがあります。その場合は、手作業でカットのタイミングとカメラを選びましょう。カメラが変更されるクリップは「再生ヘッド」のクリップです。

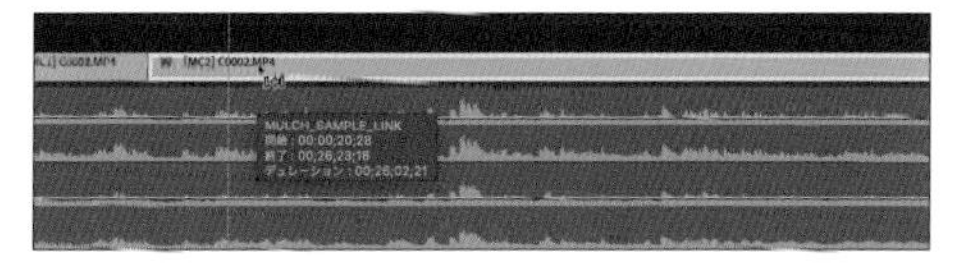

オープニング
登場シーン
メリハリ
エンディング
字幕
音
時短テク

Technique 97

ボタンエディターを使いこなす

「プログラム」パネルは、シーケンス上の映像を確認するためのパネルです。このパネル内で特によく使用される3つのボタンを紹介します。

1 セーフマージンボタン

セーフマージンは撮影素材の画角や、テロップの位置などを整える際に非常に便利な機能です。

1 ボタンエディタをクリックする

「プログラム」パネルで■をクリックします❶。

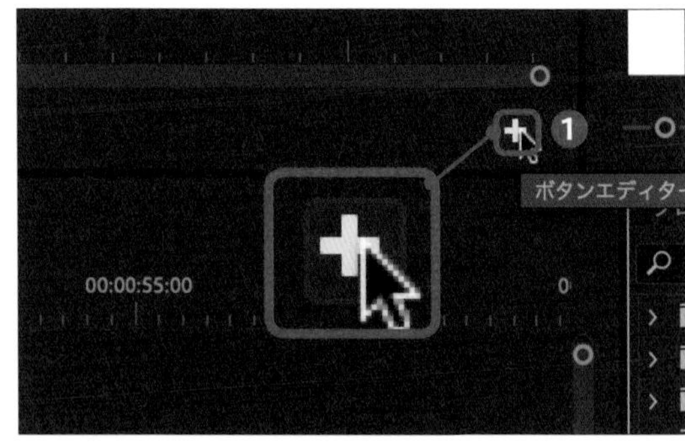

2 セーフマージンをプログラムモニタに表示させる

「ボタンエディター」で■をクリックして「プログラム」パネルの下側にドラッグして❷、[OK] をクリックします❸。

POINT

プログラムモニタ側からボタンエディターに任意のボタンをドラッグすると、該当するボタンを「プログラム」パネルから除去することができます。

2 フレームを書き出し

「フレームを書き出し」を使用すると、「プログラム」パネルに表示されている画面のキャプチャを撮影することができます。YouTubeのサムネイルや、第三者への確認用など、様々な用途で使用できます。

1「フレームを書き出し」のボタンをプログラムモニタに表示させる

「ボタンエディター」でをドラッグして「プログラム」パネルの下側に配置し❶、[OK] をクリックします❷。

2「フレームを書き出し」のボタンをクリックする

をクリックして❸、[OK] をクリックします❹。

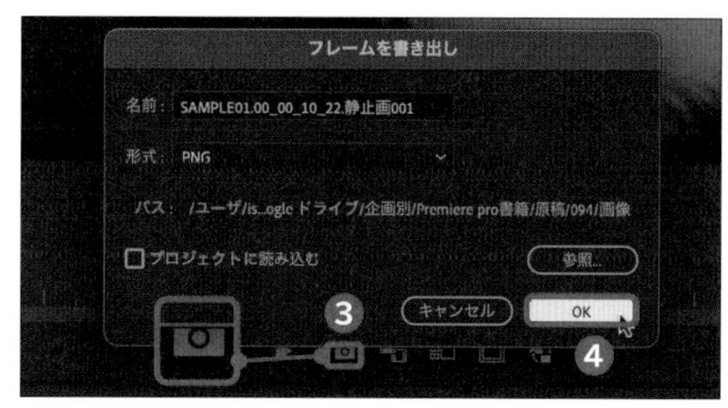

3 マルチカメラ表示を切り替え

Premiere Proのマルチカメラ機能を使用する場合、プログラムモニタ側でマルチカメラの表示と非表示を選択することができます。

1「マルチカメラ表示を切り替え」のボタンをプログラムモニタに表示させる

「ボタンエディター」でをドラッグして「プログラム」パネルの下側に配置し❶、[OK] をクリックします❷。

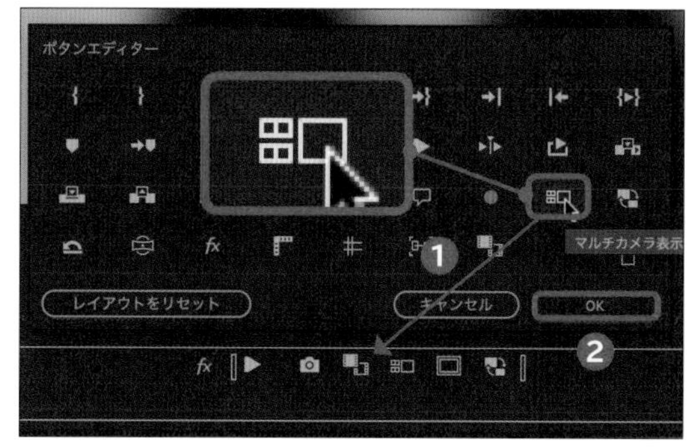

2「マルチカメラ表示を切り替え」のボタンをクリックする

をクリックすると、モニタにマルチカメラが表示されます❸。

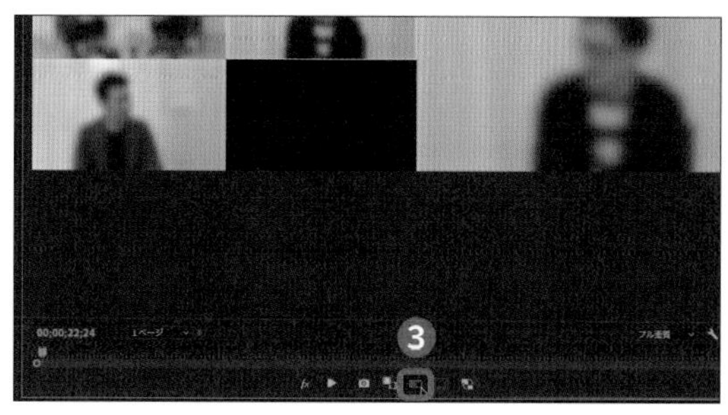

Technique 98 オススメの有料プラグイン

Premiere Proの機能やエフェクトを拡張するプラグインのオススメを5つ紹介します。

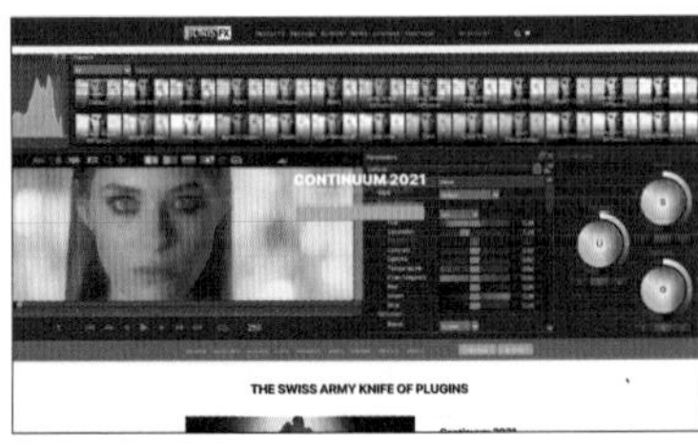

1 Mister Horse「Premiere Composer」

「Premiere Composer」は、トランジションやテキストアニメーションなどをまとめたエフェクト集です。

無料のスターターキットの他に、テキストアニメーションに特化したエフェクト集や、トランジションに特化したエフェクト集などを追加することができます。複雑な操作がほとんど必要ありません。
https://misterhorse.com/products-for-premiere-pro

2 Red Giant「Universe」

「Universe」はPremiere Proのシステムに組み込まれるタイプのエフェクト集です。

Universeを追加すると、「エフェクト」パネルにエフェクトが追加され、他のPremiere Proのエフェクトと同じように使用することができます。設定できるパラメーターが非常に多く、細部まで作り込むことができます。
https://www.redgiant.com/products/universe/

3 Boris FX「CONTINUUM」

Boris FX「CONTINUUM」はUniverseと同様に、システムに組み込まれるタイプのエフェクト集です。Universeに比べて、「色の加工」や「光」のエフェクトが多く収録されています。

Boris FXは古くからハリウッド映画などで使用される「Saphire」というエフェクトを開発している老舗メーカーです。ここで紹介している「CONTINUUM」はSaphireよりも安価ですが、Saphireをはるかにしのぐ量のエフェクトとテンプレートを収録しています。YouTubeなどを中心に映像を配信される方には特にCONTINUUMのほうがおすすめです。
https://borisfx.com/products/continuum/

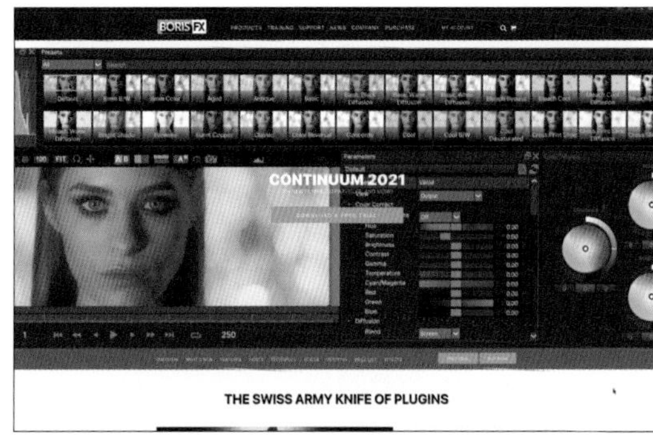

4 Red Giant「Plural Eyes 4」

「Plural Eyes 4」は、複数台のカメラの同期を自動で行なってくれるプラグインです。Technique 96でマルチカメラ編集について解説しましたが、Plural Eyes 4を使えば、音声同期のセクションはワンクリックで完了します。

ロケ撮影などでバタバタと撮影して、データをパソコンに読み込んでみるとデータがごちゃごちゃになっている……といったときでも、Plural Eyes 4を使えば、一発で音が合うので非常に便利なプラグインです。
https://www.redgiant.com/products/pluraleyes/

5 Waves「Vitamin Sonic Enhancer」

Wavesは音を加工するプラグインを開発するメーカーです。その中でも、もっとも安価かつ手軽に音を作り込むことのできるエフェクトが「Vitamin Sonic Enhancer」です。

「Vitamin Sonic Enhancer」がもっとも効果を発揮するのが、「ナレーション」の音の調整です。通常、音を作り込む場合はイコライザ（EQ）を使用しますが、周波数に関する知識が少なからず必要になります。しかし、「Vitamin Sonic Enhancer 」を使えば、初心者でも直感的に音声を加工することができます。
https://www.waves.com/plugins/vitamin#enhance-audio-tracks-with-vitamin

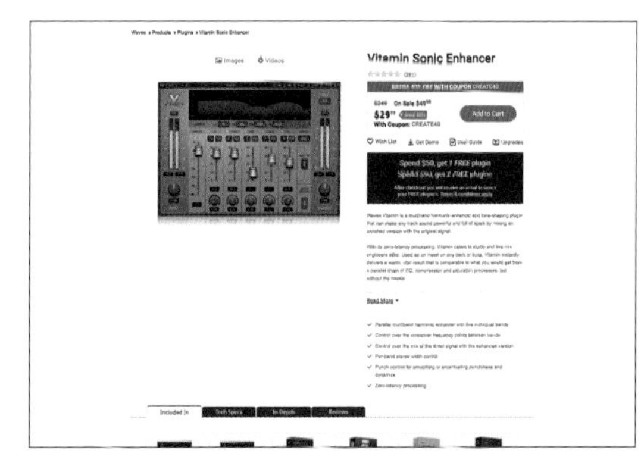

Technique 99

書き出しの設定を知る

書き出しの設定について、専門用語の解説も含めて紹介していきます。ここでは原則として、YouTubeに配信するための映像の書き出しについてまとめます。

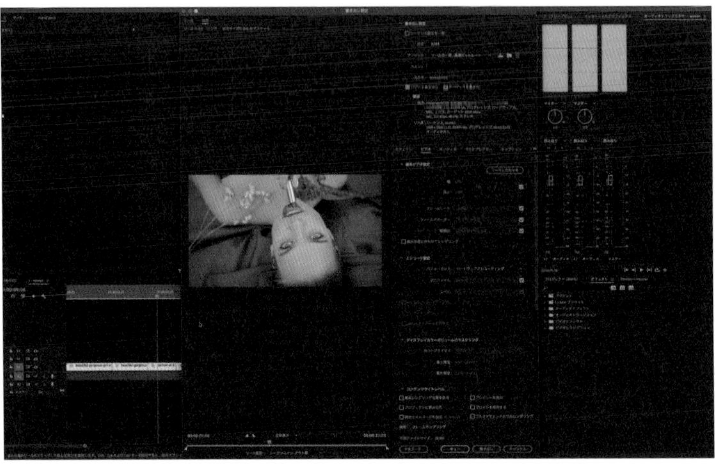

1 書き出し機能の呼び出しと、プリセットの選択

Premiere Proには書き出しのプリセットが豊富に用意されています。最初からマニュアルで設定するよりも、プリセットを選択した後、用途に合わせてカスタマイズすることをおすすめします。

1「H.264」形式を選択する

command/Ctrl+Mキーを押して「書き出し」画面を表示させ、「形式」で[H.264]をクリックします❶。

POINT

H.264はデータ劣化を最小限に抑えた圧縮形式です。Webで映像を配信する場合、多くの場合この形式になります。

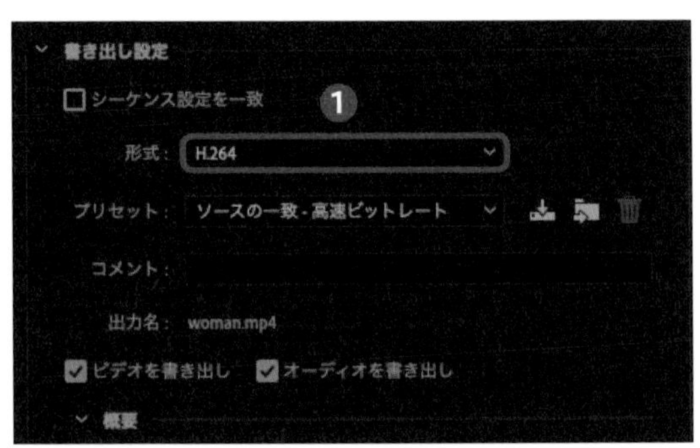

2 プリセット「YouTube ～」を選択する

プリセットから「YouTube」と頭に付くもの（ここでは「YouTube 1080p フルHD」）をクリックします❷。

POINT

FacebookやTwitterなど、Premiere Proには数多くのプリセットが用意されています。配信媒体によってプリセットを選択しましょう。

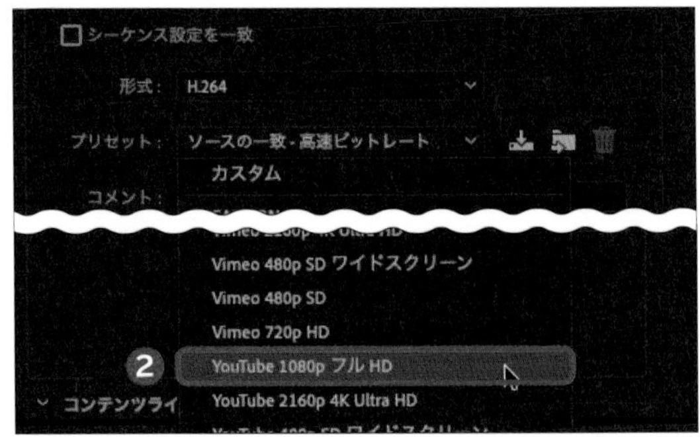

3 出力名と出力先を選択する

「出力名」をクリックして、出力名（ファイルの名前）と出力先（書き出し先のフォルダ）を選択します❸。

2 プリセットをカスタマイズする際のポイント

理論的な話はとりあえずおいておいて、「これだけは押さえておいてほしい！」というポイントをカスタマイズのポイントとして紹介します。

1「基本ビデオ設定」の内容は、シーケンス設定と一致させる

元のシーケンス設定と基本ビデオ設定の内容が異なると、書き出しにかかる時間が大幅に増えますので、注意しましょう。

POINT

放送先によって指定がある際は、指定された設定で書き出しましょう。

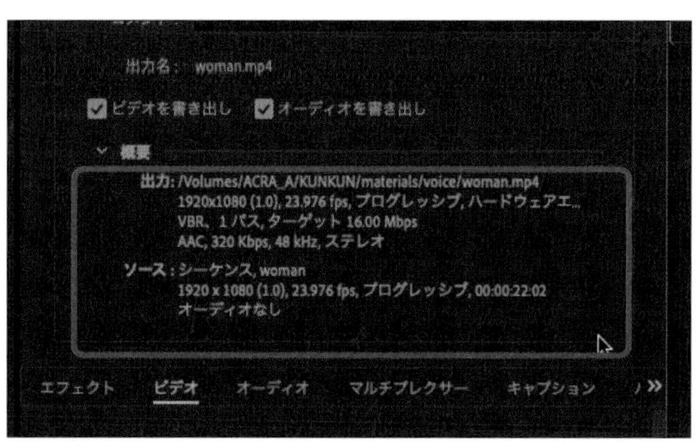

2「ビットレート設定」は配信先のガイドラインに合わせる

YouTubeを始めとする動画配信サービスでは、ビットレートに関するガイドラインが公開されています。動画を書き出す前に、必ず確認しましょう。YouTubeの場合は右の画像のとおりになります。

POINT

ビットレートエンコーディングは基本的に「VBR, 1パス」で問題ありません。［CBR］を選択すると、動きのあるシーンのピクセルが荒れやすくなってしまいます。

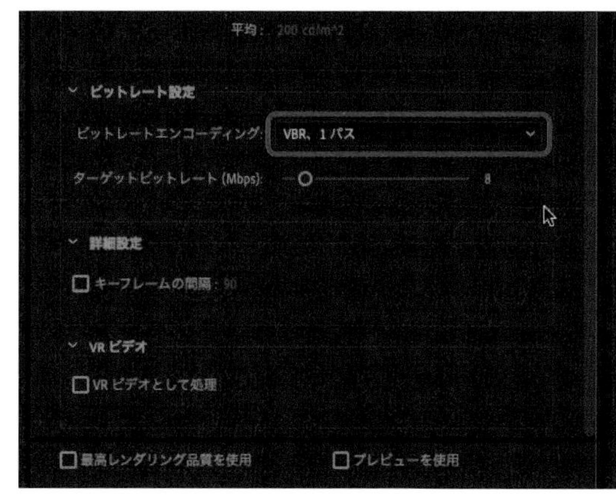

3「最高レンダリング品質」にチェックを付ける

書き出しの際は［最高レンダリング品質］にだけチェックを付けましょう。もし急ぎで書き出しをしなければいけない際は「プレビューを使用」と「プロキシを使用」にチェックを入れてください。

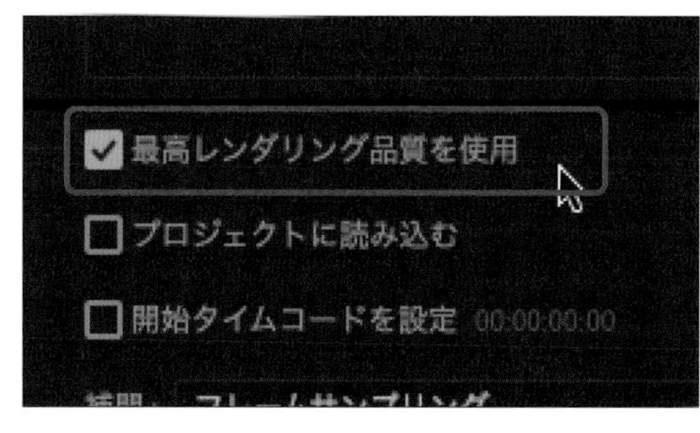

Technique 100

ショートカットについてまとめ

編集が上手に、はやくできるようになる最大の近道は、ショートカットを覚えることです。当節では、個人的に重要だと感じるショートカットをいくつか紹介します。

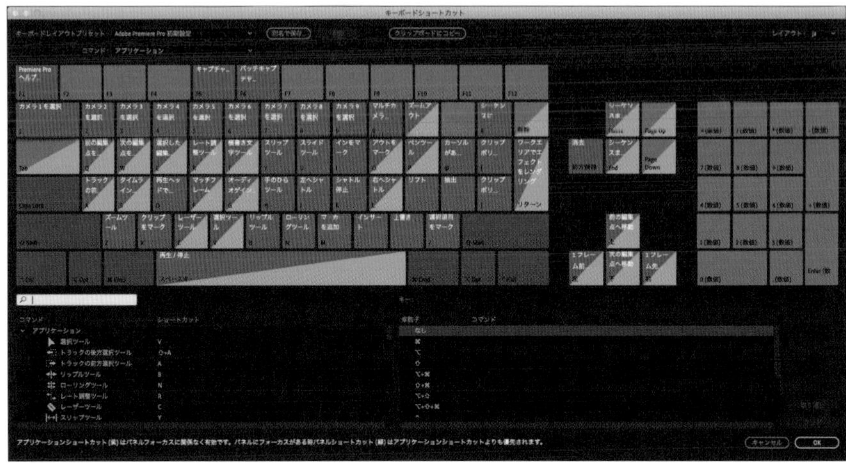

1 選択ツール「V」

いわゆる「矢印」ツールです。急にツールが切り替わっても、とりあえずVを押せば元通りです。

2 スリップツール「Y」

任意のクリップの長さを帰ることなく、ソースのイン・アウトをずらすことができるツールです。

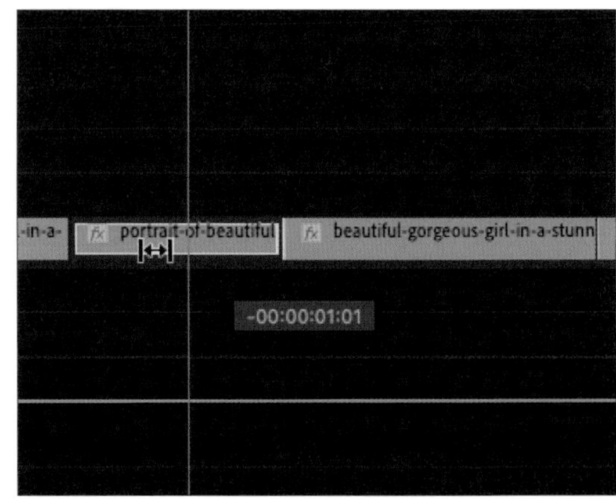

3 左右に1フレームずつ移動「←」「→」

再生ヘッドを1フレームずつ移動させることができます。1フレームずつ確認するクセを付けましょう。

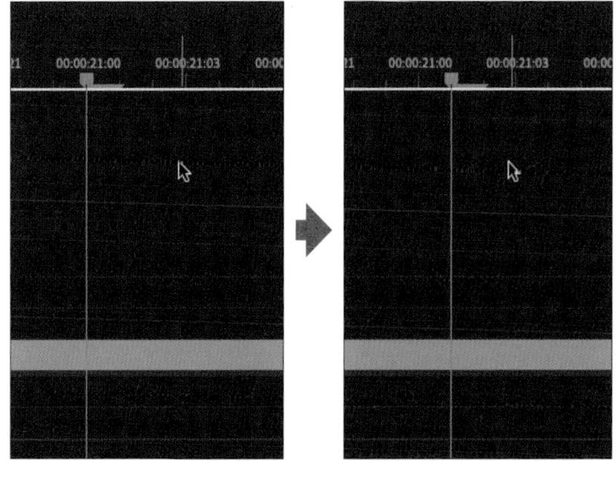

4 左右に10フレームずつ移動「Shift+←」「Shift+→」

再生ヘッドを10フレームずつ移動させることができます。1フレーム移動と組み合わせて、狙った箇所に素早く移動できます。

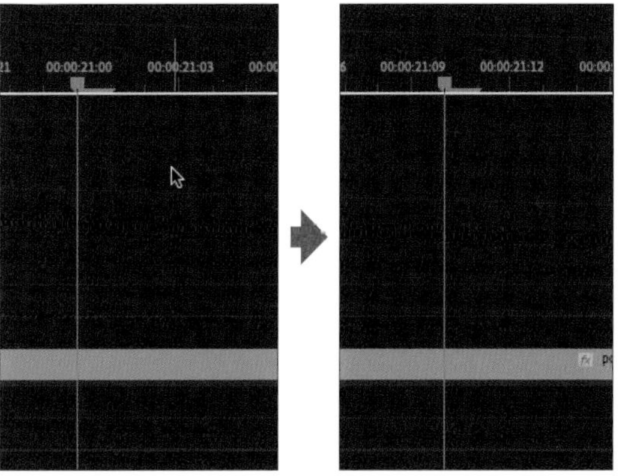

5 トラックターゲットされているクリップの分割「⌘+K」

シーケンスパネル左の「V1」「A1」と表記されるトラックターゲットで、チェックの入っているトラックのクリップを分割することができます。分割のタイミングは再生ヘッドの位置です。

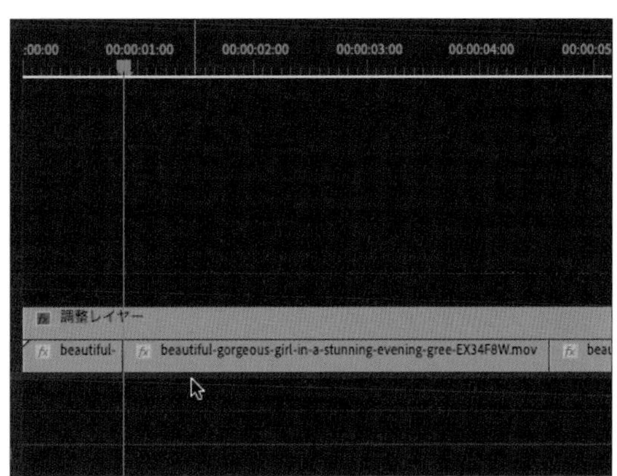

6 選択したクリップの分割「クリップ選択+⌘+K」

選択したクリップを分割することができます。

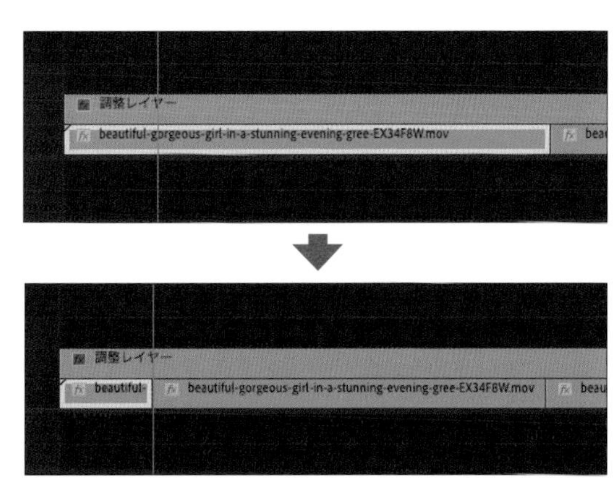

オープニング

登場シーン

メリハリ

エンディング

字幕

音

時短テク

7 インジケーター上のクリップを全て分割

「⌘+Shift+K」

再生ヘッド上のクリップをすべて分割することができます（ロックされているトラックを除く）。

8 シーケンスの拡大縮小

「Option+マウスのセンターボール」

シーケンスを素早く拡大縮小することができます。

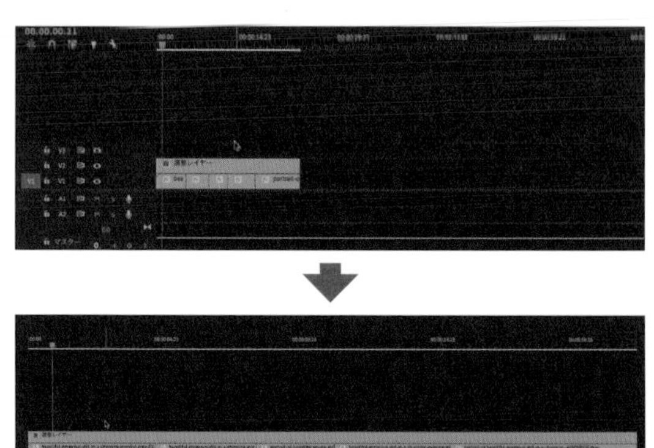

9 ドロップした先にクリップを複製

「Optionを押しながらクリップをドラッグ&ドロップ」

マウスを使ってクリップを複製することができます。「⌘+C」「⌘+V」よりもはやく作業できることが多く、便利です。

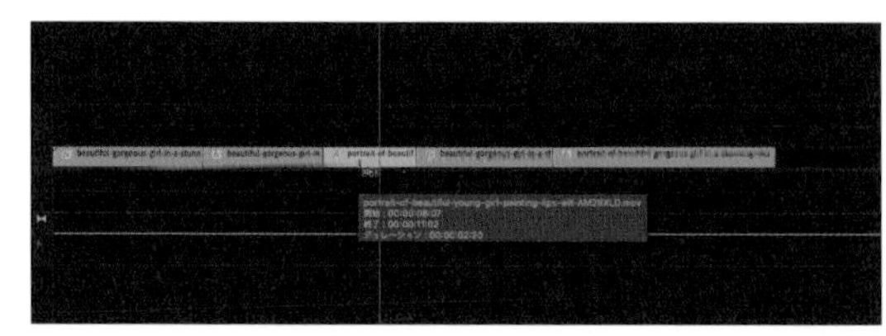

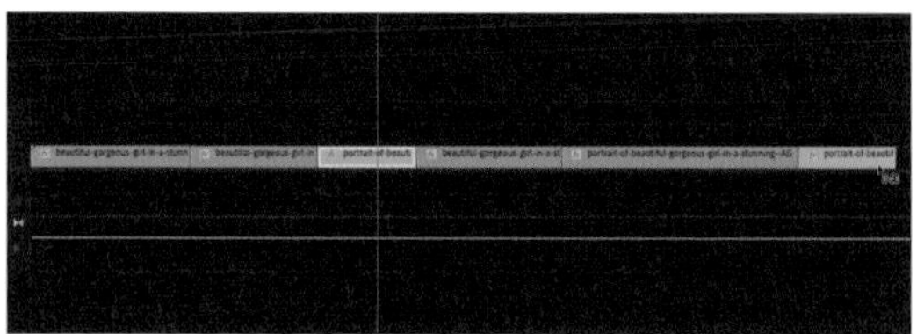

POINT

「Option+⌘」を押しながらドラッグ&ドロップすると、別のクリップ間に割り込ませることができます。

10 イン・アウトの設定「I」と「O」

レンダリングと書き出しの範囲をシーケンスパネルから設定できます。

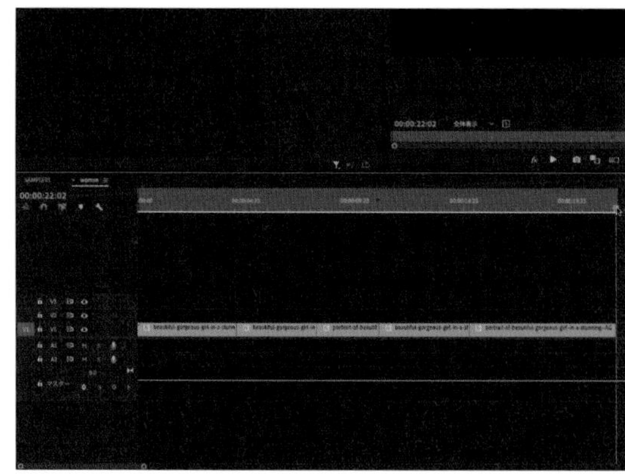

POINT

「Option+X」で、イン・アウトを除去できます。

11 マーカーの配置「M」

シーケンス上にマーカーを打つことができます。

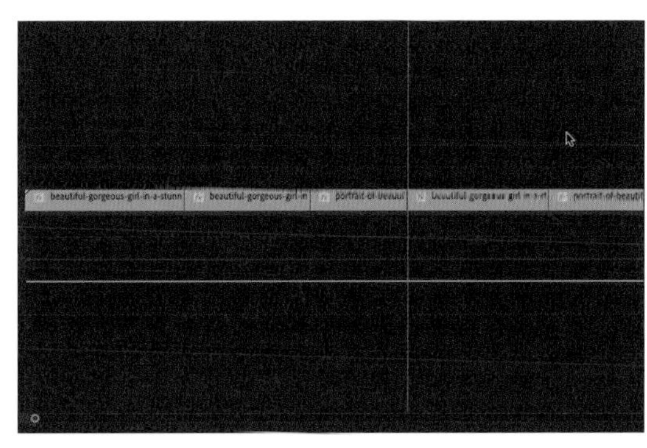

POINT

「Option+M」で、選択したマーカーを除去できます。

12 スナップインのON/OFF「S」

クリップインは、クリップ同士がスナップして、編集しやすくなる機能です。スナップインはうっかりOFFにしてしまいがちな機能でもあるので、覚えておきましょう。

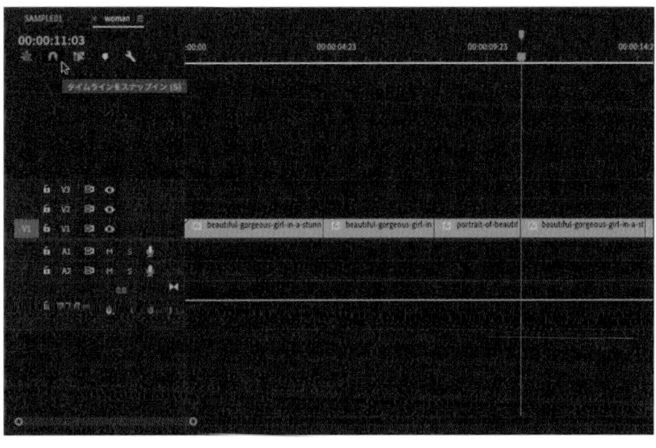

2 ショートカットの一覧を確認する

ここで取り上げたショートカット以外にも、Premiere Proではさまざまなショートカットが割り当てられています。Premiere Pro内でショートカットを確認するための手順を紹介します。

1 Premiere Proタブをクリックする

[Premiere Pro] をクリックして❶、[キーボードショートカット] をクリックします❷。

2 ショートカット一覧が表示される

ショートカット一覧が表示されます❸。

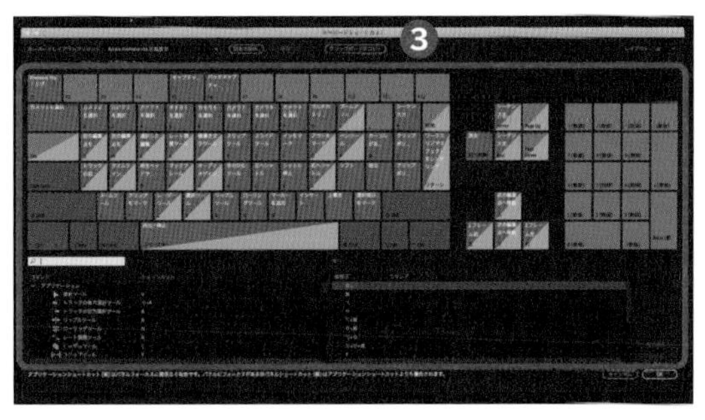

索引 Index

数字・アルファベット

あ行

か行

さ行

た行

な行

は行

ま行・や行

ら行・わ行

著者プロフィール

井坂光博

大学在学時に独学でAdobe Premiere ProとAdobe After Effectsを学び、友人と制作会社を起業。現在はWebを中心に企業や行政のPR映像を手掛ける。東証一部上場企業への制作指導経験も多数。実は劇伴の作曲もする。

YouTubeチャンネル
「いさかみつひろ」

担当箇所：Technique 63 ～ 70、77～100、Column（Chapter4,5,6）

谷口晃聖

YouTubeにてTERU FILMチャンネルを運営(2021年2月現在登録者数35,000人)。主にAdobe Premiere Proの編集方法や、その他の動画編集ソフトの編集方法も解説している。

YouTubeチャンネル
「TERU FILM」

担当箇所：Technique 01～03、12～16、27～30、39～61

Rec Plus ごろを

Contents Creator / Editor / DaVinci Resolve認定トレーナー。『Share Interest』(楽しさの共有）をテーマにクリエイティブ制作、ガジェット、テクノロジーなどの情報や体験を発信しているメディア、『Rec Plus』を運営している。

YouTubeチャンネル
「れっくぷらす/Rec Plus」

担当箇所：Technique 04～11、17～26、31～38、62、71～76

Premiere Pro演出テクニック100
すぐに役立つ！動画表現の幅が広がるアイデア集

2021年3月15日　初版第1刷発行
2024年5月15日　初版第4刷発行

著　者：井坂光博　谷口晃聖　Rec Plus ごろを　（五十音順）

装　丁：西垂水敦（krran）
編集・本文デザイン：リンクアップ
編　集：三富 仁

印刷・製本：シナノ印刷株式会社

発行人：上原哲郎
発行所：株式会社ビー・エヌ・エヌ
〒150-0022　東京都渋谷区恵比寿南一丁目20番6号
fax: 03-5725-1511　E-mail: info@bnn.co.jp
URL: www.bnn.co.jp

Printed in Japan

ISBN 978-4-8025-1202-2